石油石化职业技能培训教程

丙烯腈-丁二烯-苯乙烯共聚物(ABS)装置操作工

(上册)

中国石油天然气集团有限公司人力资源部 编

石油工业出版社

内 容 提 要

本书是由中国石油天然气集团有限公司人力资源部统一组织编写的《石油石化职业技能培训教程》中的一本。本书包括ABS装置操作工应该掌握的基础知识，初级工、中级工应掌握的开车准备、开工操作、正常操作、停车操作、设备使用与维护的相关知识和技能操作，并配套了相应等级的理论知识练习题。

本书既可用于职业技能鉴定培训，也可用于员工岗位技术培训和自学提高。

图书在版编目（CIP）数据

丙烯腈-丁二烯-苯乙烯共聚物（ABS）装置操作工.
上册/中国石油天然气集团有限公司人力资源部编.--
北京：石油工业出版社，2024.10
　石油石化职业技能培训教程
　ISBN 978-7-5183-5209-8

Ⅰ.①丙… Ⅱ.①中… Ⅲ.①ABS树脂-化工设备-操作-技术培训-教材　Ⅳ.①TQ325.2

中国版本图书馆CIP数据核字（2022）第018675号

出版发行：石油工业出版社
　　　　（北京安定门外安华里2区1号楼　100011）
　　　　网　　址：www.petropub.com
　　　　编辑部：（010）64255590
　　　　图书营销中心：（010）64523633
经　　销：全国新华书店
印　　刷：北京晨旭印刷厂

2024年10月第1版　2024年10月第1次印刷
787×1092毫米　开本：1/16　印张：27
字数：688千字

定价：98.00元
（如出现印装质量问题，我社图书营销中心负责调换）
版权所有，翻印必究

《石油石化职业技能培训教程》
编 委 会

主　任：黄　革

副主任：王子云　何　波

委　员（按姓氏笔画排序）：

丁哲帅	马光田	丰学军	王　莉	王　雷
王正才	王立杰	王勇军	尤　峰	邓春林
史兰桥	吕德柱	朱立明	刘　伟	刘　军
刘子才	刘文泉	刘孝祖	刘纯珂	刘明国
刘学忱	江　波	孙　钧	李　丰	李　超
李　想	李长波	李忠勤	李钟磬	杨力玲
杨海青	吴　芒	吴　鸣	何　峰	何军民
何耀伟	宋学昆	张　伟	张保书	张海川
陈　宁	罗昱恒	季　明	周　清	周宝银
郑玉江	胡兰天	柯　林	段毅龙	贾荣刚
夏申勇	徐春江	唐高嵩	黄晓冬	常发杰
崔忠辉	蒋革新	傅红村	谢建林	褚金德
熊欢斌	霍　良			

《丙烯腈-丁二烯-苯乙烯共聚物（ABS）装置操作工》

编 审 组

主　　编：孙春福　赵吉莲
副 主 编：宋振彪　陈　明
参编人员：李　治　梁皓月　张进涛　温　纯　李　微
　　　　　李柏静　康　宁　赵雪悠　王　楷　张馨元
　　　　　范怀文　赵雨桐
参审人员：李国锋　梁德福　张　明　林长松　岳胜伟
　　　　　孟繁阳　石　磊　毕馨予　张路晨　李权静

PREFACE 前言

随着企业产业升级、装备技术更新改造步伐不断加快,对从业人员的素质和技能提出了新的更高要求。为适应经济发展方式转变和"四新"技术变化要求,提高石油石化企业员工队伍素质,满足职工鉴定、培训、学习需要,中国石油天然气集团有限公司人力资源部根据《中华人民共和国职业分类大典(2015年版)》对工种目录的调整情况,修订了石油石化职业技能等级标准。在新标准的指导下,组织对"十五""十一五""十二五"期间编写的职业技能鉴定试题库和职业技能培训教程进行了全面修订,并新开发了炼油、化工专业部分工种的试题库和教程。

教程的开发修订坚持以职业活动为导向,以职业技能提升为核心,以统一规范、充实完善为原则,注重内容的先进性与通用性。教程编写紧扣职业技能等级标准和鉴定要素细目表,采取理实一体化编写模式,基础知识统一编写,操作技能及相关知识按等级编写,内容范围与鉴定试题库基本保持一致。特别需要说明的是,本套教程在相应内容处标注了理论知识鉴定点的代码和名称,同时配套了相应等级的理论知识练习题,以便于员工对知识点的理解和掌握,加强了学习的针对性。此外,为了提高学习效率,检验学习成果,本套教程为员工免费提供学习增值服务,员工通过手机登录注册后即可进行移动练习。本套教程既可用于职业技能鉴定培训,也可用于员工岗位技术培训和自学提高。

本教程分上、下两册,上册为基础知识、初级工操作技能及相关知识、中级工操作技能及相关知识,下册为高级工操作技能及相关知识、技师操作技能及相关知识、高级技师操作技能及相关知识。

本教程由吉林石化公司任主编单位,参与审核的单位有兰州石化公司、大庆石化公司等,在此表示衷心感谢。

由于编者水平有限,书中难免有错误、疏漏之处,请广大读者提出宝贵意见。

编　者

CONTENTS 目录

第一部分 基础知识

模块一 化学基础知识 ... 3
  项目一 无机化学基础知识 ... 3
  项目二 有机化学基础知识 ... 18
  项目三 高分子化学基础知识 ... 23
  项目四 ABS 基础知识 ... 31

模块二 化工原理基础知识 ... 37
  项目一 流体力学基本知识 ... 37
  项目二 传热 ... 39
  项目三 精馏 ... 42
  项目四 吸附分离 ... 47
  项目五 过滤与离心分离 ... 49
  项目六 固体干燥 ... 50

模块三 化工机械与设备知识 ... 55
  项目一 转动设备 ... 55
  项目二 静止设备 ... 58
  项目三 设备密封 ... 69
  项目四 设备分类与腐蚀防护 ... 70

模块四 仪表基础知识 ... 72
  项目一 仪表概述 ... 72
  项目二 常用测量仪表 ... 79
  项目三 计量知识 ... 84
  项目四 常规仪表、DCS 使用知识 ... 85

模块五　制图与识图 ……………………………………………………………… 91
　　项目一　制图基本知识 ………………………………………………………… 91
　　项目二　机械制图主要表达方法及识图方法 ………………………………… 94
　　项目三　化工制图 ……………………………………………………………… 97

模块六　安全环保基础知识 …………………………………………………… 109
　　项目一　清洁文明生产的相关知识 …………………………………………… 109
　　项目二　环境污染物的治理 …………………………………………………… 110
　　项目三　职业卫生健康 ………………………………………………………… 115
　　项目四　HSE 管理体系 ………………………………………………………… 120
　　项目五　安全生产 ……………………………………………………………… 124

模块七　电工基础知识 ………………………………………………………… 129
　　项目一　电工基本概念 ………………………………………………………… 129
　　项目二　安全用电常识 ………………………………………………………… 141

第二部分　初级工操作技能及相关知识

模块一　开车准备 ……………………………………………………………… 149
　　项目一　灭火器的使用 ………………………………………………………… 149
　　项目二　过滤式防毒面具的使用 ……………………………………………… 152
　　项目三　正压式空气呼吸器的使用 …………………………………………… 153
　　项目四　挤出机开车准备 ……………………………………………………… 155
　　项目五　切粒机开车前的检查 ………………………………………………… 156

模块二　开车操作 ……………………………………………………………… 159
　　项目一　离心泵的启动 ………………………………………………………… 159
　　项目二　往复泵的启动 ………………………………………………………… 161
　　项目三　水冷器的投用操作 …………………………………………………… 162
　　项目四　PB 乳化剂的配制 …………………………………………………… 163
　　项目五　PB 引发剂的配制 …………………………………………………… 164
　　项目六　凝聚系统管线填充 …………………………………………………… 165
　　项目七　SAN 聚合升温操作 …………………………………………………… 166
　　项目八　ABS 粉料风送系统开车操作 ………………………………………… 167

模块三　正常操作 ……………………………………………………………… 168
　　项目一　规范填写岗位记录 …………………………………………………… 168
　　项目二　调节阀改旁路的操作 ………………………………………………… 169
　　项目三　运行离心泵的日常检查 ……………………………………………… 170

项目四　丁二烯聚合投料过程控制 …… 172
项目五　卸硫酸操作 …… 172
项目六　SAN1号聚合反应器的温度控制 …… 174
项目七　挤出机日常检查 …… 175
项目八　离心泵切换操作 …… 176
项目九　过滤器投用操作 …… 177
项目十　安全阀投用操作 …… 178
项目十一　风机系统的日常检查 …… 179
项目十二　压力表投用操作 …… 181

模块四　停车操作 …… 183
项目一　换热器的停用操作 …… 183
项目二　停用蒸汽伴热线操作 …… 184
项目三　离心泵的停车操作 …… 184
项目四　计量秤系统停车操作 …… 185
项目五　隔离系统的盲板加装操作 …… 186

模块五　设备使用与维护 …… 188
项目一　润滑油添加操作 …… 188
项目二　机泵盘车 …… 190
项目三　离心泵的检修 …… 191
项目四　压力容器的维护 …… 192
项目五　热油泵预热操作 …… 196
项目六　单向阀的检查 …… 197
项目七　安全阀的日常巡检维护 …… 198
项目八　膨胀节的检查 …… 200
项目九　PB聚合釜搅拌器机械密封的检查 …… 201

模块六　事故判断与处理 …… 203
项目一　加热炉辐射段顶部温度高时调整处理 …… 203
项目二　机泵振动大的处理 …… 203
项目三　离心泵抽空处理 …… 205
项目四　管壳式换热器泄漏处理 …… 206
项目五　离心泵汽蚀的事故处理 …… 207
项目六　离心泵机械密封泄漏处理 …… 208
项目七　离心泵气缚的处理操作 …… 209
项目八　三大原料泄漏的处理 …… 210

第三部分　中级工操作技能及相关知识

模块一　开车准备 ··· 215
- 项目一　PB 聚合釜开车投料前现场的检查 ·· 215
- 项目二　凝聚系统开车前检查 ·· 216
- 项目三　SAN 聚合工序开工前准备 ·· 216
- 项目四　振动筛开车前的检查 ·· 217

模块二　开车操作 ··· 219
- 项目一　装置引循环水操作 ··· 219
- 项目二　装置引蒸汽操作 ·· 220
- 项目三　PB 聚合系统投料开车 ·· 221
- 项目四　ABS 聚合投料反应操作 ·· 222
- 项目五　凝聚罐升温操作 ·· 223
- 项目六　干燥器升温操作 ·· 224
- 项目七　SAN 聚合开车操作 ·· 225
- 项目八　SAN 造粒系统开车 ·· 226
- 项目九　挤出机开车调整操作 ·· 227
- 项目十　计量秤开车调整操作 ·· 228

模块三　正常操作 ··· 229
- 项目一　新鲜丁二烯碱洗操作 ·· 229
- 项目二　ABS 聚合釜氮气抽空置换 ··· 230
- 项目三　PB 胶乳过滤器的切换与清理 ··· 230
- 项目四　SAN 粒料输送操作 ·· 231
- 项目五　凝聚岗位定期操作 ··· 232
- 项目六　挤出机的升温操作 ··· 233
- 项目七　聚合釜温度投串级控制 ··· 234
- 项目八　凝聚温度的调整操作 ·· 234
- 项目九　DCS 干燥器温度的调整 ·· 235
- 项目十　挤出机正常调整操作 ·· 236
- 项目十一　ABS 接枝用还原剂的配制 ··· 237
- 项目十二　SAN 1 号反应器系统氮气气密操作 ··· 237
- 项目十三　TDDM 接收操作 ·· 238
- 项目十四　PB 聚合反应釜保压与丁二烯置换 ··· 239
- 项目十五　动火监护检查 ·· 240

模块四 停车操作 ······ 243
 项目一 碱倾析槽退料置换 ······ 243
 项目二 凝聚系统停车 ······ 244
 项目三 SAN 1 号反应器退料 ······ 245
 项目四 ABS 聚合反应釜蒸煮置换 ······ 246
 项目五 丁二烯管线的停车吹扫 ······ 247
 项目六 ABS 掺混系统停车操作 ······ 247
 项目七 包装线停车操作 ······ 248

模块五 设备使用与维护 ······ 250
 项目一 液环真空泵开车 ······ 250
 项目二 换热器日常检查与维护 ······ 251
 项目三 屏蔽泵的日常操作与维护 ······ 252
 项目四 氨冰机检查与维护 ······ 253
 项目五 包装机启动后的检查确认 ······ 254
 项目六 润滑油更换操作 ······ 255
 项目七 离心泵日常维护 ······ 256

模块六 事故判断与处理 ······ 258
 项目一 丁二烯聚合釜温度、压力超高 ······ 258
 项目二 PB 装置停循环水的处理 ······ 259
 项目三 PB 装置停氮气 ······ 260
 项目四 丁二烯泄漏或着火爆炸 ······ 261
 项目五 干燥器温度异常紧急事故处理 ······ 263
 项目六 冰机停车异常处理 ······ 264
 项目七 凝聚干燥硫酸卸车发生泄漏 ······ 265
 项目八 柱塞泵启动后流量不足的异常处理 ······ 267
 项目九 往复泵产生冲击声的异常处理 ······ 269

理论知识练习题

初级工理论知识练习题及答案 ······ 273
中级工理论知识练习题及答案 ······ 327

附　录

附录 1　职业技能等级标准 ······ 383

附录2	初级工理论知识鉴定要素细目表	392
附录3	初级工操作技能鉴定要素细目表	398
附录4	中级工理论知识鉴定要素细目表	399
附录5	中级工操作技能鉴定要素细目表	405
附录6	高级工理论知识鉴定要素细目表	406
附录7	高级工操作技能鉴定要素细目表	411
附录8	技师、高级技师理论知识鉴定要素细目表	412
附录9	技师、高级技师操作技能鉴定要素细目表	417
附录10	操作技能考核内容层次结构表	418

参考文献 ·· 419

› 第一部分

基础知识

代序一篇

模块一　化学基础知识

项目一　无机化学基础知识

化学是自然科学的一种,在分子、原子层面上研究物质的组成、性质、结构与变化规律。无机化学是研究无机化合物的化学,是化学的一个重要分支。通常无机化合物与有机化合物相对,指不含 C—H 键的化合物,如二氧化碳、二氧化硫、硫酸、纯碱等都属于无机化学研究的范畴。

一、基本概念

(一)物理性质和化学性质

1. 物理性质

物理性质是物质不需要发生化学变化就表现出来的性质,如颜色、状态、气味、密度、熔点、沸点、硬度、溶解性、延展性、导电性、导热性等,这些性质是能被感知或利用仪器测知的。

2. 化学性质

化学性质是物质在化学变化中表现出来的性质,如酸性、碱性、氧化性、还原性、热稳定性及一些其他特性。化学性质与化学变化是物质固有的特性。例如氧气,具有助燃性为其化学性质;同时氧气能与氢气发生化学反应产生水,也为其化学性质。任何物质就是通过千差万别的化学性质与化学变化,才区别于其他物质。

(二)分子与原子

1. 分子的概念

分子是保持物质化学性质的最小粒子。分子的质量和体积非常小,彼此间有间隔,在不停地运动,既有种类之分,又有个数之别,不显电性。

2. 原子的概念

原子是指化学反应中不可再分的基本微粒。原子在化学反应中不可分割,但在物理状态中可以分割。原子由原子核和绕核运动的电子组成。元素是具有相同核电荷数(质子数)的同一类原子的总称。目前已知的元素有 119 种。

需要注意的是,原子是化学变化中的最小微粒,但不是构成物质的最小微粒。原子可以分为原子核与核外电子,原子核又由质子和中子组成,而质子数正是区分各种不同元素的依据。质子和中子还可以继续再分。

中子数决定原子种类(同位素);质量数决定原子的近似相对原子质量;质子数(核电荷数)决定元素种类;原子最外层电子数决定整个原子显不显电性,也决定主族元素的化学性质。

质量数=质子数+中子数。

CAA001 原子的内部结构

质子数=核电荷数=原子核外电子数=原子序数。

(三) 化学键

一个化合物中可能同时含有几种化学键。化学键按原子间的相互作用力的方式和强度不同,可分为离子键、共价键和金属键。

1. 离子键

[JAA001 离子键的概念]

阴、阳离子间通过静电作用所形成的化学键叫离子键,是化学键的一种类型,即阳离子和阴离子之间由于静电作用引力所形成的化学键。离子既可以是单离子,也可以由原子团形成。活泼金属跟活泼非金属化合时可以形成离子键,如 NaCl,就是由离子键构成的物质。

离子键的作用力强,无饱和性和方向性,普遍存在于离子晶体之中。离子半径越大,阴阳离子间的引力越小。

2. 共价键

原子间通过共用电子对所形成的化学键叫共价键,如 Cl_2。共价键的作用力很强,具有饱和性和方向性。常见的 HCl 是极性键,以极性共价键结合,而 H_2、Cl_2 为非极性键,以非极性共价键结合。

3. 金属键

由于金属晶体中存在自由电子,整个金属晶体的原子或离子与自由电子形成化学键。这种键可以看成由多个原子共用这些自由电子组成,所以有人把它叫作改性的共价键。金属键没有饱和性和方向性。

(四) 常用物理量

1. 质量

质量是量度物体惯性大小的物理量。质量是物理学中的基本量之一,符号 m。在国际单位制中,质量的基本单位是千克(符号 kg)。最初规定 $1000cm^3$(即 $1dm^3$)的纯水在 4℃ 时的质量为 1kg。实验室中天平是测量质量的常用工具。

[CAA002 质量守衡定律的概念]

质量守恒定律:化学反应的过程,就是参加反应的各物质(反应物)的分子,破裂后重新组合为新的分子而生成其他物质的过程。在化学反应前后,参加反应的各物质的质量总和等于反应后生成的各物质的质量总和。这就叫作质量守恒定律,该定律又称物质不灭定律。

2. 体积

体积是量度物体占有多少空间的量,用符号 V 表示。在国际单位中,体积的单位是立方米(m^3)。一般情况下,相同质量的气体、液体和固体物质,体积最大的是气体。

在同温同压下,等体积理想状态的任何气体都含有相同数目的分子,称为阿伏加德罗定律。在温度、压强一定时,气体的体积与气体物质的量成正比。

3. 密度

1) 气体的密度

在一定的温度和压力下,单位体积气体所具有的质量就是气体密度。气体密度的单位是 kg/m^3。在标准状态(0℃,101.325kPa)下,空气密度约为 $1.29kg/m^3$。在温度不太低和压力不太高的情况下,气体密度可近似地按理想气体状态方程来算出。液体密度几乎不受压力影响,但它随温度改变而改变,而气体密度受温度和压力影响较大。在其他条件不变的情况下,提高压力能使气体密度增大。

2) 液体、固体的密度

单位体积物体的质量称为密度。符号 ρ,单位为 kg/m^3。物质的密度是物质的固有属性,与质量和体积均无关。一铁块平均分为两块后,每一块的质量、体积都变为原来的一半,而密度保持不变。某储罐中有液体 $10m^3$,若其质量为 8t,则该液体的密度为 $800kg/m^3$。

3) 相对密度

相对密度也称比重,是指物质的密度与参考物质的密度在各自规定的条件下之比,符号为 d,无量纲。一般情况下,相对密度只用于气体。当以空气作为参考物质时,指标准状态(0℃和 101.325kPa)下干燥空气的密度 $1.293kg/m^3$(或 1.293g/L)。对于液体和固体,一般不使用相对密度。

4. 物质的量

物质的量是把一定数目的微观粒子与可称量的宏观物质联系起来的一种物理量。它表示物质所含微粒数(N)(如分子、原子等)与阿伏加德罗常数(N_A)之比,即 $n=N/N_A$。阿伏加德罗常数的数值为 $0.012kg\ ^{12}C$ 所含碳原子的个数,约为 $6.02×10^{23}$。物质的量是国际单位制中 7 个基本物理量之一,单位为摩尔,简称摩,符号为 mol。国际上规定,1mol 粒子所含的粒子数与 $0.012kg\ ^{12}C$(碳 12)中含有的碳原子数相同。

物质的量(n)、阿伏加德罗常数(N_A)与粒子数(N)之间存在下述关系:

$$\eta = \frac{N}{N_A} \tag{1-1-1}$$

摩尔作为物质的量的单位,其基本单元可以是分子、原子、离子、电子及其他粒子,或这些粒子的特定组合,如 $1molO_2$、$1molFe$、$1molNa^+$、$1molSO_4^{2-}$ 等。某物质中所含基本单元数是阿伏加德罗常数的多少倍,则该物质的"物质的量"就是多少摩尔。

【例 1-1-1】 NaCl 的相对分子质量是 58.5,2molNaCl 的质量是 117g。已知 CO_2 的相对分子质量是 44,那么 22g CO_2 是 0.5mol。

5. 物质的量浓度

物质的量浓度是一种常用的溶液浓度的表示方法。

物质的量浓度定义为溶液中溶质 B 的物质的量除以混合物的体积,简称浓度,用符号 $c(B)$ 表示,即:

$$c(B) = \frac{n(B)}{V} \tag{1-1-2}$$

式中 $c(B)$——溶质 B 的物质的量浓度 mol/m^3;

n——溶质的物质的量,mol;

V——溶液的体积,m^3。

6. 平均相对分子质量

混合气体中各组分的物质的量与混合气体总物质的量之比,叫作该组分气体的摩尔分数。混合气体的平均相对分子质量等于各组分相对分子质量与各自的摩尔分数的乘积之和。混合气体的平均相对分子质量和平均摩尔质量在数值上相同,但相对分子质量单位为 1。某种混合气体由氧气和氢气组成,其体积比为 1:4,则该混合气体的平均相对分子质量约为8。

(五) 基本定律

1. 气体的摩尔体积

单位物质的量的气体所占的体积,叫作该气体摩尔体积,单位是 L/mol(升/摩尔)。标准状态下 1mol 气体的体积为 22.4L,较精确的是:V_m = 22.414L/mol。标准状态(简称标况)是指气体在 0℃、101.325kPa 下的状态。1mol 气体在非标准状态下,其体积可能为 22.4L,也可能不为 22.4L,如在室温(20℃,一个大气压)的情况下气体的体积是 24L。气体分子间的平均距离比分子的直径大得多,因而气体体积主要取决于分子间的平均距离。在标准状态下,不同气体的分子间的平均距离几乎是相等的,所以任何气体在标准状态下气体摩尔体积都约是 22.4L/mol。适用对象:纯净气体与混合气体均可。

> ZAA001 理想气体状态方程的概念

2. 理想气体状态方程

理想气体状态方程,又称理想气体定律、普适气体定律,是描述理想气体在处于平衡态时,压强、体积、物质的量、温度间关系的状态方程。它基于玻意耳-马略特定律、查理定律、盖-吕萨克定律等经验定律,其方程为 $pV = nRT$。这个方程有 4 个变量:p 是指理想气体的压强,V 为理想气体的体积,n 表示气体物质的量,T 表示理想气体的热力学温度,R 为理想气体常数。可以看出,此方程的变量很多。因此该方程以其变量多、适用范围广而著称,对常温常压下的空气也近似地适用。

在用摩尔表示的状态方程中,R 为比例常数,对任意理想气体而言,R 是一定的,约为 (8.31441±0.00026) J/(mol·K)。

如果采用质量表示状态方程,$pV = mrT$,此时 r 是和气体种类有关系的,$r = R/M$,M 为此气体的平均摩尔质量。

用密度表示该关系:$pM = \rho RT$(M 为摩尔质量,ρ 为密度)。

> ZAA002 道尔顿定律的内容

3. 道尔顿分压定律

道尔顿分压定律(也称道尔顿定律)描述的是理想气体的特性。在任何容器内的气体混合物中,如果各组分之间不发生化学反应,则每一种气体都均匀地分布在整个容器内,它所产生的压强和它单独占有整个容器时所产生的压强相同。也就是说,一定量的气体在一定容积的容器中,压强仅与温度有关。

$$p_B = \frac{n_B RT}{V} \tag{1-1-3}$$

例如,0℃时,1mol O_2 在 22.4L 体积内的压强是 101.325kPa。如果向容器内加入 1mol N_2 并保持容器体积不变,则 O_2 的压强还是 101.325kPa,但容器内的总压强增大一倍。可见,1mol N_2 在这种状态下产生的压强也是 101.325kPa。道尔顿分压定律从原则上只适用于理想气体混合物,不过对于低压下真实气体混合物也可以近似适用。

二、热力学基础知识

(一) 温度

温度是表示物体冷热程度的物理量,微观上讲是物体分子热运动的剧烈程度。温度越高,物质内部分子热运动就越快。温度只能通过物体随温度变化的某些特性来间接测量,而用来量度物体温度数值的标尺叫温标。它规定了温度的读数起点(零点)和测量温度的基本单位。温度的国际单位制单位为开尔文(K)。除热力学温标外,目前国际上用得较多的其他温标有华氏温标(℉)、摄氏温标(℃)和国际实用温标。

摄氏温度和华氏温度的关系：$T(℉) = 1.8t(℃) + 32$。

摄氏温度和热力学温度的关系：$T(K) = t(℃) + 273.15$。

(二)临界点

临界点是指由某一种状态或物理量转变为另一种状态或物理量的最低转化条件。

临界压力：物质处于临界状态时的压力(压强),是在临界温度时使气体液化所需要的最小压力。

临界温度：每种物质都有一个特定的温度,在这个温度以上,无论怎样增大压强,气态物质不会液化,这个温度就是临界温度。降温加压,是使气体液化的条件。但只加压,不一定能使气体液化,应视当时气体是否在临界温度以下。因此要使物质液化,首先要设法达到它自身的临界温度。

> CAA004 临界温度的概念

(三)饱和蒸气压

在密闭条件中,一定温度下,与固体或液体处于相平衡的蒸气所具有的压强称为饱和蒸气压。液体的饱和蒸气压与温度有关,同一物质在不同温度下有不同的饱和蒸气压,并随着温度的升高而增大。纯溶剂的饱和蒸气压大于溶液的饱和蒸气压;对于同一物质,固态的饱和蒸气压小于液态的饱和蒸气压。100℃时,水的饱和蒸气压为 $1.01×10^5$ Pa

> CAA005 饱和蒸气压的概念

【例1-1-2】 30℃时,水的饱和蒸气压为4132.982Pa,乙醇为10532.438Pa。而100℃时,水的饱和蒸气压增大到101324.72Pa,乙醇为222647.74Pa。饱和蒸气压是液体的一项重要物理性质,液体的沸点、液体混合物的相对挥发度等都与之有关。

【例1-1-3】 放在杯子里的水,会因不断蒸发变得越来越少。如果把纯水放在一个密闭的容器里,并抽走上方的空气,当水不断蒸发时,水面上方气相的压力,即水蒸气所具有的压力就不断增加。但是,当温度一定时,气相压力最终将稳定在一个固定的数值上,这时的气相压力称为水在该温度下的饱和蒸气压力。当气相压力的数值达到饱和蒸气压力的数值时,液相的水分子仍然不断地汽化,气相的水分子也不断地冷凝成液体,只是由于水的汽化速度等于水蒸气的冷凝速度,液体量才没有减少,气体量也没有增加,液体和气体达到平衡状态。

(四)水蒸气

水蒸气简称水汽或蒸汽,是水(H_2O)的气体形式。当水达到沸点时,水就变成水蒸气。在海平面一标准大气压下,水的沸点为100℃或212℉或373.15K。当水在沸点以下时,水也可以缓慢地蒸发成水蒸气。

> ZAA003 过热蒸汽的概念

饱和蒸汽和过热蒸汽：当液体在有限的密闭空间中蒸发时,液体分子通过液面进入上面空间,成为蒸汽分子。由于蒸汽分子处于紊乱的热运动之中,它们相互碰撞,并和容器壁以及液面发生碰撞。在和液面碰撞时,有的分子被液体分子所吸引,重新返回液体中成为液体分子。开始蒸发时,进入空间的分子数目多于返回液体中分子的数目,随着蒸发继续进行,空间蒸汽分子的密度不断增大,因而返回液体中的分子数目也增多。当单位时间内进入空间的分子数目与返回液体中的分子数目相等时,则蒸发与凝结处于动平衡状态,这时虽然蒸发和凝结仍在进行,但空间中蒸汽分子的密度不再增大,此时的状态称为饱和状态。在饱和状态下的液体称为饱和液体,其对应的蒸汽是饱和蒸汽,但最初只是湿饱和蒸汽,待蒸汽中的水分完全蒸发后才是干饱和蒸汽。饱和蒸汽的体积是水的1725倍。蒸汽从不饱和到湿饱和再到干饱和的过程温度是不增加的,干饱和之后继续加热则温度会上升,成为过热蒸汽。在相同压力下,过热蒸汽的焓值比饱和蒸汽的高,过热蒸汽的温度高于饱和蒸汽的温度。

(五)化学反应热力学

化学反应中的能量变化,通常表现为热量的变化。化学反应的特点是有新物质生成,新物质和反应物的总能量是不同的,这是因为各物质所具有的能量是不同的(化学反应的实质就是旧化学键断裂和新化学键的生成,而旧化学键断裂所吸收的能量与新化学键所释放的能量不同导致发生了能量的变化)。化学反应过程中不管放出还是吸收的热量,都属于反应热。

CAA006 放热反应的概念

1. 放热反应

化学反应过程中放出热量的反应叫放热反应。对于放热反应,温度升高,平衡向逆反应方向进行。在化学反应中,反应物总能量大于生成物总能量的反应叫作放热反应。

常见的放热反应有:

(1)所有燃烧或爆炸反应;

(2)酸碱中和反应;

(3)多数化合反应;

(4)活泼金属与水或酸生成H_2的反应;

(5)很多氧化还原反应(但不能绝对化),如氢气、木炭或者一氧化碳还原氧化铜都是典型的放热反应;

(6)NaOH或浓硫酸溶于水。

CAA007 吸热反应的概念

2. 吸热反应

化学反应过程中吸收热量的反应叫吸热反应。对于吸热反应,温度升高,有利于化学平衡向吸热方向进行。常见的吸热反应有:

(1)大多数分解反应:

$$CaCO_3 \xrightarrow{\text{高温}} CaO+CO_2\uparrow$$

$$CuSO_4 \cdot 5H_2O =\!=\!= CuSO_4+5H_2O$$

(2)盐水解反应;

(3)离解;

(4)少数化合反应;

$$C(s)+CO_2(g) \xrightarrow{\text{高温}} 2CO$$

$$I_2+H_2 =\!=\!= 2HI$$

(5)其他反应:

$$2NH_4Cl(s)+Ba(OH)_2 \cdot 8H_2O(s) \xrightarrow{\text{高温}} BaCl_2+2NH_3\uparrow+10H_2O$$

$$C+H_2O(g) \xrightarrow{\text{高温}} CO+H_2$$

三、化学反应基础知识

(一)化合价

化合价是一种元素的一个原子与其他元素的原子化合(即构成化合物)时表现出来的性质。原子参加反应时,失去或得到的电子数叫作元素的化合价。原子在化学反应中得到电子,则化合价降低。在单质中,元素的化合价为零。一般地,化合价的价数等于该原子在化合时得失电子的数量,即该元素能达到稳定结构时得失电子的数量,这往往取决于该元素的电子排布,主要是最外层电子排布,当然还可能涉及次外层能达到的由亚层组成的亚稳定结构。常见离子化合价见表 1-1-1。

表 1-1-1 常见离子的化合价

金属元素	元素符号	常见化合价	非金属元素	元素符号	常见的化合价
钾	K	+1	氢	H	+1
钠	Na	+1	氟	F	-1
银	Ag	+1	氧	O	-2
钙	Ca	+2	氯	Cl	-1、+5、+7
镁	Mg	+2	溴	Br	-1、+5、+7
钡	Ba	+2	碘	I	-1、+5、+7
锌	Zn	+2	氮	N	-3、+5
铝	Al	+3	磷	P	-3、+5
铜	Cu	+1、+2	硫	S	-2、+4、+6
铁	Fe	+2、+3	碳	C	-4、+4、+2
锰	Mn	+2、+4、+6	硅	Si	-4、+4

(二)化学反应方程式

化学反应方程式也称为化学方程式,是用化学式表示化学反应的式子。化学方程式反映的是客观事实。因此书写化学方程式要遵守两个原则:一是必须以客观事实为基础;二是要遵守质量守恒定律。

> CAA008 化学方程式的表示方法

1. 化学方程式的书写

以 $NaHCO_3$ 受热分解的化学方程式为例。

第一步,写出反应物和生成物的化学式:

$$NaHCO_3 =\!=\!= Na_2CO_3 + H_2O + CO_2$$

第二步,配平化学式:

$$2NaHCO_3 =\!=\!= Na_2CO_3 + H_2O + CO_2$$

第三步,注明反应条件和物态等:

$$2NaHCO_3 \xrightarrow{\triangle} Na_2CO_3 + H_2O + CO_2\uparrow$$

第四步,检查化学方程式是否正确。

2. 书写注意事项

(1) 热化学方程式写反应条件,一般在等号上方标记△。配平系数可以不是1,可以是分数或者相互之间可以约分。

(2) 常温常压下可以进行的反应,不必写条件。

(3) 反应单一条件时,条件一律写上面;有两个或更多条件的,上面写不下的写在下面;既有催化剂又有其他反应条件时,一律把催化剂写在上面。

(4) 是可逆反应的一律用双向箭头表示。

(5) 气体符号"↑"和沉淀符号"↓"是化学反应中生成物的状态符号。只有生成物才能使用"↑"或"↓"符号,使用时写在相应化学式的右边。

(三) 氧化还原反应

1. 概念

氧化还原反应是化学反应前后元素的化合价有变化的一类反应。有元素化合价升降,即电子转移(得失或偏移)的化学反应是氧化还原反应。失去电子的反应是氧化反应,得到电子的反应叫还原反应。氧化反应失去电子,元素化合价升高;还原反应得到电子,元素化合价降低。氧化与还原的反应是同时发生的,即氧化剂在使被氧化物质氧化时,自身也被还原。而还原剂在使被还原物还原时,自身也被氧化。

氧化还原反应的特征是元素化合价的升降,实质是发生电子转移,氧化反应过程中得到的电子等于还原反应过程中失去的电子。

2. 氧化剂与还原剂

1) 常见的氧化剂

在氧化还原反应中,获得电子的物质称作氧化剂。常见的氧化剂中,氟气的氧化性最强,相应地,氟离子的还原性最弱,实际上,仅有少数化合物能氧化氟离子生成氟气。有些物质既可作氧化剂,又可作还原剂。凡品名中有"高""重""过"字的,如高氯酸盐、高锰酸盐、重铬酸盐、过氧化钠等,都属于氧化剂。常见的氧化剂有氯酸盐:ClO_3^-;高氯酸盐:ClO_4^-;无机过氧化物:Na_2O_2、K_2O_2、MgO_2、CaO_2、BaO_2、H_2O_2;硝酸盐:NO_3^-;高锰酸盐:MnO_4^-;典型的非金属单质:F_2、Cl_2、O_2、Br_2、I_2、S等,其氧化性强弱与非金属活动性基本一致;金属阳离子:Fe^{3+}、Cu^{2+}等。

2) 常见的还原剂

在氧化还原反应中,失去电子的物质称作还原剂。常见的还原剂有:活泼的金属单质,如Li、Na、K、Al、Zn、Fe等;活泼的金属氢化物,如氢化铝锂$LiAlH_4$等;某些非金属单质,如H_2、C、Si等;处于低化合价时的氧化物,如CO、SO_2、H_2O_2等;非金属氢化物,如H_2S、NH_3、HCl、CH_4等;处于低化合价时的盐,如亚硫酸钠Na_2SO_3、硫酸亚铁$FeSO_4$、氯化亚锡$SnCl_2$、硼氢化钾KBH_4、硼氢化钠$NaBH_4$等。

3. 氧化还原反应的配平

1) 电子守恒法

(1) 配平原理。

发生氧化还原反应时,还原剂失去电子、氧化剂得到电子。因为整个过程的本质是还原

[ZAA004 氧化还原反应的配平原则]

剂把电子给了氧化剂,在这一失一得之间,电子守恒。故根据还原剂失去电子的数目和氧化剂得到电子的数目相等,结合二者化合价的改变情况,可以分别把氧化剂、还原剂的计量数计算出来,这样整个氧化还原反应就顺利配平了。

(2)配平的方法和步骤。

① 标出发生变化的元素的化合价,确定氧化剂和还原剂,并确定氧化还原反应的配平方向。

② 列出化合价升降的变化情况。当升高或降低的元素不止一种时,需要根据不同元素的原子个数比,将化合价变化的数值进行叠加。

③ 根据电子守恒配平化合价变化的物质的计量数(如 A 元素化合价降低 3 价,B 元素化合价上升 5 价,则需找到 3 与 5 的最小公倍数 15,则有 5molA、3molB 参与氧化还原)。

④ 根据质量守恒配平剩余物质的计量数,并根据质量守恒检查配平无误。

【例 1-1-4】 $KMnO_4+HCl\longrightarrow Cl_2+MnCl_2+KCl+H_2O$,标出化合价。因该反应是部分氧化还原反应,故确定先配平生成物 Cl_2 和 $MnCl_2$,同时列出化合价升降情况,配平化合价变化的物质 Cl_2 和 $MnCl_2$ 的计量数。降低:$Mn^{7+}\longrightarrow Mn^{2+}$,$5e\times 2$;升高:$Cl\longrightarrow Cl_2$,$2e\times 5$。

所以先配平为 $KMnO_4+HCl\longrightarrow 5Cl_2+2MnCl_2+KCl+H_2O$,再根据质量守恒配平剩余的物质,并根据质量守恒检查配平无误。最终配平结果为:$2KMnO_4+16HCl =\!=\!= 5Cl_2+2MnCl_2+2KCl+8H_2O$。

2)待定系数法

(1)配平原理。

根据质量守恒定律,在发生化学反应时,反应体系的各个物质的每一种元素的原子在反应前后个数相等。通过设出未知数(如 x、y、z 等均大于零)把所有物质的计量数配平,再根据每一种元素的原子个数前后相等列出方程式,解方程式(组)。计量数有相同的未知数,可以通过约分约掉。

(2)方法和步骤。

对于氧化还原反应,先把元素化合价变化较多的物质的计量数用未知数表示出来,再利用质量守恒把其他物质的计量数也配平出来,最终每一个物质的计量数都配平出来后,根据某些元素的守恒,列方程解答。

【例 1-1-5】 $KMnO_4+HCl\longrightarrow Cl_2+MnCl_2+KCl+H_2O$,因为锰元素和氯元素的化合价发生了变化,故将 Cl_2 和 $MnCl_2$ 的计量数配平,分别为 x、y,再根据质量守恒将其他物质配平,即配平为 $yKMnO_4+(3y+2x)HCl =\!=\!= xCl_2+yMnCl_2+yKCl+4yH_2O$,最后根据氢元素守恒,列出 x 和 y 的关系式:$3y+2x=8y$,得出 $2.5y=x$,把方程式中的 x 都换成 y,即 $yKMnO_4+8yHCl =\!=\!= 2.5yCl_2+yMnCl_2+yKCl+4yH_2O$,将 y 约掉,并将计量数变为整数,故最终的配平结果为 $2KMnO_4+16HCl =\!=\!= 5Cl_2+2MnCl_2+2KCl+8H_2O$。

四、化学平衡和化学反应速率

(一)化学平衡

1. 可逆反应

在同一条件下,既能向正反应方向进行,同时又能向逆反应方向进行的反应,叫作可逆反应。绝大部分的反应都存在可逆性,一些反应在一般条件下并非可逆反应,而改变条件(如将反应物置于密闭环境中、高温反应等)会变成可逆反应。可逆反应的特点为:

(1)反应不能进行到底。可逆反应无论进行多长时间,反应物都不可能100%地转化为生成物。

(2)可逆反应一定是同一条件下能互相转换的反应,如二氧化硫、氧气在催化剂、加热的条件下,生成三氧化硫;而三氧化硫在同样的条件下可分解为二氧化硫和氧气。

(3)在理想的可逆过程中,无摩擦、电阻、磁滞等阻力存在,因此不会有功的损失。

(4)在同一时间发生的反应。

(5)同增同减。

(6)书写可逆反应的化学方程式时,应用双箭头表示,箭头两边的物质互为反应物、生成物。通常将从左向右的反应称为正反应,从右向左的反应称为逆反应。

(7)可逆反应中的两个化学反应,在相同条件下同时向相反方向进行,两个化学反应构成一个对立的统一体。在不同条件下能向相反方向进行的两个化学反应不能称为可逆反应。

2. 化学平衡

1)化学平衡的概念

化学平衡是指在宏观条件一定的可逆反应中,化学反应的正逆反应速率相等,反应物和生成物各组分浓度不再改变的状态。可用 $\Delta_r G_m = \sum \nu_A \mu_A = 0$ 判断,μ_A 是反应中A物质的化学势。根据吉布斯自由能判据,当 $\Delta_r G_m = 0$ 时,反应达最大限度,处于平衡状态。

通常说的四大化学平衡为氧化还原平衡、沉淀溶解平衡、配位平衡、酸碱平衡。

2)化学平衡的过程

(1)动力学角度。

从动力学角度看,反应开始时,反应物浓度较大,产物浓度较小,所以正反应速率大于逆反应速率。随着反应的进行,反应物浓度不断减小,产物浓度不断增大,所以正反应速率不断减小,逆反应速率不断增大。当正、逆反应速率相等时,系统中各物质的浓度不再发生变化,反应就达到了平衡。此时系统处于动态平衡状态,并不是说反应进行到此就完全停止。

(2)微观角度。

从微观角度讲则是因为在可逆反应中,反应物分子中的化学键断裂速率与生成物化学键的断裂速率相等所造成的平衡现象。

3. 化学平衡常数

化学平衡常数,是指在一定温度下,可逆反应无论从正反应开始,还是从逆反应开始,也不管反应物起始浓度大小,最后都达到平衡,这时各生成物浓度的化学计量数次幂的乘积除以各反应物浓度的化学计量数次幂的乘积所得的比值是个常数,用 K 表示,这个常数称为化学平衡常数。对于某一化学反应,当反应条件确定以后,其化学平衡常数为一定值。化学平衡常数 K 越大,表示反应进行的程度越大。

反应 $aA(g) + bB(g) \rightleftharpoons cC(g) + dD(g)$,$K = [c^c(C) \times c^d(D)] / [c^a(A) \times c^b(B)]$。

【例1-1-6】 已知在500℃时,一氧化碳和水蒸气反应平衡常数为 $K=9$,且一氧化碳和蒸气的起始浓度都是0.02mol/L,求一氧化碳转化率。

解:设 x 为反应达到平衡时二氧化碳的浓度

$$CO(g) + H_2O(g) \rightleftharpoons CO_2(g) + H_2(g)$$
$(0.02-x)$　$(0.02-x)$　　　x　　　x

$K=[CO_2][H_2]/[CO][H_2O]$

得 $x^2/(0.02-x)^2=9$

$x=0.015\text{mol/L}$

故 CO 转化率为 $0.015/0.02×100\%=75\%$

答：CO 转化率为 75%。

4. 化学平衡的移动

在化学反应条件下，因反应条件的改变，使可逆反应从一种平衡状态转变为另一种平衡状态的过程，叫化学平衡的移动。化学平衡发生移动的根本原因是正逆反应速率不相等，而平衡移动的结果是可逆反应到达了一个新的平衡状态，此时正逆反应速率重新相等（与原来的速率可能相等也可能不相等）。

化学平衡的影响因素有浓度、压力、温度、催化剂的种类等。催化剂只能使平衡较快达到，而不能使平衡发生移动。

5. 平衡转化率

平衡转化率是指某一可逆化学反应达到化学平衡状态时，转化为目的产物的某种原料的量占该种原料起始量的百分数。

如 $aA+bB \rightleftharpoons cC+dD$，$\alpha(A)=$（A 的初始浓度－A 的平衡浓度）/A 的初始浓度×100% = $[c_0(A)-c(A)]/c_0(A)×100\%$。

（二）化学反应速率

1. 化学反应速率的概念

化学反应速率就是化学反应进行的快慢程度（平均反应速率），用单位时间内反应物或生成物的物质的量来表示。在容积不变的反应容器中，通常用单位时间内反应物浓度的减少或生成物浓度的增加来表示。如时间单位用 s，则化学反应速率的单位是 $\text{mol}/(\text{L}\cdot\text{s})$。

2. 化学反应速率的影响因素

影响化学反应速率的因素分为内部因素和外界因素。

1）内部因素

内部因素指反应物本身的性质。化学键的强弱影响化学反应速率。例如：在相同条件下，氟气与氢气在暗处就能发生爆炸（反应速率非常大）；氯气与氢气在光照条件下会发生爆炸（反应速率大）；溴气与氢气在加热条件下才能反应（反应速率较大）；碘蒸气与氢气在较高温度时才能发生反应，同时生成的碘化氢又分解（反应速率较小）。这与反应物 X—X 键及生成物 H—X 键的相对强度大小密切相关。

2）外界因素

温度、浓度、压强、催化剂、光、激光、反应物颗粒大小、反应物之间的接触面积和反应物状态都属于外界因素。另外，X 射线、γ 射线、固体物质的表面积与反应物的接触面积、反应物的浓度也会影响化学反应速率。

（1）压强。

对于有气体参与的化学反应，其他条件不变时（除体积），增大压强，即体积减小，反应物浓度增大,单位体积内活化分子数增多,单位时间内有效碰撞次数增多,反应速率加快;反之则减小。若体积不变,加压(加入不参加此化学反应的气体)反应速率就不变。因为浓度不变,单位体积内活化分子数就不变。但在体积不变的情况下,加入反应物,同样是加压,增加反应物浓度,速率也会增加。若体积可变,恒压(加入不参加此化学反应的气体)反应速率就减小。因为体积增大,反应物的物质的量不变,反应物的浓度减小,单位体积内活化分子数就减小。

(2)温度。

只要升高温度,反应物分子获得能量,使一部分原来能量较低分子变成活化分子,增加了单位体积内活化分子的数目,使得有效碰撞次数增多,故反应速率加大(主要原因)。当然,由于温度升高,使分子运动速率加快,单位时间内反应物分子碰撞次数增多反应也会相应加快(次要原因)。

(3)催化剂。

使用正催化剂能够降低反应所需的能量,使更多的反应物分子成为活化分子,大大提高了单位体积内活化分子的数目,从而成千上万倍地增大了反应速率,负催化剂则反之。催化剂只能改变化学反应速率,却改不了化学反应平衡。

(4)反应物浓度。

当其他条件一致,增加反应物浓度就增加了单位体积内活化分子的数目,从而增加有效碰撞,反应速率增加,但活化分子百分数是不变的。化学反应的过程,就是反应物分子中的原子,重新组合成生成物分子的过程。反应物分子中的原子,要想重新组合成生成物的分子,必须先获得自由,即反应物分子中的化学键必须断裂。化学键的断裂是通过分子(或离子)间的相互碰撞来实现的,并非每次碰撞都能使化学键断裂,即并非每次碰撞都能发生化学反应,能够发生化学反应的碰撞是很少的。

五、溶液及酸、碱、盐的基础知识

(一)溶液的基础知识

1. 溶液的概念

溶液是由至少两种物质组成的均一、稳定的混合物,被分散的物质(溶质)以分子或更小的质点分散于另一物质(溶剂)中。物质在常温时有固态、液态和气态三种状态。因此溶液也有三种状态,大气本身就是一种气体溶液;固体溶液混合物常称固溶体,如合金。一般溶液只是专指液体溶液。液体溶液包括两种,即能够导电的电解质溶液和不能导电的非电解质溶液。所谓胶体溶液,更确切地说应称为溶胶。其中,溶质相当于分散质,溶剂相当于分散剂。在生活中常见的溶液有蔗糖溶液、碘酒、澄清石灰水、稀盐酸、盐水等。溶液的组成包括溶质和溶剂。

(1)溶质指被溶解的物质(例如:用盐和水配置盐水,盐就是溶质)。

(2)溶剂指能溶解其他物质的物质(例如:用盐和水配置盐水,水就是溶剂)。

(3)两种溶液互溶时,一般把量多的一种叫溶剂,量少的一种叫溶质;两种溶液互溶时,若其中一种是水,一般将水称为溶剂;固体或气体溶于液体,通常把液体叫溶剂。

2. 溶液的分类

物质在常温时有气态、液态、固态三种状态。因此按聚集状态进行分类,溶液可分为气态溶液——气体混合物,如空气等;液态溶液——气体或固体在液态中的溶解或液液溶解,如盐水等;固态溶液态彼此呈分散的固体混合物,如合金等。

按照溶解的程度进行分类,可将溶液分为饱和溶液和不饱和溶液。在一定温度下,不能再继续溶解某物质的溶液叫作该溶质的饱和溶液。饱和溶液不一定是浓溶液。在一定温度、一定量的溶剂中,溶质可以继续被溶解的溶液称为不饱和溶液。饱和与不饱和溶液可以互相转化,不饱和溶液通过增加溶质(对一切溶液适用)或降低温度(对于大多数溶解度随温度升高而升高的溶质适用,反之则须升高温度,如石灰水)、蒸发溶剂(溶剂是液体时)能转化为饱和溶液。饱和溶液通过增加溶剂(对一切溶液适用)或升高温度(对于大多数溶解度随温度升高而升高的溶质适用,反之则降低温度,如石灰水)能转化为不饱和溶液。

3. 溶解与结晶的概念

广义上说,超过两种物质混合而成为一个分子状态的均匀相的过程称为溶解。而狭义的溶解指的是一种液体对于固、液体或气体产生化学反应使其成为分子状态的均匀相的过程。

溶质以晶体的形式析出的过程叫作结晶。结晶过程可分为晶核生成(成核)和晶体生长两个阶段,两个阶段的推动力都是溶液的过饱和度(结晶溶液中溶质的浓度超过其饱和溶解度之值)。

4. 溶解度

溶解度用 S 表示,是指在一定温度下,某固态物质在 100g 溶剂中达到饱和状态时所溶解的溶质的质量,单位是 g。物质的溶解度属于物理性质。

例如:在一定温度下,100g 水中最多溶解 38g NaCl,所以该温度下 NaCl 的溶解度是 38g。60℃、100g 水中最多溶解 124g KNO_3,所以 KNO_3 在此温度下的溶解度是 124g。根据溶解度的大小,可以把气体分为易溶、可溶、微溶、难溶等。在常温常压下,难溶气体是指溶解度在 0.01g 以下的物质。

在一定条件下,气体的溶解度随着压强的增大而增大,随着温度的升高而降低。影响气体溶解度的因素有溶质和溶剂的性质、温度、压强等。物质溶解与否,溶解能力的大小,一方面取决于物质(指的是溶剂和溶质)的本性,另一方面也与外界条件如温度、压强、溶剂种类等有关。在相同条件下,有些物质易于溶解,而有些物质则难于溶解,即不同物质在同一溶剂里溶解能力不同。通常把某一物质溶解在另一物质里的能力称为溶解性。例如,糖易溶于水,而油脂不溶于水,就是它们对水的溶解性不同。溶解度是溶解性的定量表示。

GAA004 气体溶解度的影响因素

通常把在室温(20℃)下 100g 水中溶解度在 10g 以上的物质叫易溶物质,溶解度在 1~10g 的物质叫可溶物质,溶解度在 0.01~1g 的物质叫微溶物质,溶解度小于 0.01g 的物质叫难溶物质。故溶解是绝对的,不溶解是相对的。

5. 溶解度的计算

$$溶解度 = 溶质质量/溶剂质量 \times 100g$$

$$溶质的质量分数 = 溶质质量/溶液质量 \times 100\% \tag{1-1-4}$$

【例 1-1-7】 20℃时,100g 水中最多能溶解 35.8g NaCl,即该温度下 NaCl 的溶解度为

GAA005 溶解度的计算 35.8g。在70℃时,KNO₃的溶解度为135g,问:(1)70℃时,100g饱和溶液中能溶解多少克KNO₃? (2)70℃时,溶解100gKNO₃至少需要多少克水?

解:(1)70℃时,KNO₃的溶解度为135g,其饱和溶液为100+135=235g。设100g饱和溶液中溶解的KNO₃为$x(g)$,则

$$235:135=100:x$$
$$x=57.45(g)$$

(2)70℃时,溶解135g KNO₃须用100g水。设溶解100g KNO₃需用水$y(g)$,则

$$135:100=100:y$$
$$y=74.07(g)$$

答:100g饱和溶液中溶解57.45g KNO₃,溶解100g KNO₃需要74.07g水。

6. 电解质溶液

1) 电解质

ZAA008 电解质的基本性质 电解质是溶于水溶液中或在熔融状态下就能导电的化合物。根据其水溶液或熔融状态下导电性的强弱,可分为强电解质和弱电解质。电解质都是以离子键或极性共价键结合的物质。化合物在溶解于水中或受热状态下能够离解成自由移动的离子。离子化合物在水溶液中或熔化状态下能导电;某些共价化合物也能在水溶液中导电,但也存在固体电解质,其导电性来源于晶格中离子的迁移。

强电解质是在水溶液中或熔融状态中几乎完全发生离解的电解质。一般有:强酸、强碱、活泼金属氧化物和大多数盐,如:硫酸、盐酸、碳酸钙、硫酸铜等。

弱电解质是在水溶液中或熔融状态下不完全发生离解的电解质。强弱电解质导电的性质与物质的溶解度无关。强电解质一般有:弱酸、弱碱、少部分盐,如:乙酸、一水合氨($NH_3 \cdot H_2O$)、乙酸铅、氯化汞。另外,水是极弱电解质。

2) 离解平衡

ZAA009 电离平衡的概念 具有极性共价键的弱电解质(例如部分弱酸、弱碱,水也是弱电解质)溶于水时,其分子可以微弱离解出离子;同时,溶液中的相应离子也可以结合成分子。弱电解质分子离解出离子的速率不断降低,而离子重新结合成弱电解质分子的速率不断升高,当两者的反应速率相等时,溶液便达到了离解平衡。此时,溶液中电解质分子的浓度与离子的浓度分别处于相对稳定状态,达到动态平衡。

弱电解质在一定条件下离解达到平衡时,溶液中离解所生成的各种离子浓度以其在化学方程式中的计量为幂的乘积,跟溶液中未离解分子的浓度以其在化学方程式中的计量为幂的乘积的比值,即溶液中的离解出来的各离子浓度乘积与溶液中未离解的电解质分子浓度的比值是一个常数,叫作该弱电解质的离解平衡常数,简称离解常数。

例:$A_xB_y \rightleftharpoons xA^+ + yB^-$,则离解常数$K=[A^+]^x \cdot [B^-]^y/[A_xB_y]$,$[A^+]$、$[B^-]$、$[A_xB_y]$分别表示$A^+$、$B^-$和$A_xB_y$在离解平衡时的物质的量浓度。

(二)酸、碱、盐的基础知识

1. 酸、碱、盐的概念

在化学中,广义上,酸指的是电解质在离解时产生的阳离子全部都是氢离子的化合物。能与碱中和生成盐和水,可跟某些金属反应生成盐和氢气,水溶液有酸性,可使石蕊试纸

变红。

碱指的是电解质在离解时产生的阴离子全部都是氢氧根离子的化合物。能跟酸中和生成盐和水,水溶液有涩味,可使石蕊试纸变蓝。

盐指的是电解质在离解时生成金属阳离子(或铵根离子)和酸根阴离子的化合物。

可以简记为:氢头酸,氢氧根结尾碱,金属开头酸根结尾的是盐。

2. 常见的酸

常见的酸包括硫酸、硝酸、盐酸等。

硫酸(化学式:H_2SO_4)是最重要的含氧酸。无水硫酸为无色油状液体,10.36℃时结晶,通常使用的是它的各种不同浓度的水溶液,硫酸是一种最活泼的二元无机强酸,能和绝大多数金属发生反应。

硫酸在不同的浓度下有不同的应用,表1-1-2为一些常见的硫酸浓度级别。

表1-1-2 常见硫酸浓度级别

H_2SO_4质量分数	相对密度	浓度,mol/L	俗称
10%	1.07	<1	稀硫酸
29%~32%	1.25~1.28	4.2~5	铅酸蓄电池酸
62%~70%	1.52~1.60	9.6~11.5	室酸、肥料酸
98%	1.83	<18	浓硫酸

浓硫酸俗称坏水,是一种具有高腐蚀性的强矿物酸。浓硫酸指质量分数大于或等于70%的硫酸溶液。浓硫酸在浓度高时具有强氧化性,这是它与稀硫酸最大的区别之一。同时它还具有脱水性、强腐蚀性、难挥发性、酸性和吸水性等。

稀硫酸是指硫酸的水溶液,可与多数金属(比铜活泼)和绝大多数金属氧化物反应,生成相应的硫酸盐和水;可与所含酸根离子对应酸性比硫酸根离子弱的盐反应,生成相应的硫酸盐和弱酸;可与碱反应生成相应的硫酸盐和水;可与活泼性排在氢之前的金属在一定条件下反应,生成相应的硫酸盐和氢气;加热条件下可催化蛋白质、二糖和多糖的水解;能与指示剂作用,使紫色石蕊试液变红,使无色酚酞试液不变色。

由于稀硫酸中的硫酸分子已经被完全离解,所以稀硫酸不具有浓硫酸的强氧化性、吸水性、脱水性(俗称炭化,即强腐蚀性)等特殊化学性质。

硝酸(化学式:HNO_3)是一种具有强氧化性、腐蚀性的强酸,属于一元无机强酸,是六大无机强酸之一,也是一种重要的化工原料。

纯硝酸为无色透明液体,浓硝酸为淡黄色液体(溶有二氧化氮),正常情况下为无色透明液体,有窒息性刺激气味。浓硝酸含量为68%左右,易挥发,在空气中产生白雾(与浓盐酸相同),是硝酸蒸气(一般来说是浓硝酸分解出来的二氧化氮)与水蒸气结合而形成的硝酸小液滴。见光能产生二氧化氮,二氧化氮重新溶解在硝酸中,从而变成棕色。浓硝酸有强酸性,能使羊毛织物和动物组织变成嫩黄色,能与乙醇、松节油、碳和其他有机物猛烈反应,能与水混溶,能与水形成共沸混合物。

3. 常见的碱

常见的碱包括氢氧化钠、氢氧化钾等。

氢氧化钠(化学式:NaOH)俗称烧碱、火碱、苛性钠,为一种具有强腐蚀性的强碱,一般为片状或块状形态,易溶于水(溶于水时放热)并形成碱性溶液,另有潮解性,易吸取空气中的水蒸气(潮解)和二氧化碳(变质),可加入盐酸检验是否变质。氢氧化钠在水处理中可作为碱性清洗剂,溶于乙醇和甘油,不溶于丙醇、乙醚。与氯、溴、碘等卤素发生歧化反应;与酸类起中和作用而生成盐和水。

4. 常见的盐及水的硬度

常见的盐包括氯化钠、碳酸钙等。

氯化钠(化学式:NaCl)是一种无机离子化合物,无色立方结晶或细小结晶粉末,味咸。外观是白色晶体状,其来源主要是海水,是食盐的主要成分。易溶于水、甘油,微溶于乙醇(酒精)、液氨;不溶于浓盐酸。不纯的氯化钠在空气中有潮解性。氯化钠稳定性比较好,其水溶液呈中性,工业上一般采用电解饱和氯化钠溶液的方法来生产氢气、氯气和烧碱(氢氧化钠)及其他化工产品(一般称为氯碱工业),也可用于矿石冶炼(电解熔融的氯化钠晶体生产活泼金属钠),医疗上用来配置生理盐水,生活上可用于调味品。

[CAA009 硬水的概念] 碳酸钙(化学式:$CaCO_3$)是一种无机化合物,俗称石灰石、大理石等,基本不溶于水,溶于盐酸。水的硬度是指水中钙、镁离子的总浓度,其中包括碳酸盐硬度和非碳酸盐硬度,也叫作暂时硬度和永久硬度。水中 Ca^{2+}、Mg^{2+} 以碳酸盐形式存在的部分,因其遇热即形成碳酸盐沉淀而被除去,称为暂时硬度;而以硫酸盐、硝酸盐和氯化物等形式存在的部分,因其性质比较稳定,不能够通过加热的方式除去,故称为永久硬度。硬水软化就是将硬水中的钙、镁等可溶性盐除去的过程。硬水软化的方法很多,常用的有煮沸法、化学软化法、离子交换软化法等。

项目二 有机化学基础知识

一、有机化合物的基本概念及分类

[CAA010 有机化合物的概念] 在化学上通常把化合物分为两大类:一类是不含碳的化合物,例如水(H_2O)、硫酸(H_2SO_4)等,叫作无机化合物;另一类是含碳的化合物,例如甲烷(CH_4)、乙烯(C_2H_4)、乙炔(C_2H_2)、苯(C_6H_6)等,叫作有机化合物。历史上,最初是把来源于无生命的矿物化合物叫作无机化合物;来源于有生命的动植物的化合物叫作有机化合物。由于这个历史原因,像一氧化碳(CO)、二氧化碳(CO_2)、碳酸钠(Na_2CO_3)、碳酸钙($CaCO_3$)等这些来源于无生命的矿物的化合物,虽然含碳,但是并不叫作有机化合物,而是叫作无机化合物。

研究有机化合物就是研究碳氢化合物及其衍生物的化学。有机化合物一般具有易于燃烧、熔点较低、难溶于水及反应速率较慢的特性。官能团包括分子中比较活泼、容易发生反应的原子或原子团,它们对有机化合物的性质起着决定性作用。从本质上讲,有机化合物的最大特点是:(1)数目巨大;(2)异构现象普遍存在。导致有机化合物具有这两大特点的根本原因是来自碳原子独有的性质——碳原子和碳原子之间可以以强的共价键连接起来形成碳链(开链)和碳环(闭链)。正是由于碳原子的这种独有的性质才使有机化合物具有上述特点。

有机物种类繁多,根据有机物分子的碳架结构,还可分成开链化合物、碳环化合物和杂环化合物三类。根据有机物分子中所含官能团的不同,又分为烷烃、烯烃、炔烃、芳香烃、卤代烃、醇、酚、醚、醛、酮、羧酸、酯等。

(一)按碳骨架分类

按照碳骨架,通常把有机化合物分为4大类。

(1)开链化合物(脂肪族化合物)。这类化合物的共同特点是分子的链都是张开的。开链化合物最初是从动植物油脂中获得的,所以也叫脂肪族化合物,如乙烷、乙烯、乙醇等。

(2)脂环化合物。这类化合物的共同特点是分子中具有由碳原子连接而成的环状结构(苯环结构除外)。这类环状化合物的性质与脂肪族化合物相似,所以叫作脂环化合物,如环己烷、环己烯、环己醇等。

(3)芳香烃化合物。通常是指分子中含有苯环结构的一类有机化合物。芳香烃具有苯环的基本结构,历史上早期发现的这类化合物有芳香味道,因此称这些烃类为芳香烃,后来发现不具有芳香味道的烃类,也都统一沿用这种叫法,如苯、甲苯、二甲苯、萘等。

(4)杂环化合物。这类化合物的共同特点是在它们的分子中也具有环状结构,但是在环中除碳原子外,还有其他原子(例如O、S、N等)存在,如糠醛、吩、吡啶等。

(二)按官能团分类

官能团指的是有机化合物分子中那些特别容易发生反应的原子或基团,这些原子或基团决定这类有机化合物的主要性质。例如,烯烃中的C=C双键,炔烃中的C≡C三键,卤代烃中的卤原子(F、Cl、Br、I),醇中的羟基(—OH)等。

含相同官能团的化合物具有类似的性质。根据官能团的不同可将有机物分为:

(1)烷烃:通式为 $C_nH_{2n+2}(n \geq 1)$。

(2)烯烃与环烷烃:通式为 $C_nH_{2n}(n \geq 1)$。

(3)二烯烃、单炔烃与环单烯烃:通式为 $C_nH_{2n-2}(n \geq 3)$。

(4)苯及其同系物:通式为 $C_nH_{2n-6}(n \geq 6)$。

(5)饱和一元醇与饱和一元醚:通式为 $C_nH_{2n+2}O(n \geq 1)$。

(6)饱和一元醛、饱和一元酮、烯醇:通式为 $C_nH_{2n}O(n \geq 3)$。

(7)饱和一元羧酸、饱和一元酯、羟基醛:通式为 $C_nH_{2n}O_2(n \geq 1)$。

(8)酚、芳香醇、芳香醚:通式为 $C_nH_{2n-6}O(n \geq 6)$。

(9)葡萄糖与果糖;蔗糖与麦芽糖。

(10)氨基酸[R—CH(NH$_2$)—COOH]与硝基化合物(R—NO$_2$)。

二、有机物的性质

(一)烷烃及其主要性质

烷烃的分子通式是 C_nH_{2n+2},分子式相同的烷烃不一定是同一种物质,可能为同分异构体。

烷烃是无色物质,具有一定的气味。在常温常压下,C_1~C_4 直链烷烃是气体,C_5~C_{17} 直链烷烃是液体,C_{18} 以及 C_{18} 以上直链烷烃是固体。随着碳原子数的增大,烷烃的熔点、沸点、密度逐渐增加。

与其他有机化合物相比，烷烃(特别是直链烷烃)的化学性质最不活跃，即最不容易发生化学反应。

(二)烯烃及其主要性质

烯烃的分子通式是 C_nH_{2n}。C=C 双键是烯烃的官能团。烯烃的同分异构体数目比相应的烷烃多。分子中含有两个碳碳双键的开链不饱和烃叫作二烯烃。二烯烃的分子通式是 C_nH_{2n-2}，与炔烃的分子通式相同。例如丙二烯的分子式是 C_3H_4，1,3-丁二烯的分子式是 C_4H_6。

烯烃与烷烃类似，也是无色物质，具有一定的气味。烯烃的化学性质比相同碳原子数的烷烃活泼。烯烃很容易被氧化，生成的有机酸有腐蚀作用。它还容易聚合生成树脂状物质，影响油品的质量，加氢可以除掉烯烃，提高油品的质量。常温常压时，乙烯、丙烯、丁烯是气体，直链烯烃中从 1-戊烯开始是液体。烯烃不溶于水，但能溶于某些有机溶剂，在一定条件下能和水反应的是乙烯。

(三)炔烃及其主要性质

炔烃是分子中含有碳碳三键的开链不饱和烃，炔烃的分子通式是 C_nH_{2n-2}，没有顺反异构体。

炔烃的物理性质和烷烃、烯烃基本相似。炔烃的沸点、相对密度等都比相应的烯烃略高些，$C_2 \sim C_4$ 的炔烃是气体；$C_5 \sim C_{18}$ 的炔烃是液体；C_{18} 以及 C_{18} 以上的炔烃是固体。炔烃微溶于水，易溶于有机溶剂中，如苯、丙酮、石油醚等。炔烃比水轻，沸点随碳链增长而增加。炔烃中最重要的是乙炔，纯的乙炔是无色、无臭的气体。在常温常压下，呈液态的是 1-戊炔。固态的小分子炔烃比水轻。乙炔的临界温度是 36.5℃，所以常温时增大压力可使乙炔液化。乙炔难溶于水，与空气混合，爆炸极限是 3%~81%。与烯烃相似，炔烃也能与氢发生加成反应。乙炔是一种重要的有机合成原料，能发生聚合反应，可用作高温氧炔焰的燃料。

工业上常用制取乙炔的方法是以煤炭为原料的电石法和以天然气为原料的部分氧化法。

(四)芳香烃及其主要性质

1. 芳香烃的概念及分类

GAA006 有机物的性质

芳香族碳氢化合物简称芳香烃或芳烃，指分子中含有苯环结构的碳氢化合物，苯可以看作芳烃化合物的母体。芳烃按分子中所含苯环的数目和结构分为三类：单环芳烃、多环芳烃、稠环芳烃。

芳烃主要为苯、甲苯、二甲苯，是生产石油化工产品最重要的基础原料之一。其中苯、甲苯、二甲苯也被称为一级基本有机原料，主要用于生产尼龙、聚氨酯、醇酸树脂等合成材料。此外，还有许多小规模的用途，如生产杀虫剂、除草剂、医药和染料等。目前，芳烃的大规模工业生产是通过芳烃联合装置来实现的，主要原料有催化重整油、石脑油、裂解汽油。石脑油包括直馏石脑油、加氢裂化石脑油或加氢焦化汽油。典型的芳烃联合装置包括石脑油加氢、重整或者裂解汽油加氢等生产芳烃的装置以及芳烃转化和芳烃分离的装置。

1)单环芳烃

单环芳烃是分子中只含一个苯环结构的芳烃，此类化合物大多有芳香味。单环芳烃最基本的代表物是苯。苯环上的氢被各种烷基、烯基等取代则可生成各种单环芳烃,这些化合物通常具有烃类取代基的性质和苯的一些基本性质,是重要的有机原料和溶剂。其主要来源为煤焦油和石油烃裂解产物中的芳烃馏分。苯的同系物的通式是 $C_nH_{2n-6}(n \geq 6)$,同系物存在分子式相同、结构不同的同分异构体,比如分子式为 C_8H_{10} 的苯同系物的种类有乙苯、对二甲苯、邻二甲苯和间二甲苯4种,它们属于同分异构体。单环芳烃的化学性质比较稳定,可以发生的反应主要有加成反应、还原反应、氧化反应、取代反应等。常见芳烃的物理性质见表1-1-3。

表1-1-3 常见芳烃的名称及物理性质

化合物	熔点,℃	沸点,℃	相对密度
苯	5.5	80	0.879
甲苯	−95	111	0.866
邻二甲苯	−25	144	0.881
间二甲苯	−48	139	0.864
对二甲苯	13	138	0.861
乙苯	−95	136	0.867
正丙苯	−99	159	0.862
异丙苯	−96	152	0.864

石油化工生产中,常见的单环芳烃有苯、甲苯、二甲苯和乙苯。

(1)苯。

苯是一种最简单的芳烃。它是一种在常温下有甜味、可燃、有致癌毒性的无色透明液体,带有强烈的芳香气味。它难溶于水,易溶于有机溶剂,本身也可作为有机溶剂。分子式 C_6H_6,相对分子质量为78.11。苯能与水生成恒沸物,沸点为69.25℃,含苯91.2%。因此,在有水生成的反应中常加苯蒸馏,以将水带出。苯的摩尔质量为78.11g/mol,最小点火能为0.20mJ,爆炸上限(体积分数)为8%,爆炸下限(体积分数)为1.2%,燃烧热为3264.4kJ/mol。

苯参加的化学反应大致有3种:①其他基团和苯环上的氢原子之间发生的取代反应;②发生在苯环上的加成反应(注:苯环无碳碳双键,而是一种介于单键与双键的独特的键);③普遍的燃烧氧化反应(不能使酸性高锰酸钾褪色)。

苯在工业上最重要的用途是作为化工原料。苯可以合成一系列苯的衍生物,苯经取代反应、加成反应、氧化反应等生成的一系列化合物可以作为制取塑料、橡胶、纤维、染料、去污剂、杀虫剂等的原料。大约10%的苯用于制造苯系中间体的基本原料。

苯环上的亲电取代反应生成正碳离子的速度很快。苯环上的取代反应的第一个步骤亲电试剂进攻苯环,生成正碳离子,负离子夺取苯环上的氢离子并生成取代产物。

苯的最大用途是生产苯乙烯、环己烷和苯酚,三者消费量占苯的消费量的80%~90%。

(2)甲苯。

甲苯,无色澄清液体,有苯样气味,有强折光性,能与乙醇、乙醚、丙酮、氯仿、二硫化碳和冰乙酸混溶,极微溶于水,低毒。高浓度气体有麻醉性,有刺激性。分子式 C_7H_8,相对分质量为 92.14。甲苯的凝固点-95℃,沸点 110.6℃,折射率 1.4967,闪点(闭杯)4.4℃,易燃。蒸气能与空气形成爆炸性混合物,爆炸极限 1.2%~7.0%(体积分数)。

甲苯化学性质活泼,与苯相像,可进行氧化、磺化、硝化、歧化反应和侧链氯化反应。甲苯能被氧化成苯甲酸。甲苯和高锰酸钾作用,生成苯甲酸。甲苯在硫酸和三氧化硫存在的情况下,主要生成对甲苯磺酸和邻甲苯磺酸;甲苯在硫酸的存在下,和硝酸作用,主要生成邻硝基甲苯和对硝基甲苯。甲苯大量用作溶剂和高辛烷值汽油添加剂,也是有机化工的重要原料。甲苯衍生的一系列中间体广泛用于染料、医药、农药、火炸药、助剂、香料等精细化学品的生产,也用于合成材料工业。

(3)二甲苯。

二甲苯为无色透明液体,是苯环上两个氢被甲基取代的产物,存在邻、间、对三种异构体。在工业上,二甲苯即指上述异构体的混合物。二甲苯的分子式为 C_8H_{10},相对分子质量为 106.16,一般二甲苯系由 45%~70%的间二甲苯、15%~25%的对二甲苯和 10%~15%邻二甲苯三种异构体所组成的混合物。二甲苯能与无水乙醇、乙醚和其他许多有机溶剂混溶,几乎不溶于水。沸点 138~144℃,折射率 1.4970,闪点 29℃,易燃。蒸气能与空气形成爆炸性混合物,爆炸极限约为 1%~7%(体积分数)。低毒,半数致死浓度(大鼠,吸入)0.67%/4h,有刺激性,蒸气浓度高时有麻醉性。

二甲苯被广泛用于涂料、树脂、染料、油墨等行业做溶剂;用于医药、炸药、农药等行业做合成单体或溶剂;也可作为高辛烷值汽油组分,还可以用于去除车身的沥青,是有机化工的重要原料。医院病理科主要用于组织、切片的透明和脱蜡。二甲苯的重要衍生物有邻苯二甲酸酐、间苯二甲酸和邻苯二甲酸、对苯二甲酸。

2)多环芳烃

多环芳烃(PAHs)是指含有两个或两个以上苯环,且彼此独立的一类芳香烃化合物,主要包括煤、石油、木材、烟草、有机高分子化合物等有机物不完全燃烧时产生的挥发性碳氢化合物,是重要的环境和食品污染物。迄今已发现有 200 多种 PAHs,其中有相当部分具有致癌性,如苯并(α)芘,二苯蒽等。PAHs 广泛分布于环境中,可以在我们生活的每一个角落发现,任何有机物加工、废弃、燃烧或使用的地方都有可能产生多环芳烃。多环芳烃大部分是无色或淡黄色的结晶,个别具深色,熔点及沸点较高,蒸气压很小,大多不溶于水,易溶于苯类芳香性溶剂中,微溶于其他有机溶剂中。多环芳烃化学性质稳定,当它们发生反应时,趋向保留它们的共轭环状系,一般多通过亲电取代反应形成衍生物并代谢为最终致癌物的活泼形式。其基本单元是苯环,但化学性质与苯并不完全相似。

3)稠环芳烃

稠环芳烃含有两个或两个以上苯环,且每两个苯环共用两个相邻的碳原子,如萘、蒽、菲等。稠环芳烃存在于高沸点石油馏分中。

2. 芳烃的工业生产及其主要反应

苯、甲苯、二甲苯(BTX)等作为重要的化纤、橡胶、塑料及精细化工原料,在工业上,70%以上是通过重整生成油经芳烃抽提而来。作为芳烃联合装置的重要组成部分,通过甲苯歧化及烷基转移反应、二甲苯异构化反应等方式调整芳烃产品结构,从而达到增产、增效的目的。

歧化及烷基转移反应主要是以甲苯和碳九芳烃为原料,在分子筛催化剂的作用下,经过歧化、烷基转移反应生成苯和二甲苯。该反应需要有催化剂参与,催化剂对反应的进行至关重要,评价催化剂的主要性能指标包括催化剂的活性、选择性和稳定性等。催化剂的活性是衡量催化剂效能大小的标准,在工业上往往用反应物的转化率表示或用一特定反应达到规定的转化率所需要的反应条件来表示,即达到同样的转化率时,反应温度和压力越低,空速越大,催化剂活性越高。催化剂的选择性是衡量装置运行参数是否合适的一项重要指标。催化剂选择性的定义一般为消耗于目的产物的原料量/原料的转化量。催化剂的选择作用,在工业上具有特殊意义,一方面,选择某种催化剂,就有可能合成某一特定产品;另一方面,催化剂具有优良的选择性,还可以节省原料消耗和减少反应后处理工序。

歧化及烷基转移的基本反应有两种,即歧化和烷基转移,副反应主要有三种,即烷基转移、脱烷基和加氢裂化。上述反应的产物又可参与二次或三次反应,此外还可能发生裂解和聚合反应。

项目三　高分子化学基础知识

一、高分子化合物的基本概念

高分子化学是研究高分子化合物(简称高分子)合成(聚合)和化学反应的一门科学,同时还会涉及聚合物的结构和性能(这一部分常另列为高分子物理的内容)。

高分子也称聚合物(或高聚物),有时高分子可指一个大分子,而聚合物则指许多大分子的聚集体。高分子的相对分子质量高达 $10^4 \sim 10^7$,一个大分子往往由许多简单的结构单元通过共价键重复键接而成。例如聚氯乙烯由氯乙烯结构单元重复键接而成。

$$\sim\sim\sim CH_2CH-CH_2CH-CH_2CH-CH_2CH \sim\sim\sim$$
$$\quad\quad | \quad\quad\quad | \quad\quad\quad | \quad\quad\quad |$$
$$\quad\quad Cl \quad\quad\, Cl \quad\quad\, Cl \quad\quad\, Cl$$

上式中符号 $\sim\sim\sim$ 代表碳链骨架,略去了端基。为方便起见,上式可缩写成下式:

$$+CH_2CH+_n$$
$$\quad\quad |$$
$$\quad\quad Cl$$

> CAA011 重复单元、聚合度、链节

对于聚氯乙烯一类加聚物,方(或圆)括号内是结构单元,也就是重复单元,括号表示重复连接,n 代表重复单元数,有时定义为聚合度(DP)。许多结构单元连接成线性大分子,类似一条链子,因此结构单元俗称链节。

合成聚合物的化合物称作单体,单体通过聚合反应,才转变成大分子的结构单元。聚氯乙烯的结构单元与单体的元素组成相同,只是电子结构有所改变,因此可称为单体单元。

因此,聚合物的相对分子质量 M 是重复单元的相对分子质量(M_0)与重复单元数 n 或聚合度(DP)的乘积,即

$$M = DP \cdot M_0$$

由一种单体聚合而成的聚合物称为均聚物,如聚氯乙烯和聚乙烯。由两种以上单体共聚而成的聚合物称作共聚物,如氯乙烯-乙酸乙烯酯共聚物,丙烯腈-丁二烯-苯乙烯共聚物(ABS)。

> ZAA010 均聚物和共聚物的概念

二、聚合物的分类和命名

聚合物的种类日益增多,迫切需要一个科学的分类方案和系统命名法。

(一)聚合物的分类

可以从不同专业角度,对聚合物进行多种分类,例如按来源、合成方法、用途、热行为、结构等来分类。按来源,可分为天然高分子、合成高分子、改性高分子。按用途,可粗分为合成树脂和塑料、合成橡胶、合成纤维等。按热行为,可分为热塑性聚合物和热固性聚合物。按聚集态,可分为橡胶态、玻璃态、部分结晶态等。但从有机化学和高分子化学角度考虑,则按主链结构将聚合物分成碳链聚合物、杂链聚合物和元素有机聚合物三大类;在这个基础上,再进一步细分,如聚烯烃、聚酰胺等。

碳链聚合物大分子主链完全由碳原子组成,绝大部分烯类和二烯类的加成聚合物属于这一类,如聚乙烯、聚氯乙烯、聚丁二烯、聚异戊二烯等。

杂链聚合物大分子主链中除了碳原子外,还有氧、氮、硫等杂原子,如聚醚、聚酯、聚酰胺等缩聚物和杂环开环聚合物,天然高分子多属于这一类。这类聚合物都有特征基团,如醚键(—O—)、酯键(—COOR)、酰胺键(—NHCO—)等。

元素有机聚合物(半有机高分子)大分子主链中没有碳原子,主要由硅、硼、铝、氧、氮、硫、磷等原子组成,但侧基多半是有机基团,如甲基、乙基、乙烯基、苯基等。聚硅氧烷(有机硅橡胶)是典型的例子。

如果主链和侧基均无碳原子,则称为无机高分子,如硅酸盐类等。

(二)聚合物的命名

聚合物的名称常按单体或聚合物结构来命名,叫作习惯命名法。有时也会用商品俗名。1972 年,国际纯粹与应用化学联合会(IUPAC)对线型聚合物提出了结构系统命名法。

习惯命名法聚合物名称常以单体名为基础。烯类聚合物以烯类单体名前冠以"聚"字来命名,例如乙烯、氯乙烯的聚合物分别称为聚乙烯、聚氯乙烯。

由两种单体合成的共聚物,常摘取两单体的简名,后缀"树脂"两字来命名,例如苯酚和甲醛的缩聚物称为酚醛树脂。这类产物的形态类似天然树脂,因此有合成树脂的统称。目前已扩展到将未加有助剂的聚合物粉料和粒料也称为合成树脂。合成橡胶往往从共聚单体中各取一字,后缀"橡胶"二字来命名,如丁(二烯)苯(乙烯)橡胶、乙(烯)丙(烯)橡胶等。

杂链聚合物还可以进一步按其特征结构来命名,如聚酰胺、聚酯、聚碳酸酯、聚砜等。这些都代表一类聚合物,具体品种另有专名,如聚酰胺中的己二胺和己二酸的缩聚物学名为聚己二酰己二胺,国外商品名为尼龙-66(聚酰胺-66)。尼龙后的前一数字代表二元胺的碳原子数,后一数字则代表二元酸的碳原子数;如只有一位数,则代表氨基酸的碳原子数,如尼龙-6(锦纶)是己内酰胺或氨基己酸的聚合物。我国习惯以"纶"字作为合成纤维商品名的后缀字,如聚对苯二甲酸乙二醇酯称涤纶,聚丙烯腈称腈纶,聚乙烯醇纤维称维尼纶等,其他如丙纶、氯纶则代表聚丙烯纤维、聚氯乙烯纤维。

有些聚合物按单体名来命名容易引起混淆,例如结构式为 $\text{—OCH}_2\text{CH}_2\text{—}$ 的聚合物,可由环氧乙烷、乙二醇、氯乙醇或氯甲醚来合成,只因为环氧乙烷单体最常见,故通常称作聚环氧乙烷。按结构,应称作聚氧乙烯。

结构系统命名法为了作出更严格的科学系统命名,国际纯粹与应用化学联合会(IUPAC)对线性聚合物提出下列命名原则和程序:先确定重复单元结构,再排好其中次级单元次序,给重复单元命名,最后冠以"聚"字,就成为聚合物的名称。

为方便起见,许多聚合物都有缩写符号,例如聚甲基丙烯酸甲酯的符号为PMMA。书刊中第一次出现不常见符号时,应注出全名。在学术性比较强的论文中,虽然并不反对使用能够反映单体结构的习惯名称,但鼓励尽量使用系统命名,并不希望用商品俗名。

三、聚合反应

由低分子单体合成聚合物的反应称作聚合反应,聚合反应有两种分类方式。

(一) 按单体结构和反应类型分类

按单体结构和反应类型,可将聚合反应分成三大类:官能团间的缩聚;双键的加聚;环状单体的开环聚合。这一分类比较简明,目前仍在沿用。

1. 缩聚

缩聚是缩合聚合的简称,是官能团单体多次缩合成聚合物的反应,除形成缩聚物外,还有水、醇、氨或氯化氢等低分子副产物产生,缩聚物的结构单元要比单体少若干原子,己二胺和己二酸反应生成聚己二酰己二胺(尼龙-66)就是缩聚的典型例子。

$$n H_2N(CH_2)_6NH_2 + n HOOC(CH_2)_4COOH \longrightarrow H \text{\textlbrackdbl} NH(CH_2)_6NHOC(CH_2)_4CO \text{\textrbrackdbl}_n OH + (2n-1)H_2O$$

聚酯、聚碳酸酯、酚醛树脂、脲醛树脂等都由缩聚而合成。

2. 加聚

加聚烯类单体 π 键断裂而后加成聚合起来的反应称为加聚反应,产物称为加聚物,氯乙烯加聚成聚氯乙烯就是例子。加聚物结构单元的元素组成与其单体相同,仅仅是电子结构有所变化,因此加聚物的相对分子质量是单体相对分子质量的整数倍。

> JAA002 根据反应式判断缩聚反应类型

$$n CH_2=CH \underset{Cl}{|} \longrightarrow \text{\textlbrackdbl} CH_2CH \text{\textrbrackdbl}_n \underset{Cl}{|}$$

烯类加聚物多属于碳链聚合物。单烯类聚合物(如聚苯乙烯)为饱和聚合物,而双烯类聚合物(如聚异戊二烯)大分子中则留有双键,可进一步反应。

3. 开环聚合

环状单体 σ 键断裂后而聚合成线性聚合物的反应称作开环聚合。杂环开环聚合物是杂链聚合物,结构类似缩聚物;反应时无低分子副产物产生,又有点类似加聚。例如环氧乙烷开环聚合成聚氧乙烯,己内酰胺开环聚合成聚酰胺-6(尼龙-6)。

$$n CH_2\!-\!CH_2 \longrightarrow \text{\textlbrackdbl} OCH_2CH_2 \text{\textrbrackdbl}_n$$
$$\quad \diagdown O \diagup$$

环氧乙烷　　　聚氧乙烯

$$n HN(CH_2)_5CO \longrightarrow \text{\textlbrackdbl} HN(CH_2)_5CO \text{\textrbrackdbl}_n$$

己内酰胺　　　聚酰胺-6

除以上三大类之外,还有多种聚合反应,如加成、消去聚合、异构化聚合等。

（二）按聚合机理分类

20世纪中叶，Flory根据机理和动力学，将聚合反应分成逐步聚合和连锁聚合两大类。这两类聚合反应的转化率和聚合物相对分子质量随时间的变化均有很大的差别。个别聚合反应可能介于两者之间。

1. 逐步聚合

多数缩聚和加成反应都属于逐步聚合，其特征是低分子缓慢逐步转变成高分子，每步反应的速率和活化能大致相同。两单体分子反应，形成二聚体；二聚体与单体反应，形成三聚体；三聚体相互反应，则成四聚体。反应早期，单体很快聚合成二、三、四聚体等，这些低聚物常称作齐聚物。短期内单体转化率就很高，反应基团的转化率却很低。随后，低聚物间继续相互缩聚，相对分子质量缓慢增加，直至基团转化率很高（>98%）时，相对分子质量才达到较高的数值，如图1-1-1中的曲线3所示。在逐步聚合过程中，体系由单体和相对分子质量递增的系列中间产物组成。

2. 连锁聚合

多数烯类单体的加聚反应属于连锁聚合。连锁聚合需要活性中心，可以是自由基、阴离子或阳离子，对应的聚合方式是自由基聚合、阴离子聚合和阳离子聚合。连锁聚合过程由链引发、链增长、链终止等基元反应组成，各基元反应的速率和活化能差别很大。链引发是活性中心的形成，活性中心与单体加成，使链迅速增长，活性中心的破坏就是链终止。自由基聚合过程中，相对分子质量变化不大，如图1-1-1曲线1所示；除微量引发剂外，体系始终由单体和高分子量聚合物组成，没有相对分子质量递增的中间产物；转化率却随时间而增加，单体则相应减少。活性阴离子聚合的特征是相对分子质量随转化率而线性增加，如图1-1-1曲线2所示。

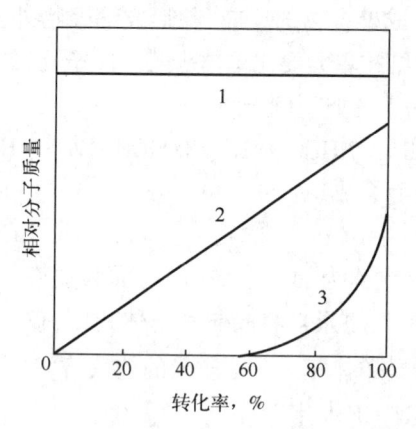

图1-1-1　相对分子质量与转化率关系示意图
1—自由基聚合；2—活性阴离子聚合；3—缩聚反应

根据聚合机理特征，可以按照不同规律来控制聚合速率、相对分子质量等重要指标。

四、相对分子质量及其分布

聚合物主要用作材料，强度是材料的基本要求，而相对分子质量则是影响强度的重要因素。因此，在聚合物合成和成型中，相对分子质量总是评价聚合物的重要指标。

> GAA007 过渡区相对分子质量范围

低分子物和高分子物的相对分子质量并无明确的界限。低分子物的相对分子质量一般在1000以下，而高分子物多在10000以上，其间是过渡区，见表1-1-4。

表1-1-4　低分子物和高分子物的相对分子质量

名称	相对分子质量	碳原子数	分子长度,nm
甲烷	16	1	0.125

名称	相对分子质量	碳原子数	分子长度,nm
低分子	<1000	$1\sim10^2$	0.1~10
过渡区	$10^3\sim10^4$	$10^2\sim10^3$	10~100
高分子	$10^4\sim10^6$	$10^3\sim10^5$	100~10000

聚合物强度随相对分子质量增大而增加,如图 1-1-2 所示。A 点是初具强度的最低相对分子质量,以千计。但非极性和极性聚合物的 A 点最低聚合度有所不同,如聚酰胺约 40,纤维素 60,乙烯基聚合物则在 100 以上。A 点以上的强度随相对分子质量增大而迅速增加,到临界点 B 后,强度变化趋缓。C 点以后,强度不再显著增加。关于 B 点的聚合度,聚酰胺约 150,纤维素 250,乙烯基聚合物则在 400 以上。常见缩聚物的聚合度约 100~200,而烯类加聚物则在 500 以上,相当于相对分子质量$(2\sim30)\times10^4$,天然橡胶和纤维素超过此值。

JAA003 高分子的分子长度

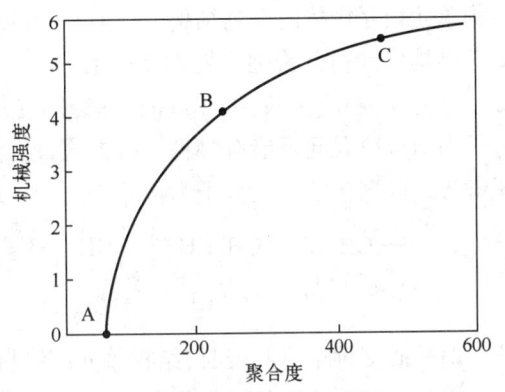

图 1-1-2 聚合物强度与相对分子质量关系

(一)平均相对分子质量

与乙醇、苯等低分子或酶一类的生物高分子不同,同一聚合物试样往往由相对分子质量不等的同系物混合而成,相对分子质量存在一定的分布,通常所指的相对分子质量是平均相对分子质量。平均相对分子质量有多种表示法,最常用的是数均相对分子质量和重均相对分子质量。

数均相对分子质量$\overline{M}_n$通常由渗透压、蒸气压等依数性方法测定,其定义是某体系的总质量 m 被分子总数所平均。

$$\overline{M}_n = \frac{m}{\sum n_i} = \frac{\sum n_i M_i}{\sum n_i} = \frac{\sum m_i}{\sum (m_i/M_i)} = \sum x_i M_i \tag{1-1-5}$$

低相对分子质量部分对数均分子量有较大的贡献。重均相对分子质量$\overline{M}_w$,通常由光散射法测定,其定义如下:

$$\overline{M}_w = \frac{\sum m_i M_i}{\sum m_i} = \frac{\sum n_i M_i^2}{\sum n_i M_i} = \sum w_i M_i \tag{1-1-6}$$

式中　n_i——i 聚体的分子数;

m_i——i 聚体的质量;

M_i——i 聚体的相对分子质量。

(二)相对分子质量分布

合成聚合物总存在一定的相对分子质量分布,常称作多分散性。

相对分子质量分布指数定义为$\overline{M}_w/\overline{M}_n$的比值,可来表征分布宽度。均一相对分子质量,$\overline{M}_w/\overline{M}_n$的数值为 1。合成聚合物分布指数可在 1.5~2.0 和 20~50 之间,随合成方法而定。比值越大,则分布越宽,相对分子质量越不均一。

JAA004 合成聚合物的分布指数

平均相对分子质量相同,其分布可能不同,因为同相对分子质量部分所占的百分比不一定相等。

相对分子质量分布也是影响聚合物性能的重要因素。低分子部分将使聚合物固化温度和强度降低,相对分子质量过高又使塑化成型困难。不同高分子材料应有合适的相对分子质量分布,合成纤维的相对分子质量分布较窄,而合成橡胶的相对分子质量分布较宽。

控制相对分子质量和相对分子质量分布是高分子合成的重要任务。

五、大分子微结构

大分子具有多层次微结构,由结构单元及其键接方式引起,包括结构单元的本身结构、结构单元相互键接的序列结构、结构单元在空间排布的立体构型等。

GAA008 共价键特点

结构单元由共价键重复键接成大分子。共价键的特点是键能大(130~630kJ/mol),原子间距离短(0.11~0.16nm),两键间夹角基本一定,例如碳碳键角为109°28′。线性大分子内结构单元间可能有多种键接方式,乙烯基聚合物以头尾键接为主,杂有少量头头或尾尾键接。以聚氯乙烯大分子为例:

$$\sim CH_2CH-CH_2 \overset{头尾}{-} CH_2CH \overset{头头}{-} CHCH_2 \overset{尾尾}{-} CH_2CH-CH_2CH \sim$$
$$\quad\quad |\quad\quad\quad |\quad\quad\quad\quad |\quad\quad\quad |\quad\quad\quad\quad\quad |\quad\quad\quad |$$
$$\quad\quad Cl\quad\quad\quad Cl\quad\quad\quad\quad Cl\quad\quad\quad Cl\quad\quad\quad\quad\quad Cl\quad\quad\quad Cl$$

两种或多种单体共聚时,结构单元间键接的序列结构将有更多的变化。

大分子链上结构单元中的取代基在空间可能有不同的排布方式,形成多种立体构型,主要有手性构型和几何构型两类。

(一)手性构型

聚丙烯中的叔碳原子具有手性特征,甲基在空间的排布方式如图1-1-3所示。为说明方便起见,将主链拉直成锯齿形,排在一平面上,如甲基R全部处在平面的上方,则形成全同(等规)构型;如R规则相间地处于平面的两侧,则形成间同(间规)构型;如甲基无规排布在平面的两侧,则成无规构型。R基团不能因绕主链的碳-碳键旋转而改变构型。上述3种构型聚丙烯,性能差别很大。聚合物的立体构型主要由引发体系来控制。

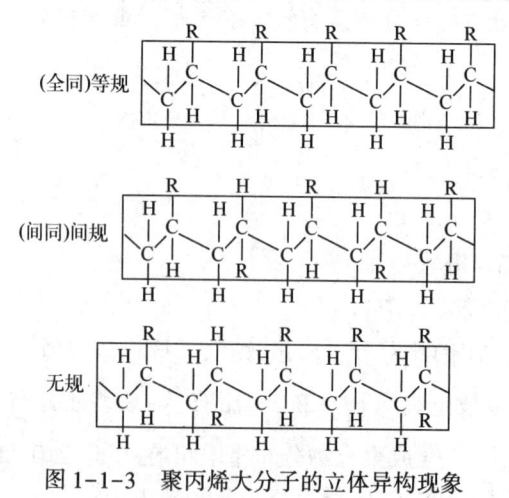

图1-1-3 聚丙烯大分子的立体异构现象

(二)几何构型

几何构型是大分子链中的双键引起的。丁二烯类1,4-加成聚合物主链中有双键,与双键连接的碳原子不能绕主链旋转,因此形成了顺式和反式两种几何异构体,如图1-1-4所示。顺式和反式聚合物性能有很大的差异,例如顺式聚异戊二烯(或天然橡胶)是性能优良的橡胶,而反式聚异戊二烯则是半结晶的塑料。

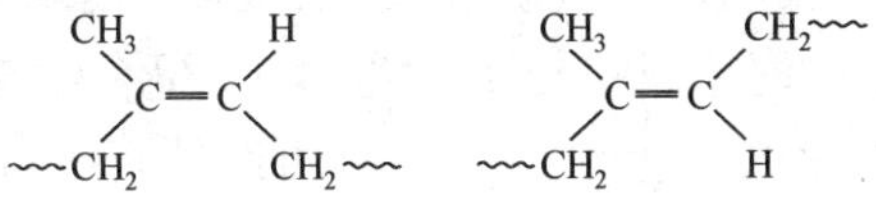

(a) 顺式-1, 4　　(b) 反式-1, 4

图1-1-4　聚异戊二烯的顺反异构现象

六、聚集态和热转变

单体以结构单元的形式通过共价键连接成大分子,大分子链再以次价键聚集成聚合物。与共价键相比,分子间的次价键物理力要弱得多,分子间的距离比分子内原子间的距离也要大得多。

(一)聚集态结构

ZAA011　聚合物结晶能力与什么有关

聚合物的聚集态影响固态结构多方面的行为和性能,如混合、相分离、结晶和其他相转变等行为,影响强度、弹性、大分子取向等,改变温度和溶剂对这些行为和性能的影响,以及影响气、液、离子透过聚合物膜的传递行为。分子结构和聚集态结构将从不同层次上影响这些行为。

聚合物聚集态可以粗分成非晶态(无定形态)和晶态两类。许多聚合物处于非晶态;有些部分结晶,有些高度结晶,但结晶度很少到达100%。聚合物的结晶能力与大分子微结构有关,涉及规整性、分子链柔性、分子间力等。结晶程度还受拉力、温度等条件的影响。

线型聚乙烯分子结构简单规整,易紧密排列成结晶,结晶度可高达90%以上,带支链的聚乙烯结晶度就低得多(55%~65%)。聚四氟乙烯结构与聚乙烯相似,结构对称而不呈现极性,氟原子也较小,容易紧密堆砌,结晶度高。

聚氯乙烯、聚苯乙烯、聚甲基丙烯酸甲酯等带有体积较大的侧基,分子难以紧密堆砌而呈非晶态。

天然橡胶和有机硅橡胶分子中含有双键或醚键,分子链柔顺,在室温下处于无定形的高弹状态。如温度适当,经拉伸,则可规则排列而暂时结晶。但拉力一旦去除,规则排列不能维持,立刻恢复到原来的完全无序状态。

还有一类结构特殊的液晶高分子。这类晶态高分子受热熔融(热致性)或被溶剂溶解(溶致性)后,失去了固体的刚性,转变成液体,但其中晶态分子仍保留着有序排列,呈各向异性,形成兼有晶体和液体双重性质的过渡状态,称为液晶态。

(二)玻璃化温度和熔点

GAA009　玻璃化温度的概念

无定形和结晶热塑性聚合物低温时都呈玻璃态,受热至某一较窄(2~5℃)温度,则转变成橡胶态或柔韧的可塑状态,这一转变温度称作玻璃化温度 T_g,代表链段能够运动或主链中价键能扭转的温度。晶态聚合物继续受热,则出现另一热转变温度——熔点 T_m,这代表整个大分子容易分离的温度。

相对分子质量是表征大分子的重要参数,而 T_g 和 T_m 则是表征聚合物聚集态的重要参数。

玻璃化温度可在膨胀计内由聚合物比容—温度曲线的斜率变化求得,如图 1-1-5 所示。在 T_g 以下,聚合物处于玻璃态,性脆,黏度大,链段(运动单元)运动受到限制,比体积随温度的变化率小,即曲线起始斜率较小。T_g 以上,聚合物转变成高弹态,链段能够比较自由地运动,比体积随温度的变化率变大。由曲线转折处或两直线延长线的交点,即可求得 T_g。

无定型、结晶性和液晶高分子受热变化行为有所不同,如图 1-1-6 所示。在玻璃化温度以上,无定形聚合物先从硬的橡胶慢慢转变成软的、可拉伸的弹性体,再转变成胶状,最后成为液体,每一转变都是渐变过程,并无突变。而结晶聚合物的行为却有所不同,在玻璃化温度以上,熔点以下,一直保持着橡胶高弹态或柔韧状态;熔点以上,直接液化。晶态聚合物往往结晶不完全,存在缺陷,加上相对分子质量有一定的分布,因此有一熔融温度范围,并不显示一定熔点。

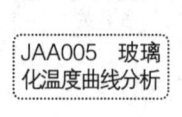

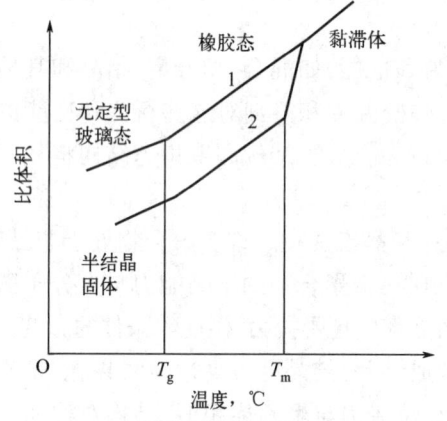

图 1-1-5　无定型和部分结晶聚合物比体积与温度的关系

图 1-1-6　无定形、结晶性和液晶分子的比较

七、高分子材料和力学性能

合成树脂、合成纤维、合成橡胶统称为三大合成(高分子)材料,涂料和胶黏剂不过是合成树脂的某种应用形式。从用途上考虑,则可将合成材料分为结构材料和功能材料两大类。力学性能固然是结构材料的必要条件,即使是功能材料,除了突出功能以外,对机械强度也有一定的要求。

聚合物力学性能可以用拉伸试验的应力—应变曲线(图 1-1-7)中 4 个重要参数来表征。

(1)弹性模量。代表物质的刚性,表示材料对变形的阻力,以起始应力除以相对伸长率来表示,即应力—应变曲线的起始斜率。

（2）拉伸强度。使试样破坏的应力（N/cm²）。

（3）（最终）断裂伸长率（%）。

（4）高弹伸长率。以可逆伸长程度来表示。

相对分子质量、热转变温度（玻璃化温度和熔点）、微结构、结晶度往往是聚合物合成阶段需要表征的参数，而力学性能则是聚合物成型制品的质量指标，与上述参数密切相关。一般极性、结晶度、玻璃化温度越高，则机械强度也越大，而伸长率则越小。

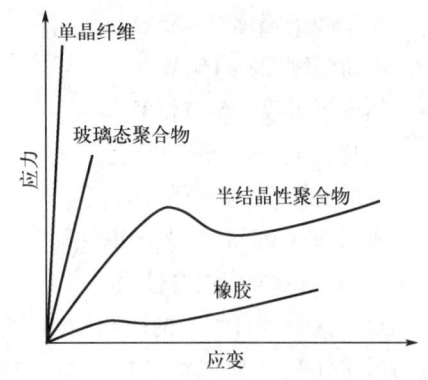

图 1-1-7　聚合物的应力—应变曲线

项目四　ABS 基础知识

一、ABS 的基本信息

ABS 树脂是丙烯腈（A）、丁二烯（B）、苯乙烯（S）三元共聚物。其综合了三种组分的性能，其中丙烯腈具有高的硬度和强度、耐热性和耐腐蚀性；丁二烯具有抗冲击性和韧性；苯乙烯具有表面高光泽性、易着色性和易加工性。三组分的特性使 ABS 成为一种"质坚、性韧、刚性大"的综合性能良好的热塑性塑料。ABS 树脂是由分散相和连续相构成的聚合物。其分散相是聚丁二烯橡胶，连续相是苯乙烯-丙烯腈共聚物（SAN，也被称为基体树脂相）。

GAA010　ABS 组成

JAA006　ABS 中的分散相、连续相

自 20 世纪 40 年代问世以来，ABS 树脂工业发展很快，尤其在塑料行业发展中起到举足轻重的作用。由于具有优异的综合性能，被广泛用于汽车、电子、电器、轻工和建材等领域。近年来得益于中国家电、汽车、日用品等工业的快速发展，ABS 树脂产业链不断完善和延伸，ABS 产业越做越大。

（一）ABS 树脂基本性质

外观：白色或浅象牙色颗粒型固体。

熔点：没有固定的熔点，在较大范围内（130~150℃）逐渐变软。

相对密度：1.03~1.07。

在水中溶解度：不溶。

与水的反应性：无。

吸湿性：小于 1%。

收缩率：0.4%~0.9%。

闪点：350℃。

自燃温度：405℃（ASTM D1929-77）。

自发反应性：虽然在常温下不发生自发反应，但当温度升高时（280~400℃），树脂分解产生气体。

洛氏硬度：R 标度 62~118。

拉伸强度：35~95MPa。

缺口冲击强度：5~55kJ/m²。
弯曲强度：28~160MPa。
热变形温度：75~115℃。
脆化温度：-70~-27℃。
抗蠕变性、耐摩擦性良好。
通用型ABS易燃、无自熄性。

（二）ABS树脂主要性质

ABS树脂具有复杂的两相结构，橡胶为分散相，SAN作为基体树脂是连续相，橡胶以颗粒的形式分散在基体树脂中。由于橡胶粒子的存在，使ABS树脂具有更加优异的机械性能。

ABS树脂具有抗冲性、高刚性、耐油性、耐低温性、耐化学性等优良性能，易溶于苯、酮、醛、酯、氯化烃类，如甲苯、丙酮、乙酸乙酯等；染色性及电镀性能好，电绝缘性能好；耐气候性差，户外长期使用需添加抗紫外线剂；成型加工性能良好，制品尺寸稳定，表面光泽良好；除易于注塑、挤出、模压外，还可以进行表面喷镀金属、电镀、焊接、黏结、涂装、着色等二次加工。可广泛应用于电子电器、机械、交通运输、仪器仪表、纺织、建筑、通信器材、橡塑改性等领域，是一种用途极广、价格低廉的热塑性通用塑料。

（三）ABS树脂的结构

ABS树脂是丙烯腈(Acrylonitrile)、1,3-丁二烯(Butadiene)、苯乙烯(Styrene)三种单体的接枝共聚物。它的分子式可以写为$(C_8H_8)_x \cdot (C_4H_6)_y \cdot (C_3H_3N)_z$，但实际上往往是含丁二烯的接枝共聚物与丙烯腈-苯乙烯共聚物的混合物。其中，丙烯腈占15%~35%，丁二烯占5%~30%，苯乙烯占40%~60%，最常见的比例是A：B：S=20：30：50。

（四）ABS树脂的用途

1. 产品的种类

（1）ABS树脂根据冲击强度可分为：超高抗冲型、高抗冲型、中抗冲型等品种；

（2）ABS树脂根据成型加工工艺的差异，又可分为：注射、挤出、压延、真空、吹塑等品种；

（3）ABS树脂依据用途和性能的特点，还可分为：通用级、耐热级、电镀级、阻燃级、透明级、抗静电级、挤出板材级、管材级等品种。

2. 产品的用途

ABS树脂的最大应用领域是汽车、电器和建材。汽车领域的使用包括汽车仪表板、车身外板、内装饰板、方向盘、隔音板、门锁、保险杠、通风管等很多部件。在电器方面则广泛应用于电冰箱、电视机、洗衣机、空调器、计算机、复印机等电子电器中。建材方面，ABS管材、ABS洁具、ABS装饰板应用广泛。此外ABS还应用于包装、家具、体育和娱乐用品、机械和仪表工业中。

1）汽车产业

汽车产业中有众多零件是用塑料ABS树脂或ABS树脂合金制造的，轿车中主要零部件使用塑料ABS树脂的如仪表板用PC/ABS做骨架，表面再覆以PVC/ABS/BOVC制成的薄膜。此外，车内装饰件大量使用了ABS，如手套箱、杂物箱总成是用耐热塑料ABS树脂制成、门槛上下饰件、水箱面罩用 ABS 树脂制成,另外还有很多零件采用塑料 ABS 树脂为原料。

2)办公用品

由于 ABS 树脂有高的光泽和易成型性,而办公室设备机器需要有漂亮的外观,有良好的手感,所以电话机外壳、存储器外壳以及计算机、传真机、复印机等都大量使用了 ABS 树脂制作的零件。

3)家用电器

由于 ABS 树脂具有高的光泽和易成型性,所以在家电和小家电中有着更广泛的市场,如空调、电视、音响、饮水机和吸尘器等大量选用 ABS 树脂为原料,厨房用具也使用 ABS 树脂制作的零件。

ABS 树脂是一种应用普遍、综合性能优良的准工程塑料,抗冲击、耐低温、耐化学品腐蚀;易于着色和成型加工,制品尺寸稳定性和光泽度好,而且喷涂、电镀、焊接等二次加工性能好。

(五)ABS 树脂的加工方式

按加工方式分,ABS 分为注塑成型、挤出成型、吹塑成型、吸塑成型、3D 打印成型和二次加工成型等。

二、ABS 树脂合成知识

目前世界上有两种主要的 ABS 生产工艺,即乳液法和本体法。根据 SAN 共聚方法的不同,乳液法又可分为:(1)乳液接枝-乳液 SAN 掺混;(2)乳液接枝-悬浮 SAN 掺混;(3)乳液接枝-本体 SAN 掺混。其中,后两者在目前的工业装置中应用较多。三种乳液接枝掺混工艺一般都包括下面几个中间生产步骤:聚丁二烯胶乳的制备、聚丁二烯胶乳与苯乙烯和丙烯腈的接枝共聚、SAN 共聚物的制备、掺混及后处理。但由于 SAN 聚合工艺的不同,三种乳液接枝掺混工艺的成本、能耗、产品质量等均有较大差异。

乳液接枝-本体 SAN 掺混 ABS 树脂生产工艺可分为丁二烯聚合、ABS 树脂接枝聚合、SAN 树脂制备和混炼包装等四个主要生产工序。

(一)丁二烯聚合

1. 一步法聚丁二烯胶乳的合成

乳化剂和引发剂分别加入反应釜中,以硫醇为调节剂,在 63~90℃ 的反应温度下使丁二烯进行乳液聚合反应。为提高转化率,控制丁二烯胶乳粒径,在反应后期补加丁二烯和引发剂。当转化率达到规定值时,投入快速终止剂使反应停止,得到 300nm 粒径的聚丁二烯胶乳。

2. 二步法聚丁二烯胶乳的合成

第一步:小粒径聚丁二烯胶乳的合成。

乳化剂和引发剂分别加入反应釜中,以硫醇为调节剂,在 63~90℃ 的反应温度下使丁二烯进行乳液聚合反应。当转化率达到规定值时,投入快速终止剂使反应停止,得到 80~120nm 小粒径聚丁二烯胶乳,经回收未反应的单体后送至小粒径储罐。

第二步:附聚制备大粒径聚丁二烯胶乳。

将小粒径胶乳在附聚剂的作用下附聚成粒径为 300nm 左右的聚丁二烯胶乳,输送至储罐中储存。

(二)ABS 树脂接枝聚合

在引发剂、分子量调节剂、乳化剂及活化剂作用下,在 40~90℃ 的反应温度下,苯乙烯、丙烯腈单体与聚丁二烯胶乳进行接枝聚合反应,生成接枝共聚物 ABS 树脂胶乳。

由接枝聚合得到的 ABS 树脂胶乳,被连续送入凝聚罐中。凝聚得到的 ABS 树脂浆液经真空过滤洗涤、离心脱水使物料含水量降低至 30%~35%,再进入干燥器,干燥后的粉料含水量低于 1%,经空气输送至粉料料仓中,根据需要由风送系统送至混炼单元。凝聚后的浆液也可以经离心脱水后湿法挤出,得到最终 ABS 树脂产品。

(三)SAN 树脂制备

采用连续本体法聚合,苯乙烯、丙烯腈单体及溶剂连续加入反应器,在 145~165℃ 反应温度条件下,进行聚合反应。根据各家工艺不同,分别设有 1 台和 2 台反应器。从反应器出来的聚合物溶液被送至并联或串联的脱挥器,除去未反应单体及溶剂,脱挥器底部的聚合物熔体再由齿轮泵挤出造粒,经干燥、筛分后由风送系统送至料仓储存,最后根据需要由风送系统送至混炼单元。

(四)混炼包装

来自 SAN 工序的粒状 SAN 树脂和凝聚干燥工序的 ABS 树脂粉料,送至各自的缓冲料斗中,各种化学品助剂同时加入缓冲料斗中。混合后的物料送到挤出机中,经熔融混炼从模头呈条状挤出。从挤出机出来的熔融 ABS 树脂料条在水浴中冷却固化,切成 $\phi 3mm \times 3mm$ 圆柱状颗粒,送入包装成品料仓中。经包装机包装成 25kg 的袋装产品,或进行吨袋产品的包装。

三、各单体对 ABS 树脂性能的影响

ABS 树脂在众多的工程塑料中以用途广泛而著称,这与 ABS 本身的化学性质有关。ABS 是三元共聚物,由于每个分子单体都有自己的特性,所以在生产过程中可以改变其中任何一个组成的成分,突出其特性。

(1)丙烯腈对 ABS 树脂性能的影响:丙烯腈使 ABS 具有一定的硬度、热稳定性和耐化学腐蚀性。增加丙烯腈含量,ABS 硬度、热稳定性和力学相关强度提高,而 ABS 抗冲击强度和弹性降低。

(2)苯乙烯对 ABS 树脂性能的影响:苯乙烯使 ABS 具有较好的熔融流动性,即具有较好的热塑性塑料加工特性。

(3)丁二烯对 ABS 树脂性能的影响:丁二烯使 ABS 具有较好的橡胶状韧性,增加丁二烯含量时,ABS 抗冲击强度提高,而 ABS 硬度、热稳定性和熔融流动性降低。

这三个分子的特性和结构,可以用图 1-1-8 展示出来。

ABS 的物理性能可用图 1-1-9 所示的平均分饼原理来表示。平均分饼原理的意思是指当其中的一项性能加大时,其他五项就会相对降低。例如当抗冲击性能突出提高时,其余 5 项性能:拉伸、弯曲、硬度、热变性和流变性就会相应降低(特别配方例外)。

图 1-1-8　ABS 组分对树脂性能的影响

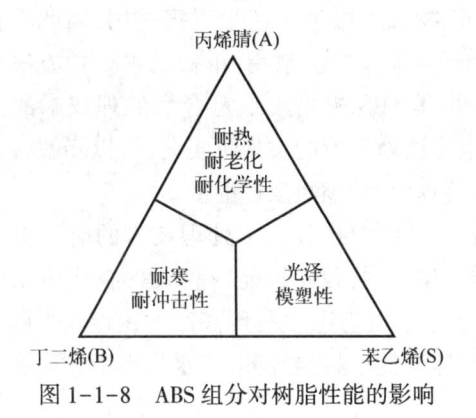

图 1-1-9　ABS 树脂性能饼分原理图

四、三废处理

(一) 废水

目前 ABS 树脂废水的处理技术主要有物化法、生化法以及物化—生化法联用技术。

1. 物化法

物化处理方法主要有混凝沉淀法、溶气气浮法、混凝—溶气气浮法、高级氧化法等,高级氧化法又包括铁碳微电解法、Fenton 氧化法、臭氧氧化法、光催化氧化法等。

混凝沉淀法可以有效地去除废水中的悬浮物质,因此广泛地用于 ABS 树脂废水的前处理措施。利用 $FeSO_4$ 和 CaO 絮凝沉降处理 ABS 树脂清胶废水,COD 去除率达 98.28%,浊度去除率可达到 98.66%,该处理方法具有成本低、效率较高的特点。

溶气气浮法(DAF)是在水中通入大量微细气泡,使其黏附于杂质颗粒上,造成整体相对密度小于 1 的状态,靠浮力使其上升至水面而使固液分离的一种净水法。作为废水过滤工艺的预处理,对于低浊度的废水原水,溶气气浮工艺要优于沉淀工艺,而当原水浊度大于 100NTU 时,则不宜采用气浮法。

高级氧化技术的作用机理是通过产生氧化性极强的羟基自由基,将大分子有机物降解为小分子或直接氧化成 CO_2 和 H_2O 等无机物。用 Fenton 氧化、臭氧氧化处理 ABS 树脂废水,结果表明 Fenton 氧化法能够降解有毒难降解有机物,使废水中的 COD、TOC 和苯系物的去除率分别达到 70.6%、77.7% 和 100%,并且能够将废水的 BOD/COD 值由 0.32 提高到 0.56,而臭氧氧化法主要是分解转化废水中的苯系物以及有机氮类污染物,使废水的可生化性提高,BOD/COD 值由 0.32 提高到 0.51。

2. 生化法

生化法是利用微生物的代谢作用降解废水中的污染物质,具有经济高效的特点,但针对 ABS 树脂废水可生化性差等特点,常规的生化处理技术不能使废水达标排放,需要筛选特定菌或采取固定化生物方法进行处理,才能降低其对微生物的毒害作用。

3. 物化—生化联用

物化法处理废水虽然操作简便,但处理成本较高、反应时间长,效果也往往不尽如人意。生化法处理废水具有运行成本低、易繁殖、无二次污染等特点,但此方法对废水的可生化性有一定要求，ABS树脂废水中所含的毒性有机物会对微生物产生毒害作用，因此不宜直接采用生化法进行处理。现在的水处理技术大多为多级方法联用，单一的水处理方法已经不能满足要求，因此将物化和生化法联合起来处理ABS树脂废水符合水处理技术的发展趋势。采用微波Fenton法作为ABS树脂废水生化法处理前的预处理工艺，可以降解转化部分有毒污染物，提高废水的可生化性，能够提高处理效率，缩短反应时间。

由于ABS树脂的需求量不断扩大，对生产过程中排放废水处理技术的研究也日益深入。ABS树脂生产工艺不同导致废水的水质不尽相同，因此目前一些ABS树脂废水处理工艺技术并不具备普适性；虽然一些工艺技术得到成功应用，往往因高昂的运行成本以及繁琐的工艺限制了其广泛应用，因此开发出一种便捷高效、绿色经济的废水处理工艺迫在眉睫。

（二）废气

挥发性有机化合物（VOCs）是造成大气污染的主要物质之一。VOCs指常温下饱和蒸气压大于70Pa、常压下沸点在260℃以下的有机化合物，或在20℃条件下蒸气压大于或等于0.01kPa具有相应挥发性的各种有机化合物，主要包括芳烃类、醇类、醛类、卤代烃类等，其主要产生于石油和化工废气，石油、化工产品储罐气，印刷、油漆生产、萃取、木材干馏及制药厂废气等。

PB聚合过程聚合釜置换、装置泄漏、异常排放等过程会产生废气；ABS树脂接枝聚合过程聚合釜置换、装置泄漏会产生废气；凝聚干燥过程整个系统大量尾气排放；物料存储、输送过程也会产生废气；混炼过程真空和模头也是产生废气的主要来源。ABS树脂生产过程中废气来源见表1-1-5。

> JAA009 SAN车间粒料烘干产生的主要污染

表1-1-5 ABS树脂生产过程中废气来源

序号	生产单元	排放性质	主要污染物
1	PB聚合回收废气	连续	丁二烯
2	SAN高浓度废气	连续	苯乙烯、丙烯腈、甲苯
3	SAN粒料烘干气	连续	苯乙烯、丙烯腈
4	ABS聚合废气	连续	苯乙烯、丙烯腈、丁二烯、甲苯
5	污水站曝气	连续	苯乙烯、丙烯腈、丁二烯、臭气
6	污水站其他废气	连续	苯乙烯、丙烯腈、丁二烯、臭气
7	无组织收集废气	连续	苯乙烯、丙烯腈、丁二烯、甲苯
8	无组织废气	连续	VOCs

目前ABS废气的处理方法主要为蓄热式催化氧化（RCO）和蓄热燃烧（RTO）两种。

（三）废渣（废固）

ABS树脂装置产生的废渣主要为聚丁二烯单元的PB胶块、ABS树脂聚合单元聚合釜清胶过滤器滤渣、废气焚烧单元废催化剂。废渣按照危险废物管理，送至有资质的处理厂家统一处理。

废固处置措施，按照"减量化、资源化、无害化"原则，对固体废物进行分类收集、处理和处置。危险废物严格执行危险废物转移"三联单"制度，强化危险废物运输的环境保护措施。

模块二　化工原理基础知识

项目一　流体力学基本知识

一、流体静力学

(一)流体基本概念及相关参数

1. 流体的定义

没有一定形状可流动的物质称为流体,如气体和液体均为流体。压强或温度改变时其体积和密度改变很小的流体称为不可压缩流体,若有显著改变的称为可压缩流体。液体为不可压缩流体,气体为可压缩流体。流体的特征:流体具有流动性,即其流体的抗剪和抗张能力小,无固定形状,随容器的形状而变化,在外力作用下其内部发生相对运动,在运动状态下,流体具有黏性。

2. 相关参数

1)密度

单位体积的物体所具有的质量称为物体的密度。密度的 SI 单位是 kg/m^3。选用物体的密度数值时,一定要注意它的温度。

2)流体压强

单位面积上所受的压力,称为流体的压强。压强表上的读数表示被测流体的绝对压强比大气压强大的数值。真空表上的读数表示被测流体的绝对压强比大气压强小的数值。当液体表面的压强有改变时,液体内部各点的压强也发生同样大小的改变。压强的单位换算:1 标准大气压=760mmHg=1.01325×10⁵Pa。压强的 SI 单位是 N/m^2,称为帕斯卡,以 Pa 表示。其他压强单位表示方法为标准大气压(atm)、毫米汞柱(mmHg)、米水柱(mH_2O)等,它们的换算关系为:

$$1atm = 760mmHg = 10.33mH_2O = 1.01325×10^5 Pa \quad (1-2-1)$$

压强的大小常以两种不同的基准来表示。用绝对真空为基准计量的压强称为绝对压强,简称绝压,它是流体的真实压强。以当地大气压作为基准来计量的压强,通常由压力表或真空表测出,称为表压或真空度。大气压强的数值不是固定不变的,它随大气的温度、湿度而变化,表压越大,绝压也越大。表压或真空度与绝压的关系为:

$$表压=绝压-大气压$$
$$真空度=大气压-绝压 \quad (1-2-2)$$

如当地大气压是 $101.3×10^3 Pa$,绝压表指示数是 7000Pa,则容器内的真空度是 $94.3×10^3 Pa$。

3)流体流量

在流体流动过程中,单位时间内通过导管任一截面积的流体量,称为流量。有体积流量和质量流量两种表示方法。单位时间内通过导管任一截面积的流体体积,称为体积流量,用符号 Q 表示,单位为 m^3/s 或 m^3/h。单位时间内通过导管任一截面的流体质量,称为质量流量,用符号 W 表示,单位为 kg/s 或 kg/h。

当流体密度为 ρ 时,体积流量 Q 与质量流量 W 的关系为 $W=Q\rho$。

4) 流体流速

单位时间内流体在流动方向上流过的距离,称为流速,用符号 u 表示,单位为 m/s。单位时间内流过单位截面积流体的质量称为质量流速。质量流速仅与质量流量和管道的截面积有关,而与流体的温度、压强无关。实验证明:流体在导管截面上各点的流速并不相同,管中心的流速最快,离中心越远流速越慢,紧靠管壁处的流速为零。因此,我们通常所说的流速是指流体在整个导管截面上的平均流速。

5) 流体黏度

衡量流体黏性大小的物理量称为黏度。黏度的 SI 单位是 Pa·s,表示黏度的符号是 μ。在相同的流动情况下,黏度 μ 越大的流体,产生剪应力 τ 越大。油的黏度比水大,因此油的流动性比水差。液体的黏度随温度升高而降低,气体的黏度则反之,黏度随温度升高而增高。

(二) 流体静力学基本方程

流体静力学主要是研究流体处于静止状态时,流体内部压强变化的规律。液体内压强由液面压强(p_0)和液柱自身的重力两部分组成,见式(1-2-3)。连通的、同一种静止液体,同一水平面上的各点所受压强相等。静止流体内任一点的压强与流体的密度及该点距液面的垂直距离有关。同一深度,液体的密度越大,压强越大。同一密度的液体深度越深,压强越大。当液体上方的压强有变化时,会引起液体内部其他各点的压强发生同样大小的变化(帕斯卡定律)。

$$p = p_0 + \rho g h \tag{1-2-3}$$

【例 1-2-1】 某储槽内,盛有密度为 $1200kg/m^3$ 的某种溶液,液面上的压强为 100kPa,则液面下 6m 处的压强为 170.6kPa。

二、流体动力学

流体的流动类型有层流和湍流。两种不同流型对流体中发生的动量、热量和质量的传递将产生不同的影响。为此,工程设计上需要能够事先判定流型。对管流而言,实验表明流动的几何尺寸(管径 d),流动的平均速度 u 及流体性质(密度 ρ 和黏度 μ)对流型从层流到湍流的转变有影响。

雷诺发现,可以将这些影响因素综合成一个无量纲的数群作为流型的判据,此数群被称为雷诺数,以符号 Re 表示。

$$Re = \frac{du\rho}{\mu} \tag{1-2-4}$$

雷诺指出:

(1) 当 $Re \leq 2000$ 时,必定出现层流,此为层流区;

(2) 当 $2000 < Re < 4000$ 时,有时出现层流,有时出现湍流,依赖于环境,此为过渡区;

(3) 当 $Re \geq 4000$ 时,一般都出现湍流,此为湍流区。

雷诺数越大,流体的湍流程度越强,流体流动时的摩擦阻力越大。发生在流体中的扩散方式有分子扩散和湍流扩散。流动流体的层流边界层厚度会影响传质和传热的效果。

直管阻力的大小除随动压头的增加而增加外,还与管长成正比,与管径成反比。减小流体流动阻力的途径有管路尽可能短些、没有必要的阀门和管件尽量不装。

ZAB002 湍流扩散的概念

【例1-2-2】 在 $\phi168mm \times 5mm$ 的管道中输送燃料油,已知:油的运动黏度为 $0.00009m^2/s$,试求燃料油湍流时的临界速度。

解:由运动黏度 $\nu = \dfrac{\mu}{\rho}$,得:

$$Re = \dfrac{du}{\gamma}$$

其中 $d = 168 - 5 \times 2 = 0.158(m)$

临界流速 $u = Re \times \nu / d = 2000 \times 0.00009 / 0.158 = 1.14(m/s)$

答:燃料油湍流时的临界速度为 $1.14m/s$。

三、流体输送机械

在化工生产中,常见的流体输送机械包括离心泵、往复泵、计量泵、离心式压缩机、往复式压缩机等,在后面的化工机械与设备章节详细介绍。

项目二 传热

热传递的基本方式有热传导、对流和热辐射。热传导指物体各部分之间不发生相对位移,由于分子、原子和自由电子等微观粒子的热运动而引起的热量传递。热对流指流体各部分之间发生相对位移所引起的热传递过程。热辐射指因热的原因产生的电磁波在空间的传递。固体中的导热方式可以是对流传热、热传导、热辐射或复杂传热。

CAB004 热量传递的基本方式

一、热传导

(一)基本概念

热传导(又称为导热)是指当不同物体之间或同一物体内部存在温度差时,就会通过物体内部分子、原子和电子的微观振动、位移和相互碰撞而发生能量传递现象。不同相态的物质内部导热的机理不尽相同。气体内部的导热主要是其内部分子做不规则热运动时相互碰撞的结果;非导电固体中,在其晶格结构的平衡位置附近振动,将能量传递给相邻分子,实现导热;而金属固体的导热是凭借自由电子在晶格结构之间的运动完成的。热传导是固体热传递的主要方式。在气体或液体等流体中,热的传导过程往往和对流同时发生。热传导的特点是物体内的分子或质子不发生宏观相对运动。

(二)傅里叶定律

傅里叶定律是热传导的基本定律,见式(1-2-5)。

$$q = -\lambda A \dfrac{dt}{dn} \tag{1-2-5}$$

式中 q——导热速率,J/s 或 W;

dt/dn——温度梯度,表示沿热流方向单位长度上温度变化的程度,K/m;

λ——导热系数,J/(s·m·K)或 W/(m·K);

A——导热面积,m^2。

傅里叶定律是研究热传导过程的一个重要方程式,它在工程上主要计算传热量和传热损失、确定壁面上的温度以及保温层的厚度等问题。等式右边的负号表示热流方向与温度梯度方向相反。定态热传导中,单位时间内传导的热量与导热面积和温度梯度成正比。对于定态热传导,在热流方向上传热速率保持不变。

对于单层平面壁的导热,壁厚 δ,由傅里叶定律公式导出:

$$\frac{q}{A}=\frac{\Delta t}{\dfrac{\delta}{\lambda}} \qquad (1-2-6)$$

对于单层圆筒壁的导热,内、外半径为 r_1 和 r_2,内、外表面温度为 t_1 和 t_2,筒长为 l,由傅里叶定律导出:

$$q=-\lambda A\frac{\mathrm{d}t}{\mathrm{d}n}=\frac{2\pi l\lambda(t_1-t_2)}{\ln\dfrac{r_2}{r_1}} \qquad (1-2-7)$$

(三)影响因素

影响传热系数的因素有很多,其中主要有流体的种类流体的性质、流体的运动状态、流体的对流状况,以及传热壁的形状、位置与大小。从理论上讲,改善这些因素都能提高对流传热的速率,但是在一定的工艺条件下,有许多因素是不能随意改变的。在流体无相变的情况下,其中可能而且比较容易实现的是改变流体的流动状态。

实验证明,无相变时,流体在圆形直管内,作强制湍流时的传热膜系数可以按式(1-2-8)计算:

$$\alpha=0.023\frac{\lambda}{d}\left(\frac{du\rho}{\mu}\right)^{0.8}\left(\frac{\mu c}{\lambda}\right)^m \qquad (1-2-8)$$

从上式可以看出,当流体一定、温度一定的情况下,气体的各个物理特性 ρ、c、μ、λ 都是一个定值,可将上式改写为

$$\alpha=B\frac{u^{0.8}}{d^{0.2}} \qquad (1-2-9)$$

式中 B 是一个常数,这个公式说明,传热膜系数与流体流速 $u^{0.8}$ 成正比,与管道直径 $d^{0.2}$ 成反比,即增加流速和减小管径都能增大对流传热膜系数,但以增大流速更为有效。

工程上常见的典型一维稳态导热为大平壁导热、长圆筒壁导热和球壳导热。

[JAB001 平壁的导热计算]

1. 单层组合平壁导热

工程上,常把两块不同材料的单层平壁压合成单层组合平壁。设组合平壁的厚度 δ 远小于其高和宽,两平壁两面的温度分别为 T_1 和 T_2($T_1>T_2$),无内热源。如果组合平壁的导热系数 λ_1 和 λ_2 相差不大,则可以排除通过组合面热流的影响,仍然按一维导热计算。根据式(1-2-6)分别求得通过两块单层平壁的热流量为:

$$\varPhi_1=\frac{T_1-T_2}{\dfrac{\delta}{\lambda_1 A_1}}=\frac{T_1-T_2}{R_{\lambda 1}}$$

$$\Phi_2 = \frac{T_1-T_2}{\dfrac{\delta}{\lambda_2 A_2}} = \frac{T_1-T_2}{R_{\lambda 2}} \tag{1-2-10}$$

通过整个组合平壁的总热流量为两者之和：

$$\Phi = \Phi_1 + \Phi_2 = \frac{T_1-T_2}{\dfrac{1}{R_{\lambda 1}}+\dfrac{1}{R_{\lambda 2}}} = \frac{T_1-T_2}{R_\lambda} \tag{1-2-11}$$

式中　R_λ——总热阻，其值由两个热阻并联得到。

2. 筒壁的导热计算

【例 1-2-3】 在外径为 140mm 的蒸气管道外包扎保温材料，以减少热损失。蒸气管外壁温度为 390℃，保温层外表面温度不大于 40℃。保温材料的导热系数为 0.143W/(m·℃)。若要求每米管长的热损失不大于 450W/m，试求保温层的厚度。

解：

$$\frac{Q}{L} = \frac{2\pi\lambda\Delta t}{\ln\dfrac{r_大}{r_小}} = \frac{2\pi\times 0.143\times(390-40)}{\ln\dfrac{r_大}{0.07}} = 450$$

解得 $r_大 = 0.141(m)$

则保温层的厚度为 $0.141-0.07 = 0.071m = 71(mm)$

答：保温层的厚度至少应为 71mm。

二、辐射传热

物体由于具有温度而辐射电磁波的现象，称为辐射传热。一切温度高于 0K 的物体都能产生热辐射，温度越高，辐射出的总能量就越大。热辐射的光谱是连续谱，波长覆盖范围理论上可从 0 直至 ∞，一般的热辐射主要靠波长较长的可见光和红外线传播。辐射传热不需要任何介质作媒介。物体的温度越高，其辐射能力越强。

任何物体，只要其温度不为 0K，都会不停地以电磁波的形式向外界辐射能量，同时，又不断吸收来自外界其他物体的辐射能。当物体向外界辐射的能量与其从外界吸收的辐射能不相等时，该物体与外界就产生热量的传递，这种传热方式称为热辐射。

热辐射线可以在真空中传播，无须任何介质，这是热辐射与对流和传导的根本区别。因此，辐射传热的规律也不同于对流传热和导热。

吸收率等于 1 的物体称为黑体。黑体是一种理想化的物体，实际物体只能或多或少地接近于黑体，但没有绝对的黑体。引入黑体的概念是理论研究的需要。物体的黑度主要取决于物体的表面温度、表面状况以及物体性质。相同温度下，黑度越大的物体，其辐射能力越强。某物体对光线的吸收率为 A，反射率为 R，透过率为 D，则 $A+R+D=1$。

三、对流传热

(一) 基本概念

对流传热是指流体内部质点发生相对位移的热量传递过程。由于流体间各部分是相互接触的,除了流体的整体运动所带来的热对流之外,还伴生有由于流体的微观粒子运动造成的热传导。如果流体质点之间的相对位移是由于各处温度不同而引起的对流,称为自然对流。如果对流是由于受外力作用而引起的,称为强制对流。强制对流传热的速率比自然对流传热速率快。由于系统内部温度差的作用,使流体各部分相互混合从而产生的传热现象称为自然对流传热。在对流传热中,同样有流体质点之间的热传导,但起主导作用的还在于流体质点的相对位置变化。流体无相变化时,强制对流又可分为层流传热和湍流传热。

GAB002 对流传热基本计算

流体有相变化时,包括蒸汽冷凝对流和液体沸腾对流,应用傅里叶定律:

$$q = \frac{\lambda}{\delta_{膜}} \cdot A \cdot \Delta t \tag{1-2-12}$$

由于传热膜的厚度 $\delta_{膜}$ 是难以测定的,人为地用一个新的系数 α 来代替 $\lambda/\delta_{膜}$,则上式可以写成:

$$q = \alpha A \Delta t$$

$$q/A = \alpha \Delta t = \frac{\Delta t}{\frac{1}{\alpha}} = \frac{\Delta t}{R} \tag{1-2-13}$$

式中 q——传热速率,W 或 J/s;

A——传热面积,m^2;

Δt——传热推动力,为流体主体与壁面之间的温度差,K;

α——传热膜系数,单位为 $W/(m^2 \cdot K)$ 或 $J/(s \cdot m^2 \cdot K)$;

R——对流传热的热阻,$(m^2 \cdot K)/W$。

对流传热膜系数 α 的物理意义是:在单位时间里,当壁面与流体主体的温差为 1K 时,$1m^2$ 固体壁面与流体之间所传递的热量。

(二)影响因素

(1) 流体的种类及相变化情况不同,其对流传热系数不同;

(2) 流体的物性不同,其对流传热系数不同;

(3) 流体的温度不同,对流传热系数不同;

(4) 流体的流动状态影响对流传热系数;

(5) 流体流动的原因影响对流传热系数;

(6) 传热面的形状、位置、大小直接影响对流传热系数。

有相变化时的对流传热系数比无相变化时的大;流体的比热容和密度大,流体传热系数大;流体的温度高,对流传热系数大;湍流时的对流传热系数比层流时大;强制对流传热系数比自然对流传热系数大;流体的导热系数大,对流传热系数大。

项目三 精馏

一、溶液的挥发度

(一)挥发度的概念

溶液中各组分的挥发度是指组分在蒸气中的分压与之平衡的液相中的摩尔分数之比。

纯溶液的挥发度是液体在一定温度下的饱和蒸气压。溶液中组分的挥发度是随温度变化的。对于理想溶液，其挥发度等于同温度下纯组分的饱和蒸气压。蒸馏是利用混合液中各组分的相对挥发度差异，达到分离的目的。挥发度越大，表示该组分容易挥发。

(二)相对挥发度的概念

ZAB005 相对挥发度的概念

相对挥发度是指易挥发组分的挥发度对难挥发组分的挥发度之比。相对挥发度的大小可以用来判断某混合液是否能用蒸馏方法加以分离以及分离的难易程度。对理想溶液中组分的相对挥发度等于同温度下两纯组分的饱和蒸气压之比。相对挥发度等于1，表示不能用普通蒸馏方法分离该混合液。相对挥发度不会小于1。

二、简单蒸馏与精馏

(一)简单蒸馏

CAB006 精馏的概念

蒸馏是分离液体混合物的方法，蒸馏过程是根据混合物的挥发度不同来进行分离的。对于组分挥发度相差较大、分离要求不高的场合，可采用平衡蒸馏或简单蒸馏。蒸馏过程的热力学基础是气液平衡。所谓分馏，就是依据原料中各种组分的沸点差异(即挥发度不同)，将原料混合物中的各种组分加以分离的过程。石油加工中是对蒸馏和精馏过程的统称。分(精)馏过程主要依靠多次部分汽化及多次部分冷凝的方法，实现对液体混合物的分离，因此，液体混合物中各组分的相对挥发度差异是实现精馏过程的首要条件。在挥发度十分接近(如 C_4 烃类混合物)难以分离的条件下，可以采用恒沸精馏或萃取精馏的方法来进行分离。

通过加热的方法将稀溶液中的一部分溶剂汽化并除去，从而使溶液浓度提高的单元操作是蒸发。在蒸发操作中，如果把二次蒸汽引到另一个蒸发器内作为加热蒸汽，并将多个这样的蒸发器串联起来，这样的操作称为多效蒸发。

(二)精馏

1. 精馏的基本原理

由挥发度不同的组分所组成的均匀混合液，在精馏塔中同时进行多次部分汽化和部分冷凝，使气相中轻组分由塔底到塔顶逐级提高，液相中重组分浓度由塔顶至塔底逐级增浓，从而使混合物分离成较纯组分，这样的操作过程称为精馏。精馏塔操作中要注意物料平衡、热量平衡和气液平衡关系。在精馏塔内，上升的蒸气遇到板上的冷液体受冷而部分冷凝，冷凝时放出冷凝潜热，板上的冷液体吸收了蒸气在部分冷凝时放出的热量而部分汽化。这样，气、液两相在塔板上进行了热量交换。

在精馏塔内，上升的蒸气遇到塔板上的冷液体而被部分冷凝后，由于难挥发组分被冷凝成液体而较多地转入液相，这样，气相中易挥发组分含量提高了；而塔板上的液体在部分汽化时易挥发组分转入气相，液相中难挥发组分含量提高了。这样，气、液两相在塔板上进行了质量交换。

精馏过程最主要的三个平衡包括物料平衡、气液相平衡和热量平衡。物料平衡指对一定的系统而言，若系统无累积量或损耗量，则输入物料量一定等于输出物料量。对于精馏塔来说就是单位时间内进塔的物料量等于离开塔的各物料之和。气液相平衡有助于控制产品质量，使之达到纯度要求或控制在一定范围之内。热量平衡是指进塔热量和出塔热量的平衡，热量平衡有助于协调设备间的能量收支平衡，从而降低能量消耗，实现较好的经济效益。

2. 实现精馏操作的必要条件

(1) 混合液各组分相对挥发度不同；
(2) 气液两相接触时必须存在浓度差和温度差；
(3) 塔内有气相回流和液相回流；
(4) 塔内要装设有塔板或填料，具有气液两相充分接触的场所。

三、精馏塔的相关概念

(一) 精馏塔

精馏塔是进行精馏的一种塔式气液接触装置，是石油化工生产中应用极为广泛的一种传质传热装置。精馏塔大体上可以分为两大类：板式塔和填料塔。板式塔，气液两相总体上作多次逆流接触，每层板上气液两相一般作交叉流。填料塔，气液两相作连续逆流接触。一般的精馏装置由精馏塔塔身、冷凝器、回流罐以及再沸器等设备组成。

进料从精馏塔中某段塔板上进入，这块塔板称为进料板。进料板将精馏塔分为上下两段，进料板以上部分称为精馏段，进料板以下部分称为提馏段。原料从进料段进入塔内，塔顶引出气相的高纯度轻质产品，塔底馏出液相的高纯度重质产品。由塔顶冷凝器冷凝高纯度轻质气相产品提供塔的液相回流，由塔底重沸器加热高纯度重质液相产品提供塔的气相回流。

(二) 精馏段与提馏段

精馏段是指精馏塔进料口以上至塔顶部分。液相回流和气相回流是精馏段操作的必要条件，液相回流中轻组分浓度自上而下不断减少，而温度不断上升。气相中的轻组分浓度自下而上不断升高，其温度下降。间歇精馏塔只有精馏段。

提馏段是指精馏塔进料口以下至塔底部分。提馏段中发生传质传热过程，液相中轻组分被提出，提馏段中液相重组分被提浓。分馏塔板和填料设计的一个重要的指导思想，是提供气、液相充分接触的传热、传质表面积。面积越大越有利于传质、传热过程的进行。

(三) 回流比

精馏塔内的回流是精馏的必要条件之一，且回流比是影响精馏操作费用和投资费用的重要因素。回流比是塔顶回流量与塔顶产品之比。回流比增加，使塔内上升蒸气量及下降液体量均增加。精馏操作过程中，回流比越大，传质推动力增加，分离效果越好；但回流比过大，塔负荷高，操作费增加；回流比小，则需要的理论板层数多。所以根据塔内气液相负荷来选择适宜的回流比。塔板数一定的条件下，要提高精馏段产品分离效果，可以增加塔顶回流比。塔板数一定的条件下，要提高提馏段产品分离效果，可以增加塔底气相回流比。

GAB003 最小回流比的概念
通常精馏操作回流比取为最小回流比的 1.1~2 倍，引用最小回流比的意义是可由最小回流比选取适宜的操作回流比、求理论板层数。实际回流比大于最小回流比时，精馏所需的塔板数少。最小回流比下操作，精馏所需的理论塔板数为无穷多。

CAB007 全回流概念
全回流是指在精馏操作中，若塔顶上升蒸气经冷凝后全部回流至塔内，则这种操作方法称为全回流。全回流时的回流比 R 等于无穷大。此时塔顶产品为零，通常进料和塔底产品也为零，即既不进料也不从塔内取出产品。显然全回流操作对实际生产是无意义的，但是全回流便于控制，在精馏塔的开工调试阶段及实验精馏塔中，常采用全回流操作。

(四)灵敏板

精馏塔正常操作时,在塔压一定的条件下,各塔板的组成发生变化时,各塔板的温度也随之变化,其中温度变化最大的那块塔板称为灵敏板。

一个正常操作的精馏塔当受到某一外界因素的干扰(如回流比、进料组成发生波动等),全塔各板的组成将发生变动,全塔的温度分布也将发生相应的变化。因此,有可能用测量温度的方法预示塔内组成,尤其是塔顶馏出液组成的变化。

精馏塔操作中,其他条件不变时,塔压升高灵敏板温度升高;当灵敏板温度上升时,一般采用增大回流方法使温度趋于正常。

(五)泡点、露点、沸点

将混合液体在一定压力下升高温度,使其汽化,当其混合液体中出现第一个气泡,且气相和液相保持在平衡的状况下开始沸腾,这时的温度叫泡点。

> CAB008 泡点的概念

将混合液体在一定压力下升高温度,使其全部汽化,然后再降低温度,当饱和气相出现第一滴液体,这时的温度叫露点。

对于纯化合物,在一定外压下,当加热到某一温度时,其饱和蒸气压与外界压力相等时的温度,称为沸点。此时液体内部和表面同时产生大量气泡,液体开始沸腾。

(六)精馏塔的操作弹性

操作弹性是指蒸馏塔能够在一定的分离效果下维持正常操作的范围,多为上升气体速度的最大允许值,即上升蒸气的雾沫夹带量不超过蒸气流量的10%为限制;到最小允许值,也就是在塔板上液体的泄漏量不超过液体流量的10%负荷下限为止的一个有效范围内。

> ZAB006 精馏塔操作弹性的概念

根据实践和试验表明,带有活动元件的塔设备,其操作弹性较大。一般地,浮阀塔操作弹性最大,符合上限与负荷下限之比系数可达7~9左右,泡罩塔略次为4~6,筛板塔最小约为3。精馏塔操作弹性指的是精馏塔雾沫夹带板效率下降15%时的负荷与漏液时板效率下降15%时的负荷之比。

四、精馏塔分类

根据气液相传质设备的不同可将精馏塔分为板式塔和填料塔。

(一)板式塔

1. 板式塔分类

工业上常见的板式塔有泡罩塔、筛板塔、浮阀塔、浮舌塔等。

泡罩塔在工业上的应用可以追溯到19世纪末,由于其操作性能稳定,在相当长的时间内占据了板式塔应用的主导地位。泡罩塔操作稳定,操作弹性(能正常操作的最大负荷与最小负荷比)大,塔板不易堵塞。但是其结构复杂,造价高,气相流道复杂,压力降大,生产能力和板效率较低,在新建塔设备中已很少采用。但是其在长期工业实践中积累的大量经验参数,对其他类型塔板仍具有重要价值。

筛板塔是继泡罩塔之后在工业上应用广泛的传质设备,主要优点是气液相之间的接触比较充分、生产能力大。缺点是筛孔孔径小,易堵塞,不宜处理易结焦、黏度大的物料。筛板多用不锈钢和合金钢制成,其结构简单,造价低,板上液面落差小,气体压降低。

> ZAB007 筛板的主要性能参数

气液速度一定的条件下,筛板上液层的高度影响气液接触时间。对于结构确定的塔板,气相、液相的负荷及塔压与分离效果密切相关。

浮阀塔是20世纪四五十年代发展起来的,在一定程度上兼具了泡罩塔和筛板塔的优点,已成为目前工业中应用最广泛的一种塔器。浮阀塔中浮阀的开启程度可以随着气体负荷的大小而自行调整,当蒸气速度较大时,阀升起的距离就大,所以缝隙中的气流速度保持不变。

浮舌塔是将塔盘冲压成斜向上的浮舌孔,张角20°左右,气相从斜孔中喷射出来,一方面将液相分散成液滴和雾沫增大两相传质面,同时驱动液相减小液面落差,使液相在流动方向上能够多次被分散和凝聚,传质面湍动加剧,提高传质效率。

2. 板式塔的操作

[JAB004 评价板式塔性能的主要指标]
评价板式塔性能的主要指标有生产能力、塔板效率、操作弹性、塔板压强降、结构、造价。

任何一个精馏塔都有一定的生产能力,有一定的弹性范围,大于或小于这个范围,塔都将出现异常现象,精馏塔的稳定操作被破坏,质量不合格,甚至发生事故,精馏塔的这个弹性范围称为稳定操作区。

空塔速度是指以空塔截面积计算的气体线速度。对于固定直径的精馏塔来说,塔板间距越大,允许的空塔速度便越大。精馏塔内上升气速直接影响到传质效果,最大上升气速不得超过液泛速度。

[GAB004 除沫器的工作原理]
除沫器(除雾器)用于分离塔中气体夹带的液滴,以保证有效传质效率,降低有价值的物料损失和改善塔后压缩机的操作,一般多在塔顶设置。当带有液沫的气体以一定的速度上升,通过架在格栅上的金属丝网时,由于液沫上升的惯性作用,使得液沫与细丝碰撞而黏附在细丝的表面上。细丝表面上的液沫进一步扩散以及液沫本身的重力沉降,使液沫形成较大的液滴沿着细丝流至它的交织处。由于细丝的可湿性、液体的表面张力及细丝的毛细管作用,使得液滴越来越大,直至其自身的重力超过气体上升的浮力和液体表面张力的合力时,就被分离而下落,流至容器的下游设备中,从而达到去除雾沫的目的。

(二)填料塔

填料塔是以塔内填料作为气液两相间接触构件的传质设备。填料塔的塔身是一直立圆筒,底部装有填料支撑板,填料位于支撑板上,填料上方安装填料压板,以防止填料被上升气流吹动。填料是填充于填料塔的材料,它是填料塔的主要内构件,其作用是增加气、液两相的接触面积,加大液体的湍动程度以利于传质、传热的进行。因此填料应能使气、液接触面积大、传质系数高,同时要通量大、阻力小。

[GAB005 填料的主要性能参数]
单位体积填料的表面积是比表面积,填料的比表面越大,吸收速率越大,吸收的效果越好。

填料间的空隙是气体在塔内的流动通道。为减少气体的流动阻力,提高填料塔的允许气速,填料的空隙率应尽可能大,气液两相接触的机会越多,吸收效果越好。

[ZAB008 液体分布装置的作用]
填料塔设有液体分布装置。液体分布装置的目的是最大程度地使液体均匀通过填料。液体分布器对填料塔的性能影响极大。分布器设计不当,液体预分布不均,即使填料性能再好也很难得到满意的分离效果。液体分布器的种类有管式喷淋器、莲蓬头式喷洒器、

盘式分布器。

填料的装填对填料塔的操作至关重要。装填不好易形成沟流,导致液固系统或气液系统的不均匀流动,会减少填料的有效润湿表面,流体打开了一条阻力很小的通道,形成所谓沟,以极短的停留时间通过床层,液体发生沟流,从而使得传质效果降低。

五、影响精馏操作的主要因素

影响精馏操作的主要因素包括操作压力、塔顶温度、进料温度、塔底温度、进料组成、回流比与塔底液面等。

项目四　吸附分离

一、吸附现象

(一)吸附的定义及概念

固体物质表面对气体或液体分子的吸着现象称为吸附。其中被吸附的物质称为吸附质,固体物质称为吸附剂。

吸附操作在化工、轻工、炼油、冶金和环保等领域都有着广泛的应用。如气体中水分的脱除,溶剂的回收,水溶液或有机溶液的脱色、脱臭,有机烷烃的分离,芳烃的精制等。

(二)吸附机理

根据吸附质和吸附剂之间吸附力的不同,吸附操作分为物理吸附与化学吸附两大类。

> JAB005　物理吸收的机理

1. 物理吸附

物理吸附(也称为范德华吸附)是吸附剂分子与吸附质分子间吸引力作用的结果,因其分子间结合力较弱,故容易脱附。如固体和气体之间的分子引力大于气体内部分子之间的引力,气体就会凝结在固体表面上,吸附过程达到平衡时,吸附在吸附剂上的吸附质的蒸气压应等于其在气相中的分压。

2. 化学吸附

是由吸附质与吸附剂分子间化学键的作用所引起,其间结合力比物理吸附大得多,放出的热量也大得多,与化学反应热数量级相当,过程往往不可逆。化学吸附在催化反应中起重要作用。

3. 吸附机理的判断依据

(1)化学吸附热与化学反应热相近,比物理吸附热大得多。如二氧化碳和氢在各种吸附剂上的化学吸附热为 83740J/mol 和 62800J/mol,而这两种气体的物理吸附热约为 25120J/mol 和 8374J/mol。

(2)化学吸附有较高的选择性,如氯可以被钨或镍化学吸附。物理吸附则没有很高的选择性,它主要取决于气体或液体的物理性质及吸附剂的特性。

(3)化学吸附时,温度对吸附速率的影响较显著,温度升高则吸附速率加快,因其是一个活化过程,故又称活化吸附。而物理吸附即使在低温下,吸附速率也可能较大,因它不属于活化吸附。

（4）化学吸附总是单分子层或单原子层，而物理吸附则不同。低压时，物理吸附一般是单分子层，但随着吸附质分压增大，吸附层可能转变成多分子层。

二、工业吸附剂

通常固体都具有一定的吸附能力，但只有具有很高选择性和很大吸附容量的固体才能作为工业吸附剂。

（一）吸附剂的选择原则

吸附剂的性能对吸附分离操作的技术经济指标起着决定性的作用，吸附剂的选择是非常重要的一环，一般选择原则为：

（1）具有较大的平衡吸附量，一般比表面积大的吸附剂，其吸附能力强；

（2）具有良好的吸附选择性；

（3）容易解吸，即平衡吸附量与温度或压力具有较敏感的关系；

（4）有一定的机械强度和耐磨性，性能稳定，较低的床层压降，价格便宜等。

（二）吸附剂的种类

目前工业上常用的吸附剂主要有活性炭、活性氧化铝、硅胶、分子筛等。

1. 活性炭

活性炭是具有非极性表面，是一种疏水性和亲有机物的吸附剂，故又称为非极性吸附剂。活性炭具有吸附容量大、抗酸耐碱、化学稳定性好、解吸容易等优点。且在高温下进行解吸再生时其晶体结构不发生变化，热稳定性高，经多次吸附和解吸操作，仍能保持原有的吸附性能。活性炭常用于溶剂回收、溶液脱色、除臭、净制等过程。活性炭是当前应用最普遍的吸附剂。通常所有含碳的物料，如木材、果壳、褐煤等都可以加工成黑炭，经活化制成活性炭。

2. 硅胶

硅胶是一种坚硬无定形链状和网状结构的硅酸聚合物颗粒，是一种亲水性极性吸附剂。因其是多孔结构，比表面积可达350m^2/g左右。工业上用的硅胶有球形、无定形、加工成型及粉末状四种。主要用于气体的干燥脱水、催化剂载体及烃类分离等过程。

3. 活性氧化铝

活性氧化铝为无定形的多孔结构物质，一般由氧化铝的水合物（以三水合物为主）加热、脱水和活化制得，其活化温度随氧化铝水合物种类不同而不同，一般为250~500℃。孔径约从20Å到50Å（1Å=0.1nm）。典型的比表面积为200~500m^2/g。活性氧化铝具有良好的机械强度，可在移动床中使用。对水具有很强的吸附能力，故主要用于液体和气体的干燥。

4. 分子筛

沸石吸附剂是具有特定而且均匀一致孔径的多孔吸附剂，它只能允许比其微孔孔径小的分子吸附上去，比其大的分子则不能进入，有分子筛的作用，故称为分子筛。

分子筛（合成沸石）是一种含水硅酸盐。其中包含有金属离子，多数为钠、钾、钙，也可以是有机胺或复合离子。根据原料配比、组成和制造方法不同，可以制成不同孔径（一般

3~8Å)和形状(圆形、椭圆形)的分子筛。分子筛是极性吸附剂,对极性分子,尤其对水具有很大的亲和力。由于分子筛突出的吸附性能,使得它在吸附分离中有着广泛的应用,主要用于各种气体和液体的干燥,芳烃或烷烃的分离及用作催化剂及催化剂载体等。

三、吸附平衡

在一定温度和压力下,当流体(气体或液体)与固体吸附剂经长时间充分接触后,吸附质在流体相和固体相中的浓度达到平衡状态,称为吸附平衡。

(一)吸附过程的方向和极限

吸附平衡关系决定了吸附过程的方向和极限,是吸附过程的基本依据。若流体中吸附质浓度高于平衡浓度,则吸附质将被吸附,若流体中吸附质浓度低于平衡浓度,则吸附质将被解吸,最终达吸附平衡,过程停止。

(二)吸附平衡的影响因素

单位质量吸附剂的平衡吸附量 q 受到许多因素的影响,如吸附剂的物理结构(尤其是表面结构)和化学组成,吸附质在流体相中的浓度,操作温度等。

项目五　过滤与离心分离

一、过滤

(一)过滤的概念

在推动力的作用下,液—固或气—固混合物中的流体通过多孔性过滤介质,固体颗粒被过滤介质截留,从而实现固体与流体分离的操作称为过滤。过滤进行的推动力可以是重力、离心力和压强差。过滤操作时,通过过滤介质流出的液体称为滤液。使流体通过而固体截留的可渗透材料称为过滤介质。截留在过滤介质表面的固体颗粒与其中残留的液体所组成的混合物称为滤饼。过滤时,为了防止较小粒子堵塞过滤介质的滤孔,常常在滤布面上预涂一层被称作助滤剂的涂料。过滤是使含固体颗粒的非均相物系通过布、网等多孔性材料,分离出固体颗粒的操作。在过滤操作中,若维持操作压强不变,这种操作称为恒压过滤。

(二)石油化工用过滤器简介

过滤器广泛应用于石油、化工行业气相及液相物料中固体杂质粒的分离以及吸附剂、催化剂等的回收利用。通过过滤物料中所含的固体杂质,防止固体杂质颗粒进入装置后造成设备、管线损坏或者堵塞,保证生产介质满足工艺设计要求和装置的正常稳定运行。过滤器按照其结构形式主要分为管道型过滤器和设备型过滤器,管道型过滤器为石油化工行业常用的粗过滤器。按照其结构类型主要分为T形、Y形、锥形、篮式等。

二、离心分离

在离心力作用下分离液相非均一物系的过程,称为离心分离。在离心分离操作中,在同样条件下,离心力越大,分离效果越好。

以离心力作为推动力,在具有过滤介质(如滤网、滤布)的有孔转鼓中加入悬浮液,固体粒子截留在过滤介质上,液体穿过滤饼层而流出,最后完成滤液和滤饼分离的过滤操作,这种操作叫作离心过滤。离心过滤包括三个阶段,即滤饼的形成、滤饼的压紧、滤饼的甩干。为了减小可压缩滤饼的过滤阻力,减少细微颗粒对过滤介质中孔道的堵塞,可使用助滤剂改善滤饼结构。

项目六　固体干燥

一、概述

化工生产中的固体产品(或半成品)为便于储藏、使用或进一步加工的需要,需除去其中的湿分(水或有机溶剂)。塑料颗粒若含水超过规定,则在以后的成型加工中产生气泡,影响产品的品质。因此,干燥作业的良好与否直接影响产品的使用质量和外观。

二、干燥原理

在一定温度下,任何含水的湿物料都有一定的蒸气压,当此蒸气压大于周围气体中的水汽分压时,水分将汽化。汽化所需热量或来自周围热气体,或由其他热源通过辐射、热传导提供。含水物料的蒸气压与水分在物料中存在的方式有关。物料所含的水分,通常分为非结合水和结合水。非结合水是附着在固体表面和孔隙中的水分,它的蒸气压与纯水相同;结合水则与固体间存在某种物理的或化学的作用力,汽化时不但要克服水分子间的作用力,还需克服水分子与固体间结合的作用力,其蒸气压低于纯水,且与水分含量有关。在一定温度下,物料的水分蒸气压 p 同物料含水量 x(每千克绝对干物料所含水分的千克数)间的关系曲线称为平衡蒸气压曲线(图1-2-1),一般由实验测定。

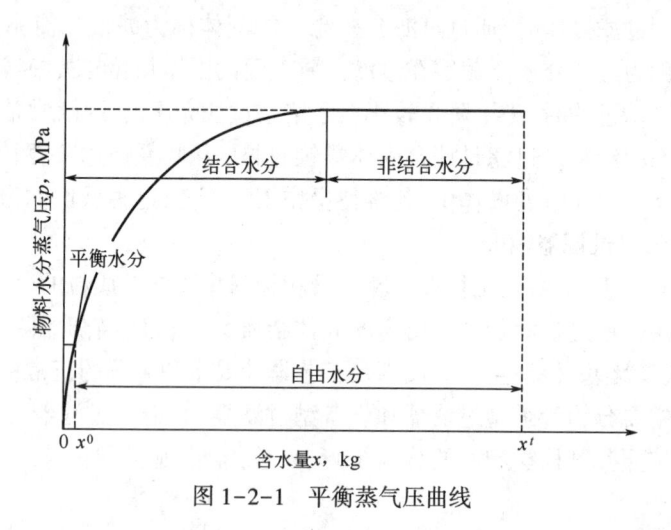

图1-2-1　平衡蒸气压曲线

当湿物料与同温度的气流接触时,物料的含水量和蒸气压下降,系统达到平衡时,物料所含的水分蒸气压与气体中的水汽分压相等,相应的物料含水量 x^0 称为平衡水分。平衡水分取决于物料性质、结构以及与之接触的气体的温度和湿度。通过干燥操作能除去的水分,称为自由水分(即物料初始含水量 x^0 与 x^t 之差)。

将湿物料置于温度、湿度和气速都恒定的气流中,物料中的水分将逐渐降低。由实验可测得干燥速率 N 与物料含水量 x 的关系曲线(图1-2-2),此曲线称为干燥速率曲线。由图可知:湿物料的干燥过程分为恒速干燥和降速干燥两个阶段,分界点的含水量称为临界含水量 x_c。临界含水量不仅取决于物料的性质和结构,还与气速、温度和湿度以及干燥器的类型有关。在恒速干燥阶段,物料的含水量大于临界含水量,物料表面布满非结合水分。若热量的供应仅来自热气体,则物料的表面温度等于气体的湿球温度。此阶段的干燥速率与物料的性质和含水量无关,仅取决于干燥器的结构以及气体的流速和性质。恒速干燥阶段所汽化的水分,全部为非结合水分。在降速干燥阶段,物料的含水量低于临界含水量,干燥速率的变化规律与物料的性质和结构尤其是水分的存在方式有关。这时水分在固体物料内部的扩散起重要作用。减薄物料的厚度或减小其粒度,能够有效地提高干燥速率。降速干燥阶段汽化除去的水分包括剩余的非结合水分和部分结合水分。物料的温度在干燥过程中逐渐升高。

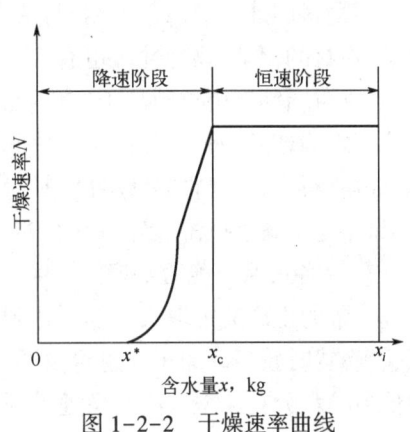

图1-2-2 干燥速率曲线

三、干燥分类

根据热量的供应方式,有多种干燥类型。

(一)对流干燥

对流干燥是使热空气或烟道气与湿物料直接接触,依靠对流传热向物料供热,水汽则由气流带走。对流干燥在生产中应用最广,它包括气流干燥、喷雾干燥、流化干燥、转筒干燥和厢式干燥等。

对流干燥过程的特点为:当温度较高的气流与湿物料直接接触时,气固两相间所发生的是热、质同时传递的过程。

物料表面温度 θ_i 低于气流温度 t,气体传热给固体。气流中的水汽分压 $p_{水汽}$ 低于固体表面水的分压 p_i,水被汽化并进入气相,湿物料内部的水分以液态或水汽的形式扩散至表面。因此,对流干燥是一热质反向传递过程。

(二)传导干燥

传导干燥是湿物料与加热壁面直接接触,热量靠热传导由壁面传给湿物料,水汽靠抽气装置排出。它包括滚筒干燥、冷冻干燥、真空耙式干燥等。

(三)辐射干燥

辐射干燥是热量以辐射传热方式投射到湿物料表面,被吸收后转化为热能,水汽靠抽气装置排出,如红外线干燥。

(四)介电加热干燥

介电加热干燥是将湿物料置于高频电场内,依靠电能加热而使水分汽化,包括高频干燥、微波干燥。在传导、辐射和介电加热这三类干燥方法中,物料受热与带走水汽的气流无关,必要时物料可不与空气接触。

工业上常用到的是对流干燥。

四、干燥器

(一) 干燥器的基本要求

1. 对被干燥物料的适应性

湿物料的外表形态很不相同,从大块整体物件到粉粒体,从黏稠溶液或糊状团块到薄膜涂层,物料的化学、物理性质也有很大差别。煤粉、无机盐等物料能经受高温处理,药物、食品、合成树脂等有机物则易于氧化、受热变质。有的物料在干燥过程中还会发生硬化、开裂、收缩等影响产品的外观和使用价值的物理化学变化。与气、液系统对加工设备的要求不同,能够适应被干燥物料的外观性状是对干燥器的基本要求,也是选用干燥器的首要条件。但是,除非是干燥小批量、多品种的产品,一般不要求一个干燥器能处理多种物料。

2. 设备的生产能力要高

设备的生产能力取决于物料达到指定干燥程度所需的时间。物料在降速阶段的干燥速率缓慢,费时较多。缩短降速阶段的干燥时间从两方面着手:(1)降低物料的临界含水量,使更多的水分在速率较高的恒速阶段除去;(2)提高降速阶段本身的速率。将物料尽可能地分散,可以兼达上述两个目的。许多干燥器(如气流式、流化床、喷雾式等)的设计思想就源于此。

3. 能耗的经济性

干燥是一种耗能较多的单元操作,设法提高干燥过程的热效率是至关重要的。在对流干燥中,提高热效率的主要途径是减少废气带热。干燥器结构应能提供有利的气固接触。在物料耐热允许的条件下应使用尽可能高的入口气温,或在干燥器内设置加热板进行中间加热。这两者均可降低干燥介质的用量,减少废气的带热损失。

在恒速干燥阶段,干燥速率与介质流速有关,减少介质用量会使设备容积增大;而在降速阶段,干燥速率几乎与介质流速无关。这样,物料的恒速与降速干燥在同一设备、相同流速下进行在经济上并不合理。为提高热效率,物料在不同的干燥阶段可采用不同类型的干燥器加以组合。

此外,在相同的进、出口温度下,逆流操作可以获得较大的传热(或传质)推动力,设备容积较小。换言之,在设备容积和产品含水量相同的条件下,逆流操作介质用量较少,热效率较高。但对于热敏性物料,并流操作可采用较高的预热温度,并流操作将优于逆流。

(二) 常用对流式干燥器

1. 厢式干燥器

厢式干燥器又称烘房,以适当的绝热材料构成。厢内支架上放有许多矩形浅盘,湿物料置于盘中,物料在盘中的堆放厚度为 10~100mm。厢内设有翅片式空气加热器,并用风机造成循环流动。调节风门,可在恒速阶段排出较多的废气,而在降速阶段使更多的废气循环。

厢式干燥器一般为间歇式,但也有连续式的。此时堆物盘架搁置在可移动的小车上,或将物料直接铺在缓缓移动的传送网上。

厢式干燥器的最大特点是对各种物料的适应性强,干燥产物易于进一步粉碎。但湿物料得不到分散,干燥时间长。完成一定干燥任务所需的设备容积及占地面积大,热损失多。因此,主要用于产量不大、品种需要更换的物料的干燥。

2. 喷雾干燥器

喷雾干燥器由雾化器、干燥室、产品回收系统、供热及热风系统等部分组成。雾化器的作用是将物料喷洒成直径为 $10\sim60\mu m$ 的细滴,从而获得很大的汽化表面(约 $100\sim600m^2/L$ 溶液)。

干燥室的基本要求是提供有利的气液接触,使液滴在到达器壁之前已获得相当程度的干燥,同时使物料与高温气流的接触时间不致过长。

喷雾干燥的设备尺寸大,能量消耗多。但由于物料停留时间很短(一般只需 $3\sim10s$),适用于热敏物料的干燥,且可省去溶液的蒸发、结晶等工序。由液态直接加工为固体成品。喷雾干燥在合成树脂、食品、制药等工业部门中得到广泛的应用。

3. 气流干燥器

当湿物料为粉粒体,经离心脱水后可在气流干燥器中以悬浮的状态进行干燥。空气由风机吸入,经翅片加热器预热至指定温度,然后进入干燥管底部。物料由加热器连续送入,在干燥管中被高速气流分散。在干燥管内气固并流流动,水分汽化。干物料随气流进入旋风分离器,与湿空气分离后被收集。

4. 流化床干燥器

如图1-2-3(a)所示,工业用单层流化床多数为连续操作。物料自圆筒式或矩形筒体的一侧加入,自另一侧连续排出。颗粒在床层内的平均停留时间(即平均干燥时间)$\tau=$床内固体量/加料速率。

由于流化床内固体颗粒的均匀混合,每个颗粒在床内的停留时间并不相同,这使部分湿物料未经充分干燥即从出口溢出,而另一些颗粒将在床内高温条件下停留过长。

为避免颗粒混合,可使用多层床。湿物料逐层下落,自最下层连续排出,如图1-2-3(b)所示。也可采用卧式多室流化床,此床为矩形截面,床内设有若干纵向挡板,将床层分成许多区间,如图1-2-3(c)所示。挡板与床底部水平分布板之间留有足够的间距供物料逐室通过,但又不致完全混合。将床层分成多室不但可使产物含水量均匀,且各室的气温和流量可分别调节,有利于热量的充分利用。一般在最后一室吹入冷空气,使产物冷却而便于包装和储藏。流化床干燥器对气体分布板的要求不如反应器那样苛刻。在操作气速下,通常具有1kPa压降。床底便于清理,去除从分布板小孔中落下的少量物料。对易于黏结的粉体,在床层进口处可附设 $3\sim30r/min$ 的搅拌器,以帮助物料分散。

5. 转筒干燥器

经真空过滤所得的滤渣、团块物料以及颗粒较大而难以流化的物料,可在转筒干燥器内获得一定程度的分散,使干燥产品的含水量能够降至较低的数值。

干燥器的主体是一个与水平略成倾斜的圆筒,具有一定的倾斜度,物料自高端送入低端排出,转筒以 $0.5\sim4r/min$ 缓缓地旋转。转筒内设置各种抄板,在旋转过程中将物料不断举起、撒下,使物料分散并与气流密切接触,同时也使物料向低处移动。

热空气可在器内与物料作总体上的同向或逆向流动。为便于气固分离,通常转筒内的气速并不高。对粒径小于1mm的颗粒,气速为 $0.3\sim1m/s$;对于5mm左右的颗粒,气速约在

(a) 单层流化床　　(b) 多层流化床　　(c) 卧式多室流化床

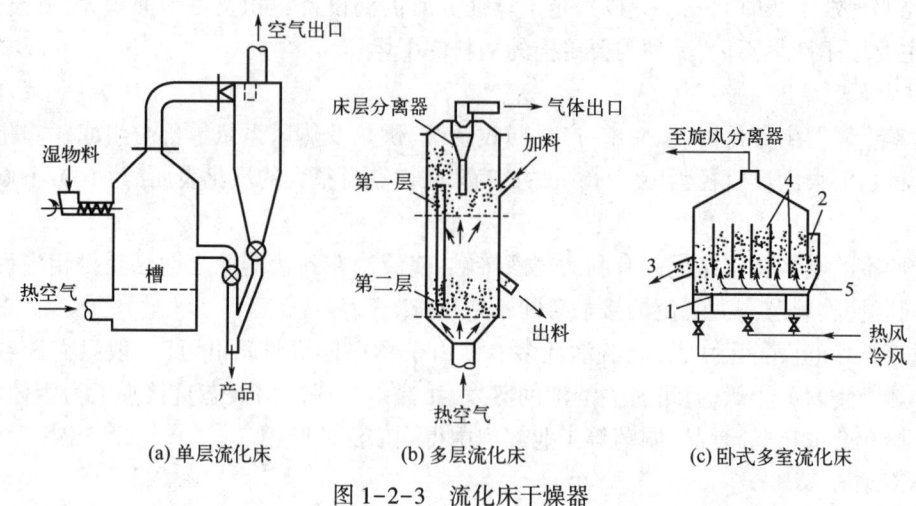

图 1-2-3　流化床干燥器

1—多孔分布板；2—加料口；3—出料口；4—挡板；5—物料通道(间隙)

3m/s 以下。

物料在干燥器内的停留时间可借转速加以调节，通常停留时间为数小时，因而使产品的含水量降至很低。此外，转筒干燥器的处理量大，对各种物料的适应性强，长期以来一直广为使用。

模块三 化工机械与设备知识

项目一 转动设备

一、常用的转动设备简介

化工生产常用转动设备包括泵和压缩机。泵的种类包括离心泵、往复泵、旋转泵、真空泵、计量泵、螺旋泵等。常用压缩机有离心式和往复式压缩机。

(一) 泵

1. 化工生产常用泵

输送液体的机械通常称为泵。常用泵的种类包括离心泵、往复泵、齿轮泵、喷射泵等。

> CAC001 常用泵的种类

往复泵包括柱塞泵和隔膜泵。柱塞泵是液压系统的一个重要装置，它依靠柱塞在缸体中往复运动，使密封工作容腔的容积发生变化来实现吸油、压油。柱塞泵具有额定压力高、结构紧凑、效率高和流量调节方便等优点。柱塞泵被广泛应用于高压、大流量和流量需要调节的场合，如液压机、工程机械和船舶。齿轮泵是依靠泵缸与啮合齿轮间所形成的工作容积变化和移动来输送液体或使之增压的回转泵，齿轮泵属于容积泵。喷射泵是利用另一种流体在运动过程中的能量变化来输送液体的。

> CAC002 常用液体的输送设备的种类

化工生产中应用最多的是离心泵，它大约占化工用泵的80%~90%。

> ZAC001 离心泵的结构

2. 离心泵的结构

离心泵的主要部件有叶轮、泵体、轴、轴承、密封装置和平衡装置等，泵体既作为泵的外壳汇集流体，它本身又是一个能量转换装置，将液体的大部分动能在泵壳中转化为静压能。叶轮按形状可分为开式叶轮、闭式叶轮、半开式叶轮。叶轮按流体在叶轮中流动方向的不同，可分为径流式叶轮、混流式叶轮、斜流式叶轮、轴流式叶轮。离心泵具有结构简单、使用范围广和运转可靠等优点，因而得到广泛的运用。

3. 离心泵的工作原理

流体在泵内经过两次能量转换，即从机械能转换成流体动能，该动能的一部分又转换为压力能，从而使泵完成输送流体的任务。离心泵启动前要打开入口阀，泵内先充满所输送的流体，启动后，驱动机使叶轮旋转，叶轮中的叶片驱使流体一起旋转，使流体产生离心力。

4. 离心泵的常规检查

离心泵的常规检查内容有：

(1) 离心泵运行时，应经常注意压力表和电流表的指针摆动情况，超过规定指标应立即查明原因并处理。

(2)检查轴承温度和电动机温度在正常范围内。

(3)离心泵运行时,要经常检查泵内有无杂音和振动现象,发现后要及时检修。

(4)离心泵运行时,应保持泵体和电动机清洁,并润滑良好。

(5)离心泵运行时,应按时检查动密封泄漏情况,泄漏严重应停泵检查密封环磨损情况,如属于填料密封应调整压盖的压力。

(6)检查冷却水是否畅通。

(7)冬季时做好防冻防凝工作。

(8)备用泵每班盘车一次。

5. 离心泵常见故障

1)离心泵抽空

运行中的离心泵出口压力突然大幅度下降并激烈地波动,这种现象称为抽空。离心泵抽空的原因有启动前未灌泵、进空气、介质大量汽化。离心泵防止抽空的方法之一是在工艺上温度宜取下限,压力宜取上限,塔底液面不可过低,泵的流量要适中。

离心泵运行时不上量的原因有:泵内或流体介质内有空气;吸入压头不够;叶轮中有异物;口环磨损或间隙过大;发动机转速不够;出、入口管路堵塞。离心泵由于泵内或液体介质内有空气引起抽空时,应打开导淋阀排气。

2)离心泵的汽蚀

离心泵运行中由于液体汽化、冲击,形成高压、高温、高频冲击负荷,造成金属材料的机械剥裂与电化学腐蚀破坏的综合现象称为汽蚀。提高离心泵汽蚀余量的措施有:增加泵前储液罐中液面的压力,以提高有效汽蚀余量;减小吸入口的安装高度;将上吸装置改为倒灌装置;减小泵前管路上的流动损失。

6. 离心泵的试车

离心泵检修结束后的试车程序:

(1)按试车方案或操作规程进行试车,试车前应对泵体预热(或预冷),泵体温度达到工作温度时,手动盘车应灵活。

(2)泵满负荷运行后,检查以下运行情况:①电动机的功率、电压、电流是否正常;②泵的声音是否正常;③测量泵进、出口压力及流量;④检查机械密封是否正常;⑤检查滚动轴承温度是否正常;⑥用测振仪检查电动机、泵体的振动情况。以上检查项目要做好记录。

(3)经过试运行6~10min,若未发现任何故障并能达到参数指标时,即可投入正常运行。

(二)压缩机

常用压缩机的种类有离心式和往复式压缩机。气体在压缩机中受离心力的作用,沿着垂直压缩机轴的径向流动,称为离心式压缩机,这类压缩机是一种速度型的压缩机。往复式压缩机是容积型压缩机中的主要机型,是使一定容积的气体有序地吸入和排出封闭空间提高静压力的压缩机。

1. 离心式压缩机的结构

离心式压缩机主要由定子部分、转子部分组成,定子部分由气缸、隔板、气封和轴承组成。离心式压缩机主要有水平剖分型、筒型和多轴型。

离心式压缩机转子部分是离心式压缩机的做功部件,通过旋转对气体做功,使气体获得压力能和速度能。转子主要由主轴、叶轮、平衡盘、推力盘和定距套等元件组成。转子在制造时除要有足够的强度、刚度外,一定要进行严格的动平衡试验,防止因不平衡导致严重后果。另外,对主轴上的元件如叶轮、平衡盘等还要采取措施,以免其运行时产生位移,造成摩擦、撞击等故障。

2. 离心式压缩机的工作原理

离心式压缩机的工作原理是气体进入离心式压缩机的叶轮后,在叶轮叶片的作用下,一边跟着叶轮作高速旋转,一边在旋转离心力的作用下向叶轮出口流动,并受到叶轮的扩压作用,其压力能和动能均得到提高,气体进入扩压器后,动能又进一步转化为压力能,气体再通过弯道、回流器流入下一级叶轮进一步压缩,从而使气体压力达到工艺所需要求。

3. 离心式压缩机正常使用与维护

离心式压缩机使用寿命与压缩机质量、辅助设施、安装、介质、工作条件、操作及维护、检修有关。主要取决于压缩机质量、安装、操作和维护检修。

离心式压缩机运行时,应定时巡回检查轴承温度、油压和压缩气体的进出口温度、压力的变化,经常检查和测听各转动零部件的振动和响声是否正常,定期清洗油过滤器,清理滤尘器和冷却器,润滑油应实行三级过滤,保持所在零部件齐全整洁,油路系统无渗漏无油污,水路系统无滴漏锈斑。

离心式压缩机发生喘振的原因是吸入流量不足、升速、升压过快、降速未先降压、防喘整定值不准、压缩机气体出口管线上止逆阀不灵。离心式压缩机设立压缩机自循环回路的目的是防止喘振。为了防止离心式压缩机喘振,开、关喘振阀时要平稳缓慢,关防喘振阀时要先低压后高压,开防喘阀时要先高压后低压,降低压力时,应提高压缩机转速,坚持在开、停车过程中,升、降速度不可太快,并且先升速,后升压,可将部分气流经防喘振阀放空,将部分气体由旁路送回吸气管。如果离心式压缩机出现喘振,首先应立即全部打开喘振阀,增加压缩机的流量,然后根据情况进行处理。

> ZAC003 防止离心式压缩机喘振的方法

4. 离心式压缩机的检修

(1) 离心压缩机本体大修的主要内容:①检查径向轴承和止推轴承,测量各轴承间隙,检查径向轴承、止推轴承、轴颈、止推盘磨损状况及轴颈、止推盘跳动值,必要时进行调整或更换;②检查或更换机械密封或干气密封;③检查、紧固各部件的连接螺栓、导向销及支座螺栓,进行无损检测;④抽出内缸,解体检查内缸,进行无损检测;⑤检查转子迷宫密封的间隙,清理迷宫密封上的积焦和污物,必要时更换迷宫密封;⑥检查转子叶轮、隔板、缸体等零件腐蚀、磨损、冲刷、结垢等情况,检查、修理隔板及外缸上的裂纹、破损及其他有害缺陷,清理隔板上的积焦,进行无损检测;⑦检查清理转子,检查转子各有关部位的跳动值,测量几何尺寸,对转子做无损探伤、动平衡校验。

> JAC001 离心式压缩机检修方案的主要内容

(2) 离心压缩机本体外大修的主要内容:①检查、调校各仪表传感器、联锁及报警;②检查清洗联轴节,检查联轴节齿面磨损、润滑油供给以及转子轴向窜动、螺栓螺母连接情况,进行无损检测,复查、调整机组同轴度;③检查、清理油、水、气系统的管线、过滤器等,阀门、法兰的泄漏;④检查各弹簧支架,检查、清理入口管线上的过滤网和进出口管线内的积焦;⑤机组对中。

5. 离心式压缩机大修后的试车

> JAC002 离心式压缩机大修后的试车程序

（1）离心式压缩机检修后的试车条件：检修工作结束后，检修质量得到确认；机组全部机械、仪表、电气设备的检修工作已经完成，保温、防腐工作已经结束，确认符合要求。机体整洁，试车环境良好，无油污、杂物与积水，照明充足。制订好试车方案、操作控制要点及试车注意事项，准备好试车记录表格，确定试车人员且明确各自职责。通过生产调度联系落实试车的供电、供气、供水，加强岗位之间的操作联系。

（2）离心压缩机检修后试车时要注意的操作要点：①严格按照升速曲线操作，每升高一个梯度的转速，应详细检查轴承、机体内无异常响声和振动，检查轴承温度的变化，并做好记录。②迅速通过临界转速区域。③试车中发现异常现象，须研究处理，必要时停车处理。④动密封可靠，静密封无泄漏。⑤试车过程中径向轴承和止推轴承的温度、轴位移、轴承部位的水平和垂直轴振动最大峰值应小于压缩机制造商给定的限值。⑥压缩机出口压力达到设计要求。

二、其他转动设备

> CAC004 常用气体的输送设备的种类

化工生产中常见的气体输送设备还包括风机。风机是依靠输入的机械能，提高气体压力并排送气体的机械，通常所说的风机包括通风机、鼓风机、风力发电机。气体的压强、温度和体积变化的大小，对气体压送机械的结构影响很大。气体压送机械往往是按其终压或压缩比来分类，按此分类方法，压缩比在 4 以上或终压在 300kPa 以上的气体压送机械称为压缩机。

项目二　静止设备

一、化工压力容器

(一) 压力容器的分类

1. 常见压力容器

所有承受压力载荷的密闭容器都可称为压力容器。压力容器按用途分为反应容器、传热容器、分离容器和储运容器。主要用来完成介质的热量交换的容器为传热容器。反应器、聚合釜、合成塔等称为反应容器。分离器、过滤器、集油器均为分离容器。储槽、储罐是储运容器。按照设计压力的大小，压力容器不可为负压。压力容器依其工作压力分为常压、低压、中压、高压、超高压五个压力等级，其中常用低压容器压力范围为 0.1~1.6MPa、中压容器的压力范围为 1.6~10.0MPa、高压容器的压力范围为 10~100MPa、超高压压力范围为高于 100MPa。

分离容器在化工上指主要用来完成在流体压力平衡下介质的组分分离和气体净化分离等的容器。如化工生产中使用的各类汽提塔、过滤器、集油器、缓冲器、储能器、洗涤器、吸收塔、铜洗塔、干燥塔、蒸馏塔等，均属于介质组分分离或气液两相分离的容器。

2. 压力容器安全附件

压力容器的安全附件，包括直接连接在压力容器上的安全阀、压力表、爆破片装置、紧急切断装置、安全链锁装置、液位计、测温仪表等。

安全阀按压力控制元件不同,可分为弹簧式安全阀、杠杆式安全阀、重锤式安全阀等几种。压力容器安全阀的作用是当容器的压力超过规定值时,安全阀能自动开启放出气体,待气体压力降到一定值时,安全阀又自动关闭。

爆破片(又称防爆片、防爆膜)是属于断裂型的一种安全泄压装置,具有泄压反应快、密封性能好等特点,缺点是泄压后不能重新闭合,压力容器被迫停止运行,因此不能单独用于系统操作中的压力容器。不借助于任何外力而是利用介质本身的力自动开启进行泄压的阀门是弹簧式安全阀、杠杆式安全阀。

二、换热器

(一)基本概念及分类

1. 换热器的概念

换热器是将热流体的部分热量传递给冷流体的设备,又称热交换器。换热器在化工、石油、动力、食品及其他许多工业生产中占有重要地位,在化工生产中换热器应用广泛。

2. 换热器分类

在实际生产中,按用途不同,通常将换热器分为加热器、预热器、过热器、蒸发器、再沸器、冷却器、冷凝器等。加热器是把流体加热到必要的温度,但加热流体没有发生相的变化。预热器预先加热流体,为工序操作提供标准的工艺参数。过热器用于把流体(工艺气或蒸汽)加热到过热状态。蒸发器用于加热流体,达到沸点以上温度,使其流体蒸发,一般有相的变化。再沸器用于使液体再一次汽化,它的结构与冷凝器差不多,不过冷凝器是用来降温,而再沸器是用来升温汽化。冷却器用于冷却流体,通常用水或空气为冷却剂以除去热量。冷凝器用于把气体或蒸气转变成液体,将管中的热量很快地传到管附近的空气中。

按传热原理分类可分为间壁式换热器、蓄热式换热器、流体连接间接式换热器、直接接触式换热器以及复式换热器等。

换热器按结构分类可分为列管式、板式和热管式换热器。

(二)列管式换热器

列管式换热器又称管壳式换热器,是目前化工生产中应用最广的一种换热器。列管式换热器有固定管板式、浮头式、U形管式。固定管板式换热器壳体上的膨胀节由于不能承受较大内压,所以换热器壳程压力不能太高,适用于壳程介质清洁、不易结垢以及两种流体温差不大的场合。U形管式换热器适用于管壳两程温差较大或壳程介质易结垢而管程介质不易结垢的场合。浮头式换热器适合于壳体与管束温差较大,冷热流体压差不大或壳程流体容易结垢的场合。

> ZAB003 列管式换热器的特点
> ZAC004 列管式换热器的种类

1. 结构

列管式换热器由壳体、传热管束、管板、折流挡板和管箱等部件构成。折流挡板是安装在列管式热交换器壳体内壁上的平行隔板,是列管式热交换器中的重要组成部分,具有以下作用:

(1)延长壳程介质的流道长度,增加管间流速,增加湍流程度,达到提高热交换器的传热效果的目的,从而提高壳程流体的对流传热系数。

(2)设置折流挡板对于卧式热交换器的换热管具有一定的支撑作用。当换热管过

> JAB003 换热器中折流挡板的作用

长,而管子承受的压应力过大的时候,在满足换热器管程允许压降的情况下,增加折流挡板的数量,减小折流挡板的间距,对缓解换热管的受力情况和防止流体流动诱发振动有一定的作用。

(3) 设置折流挡板有利于换热管的安装。

GAC003 列管式换热器的结构

固定管板式换热器主要由外壳、封头、管板、管束、折流挡板或支撑板等部件组成。结构特点是:在壳体中设置有平行管束,管束两端用焊接或胀接的方法固定在管板上,两端管板直接和壳体焊接在一起,壳体的进出管直接焊接在壳体上,装有进口或出口管的封头管箱用螺栓与外壳两管板紧固。管束内根据换热管的长度设置了若干块折流挡板。这种换热器,管程可以用隔板分成任何程数。

U形管换热器的换热管呈U形,两端固定在同一管板上,管束可以自由伸缩,不会因介质温差而产生温差应力,因这种换热器只有一块管板,且无浮头,因而价格比浮头式便宜,结构也简单,管束可以抽出清洗管间,这是此种换热器的优点所在。其缺点是由于管间距较大,传热性能较差。因各排管子曲率不一,管子长度不同,管子分布不如直管均匀。管束中部不能检查更换,堵管后管子报废率较直管大一倍。因为由一块管板承受全部支承作用,相同壳体内径的管板,厚度大于其他形式。换热器直径较大时,U形部分支承有困难,管束抗震性差。

GAC004 列管式换热器泄漏的主要部位

2. 检修维护

1) 列管式换热器泄漏

换热器的内部泄漏可从介质的温度、压力、流量、异声、振动及其他现象来判断。列管式换热器主要的泄漏部位是管子与管板的连接处、封头与筒体之间的法兰连接面处、管子本身的泄漏。换热管腐蚀泄漏的主要原因是介质中污垢、水垢以及入口介质的涡流磨损。管子与管板连接处的腐蚀裂纹主要分布在管板边、胀管区以及这二者之间的缝隙区。

2) 列管式换热器更换

JAC003 换热器更换方案的主要内容

换热器更换换热管时,管子与管板的连接不能用胶连接方法,管内介质为高温高压介质时宜采用胀焊连接法。换热器管子与管板的胀接宜采用液压胀,每个胀口重胀不得超过两次。更换换热管时,必须对管板孔进行清理、修磨和检查,管控板管孔内不得有穿通的纵向螺旋形的刀痕,管板的密封槽或法兰面应光滑无伤痕,管孔直径的偏差要在允许范围内,管子表面应无裂纹、折叠等缺陷,管子与管板采用胀接时应检验管子的硬度。管子需拼接时,同一根换热管,最多只准有一道焊口(U形管除外)。新更换的换热器应经过制造厂试压合格,不可直接安装使用。

(三) 板式换热器

板式换热器是一系列具有一定波纹形状的金属片叠装而成的一种高效换热器,各种板片之间形成薄矩形通道,通过板片进行热量交换。它具有换热效率高、热损失小和使用寿命长特点。

(四) 热管式换热器

热管是一种具有高导热性能的传热组件。它通过在全封闭的真空管内工质的蒸发和凝结来传递热量,具有极高的导热性。热管换热器具有传热效率高、结构紧凑、有利于控制露点腐蚀等优点。热管换热器可以通过换热器的中隔板使冷热流体完全分开,在运行过程中单根热管因为磨损、腐蚀、超温等原因发生破坏时基本不影响换热器运行。热管换热器用于易燃、易爆、腐蚀性强的流体换热场合,具有很高的可靠性。

热管换热器的冷、热流体完全分开流动,可以比较容易地实现冷、热流体的逆流换热。冷热流体均在管外流动,由于管外流动的换热系数远高于管内流动的换热系数,用于品级较低的热能回收场合非常经济。对于含尘量较高的流体,热管换热器可以通过结构的变化、扩展受热面等形式解决换热器的磨损和堵灰问题。

热管换热器用于带有腐蚀性的烟气余热回收时,可以通过调整蒸发段、冷凝段的传热面积来调整热管管壁温度,使热管尽可能避开最大的腐蚀区域。

(五)操作及传热效率

1. 换热器操作的基本原则

换热器投用的原则是先开冷流体,后开热流体,先开出口缓慢引入热流,同时打开放空阀放出器内气体,然后关闭放空。停用时,要先停热流,后停冷流。

2. 换热器的强化传热

换热器传热过程的强化就是力求流体间在单位时间内、单位传热面积传递的热量尽可能多。强化传热的途径有:防止设备结垢、增大总传热系数、增大平均温差、增大传热面积。强化传热的方法有:采用逆流传热、采用翅片面、增大流体的扰动、增加管壳式换热器的壳程数。

提高蒸汽加热器传热速率的方法包括增加蒸汽热负荷,增加蒸汽热负荷的有效方法是提高蒸汽管网压力。对于冷凝器,提高传热系数的措施有:提高冷剂的流量、定期对冷凝器的管程进行清洗、定期对冷凝器的壳程进行清洗。提高换热器传热速率的途径有:增大传热面积、提高冷热流体的平均温差、提高传热系数。

> ZAB004 提高换热器传热速率的途径

3. 换热器总传热系数

提高总传热系数的关键在于提高对流传热膜系数较小一侧的对流传热膜系数。换热器的总传热系数 K 的大小与流体的物性、换热器类型、操作条件、污垢层厚度等因素有关。要提高总传热系数 K 值,就必须减少各项热阻,减少热阻的方法有:

(1)增加湍流程度,可减少层流边界层厚度;

(2)防止和减少结垢和及时清除垢层,以减少垢层热阻。

(六)换热器的验收标准

> JAC004 换热器的验收标准

对高压换热器进行压力试验时,当压力缓慢上升至规定压力,保压时间不低于 20min,然后降到操作压力进行详细检查,无破裂渗漏、残余变形为合格;对低压换热器进行压力试验时,当压力缓慢上升至规定压力,保压时间不低于 5min,然后降到操作压力进行详细检查,无破裂渗漏、残余变形为合格。在对检修后的换热器进行验收时,必须对其进行压力试验,试压方式首选水压试压。

换热器检修后验收合格的要求:

(1)换热器投用运行一周,各项指标达到技术要求或能满足生产需要;

(2)换热器防腐、保温完整无损,达到完好标准;

(3)提交设计变更材料代用通知单及材质、零部件合格证;

(4)提交检修记录、试验记录;

(5) 提交焊缝质量检验（包括外观检验和无损探伤等）报告。

三、塔器

(一) 塔的作用及分类

在现代石油和化工生产中，塔设备已成为最重要和最关键的设备之一。

1. 塔设备在化工生产中的作用

塔设备通过其内部构件使气—液相或液—液相之间充分接触，进行质量传递和热量传递。通过塔设备完成的单元操作通常有：精馏、吸收、解吸、萃取等。也可用来进行介质的冷却、气体的精制与干燥以及增湿等。

2. 塔设备的分类

随着科学技术的进步和石油化工生产的发展，塔设备形成了多种多样的结构，以满足各种不同的工艺要求。按操作压力可分为加压塔、常压塔、减压塔；按单元操作可分为精馏塔、吸收塔、萃取塔、反应塔和干燥塔等。工程上最常用的是按塔的内部结构分为板式塔和填料塔等。

(二) 板式塔

板式塔按塔盘的结构可分为泡罩塔、浮阀塔、筛板塔和舌形塔等。板式塔的操作特点是气液逆流逐级接触。

1. 泡罩塔

泡罩塔是最早应用于工业生产的典型板式。圆筒形泡罩是应用较广泛的一种，它是由升气管和带有梯形齿缝的圆形泡罩组成，升气管下端固定在塔盘上，而泡罩则由弯管固定在升气管上。气体（或蒸气）由下一层上升，进入升气管，通过泡罩齿缝鼓泡与液体充分接触，进行传质或传热。泡罩塔结构复杂，造价较高，安装维修麻烦，气相压力降较大，使用受限。

ZAC005 浮阀塔的主要结构

2. 浮阀塔

浮阀塔是 20 世纪 30 年代发展起来的板式塔。浮阀塔塔盘结构的特点是在板上开设阀孔，阀孔装有可上下浮动的浮阀。当气速大时，浮阀被吹起；当气速减小时，浮阀下落。浮阀的开度随塔内气相负荷的大小自动调节。

浮塔生产能力大，操作弹性大，塔板效率高，塔板清洗较容易，结构简单，成本低。浮阀塔广泛用于精馏、吸收以及解吸等传质过程中，雾沫夹带量少，板效率高，操作弹性大，处理能力大，塔板压力小，适应性好。浮阀塔的结构特点是开启程度随气体负荷量的大小而自动调节。在检查验收浮阀塔时，应注意塔盘上阀孔直径冲蚀后，其孔径增大值不得大于 2mm。

ZAC006 筛板塔的主要结构

3. 筛板塔

筛板塔的结构与浮阀塔相类似，不同之处是塔板上不是开设装置浮阀的阀孔，而只是在塔板上开设许多直径 3~5mm 的筛孔，因此结构非常简单。当塔内上升的气速很低时，塔板上无法维持液层。随着气速的增加，液层的高度不断增加，气液通过鼓泡进行传质、传热。筛板塔生产能力、塔板效率都较高，且结构简单、制造、安装、检修容易；但孔易生锈被堵塞，操作弹性小。

4. 舌形塔

舌形塔属于喷射塔,20 世纪 60 年代开始应用。与开有圆形孔的板不同,舌形塔板的气体通道是按一定排列方式冲出的舌片孔。由于舌孔方向与液流方向一致,所以气体从舌孔喷出时,可减小液面落差,减少雾沫夹带。舌形塔处理量大,压降小,结构简单,安装方便。但操作弹性小,塔板效率低。

5. 板式塔的结构

板式塔的内部装有多层相隔一定间距的开孔塔板,是一种逐级(板)接触的气液传质设备。塔内以塔板作为基本构件,气体自塔底向上以鼓泡喷射的形式穿过塔板上的液层,而液体则从塔顶部进入,顺塔而下。上升气体和下降液体主要在塔板上进行接触而传质、传热。板式塔的总体结构由以下几部分组成:

（1）塔顶部分。塔顶是气液分离段,具有较大空间以降低气体上升速度,便于液滴从气体中分离出来。为此,在塔顶安装一些除沫装置,常用的有惯性分离带、离心分离器和丝网除沫器等。塔顶通常装有气体出口接管。

（2）塔体部分。塔体内部装有塔盘。塔盘上设有溢流装置,包括溢流堰、降液管和受液盘。塔体外表面上安装有物料的进出口、人孔、视孔和各种仪表接管等。另外在塔外侧有便于人上塔操作的扶梯和平台等。

（3）裙座部分。塔体的最下部为支承和固定塔体的裙座。

(三) 填料塔

填料塔由塔体、液体分布装置、填料、再分布器、栅板(填料支承结构)以及气、液的进出口管等部件组成。液体分布装置的种类有管式分布器、喷头式分布器、盘式分布器等,作用是把来自进液管的液体均匀地分布到填料层的表面上,使填料层表面能够全部被润湿。填料塔对填料的要求包括传质效率高、比表面积大、取材容易、价格便宜,常用的填料有拉西环、鲍尔环、弧鞍形填料、矩鞍形填料、阶梯环、波纹板填料等。填料安装时,填料与塔壁应无间隙。填料润湿表面越大,气液接触面积越大。一般情况下,填料尺寸越小,则传质效率越低。

(四) 塔器的使用与维护

塔设备在日常运行过程中,受到内部介质压力、操作温度的作用,还受到物料的化学腐蚀和电化学腐蚀作用。为了保证塔安全稳定运行,必须做好日常的维护检查,并认真记录检查结果,以作为定期停车检修的历史资料。

塔类设备日常检测或检查的主要项目为:原料、成品、回流液等的流量、温度、纯度及公用工程流体(如水蒸气、冷却水、压缩空气等)的流量、温度和压力等;塔顶、塔底等处的压力及塔的压力降,塔底温度;连接有无松弛,密封有无泄漏,仪表是否正常、灵敏可靠;塔体保温材料是否完整,基础是否下沉等。无论是什么原因造成的不正常现象,一经发现,就应及时处理,以免造成事故。

塔类设备日常维护的要点为:塔器操作中不准超温、超压;要定时检查安全附件,保持安全附件灵活、可靠;定时检查人孔、阀门和法兰等密封点的泄漏;定时检查受压元件等。保持塔体油漆完整,注意清洁卫生。

1. 板式塔的检修

板式塔的检修内容很多,其中包括检查修理塔体和内衬的腐蚀、变形和各部焊缝,清扫塔盘等内件、换塔盘板和鼓泡元件,检查修理塔体油漆和保温。

JAC005 板式塔检修方案的主要内容
鼓泡元件脱落和腐蚀的主要原因有:鼓泡元件安装不牢,操作条件破坏,泡罩材料不耐腐蚀。

检修前应对塔内件进行检查,检查内容包括塔板的腐蚀情况、塔板各部件的结焦、污垢、堵塞情况。板式塔塔板组装时对塔板各零件要轻拿轻放,组装可采取卧装或立装,对分块式塔板的安装,塔板两端支承板间距、塔板长度、宽度应符合规定。塔体厚度均匀减薄至设计的安全壁厚下,会影响设备使用。

JAC006 板式塔的验收标准
2. 板式塔验收标准

板式塔检修后应对其塔内件的检修质量进行验收,其中支承圈的标准是相邻两层支承圈的间距尺寸偏差为3mm。泡罩塔盘鼓泡试验的方法是将水不断地注入受液盘内,在塔盘下部通入0.001MPa以下的压缩风,要求所有齿缝都均匀鼓泡,且泡罩无振动现象为合格。

塔体内径小于等于1600mm的塔设备,塔盘组装后,塔盘面水平度在整个面上的水平度允差为4mm。浮阀弯脚角度一般为45°~90°,且浮阀应开启灵活,开度一致,不得有卡涩和脱落现象。泡罩塔检修后对塔盘应做充水和鼓泡试验,试验前应将所有孔堵死,加水至泡罩最高液面,充水后10min,水面下降高度不大于5mm为合格。

JAC007 填料塔检修方案的主要内容
3. 填料塔的检修

丝网波纹填料在装填时,填料盘与塔壁之间应无间隙。除沫器在使用中主要故障是堵塞和丝网失效。填料塔检修应修理喷淋装置、清扫塔内壁、检查校验安全附件,检修其塔内件,包括支承结构、液体分布装置、除沫器。颗粒填料的装填要求是填料应干净,不得含泥沙、油污和污物,对规则排列的填料,应靠塔壁逐圈整齐正确排列。

4. 填料塔验收标准

塔体的保温材料符合图纸要求、塔内构件不得有松动现象、喷雾孔不得堵塞。在检查验收填料塔的除沫器时,应注意除沫器的丝网不得堵塞、破损。

填料支承结构的安装要求是:

JAC008 填料塔的验收标准
(1)填料支承结构安装后应平稳、牢固。

(2)填料支承结构的通道孔径及孔距应符合设计要求,孔不得堵塞。

(3)填料支承结构安装后的水平度不得超过2D/1000,且不大于4mm。

填料塔检修后验收时,必须提交检修记录、零部件合格证、试验报告、焊缝质量检验报告等技术资料。溢流式喷淋装置其开口下缘(齿底)应在同一水平面上,允差为2mm。

四、阀门

(一)常用阀门的种类

阀门是化工管路上控制介质流动的一种重要附件,具有切断或接通管内流体流动的启闭,调节管内流量、流速,使流体通过阀门后产生很大压力降的节流作用,还有一些阀门能根据一定条件自动启闭,具有控制流体流向、维持一定压力、阻气排水或其他作用。化工生产中常用的截断类阀门有闸阀、截止阀、隔膜阀、旋塞阀、球阀、蝶阀等。化工装置中,相对不常用的阀门是旋塞阀。

阀门的种类繁多,而且不断有新结构、新材料、新用途的阀门开发。阀门通常用铸铁、铸钢、不锈钢以及合金钢等制成。

1. 截止阀

截止阀是化工生产中使用最广泛的一种截断类阀门,它利用阀杆升降带动与之相连的圆形盘(阀头),改变阀盘与阀座间的距离达到控制阀门的启闭。为了保证关闭严密,阀盘与座应研磨配合,阀用青铜、不锈钢等软质材料制成,阀盘与阀杆应采用活动连接,这样可保证阀盘能正确地落在阀座上,使密封面严密贴合。根据连接方式不同,截止阀有螺纹连接和法兰连接两种。根据阀体结构形式不同,又分为标准式、流线式、直线式和角式等。流线式截止阀阀体内部呈流线状、其流体阻力小,目前应用最多。

截止阀结构较复杂,但操作简便、不费力,易于调节流量和截断通道,启闭缓慢无水锤现象,故使用较为广泛。截止阀安装时要注意液体流向、应使管路流体由下向上流过阀座口,即所谓"低进高出",目的是减小流体阻力,使开启省力和关闭状态下阀杆、填料函部分减少受压。

截止阀主要用于水、蒸汽、压缩空气及各种物料的管路,可较精确地调节流量和严密地截断通道。但不能用于黏度大、易结焦、含悬浮和结晶颗粒的介质管路。

2. 节流阀

节流阀又称为针形阀,它与截止阀相似,只是网芯有所不同。截止阀的阀芯为盘状,而节流阀的阀芯为锥状或抛物线状。节流阀比截止阀调节性能好,但密封性差,不宜作隔断阀。节流阀适用于温度较低、压力较高的介质和需要调节流量和压力的管路。

3. 闸阀

闸阀又称闸板阀或闸门阀。它是通过闸板的升降来控制阀门的启闭。阀板垂直于流体流向,改变闸板与阀座间相对位置即可改变通道大小,闸板与阀座紧密贴合时可阻止介质通过。为了保证阀门关闭严密,闸板与阀座间应研磨配合,通常在闸板和阀座上镶嵌耐磨耐蚀的金属材料(青铜、黄铜、不锈钢等)制成的密封圈。

闸阀具有流体阻力小,介质流向不变、开启缓慢无水锤现象、易于调节流量等优点;缺点是结构复杂、尺寸较大、启闭时间较长、密封面检修困难等。闸阀可以手动开启,也可以电动开启,在化工厂应用较广。适用于输送油品、蒸汽、水等介质,由于在大直径水管路上应用较多,故又有水门之称,适用于公称压力为 0.1~25MPa,公称直径为 15~1800mm。

4. 旋塞阀

旋塞阀俗称考克。其阀芯是一带孔的锥形塞,利用锥形柱塞中心线旋转来控制阀门的启闭,它在管路上主要用作启闭、分配和改向。

旋塞阀具有结构简单、启闭迅速、操作方便、流动阻力小等优点,但密封面的研磨修理较困难,对大直径旋塞阀启闭阻力较大。旋塞阀适用于输送 150℃和 1.6MPa(表)以下的含悬浮物和结晶颗粒液体的管路以及黏度较大物料的管路;输送压缩空气或废蒸汽与空气混合物的管路。

5. 止回阀

止回阀是利用阀前后介质的压力差而自动启闭,控制介质单向流动的阀门,又称止逆阀或单向阀。止回阀按结构不同分升降式和旋启式两种。止回阀可用于泵和压缩机的管路上、疏水器的排水管上,以及其他不允许介质作反向流动的管路上。

6. 安全阀

安全阀是一种根据介质压力自动启闭的阀门,当介质压力超过规定值时,它能自动开启阀门排放泄压,使设备管路免遭破坏的危险,压力恢复正常后能自动关闭。

安全阀按其结构分为杠杆重锤式、弹簧式和脉冲式三种。杠杆式安全阀,其工作压力的调整是靠改变重锤的位置来实现的。弹簧式安全阀工作压力的调整,是靠改变弹簧的压力大小来实现的。脉冲式安全阀是由一个大的安全阀(主阀)与一个小的安全阀(辅阀)配合动作,通过辅阀脉冲作用带动主阀启闭。

安全阀主要设置在受内压设备和管路上(如压缩空气、蒸汽和其他受压气体管路等),为了安全起见,一般在重要的地方都装置两个安全阀。为了防止阀盘焦结在阀座上,应定期地将阀盘稍稍拍起,用介质来吹扫安全阀,对于热的介质,每天至少吹扫一次。

此外,化工管路上还常用到减压阀,其作用是降低设备和管道内介质压力,符合生产需要,并能依靠介质本身的能量,使出口压力自动保持稳定。

蒸汽设备或管路中常见的一种阀门叫疏水阀,其作用是能自动间歇地排出冷凝水,而又能防止蒸汽泄出,故又称为阻汽排水器或疏水器。

化工管路中的阀门种类繁多,结构各异,作用也不尽相同,在选用阀门时,应根据具体的设备或工艺管路的具体要求,进行选择和配备。

(二) 阀门的基本参数

阀门的基本参数是公称通径、公称压力、工作温度和适用介质。

1. 公称通径

阀门的进出口通道的名义直径(即规格大小)叫作阀门的公称通径,用 DN 表示,单位 mm。在一般情况下,阀门的公称通径等于实际进出口通径,也有一些阀门因结构特点,其实际通径与公称通径不相等,而选用了规定系列的近似值。

2. 公称压力

公称压力是指阀门在基准温度状态下的名义压力,用 PN 表示,单位 MPa。应该说明的是:阀门的最大工作压力不一定等于其公称压力,在基准温度下两者相等,当工作温度超过基准温度后,则允许的最大工作压力便有所降低。

3. 工作温度

制造阀门的材料不同,其耐温强度各异,为保证阀门在某温度下不发生变形和破裂,规定了各种材质阀门的工作温度。铸铁阀门的工作温度一般不超过 300℃;碳钢阀门的工作温度一般不超过 450℃;不锈钢门的工作温度一般不超过 600℃。

4. 适用介质

在化工生产过程中,通过阀门的介质有的具有极强的腐蚀性,为了保证阀门的使用寿命,选用阀门时要考虑其材质的耐腐蚀性能。

(三) 阀门的型号

我国阀门产品型号的表示方法由 7 个单元组成:阀门类型、传动方式、连接形式、结构形式、阀门密封面或衬里材料、公称压力数值、阀体材料。

(1)用汉语字母表示阀门类型,称为类型代号。如:Z 表示闸阀;X 表示旋塞阀;Q 表示球阀;A 表示安全阀等。

(2)用阿拉伯数字表示阀门的传动方式,称为传动方式代号。如:0 表示电磁场;3 表示蜗轮;7 表示液动;9 表示电动等。

(3)用阿拉伯数字表示阀门与管道或设备接口的连接形式,称为连接形式代号。如:1 表示内螺纹;2 表示外螺纹;4 表示法兰;6 表示焊接等。

(4)用阿拉伯数字表示阀门的结构形式,称为结构形式代号。由于阀门类型较多,故其结构形式代号按阀门的种类分别表示。同一代号,对于不同的阀门,所代表的意义是不同的。如:1 在截止阀和节流阀中表示直通式结构,而在闸阀中表示明杆单闸板结构等。

(5)用汉语拼音字母表示阀门密封面或衬里材料代号。如:T 表示铜合金;F 表示氟塑料;H 表示合金钢;Q 表示衬铅等。

(6)用汉语拼音字母表示阀体的材料,称为阀体材料代号。如:Q 表示球墨铸铁;T 表示铜及铜合金;C 表示碳素钢;P 表示 1Cr18Ni9Ti;V 表示 12CrMoV 等。

(四)阀门产品标识

对于阀门,可以通过阀体上铸造、打印的文字、符号、铭牌、外部形状,再加上在阀体上手轮及法兰外沿上的涂漆颜色来进行识别。铭牌、阀体上铸造的文字、符号等标志表明该阀门的型号、规格、公称直径和公称压力、介质流向、制造厂家及出厂时间等。

(五)阀门的使用和维护

阀门在生产过程中的使用维护包括:

(1)阀门阀杆的螺纹部分应经常保持有一定的油量,以减少摩擦,防止咬住,保证启闭灵活;不经常启闭的阀门,要定期转动手轮。阀门的机械传动装置(包括变速箱)应定期加油。

(2)室外阀门,特别是明杆阀,阀杆上应加保护套,以防风雨雪的侵蚀和尘土污染。

(3)启闭阀门,禁止使用长杠杆或过分加长的阀门扳手,以防折断手轮、手柄和损坏密封面。

(4)对于平行式双闸板阀,有的结构两块闸板采用铅丝系结,如开启过量,闸板容易脱落,影响生产,甚至可能造成事故,也给拆卸修理带来困难,在使用时应特别注意。一般说来,明杆阀门,应记住全开和全闭时的阀杆位置,避免全开时撞击上死点,并便于检查全闭时是否正常,假如阀瓣脱落或阀瓣密封面之间嵌入较大杂物,全闭时阀杆的位置就要变化。

(5)开启蒸汽阀门前,应先微开预热,并排除凝结水,然后慢慢地开启阀门,以免发生汽水冲击。当阀门全开后,应将手轮再倒转少许,使螺纹之间严密。

(6)刚投运的管道和长期开启着的阀门,由于管道内部脏物较多或在密封面上可能粘有污物,关闭时,可将阀门先行轻轻关上,再开启少许,这样可以利用介质的高速流动将杂质污物冲掉,然后再轻轻关闭(不能快关猛闭,以防残留杂质损伤密封面),特别是新投产的管道,可如此重复多次,冲净脏物,再投入正常生产。

(7)某些介质在阀门关闭后冷却,使阀件收缩,应在适当时间后再关闭一次,使密封面不留细缝,以免介质从密封面高速流过,冲蚀密封面。

(8)使用新阀门,填料不宜压得太紧,以不漏为度,以免阀杆受压太大,启闭费力,又加快磨损。

(9)阀门零件,如手轮、手柄等损坏或丢失,应尽快配齐,不可用活扳手代替,以免损坏阀杆头部的四方,启闭不灵,以致在生产中发生事故。

（10）减压阀、调节阀、疏水阀等自动阀门启闭时，均要先开启或利用冲洗阀将管路冲洗干净，未装旁路和冲洗管的疏水阀，应将疏水阀拆下，吹净管路，再装上使用。

（11）长期闭停的水阀、汽阀，应注意排除积水，阀底如有丝堵，可将其打开排水。

（12）应经常保持阀门的清洁。不能依靠阀门来支持其他重物，更不能在阀门上站立。

五、法兰及垫片

（一）法兰

（CAC005 常用法兰的种类）

在化工生产中，管子与阀门连接一般都采用法兰连接。常用法兰密封面的形式有平面型、凹凸型、槽型三种。法兰按其本身结构型式分为整体法兰、活套法兰和螺纹法兰。

整体法兰与被连接件(筒体或管道)牢固地连接成一个整体，其特点是法兰与被连接件变形完全相同。

活套法兰不是将法兰焊接在接管上，而是活套在设备接口管和接管的边缘或卷边上。

螺纹法兰与接管采用螺纹连接，由于造价较高，使用逐渐减少，目前只用在高压管道和小直径接管上。

（二）常用垫片的种类

（CAC006 常用垫片的种类）

垫片是密封元件，要具备耐温、耐腐蚀能力以及适宜的变形和回弹能力。常用的垫片材料有金属、非金属、金属与非金属共同结合。常用垫片按结构不同可分为板材裁制垫片、金属包垫片、缠绕式垫片和金属垫片。石棉橡胶垫片属于板材裁制垫片。

六、加热炉

（一）加热炉的种类

(1)按外形分类：可分为箱式炉、立式炉、圆桶炉、大型方炉。

(2)按用途分类：可分为炉管内进行化学反应的炉子、加热液体的炉子、加热气体的炉子、液混相流体的炉子。

（二）加热炉的结构

(1)热油加热器：热油加热器为立式圆筒形容器，内设有盘管，同时加热器内还有燃烧器、油、气喷枪、吹灭器等附件。

(2)渣油加热器：渣油加热器为卧式容器，容器内通过高压蒸汽来加热渣油。

（三）加热炉的操作相关知识

（JAC009 延长加热炉使用寿命的措施）

在热负荷一定的情况下，炉膛负压高，加热炉热效率下降，气流对炉墙冲刷加剧，加热炉寿命下降。

按时巡检，发现问题及时处理，在工艺条件许可的条件下尽可能降低其热负荷有利于延长加热炉的使用寿命。

燃料气带液会引起燃气加热炉突然发生烟道气氧含量下降、炉膛浑浊。燃烧器性能不佳或者烟道气氧含量低会引起加热炉炉膛火焰浑浊。

加热炉联锁后，再次建立炉前压力时确认炉内长明灯没有完全熄灭的目的是防止燃料气窜入炉内，在长明灯点火时发生爆炸或者爆鸣。加热炉安全保护的措施中，无须在炉膛每个燃烧器内设有长明灯，炉膛衬里采用纤维材质。

项目三　设备密封

一、常用密封种类

化工机械常用的密封有填料密封、机械密封、浮环密封、迷宫密封等。

填料密封结构简单、更换方便、成本低廉、适用范围广(可用于放置、往复、螺旋运动的密封)、对旋转运动的轴允许有轴向窜动。其不足之处是密封性能差、轴不允许有较大的径向跳动、功耗大、磨损轴、使用寿命短。

机械密封的密封性好、性能稳定、泄漏量少、摩擦功耗低、使用寿命长、对轴磨损很小，能满足多种工况要求，在化工、石油化工等部门广泛应用，但其结构复杂、制造精度高、价格较贵、维修不便。

> GAC005 化工机械的常用密封种类

二、机械密封

(一)机械密封的结构及原理

机械密封主要由动环和静环、补偿缓冲机构、辅助密封圈等组成。机械密封也称端面密封，其至少有一对垂直于旋转轴线的端面，该端面在流体压力及补偿机械外弹力(或磁力)的作用下，加之辅助密封的配合，与另一端面保持贴合并相对滑动，从而防止流体泄漏。由于两个密封端面的紧密贴合，使密封端面之间的交界(密封界面)形成一微小间隙，当有压介质通过此间隙时，形成阻力，阻止介质泄漏，又使端面得以润滑，由此获得长期的密封效果。

(二)机械密封的失效

1. 机械密封的故障在零件上的表现

(1)密封端面的故障:磨损、热裂、变形、破损(尤其是非金属密封端面)。

(2)弹簧的故障:松弛、断裂和腐蚀。

(3)辅助密封圈的故障:装配性的故障有掉块、裂口、碰伤、卷边和扭曲;非装配性的故障有变形、硬化、破裂和变质。

机械密封故障在运行中表现为振动、发热、磨损，最终以介质泄漏的形式出现。

2. 机械密封失效检查程序

首先，了解受操作的密封件对密封性能的影响，然后依次对密封环、传动件、加载弹性元件、辅助密封圈、防转机构、紧固螺钉等仔细检查磨损痕迹。对附属件、如压盖、轴套、密封腔体以及密封系统等也应进行全面的检查。此外，还要了解设备的操作条件，以及以往密封失效的情况。在此基础上，进行综合分析，找到产生失效的根本原因。

3. 机械密封常见异常现象

1)振动和发热

机械密封产生振动、发热的主要原因包括:(1)动静环端面粗糙。(2)动静环与密封腔间隙太小，因振摆引起碰撞。(3)密封端面耐腐蚀和耐温性能不良，摩擦副配对不当。(4)冷却不足或端面在安装时夹有颗粒杂质。

2) 离心泵机械密封泄漏

离心泵机械密封发生泄漏的原因包括:(1)泵转子轴向窜动,动环来不及补偿位移。(2)操作不稳,密封腔中压力经常变动。(3)转子周期性振动。(4)动静环密封面磨损。(5)密封端面比压力过小。(6)密封内夹入杂物。(7)使用并圈弹簧方向不对,弹簧力偏斜,弹簧力受到阻碍。(8)轴套表面在密封圈处有轴向沟槽、凹坑或腐蚀。(9)静环与动环的密封面与轴的不垂直度太大。

项目四　设备分类与腐蚀防护

一、腐蚀的概念

(一)化学腐蚀

金属在非电解质溶液中的腐蚀,如金属在无水酒精和石油中的腐蚀,都属于化学腐蚀。化学腐蚀是由金属表面与周围介质发生化学作用而引起的。化学腐蚀在腐蚀过程中没有电流产生。

(二)电化学腐蚀

金属与电解质溶液相接触,形成原电池而引起的腐蚀,金属表面与周围介质发生电化学作用而产生的破坏,称为电化学腐蚀。电化学腐蚀的特点是腐蚀介质中有能导电的电解质溶液存在,腐蚀过程中有电流产生。大气腐蚀、土壤腐蚀、海水腐蚀属于电化学腐蚀。

(三)金属腐蚀

金属的腐蚀绝大多数是由电化学腐蚀引起的,电化学比化学腐蚀快得多,危害更大。金属材料的非均匀腐蚀有局部腐蚀、点腐蚀、晶间腐蚀。非均匀腐蚀的结果是产生斑坑、麻点、局部穿孔和材料内部组织变脆,使得设备突然破裂,造成严重事故。

二、腐蚀防护

(一)常见防腐蚀的方法

航行于海上的船舶,为了免受海水的腐蚀,常采用的一种防腐蚀方法是阴极保护。通过改变金属电解质溶液的电极电位从而控制金属腐蚀的方法称为电化学保护。依靠电位较负的金属(例如锌)的溶解来提供保护所需的电流,在保护过程中,这种电位较负的阳极金属逐渐溶解牺牲掉,这种保护方法叫牺牲阳极保护法。金属衬里、喷镀、电镀属于金属覆盖层保护方法。

(二)管道的防腐措施

1. 影响腐蚀的因素

(1)管道的材质:有色金属较黑色金属耐蚀;不锈钢较有色金属耐蚀;非金属管较金属管耐蚀。

(2)空气的湿度:空气中存在水蒸气是在金属表面形成电解质溶液的主要条件,干燥的空气不易腐蚀金属。

(3)环境腐蚀介质的含量：腐蚀介质含量越高，金属越易腐蚀。

(4)土壤的腐蚀性：土壤的腐蚀性越大，金属越易腐蚀。

(5)杂散电流的强弱：埋地管道的杂散电流越强，管道的腐蚀性越强。

2. 管道主要的防腐措施

(1)根据输送介质腐蚀性的大小，正确地选用管材。腐蚀性大时，宜选用耐腐蚀的管材，如不锈钢管、塑料管、陶瓷管等。

(2)对于既承受压力，输送介质的腐蚀性又很大时，宜选用内衬耐腐蚀衬里的复合钢管，如衬胶复合管、衬铝复合管、衬塑料复合管。

(3)对于主要是防护管子外壁腐蚀时，应涂刷保护层，地下管道采用各种防腐绝缘或涂料层，地上管道采用各种耐腐蚀的涂料。与空气接触的管道外部应采用涂刷涂料、油漆进行防腐。埋地管道的防腐，主要是采用沥青绝缘进行防腐。蒸汽及供暖管道的防腐措施是采用加缓蚀剂和离子交换法进行除氧、除垢。

(4)对于输送介质的腐蚀性较大的管道，采取管道内壁涂刷涂料的防腐方法。

(5)对于主要是防护土壤和杂散电流对埋设管道的腐蚀，特别是对长输管道的腐蚀常采用阴极保护法。

模块四　仪表基础知识

项目一　仪表概述

化工仪表是指对化工、炼油等生产过程中的各种变量(温度、压力、液位、流量、成分等)进行自动检测、显示和控制的仪表。其中包括温度表、压力表、液位计、流量计、数显仪等，还有一些具有自动控制、报警、信号传递和数据处理等功能的仪器，例如调节阀、压力开关、变送器等。

CAD001 常规控制的概念

常规控制是用常规装置(由调节器、测量元件和执行器等仪器仪表组成)根据一般规律所进行的一种自动控制系统。最简单的常规控制只用一只仪表即可达到目的，复杂的需要多只仪表才能奏效。常规控制又常称为模拟控制，这是与数字控制相对而得名的。前者对变量的测量显示及其信号的传输都是按连续的模拟量进行的，而后者则是按数字量进行的。从控制系统的组成看，最简单的自立式控制，诸如压力容器自动放气的自动装置，杠杆或钟罩式液位和流量的调节装置都属此类。这类装置虽然简单，若运用得当，效果良好。

一、测量及测量误差

石油化工生产过程中的各种参数和变量，需要各种检测仪器仪表测量，并以此有效地进行工艺操作和稳定生产。测量的准确性关系到工艺操作的平稳和正确，因此，总是希望测量的结果能够准确无误。但是测量结果都具有误差，任何现实的测量方法、任何准确的测量仪器，均不可能使测量的误差等于零。误差自始至终存在于一切科学实验和测量的过程之中。

CAD002 仪表误差的概念

因此将测得值与被测量的真实值之间的差值叫作误差。误差可分为系统误差、疏忽误差和偶然误差。偶然误差又分为绝对误差和相对误差。

(一)系统误差

在重复性条件下，对同一被测量进行无限多次测量所得结果的平均值与被测量的真值之差叫作系统误差。

(二)疏忽误差

超出在规定条件下预期的误差叫作疏忽误差。

(三)偶然误差

测量结果与在重复性条件下，对同一被测量进行无限多次测量所得结果的平均值之差叫作偶然误差。

1. 绝对误差

绝对误差=测量值-真值(约定真值)，在检定工作中，常用高一等级准确度的标准作为真值而获得绝对误差。

如：用一等活塞压力计校准二等活塞压力计，一等活塞压力计示值为 100.5N/cm^2，二等活塞压力计示值为 100.2N/cm^2，则二等活塞压力计的测量误差为 -0.3N/cm^2。

2. 相对误差

相对误差=绝对误差/真值×100%，相对误差没有单位，但有正负。

如：用一等标准水银温度计校准二等标准水银温度计，一等标准水银温度计测得20.2℃，二等标准水银温度计测得20.3℃，则二等标准水银温度计的相对误差为0.5%。

二、仪表主要性能指标

（一）精确度

仪表精确度简称精度，又称准确度。精确度和误差可以说是孪生兄弟，因为有误差的存在，才有精确度的概念。简言之，仪表精确度就是仪表测量值接近真实值的准确程度，通常用引用误差表示。

CAD003 仪表精确度的概念

仪表精确度不仅和绝对误差有关，而且和仪表的测量范围有关。绝对误差大，引用误差就大，仪表精确度就低。精确度是仪表很重要的一个质量指标，常用精度等级来规范和表示。精度等级就是最大引用误差去掉正负号和百分号。按国家统一规定划分的等级有0.005、0.02、0.05、0.1、0.2、0.35、0.5、1.0、1.5、2.5、4等。仪表精度等级一般都标示在仪表标尺和标牌上，数字越小，说明仪表精确度越高。

（二）变差

变差是指仪表被测变量（可理解为输入信号）多次从不同方向达到统一数值时，仪表指示值之间的最大差值，或者说是仪表在外界条件不变的情况下，被测变量由小到大变化（正向特性）和被测参数由大到小变化（反向特性）不一致的程度，两者之差即为仪表变差。

变差产生的主要原因是仪表传动机构的间隙，运动部件的摩擦，弹性元件滞后等。随着仪表制造技术的不断改进，特别是微电子技术的引入，许多仪表全电子化了，无可动部件，模拟仪表改为数字仪表等，所以变差这个指标在智能型仪表中显得不那么重要和突出了。

（三）灵敏度

灵敏度是指仪表对被测变量变化的灵敏程度，或者说是对被测量变化的反应能力，是在稳态下，输出变化增量对输入变化增量的比值。

灵敏度有时也称"放大比"，是仪表静特性曲线上各点的斜率。增加放大倍数可以提高仪表灵敏度，单纯加大灵敏度并不改变仪表的基本性能，即仪表精度并没有提高，相反有时会出现振荡现象，造成输出不稳定。仪表灵敏度应保持适当的量。

（四）复现性

测量复现性是在不同测量条件下，如不同的方法，不同的观测者，在不同的检测环境中对同一被检测的量进行检测时，其测量结果一致的程度。测量复现性作为仪表的性能指标，表征仪表的特性尚不普及，但是随着智能仪表的问世、发展和完善，复现性必将成为仪表的重要性能指标。

（五）稳定性

在规定工作条件内，仪表某些性能随时间保持不变的能力称为稳定性（度）。仪表稳定性是化工企业仪表十分关心的一个性能指标。由于化工企业使用仪表的环境相对比较恶劣，被测量的介质温度、压力变化也相对较大，在这种环境中投入仪表使用，仪表的某些部件随时间保持不变的能力会降低，仪表的稳定性会下降。衡量或表征仪表稳定性尚未有定量值,化工企业通常用仪表零点漂移来衡量仪表的稳定性。

(六)可靠性

仪表可靠性是化工企业仪表所追求的另一个重要性能指标。可靠性和仪表维护量是相辅相成的,仪表可靠性高说明仪表维修量小,反之仪表可靠性差,仪表维护量就大。对于化工企业检测与过程控制仪表,大部分安装在工艺管道、各类塔、釜、罐、器上,而且化工生产的连续性,以及多数为有毒、易燃易爆的环境,给仪表维护增加了很多困难。所以化工企业使用检测与过程控制仪表要求维护量越小越好,即要求仪表可靠性尽可能地高。

三、石油化工仪表的分类和组成

在化工生产过程中使用的仪表种类很多,分类方法也不相同,这里介绍几种常见的分类方法。

(1)检测仪表按被测物理量不同分为温度测量仪表、压力测量仪表、流量测量仪表、物位测量仪表和机械量测量仪表等;温度测量仪表按测量方式又分为接触式测温仪表和非接触式测温仪表;接触式测温仪表又可分为热电式、膨胀式、电阻式等。

(2)在实际工作中,经常将仪器仪表分为两个大类:自动化仪表和便携式仪器仪表。自动化仪表指需要固定安装在现场的仪表,也称现场安装仪器仪表或者表盘安装仪器仪表。这类仪表需要和其他设备配套使用,以完成某一项或几项功能。便携式仪器仪表是指可以单独使用的仪表,有时也叫检测仪器仪表,一般分台式和手持两种。

(3)仪器仪表还可以分为一次仪表和二次仪表。一次仪表指传感器这类直接感触被测信号的部分;二次仪表指放大、显示、传递信号的部分。

化工生产中使用的各种测量仪表,一般由测量、传递和显示(包括变送)等三部分组成。

四、自动仪表

自动化仪表(通常称检测与过程控制仪表)按所使用的能源可以分为气动仪表、电动仪表和液动仪表(很少见);按仪表组合形式,可以分为基地式仪表、单元组合仪表和综合控制装置;按仪表安装形式,可以分为现场仪表、盘装仪表和架装仪表;随着微处理机的蓬勃发展,根据仪表是否引入微处理机(器)又可以分为智能仪表与非智能仪表;根据仪表信号的形式可分为模拟仪表和数字仪表,现在又出现了现场总线仪表。

ZAD001 控制室常规仪表种类

自动化仪表最通用的分类,是按仪表在测量与控制系统中的作用进行划分,一般分为检测仪表、显示仪表、调节(控制)仪表和执行器四大类,具体分类见表1-4-1。

表1-4-1 控制室常规仪表分类

按功能	按被测变量	按工作原理或结构型式	按组合形式	按能源	其他
检测仪表	压力	液柱式,弹性式,电气式,活塞式	单元组合	电、气	智能,现场总线
	温度	膨胀式,热电偶,热电阻,光学,辐射	单元组合		智能,现场总线
	流量	节流式,转子式,容积式,速度式,靶式,电磁,旋涡	单元组合	电、气	智能,现场总线
	物位	直读,浮力,静压,电学,声波,辐射,光学	单元组合	电、气	智能,现场总线
	成分	pH值,氧分析,色谱,红外,紫外	实验室和流程		

续表

按功能	按被测变量	按工作原理或结构型式	按组合形式	按能源	其他
显示仪表		模拟和数字 指示和记录 动圈,自动平衡电桥,电位差计		电、气	单点,多点, 打印,笔录
调节仪表		自力式 组装式 可编程	基地式 单元组合	气动 电动	
执行器	执行机构	薄膜,活塞,长行程		气、电、液	
	阀				支线,对数, 抛物线,快开

（一）变送单元

变送单元是用来测量温度、压力、流量、物位等工艺参数，并将其转换成标准统一信号。如 DBW 表示电动温度变送器；QBC 表示气动差压变送器；DBY 表示电动压力变送器；QBF 表示气动法兰式差压变送器。

（二）调节单元

调节单元根据被测参数的测量值与给定值的偏差，以某种调节规律向执行器发出调节信号。如 DTB 表示比例调节器；QTL 表示比例积分调节器；DTW 表示微分调节器；QTM 表示比例积分微分调节器；QTL-P 表示配比调节器；DCS 表示集散控制系统等。

（三）显示单元

显示单元用于指示、记录或计算被测参数，可以兼有调控中心的作用。如 DXJ 表示各种指示仪、记录仪、记录调节仪；DXZ 表示条形指示仪和色带指示仪等。

（四）计算单元

计算单元用于实现多种数字运算。如 QJJ 表示加减器；QJ 表示乘除器；QJB 表示比例器等。

除了以上几种单元外，还有给定单元（G）、转换单元（Z）、执行单元（K）、辅助单元（F）等。

变送单元中：W 表示温度；Y 表示压力；C 表示压差；L 表示流量；U 表示液位。

执行单元中：Z 表示直行程；J 表示角行程。

辅助单元中：D 表示电动操作；Q 表示气动操作；Z 表示阻尼；F 表示限幅；C 表示选择。

五、常用控制阀的组成及分类

调节阀又称控制阀，它是过程控制系统中用动力操作去改变流体流量的装置。调节阀由执行机构和阀组成，执行机构起推动作用，而阀起调节流量的作用。

执行机构是将控制信号转化成相应的动作来控制阀内截流件的位置或其他调节机构的装置。信号或驱动力可以是气动、电动、液动或这三者的任意组合。阀是调节阀的调节部分，它与介质直接接触，在执行机构的推动下，改变阀芯与阀座之间的流通面积，从而达到改变流量的目的。

以压缩空气为动力源的调节阀称为气动调节阀，以电为动力源的调节阀称为电动调节阀。这两种是用得最多的调节阀。此外,还有液动调节阀、智能调节阀等。

阀是由阀体、上阀盖组件、下阀盖和阀内件组成的。上阀盖组件包括上阀盖和填料函。阀内件是指与流体接触并可拆卸的,起到改变节流面积和截流件导向等作用的零件的总称,例如阀芯、阀座、阀杆、套筒、导向筒等。

> ZAD002 控制阀的附件种类

调节阀的类型很多,结构多种多样,而且还在不断地更新和变化。一般来说,阀是通用的,既可以和气动执行机构匹配,也可以与电动执行机构或其他执行机构匹配使用。根据需要,调节阀可以匹配各种各样的附件,使它的使用更方便,功能更完善,性能更好。气动调节阀的附件有阀门定位器、手轮机构、电—气转换器、阀门传送器等。电动调节阀的附件有伺服放大器、限位开关等。调节阀具体分类见图1-4-1。

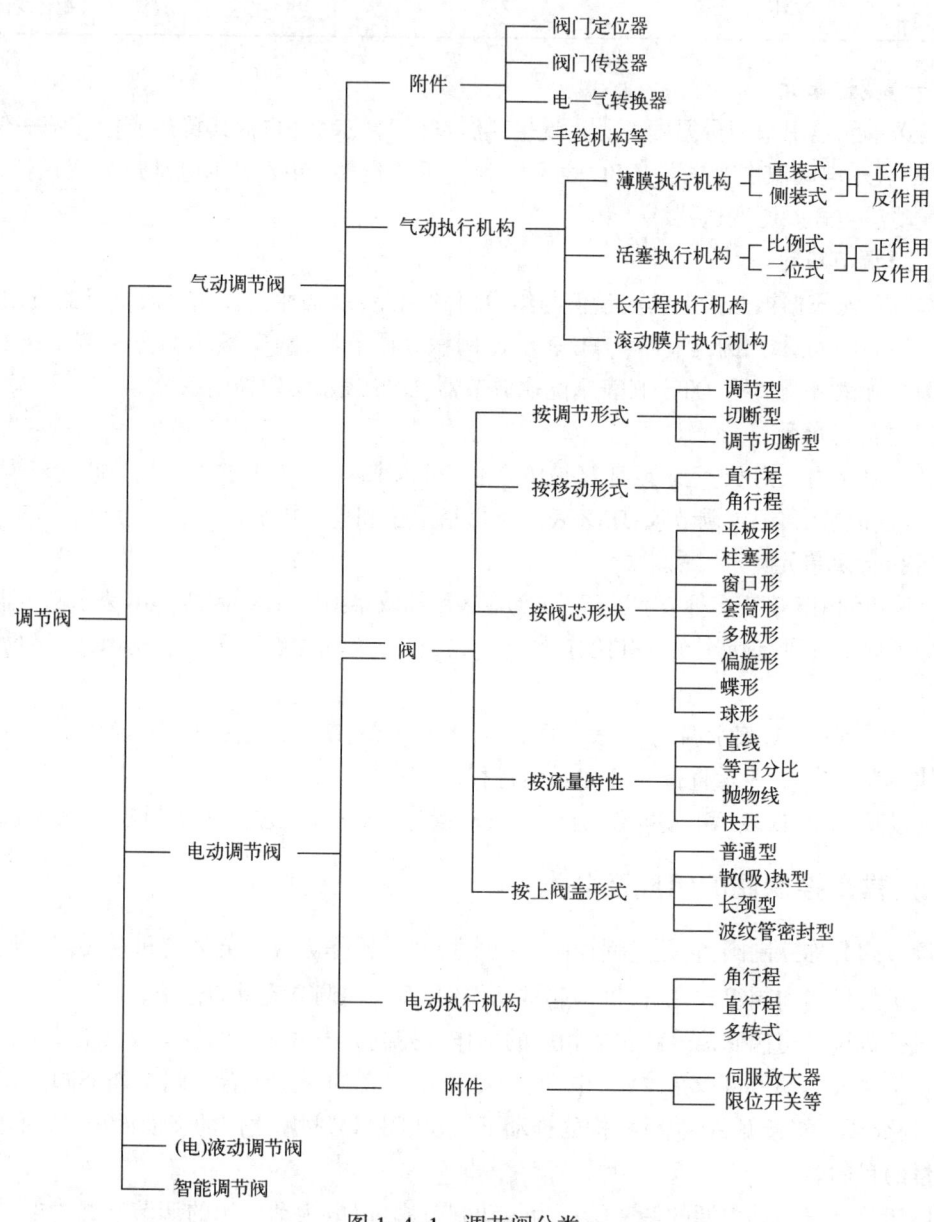

图1-4-1 调节阀分类

六、调节阀的故障分析

调节阀操作是否正常与调节阀的维修工作有很大的关系。调节阀的故障很多,而且多种多样,而某一种故障的出现也可能有不同的原因。

JAD001 调节阀一般故障的判断方法

(一)执行结构的主要故障元件

不同类型的调节阀及不同部位都有一些关键元件,这些元件也是容易出现故障的元件。

1. 气动执行机构

(1)膜片:对薄膜式气动执行机构来说,膜片是最重要的元件。在气源系统正常的情况下,如果执行机构不动作,就应该想到膜片是否破裂、是否没安装好。当金属接触面的表面有尖角、毛刺等缺陷时就会把膜片扎破,而膜片绝对不能有泄漏。另外,膜片使用时间过长,材料老化也会影响使用。

(2)推杆:要检查推杆有无弯曲、变形、脱落。推杆与阀杆连接要牢固,位置要调整好,不漏气。

(3)弹簧:要检查弹簧有无断裂。制造、加工、热处理不当都会使弹簧断裂,有些弹簧在过大的载荷作用下,也可能断裂。

2. 电动执行机构

(1)电机:检查是否能转动,是否容易过热,是否有足够的力矩和耦合力。

(2)伺服放大器:检查是否有输出,是否能调整

(3)减速机构:各厂家的减速机构各不相同。因此要检查其传动零件——轴、齿轮、蜗轮等是否损坏,是否磨损过大。

(4)力矩控制器:根据具体结构检查其失灵原因。

(二)阀的主要故障元件

1. 阀体

要经常检查阀体内壁的受腐蚀和磨损情况,特别是用于腐蚀介质和高压差、空化作用等恶劣工艺条件下的阀门,必须保证其耐压强度和耐腐、耐磨性能。

2. 阀芯

因为阀芯起到调节和切断流体的作用,是活动的截流元件,因此受介质的冲刷、腐蚀、颗粒的碰撞最为严重,在高压差、空化情况下更易损坏,所以要检查它的各部分是否破坏、磨损、腐蚀,是否要维修或更换。

3. 阀座

阀座接合面是保证阀门关闭的关键,它受腐受磨的情况比较严重。而且由于介质的渗透,使固定阀座的螺纹内表面常常受到腐蚀而松动,要特别检查这一部位。

4. 阀杆

要检查阀杆与阀芯、推杆的连接有无松动,是否产生过大的变形、裂纹和腐蚀。

5. 填料

检查聚四氟乙烯或者其他填料是否老化、缺油、变质,填料是否压紧。

6. 垫片及O形圈

这些易损零件不能裂损、老化。

七、各种控制仪表代号

在化工自动控制的设计文件中，使用图形符号和字母代表过程检测、控制系统所采用的各种仪表。在绘制控制流程图时，图中所采用的图例符号都要按有关的技术规定进行，见表1-4-2。

表1-4-2 控制仪表代号

序号	安装形式	现场安装	控制室安装	现场盘装
1	单台常规仪表	○	⊖	
2	DCS			
3	计算机功能			
4	可编程逻辑控制			

根据图形符号、文字代号以及仪表位号表示方法，可以绘制仪表系统图。

1. 仪表位号表示方法

在检测、控制系统中，构成回路的每个仪表都应有自己的仪表位号，仪表位号由字母代号和阿拉伯数字编号组成。

1）字母代号

在控制流程图中，用来表示仪表的小圆圈的上半圆内，一般写有两位或者两位以上的字母，叫作仪表的功能标志，它由一个首位字母及一个或二至三个后续字母组成。第一位字母表示被测变量（P表示被测变量为压力），后续字母表示仪表的功能（I表示具有指示功能，C表示具有控制功能）。

2）数字编号

数字编号可以用工序号加仪表的序号组成，放在下半圆，也可以用其他规定的方法进行编号。如207中，2表示第2工段，07表示仪表序号。

仪表位号按被测变量进行分类，即同一个装置（或工段）的相同被测变量的仪表位号中数字编号是连续的，但允许中间有空号；不同被测变量的仪表位号不能连续编号。如果同一个仪表回路中有两个以上具有相同功能的仪表，可用仪表位号后附加尾缀（大写英文字母）加以区别，如PT-202A、PT-202B分别表示同一回路中有两台压力变送器；PCV-201A、PCV-201B分别表示同一回路中有两台压力控制阀。

在带控制点的工艺流程图中仪表位号的标注方法是圆圈上半圆填写字母代号，下半圆填写数字编号。

一台仪表或一个圆圈内,具有指示、记录功能时只标注字母代号"R",不标注"I"。具有开关、报警功能时只标注字母代号"A",不标注"S"。字母代号 SA 表示联锁和报警功能。表示仪表功能的后续字母按 IRCTQSA(指示、记录、控制、传送、计算、开关或联锁、报警)顺序表示。

2. 被测变量及仪表功能字母组合示例

控制器:FRC 代表流量记录调节;FIC 代表流量指示调节。

读出仪表:FR 代表流量记录;FI 代表流量指示。

开关和报警装置:FSH 代表流量高报警;FSL 代表流量低报警;FSHL 代表流量高低组合报警。

变送器:FRT 代表流量记录变送;FIT 代表流量指示变送;FT 代表流量变送。

检测元件:FE 代表流量检测。

测试点:FP 代表流量测试点。

最终执行元件:FV 代表流量执行元件。

3. 带控制点流程图例

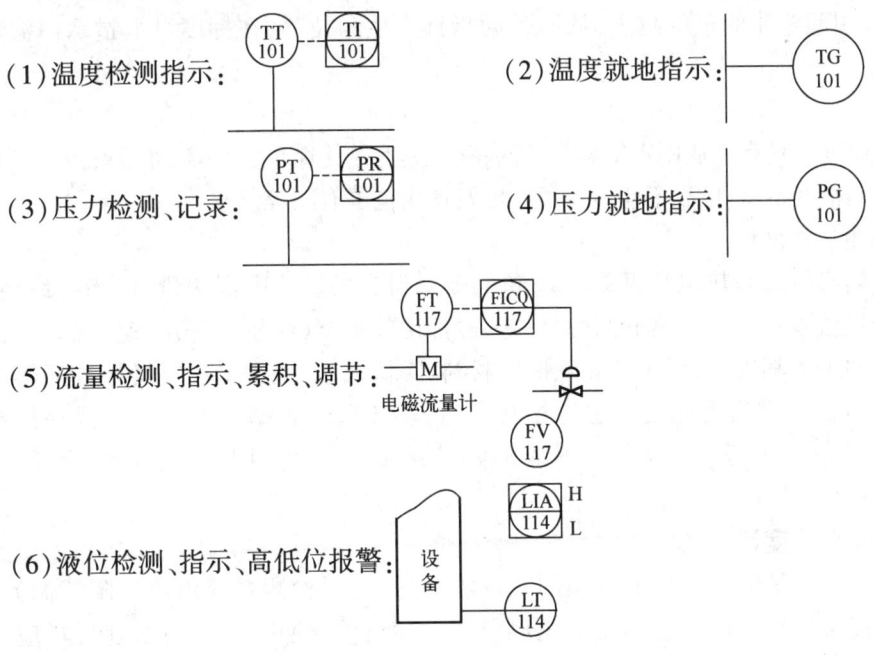

(1)温度检测指示:

(2)温度就地指示:

(3)压力检测、记录:

(4)压力就地指示:

(5)流量检测、指示、累积、调节:

(6)液位检测、指示、高低位报警:

项目二　常用测量仪表

一、常用温度测量仪表

(一)温度的概念

温度是表示物体冷热程度的物理量。当两个不同温度的物体相接触时,它们之间必然会出现热量的交换,即热量将由温度高的物体传给温度较低的物体,直到两物体温度相同,即达到热平衡状态时,这种传递才停止。温度只能通过物体随温度变化的某些特性来间接测量,而用来量度物体温度数值的标尺叫温标。它规定了温度的读数起点(零点)和测量温度的基本单位。使用数字温度计的测量值与被测温度统一的过程叫标度转换。目前国际上用得较多的温标有华氏温标、摄氏温标、热力学温标和国际实用温标。

1. 摄氏温标(℃)

在标准大气压(101325Pa)下,水(冰)的熔点为0℃,水的沸点为100℃,中间划分为100等份,每等份为1℃。

2. 华氏温标(℉)

在标准大气压下,冰的熔点为32℉,水的沸点为212℉,中间有180等份,每等份为1℉。摄氏温标与华氏温标的关系为:$n℃=(1.8n+32)℉$。

(二)双金属温度计

GAD003 温度仪表测量原理

1. 结构及工作原理

双金属温度计中的感温元件是用两片线膨胀系数不同的金属片叠焊在一起制成的,并将它装在保护套内,一端固定(固定端),另一端(自由端)连接在一根细轴上,轴端装有指针。当温度发生变化时,感温元件因膨胀长度不同而产生弯曲,温度越高产生的线膨胀长度差越大,因而引起弯曲的角度越大,从而带动指针产生角位移,在标度盘上指示出温度的变化。

2. 特点

双金属温度计具有工业用水银温度计的特点,具有结构简单、成本低廉等优点。这种温度计的缺点是精度不高,量程不能做得很小以及使用范围有限等。

ZAD003 温度测量仪表的分类

(三)热电偶温度计

热电偶输出电压与热电偶两端温度和电极材料有关。热电偶测量时,当导线断路,温度指示在机械零点。由于热电偶的材料一般都比较贵重(特别是采用贵金属时),而测温点到仪表的距离都很远,为了节省热电偶材料,降低成本,通常采用补偿导线把热电偶的冷端自由端延伸到温度比较稳定的控制室内,连接到仪表端子上。热电偶补偿导线的作用只是延长热电极,它本身并不能消除冷端温度变化对测温的影响,不起补偿作用。

(四)热电阻温度计

热电阻温度计是生产过程中常用的一种温度计,常规检测系统由热电阻感温元件、显示仪表和连接导线组成。它的特点是测量反应速度快、使用寿命长;目前现场应用较多的装配式热电阻主要包括分度号为Pt100的铂热电阻和分度号为Cu50的铜热电阻两大类,铜热电阻测温范围是-200~850℃。热电阻温度计在温度检测时,有时间延长的特点。

二、常用压力测量仪表

(一)压力表的定义

压力表是指以弹性元件为敏感元件,测量并指示高于环境压力的仪表,应用极为普遍,它几乎遍及所有的工业流程和科研领域。

（二）压力传感器

1. 压电式压力传感器

压电传感器中主要使用的压电材料包括有石英、酒石酸钾钠和磷酸二氢胺。其中石英（二氧化硅）是一种天然晶体，压电效应就是在这种晶体中发现的，在一定的温度范围之内，压电性质一直存在，但温度超过这个范围之后，压电性质完全消失（这个高温就是所谓的"居里点"）。由于随着应力的变化电场变化微小（即压电系数比较低），所以石英逐渐被其他的压电晶体替代。

2. 压阻式压力传感器

压阻式压力传感器是利用单晶硅的压阻效应而构成。采用单晶硅片为弹性元件，在单晶硅膜片上利用集成电路的工艺，在单晶硅的特定方向扩散一组等值电阻，并将电阻接成桥路，单晶硅片置于传感器腔内。当压力发生变化时，单晶硅产生应变，使直接扩散在上面的应变电阻产生与被测压力成正比的变化，再由桥式电路获得相应的电压输出信号。

3. 压变式压力传感器

压力传感器和压力变送器是利用物体某些物理特性，通过不同的转换元件将被测压力转换成各种电量信号，并根据这些信号的变化来间接测量压力的。

差压变送器零点的"迁移"，其实只是改变仪表量程的上、下限，并不改变仪表量程。在差压变送器的规格中，一般都注有是否带正负迁移装置，型号后面加"A"为正迁移。

（三）压力测量仪表的分类

压力测量仪表按测量原理分类为液柱式、弹性式、活塞式、电气式等。按仪表功能用途分类为就地指示、远距离显示、巡回检测、开关、接点等多种类型仪表。

（四）压力测量仪表工作原理

1. 弹性式压力表工作原理

弹性式压力表工作原理是根据弹性元件受力变形，将被测压力转换成弹性元件变形的位移来测量的，利用具有弹性的材料所制作的弹性元件，弹性元件表面在外力的作用下，会产生弹性形变。弹簧管压力表是弹性压力计的一种，主要由弹簧管和传动放大机构组成。弹簧管压力表可用来测相对压力。

2. 隔膜压力表工作原理

隔膜压力表采用间接测量结构，隔膜在被测介质压力作用下产生变形，密封液被压，形成一个压力值传导至压力仪表，显示被测介质压力值。适用于测量黏度大、易结晶、腐蚀性大、温度较高的液体、气体或颗粒状固体介质的压力。隔离膜片有多种材料，以适应各种不同腐蚀性介质。

三、常用流量测量仪表

通常 ABS 装置在生产过程中使用多种流量表。流量表又称为流量计，它可测量液体的瞬时流量和累计流量，也可以对液体定量控制。

流量计按照比较常用的测量方法，大体上可以分为电磁式、转子式、质量式、差压式、容积式、速度式等类型。

(一) 电磁流量计

GAD005 流量仪表测量原理

电磁流量计是应用电磁感应原理,根据导电流体通过外加磁场时感生的电动势来测量导电流体流量的一种仪器。电磁流量计的结构主要由磁路系统、测量导管、电极、外壳、衬里和转换器等部分组成。电磁流量计的特点为:

(1) 测量不受流体密度、黏度、温度、压力和电导率变化的影响。

(2) 合理选择传感器衬里和电极材料,即具有良好的耐腐蚀和耐磨损性。

(3) 传感器感应电压信号与平均流速呈线性关系,因此测量精度高。

(4) 测量管道内无阻流件,因此没有附加的压力损失;测量管道内无可动部件,因此传感器寿命极长。

(5) 由于感应电压信号是在整个充满磁场的空间中形成的,是管道截面上的平均值,因此传感器所需的直管段较短,长度为 5 倍的管道直径。

(6) 转换器可与传感器组成一体型或分离型。

(7) 转换器采用 16 位高性能微处理器,2×16LCD 显示,参数设定方便,编程可靠。

(8) 转换器采用表面安装技术(SMT),具有自检和自诊断功能。

(9) 转换器采用国际最先进的单片机(MCU)和表面贴装技术(SMT),性能可靠、精度高、功耗低、零点稳定、参数设定方便。点击中文显示 LCD,显示累积流量、瞬时流量、流速、流量百分比等。

(10) 流量计为双向测量系统,内装三个计算器:正向总量、反向总量及差值总量;可显示正、反流量,并具有多种输出:电流、脉冲、数字通信、HART。

(二) 转子流量计

转子流量计适用于测量通过管道直径小于 15cm 的小流量,也可以测量腐蚀性介质的流量。转子流量计一般按锥形管材料的不同,可分为玻璃管转子流量计、金属管转子流量计和塑料管转子流量计三大类。

转子流量计是以流体流动时的节流原理为基础的一种流量检测仪表,由两部分组成。一部分是由下往上逐渐扩大的锥形管,另一部分是放在锥形管内可以自由运动的转子。当流体自下而上流过锥管时,转子因受到流体的冲击而向上运动。随着转子由下往上运动,其与锥形管之间的环隙面积变大,流体流速降低,冲击作用减弱,直到流体作用在转子上向上的推力与转子在流体中的重力相平衡。此时,转子停留在锥形管中某一高度上。如果流体的流量再增大,则平衡时转子所处的位置更高,反之则相反。因此,根据转子悬浮的高低就可测知流体流量的大小。从上可知,平衡流体的作用力是利用改变流通面积的方法来实现的,因此称它为面积式流量计,此外,当转子两端的压差一定时,转子所处的高度也一定,此时流量也一定。转子流量计在测量中其两端的压差为正。

(三) 质量流量计

质量流量计能测量出被测介质的质量值。质量流量计中最有代表性的是科氏力质量流量计,简称 CMF。利用科氏力构成的质量流量计有直管、弯管、单管、双管等多种形式,目前应用最多的是双管。质量流量计又分为直接式质量流量计和推导式质量流量计。直接式质量流量计是由检测元件直接检测出反映质量流量大小的信号,从而得到质量流量值。推导式质量流量计采用可测出体积流量的流量计和密度计(或含密度计量的仪表)组合,同时检测出介质的体积流量和密度,通过运算器的运算得出与质量流量有关的输出信号。

(四)差压式流量计

孔板流量计又称为差压式流量计,由一次检测件(节流件)和二次装置(差压变送器和流量显示仪)组成。充满管道的流体流经管道内的节流装置,在节流件附近造成局部收缩,流速增加,在其上、下游两侧产生静压力差,在已知有关参数的条件下,根据流动连续性原理和伯努利方程可以推导出差压与流量之间的关系而求得流量。孔板流量计由截流元件孔板、均压环、三阀组和智能多参数变送器组成。由于差压式流量计节流装置的局限,该流量计只适用于管道直径不小于 50mm 的工况。最常用的节流件有同心圆孔板、喷嘴、文丘里管等。标准节流装置一定时,通过的流量越大,则节流装置两端的差压越大。节流装置的上游侧要有 10 倍管径长的直管段,在下游侧要有 5 倍管径长的直管段。应用于气体、蒸汽和液体的流量测量,具有结构简单,维修方便,性能稳定,使用可靠等特点。

> JAD002 孔板流量计的工作原理

四、常用液位测量仪表

通常 ABS 装置在生产过程中使用多种液位测量仪表。测量液位高低的仪表叫液位计。

液位计的型式有很多,按其结构原理的不同,大致可分为浮力式液位计、差压式液位计、玻璃板式液位计、电容式液位计、电极式液位计、辐射式液位计、超声波式液位计等类型。

> ZAD006 常用液位计的种类

(一)浮力式液位计

浮力式液位计是基于液体的浮力使浮子随着液位的变化上升或下降而测量液位的仪器。浮子式和浮球式液位计是典型的浮力式液位计。浮子式液位计的测量原理是将浮子用绳索悬挂在滑轮上,绳索的另一端有平衡重锤,当浮标所受重力与浮力之差恰好与平衡重锤的重力相平衡时,浮子便漂浮在液面上。当液面高度变化时,浮子所处的高度位置也相应变化,因此可根据悬挂在钢丝绳上的指针在刻度标尺上指示出相应的液位。它一般适用于温度、黏度较高,但压力不太高的密闭容器内的液位测量。

(二)差压式液位计

差压式液位计是通过测量容器两个不同点处的压力差来计算容器内物体液位(差压)的仪表。

差压变送器通过测量容器中的液位压力来进行液位的测量。例如,500mm 的水柱对应了 500mmH$_2$O 的压力。然而,在许多应用中,液体之上有额外的蒸气压力。由于蒸气压力不是液位测量的一部分,需要使用引压管和有密封件的毛细管来抵消它的存在。差压变送器通过测量容器中的液位(压力)来进行液位的测量。双法兰差压液位系统是一种最常用的差压式液位计,却一直以来很难在高型容器和塔中得到应用。因为这些都需要更长的毛细管以方便安装,距离过长的毛细管使得压力的传输变得误差过大,并且在环境温度变化较大的时候变得更为明显。同时安装过程要求较高,引压管可能并不可靠,是非常严重的困扰。

(三)玻璃板式液位计

玻璃板式液位计是通过法兰与容器连接构成连通器,透过玻璃板可直接读得容器内液位高度的仪表。

> JAD003 液位仪表的测量原理

玻璃板液位计可用来直接指示密封容器中的液位高度,具有结构简单、直观可靠、经久耐用等优点,但容器中的介质必须是与钢及石墨压环不起腐蚀作用的。液位计玻璃应该具有适当的化学稳定性和热稳定性、机械强度好、膨胀系数小;玻璃板颜色应为无色透明或略带浅黄色或浅绿色。

项目三　计量知识

一、计量单位

计量单位是指为定量表示同种量的大小而约定的定义和采用的特定量。计量单位应具有明确的名称、定义和符号。各种物理量都有它们的量度单位,并以选定的物质在规定条件显示的数量作为基本量度单位的标准,在不同时期和不同的学科中,基本量的选择可以不同。如物理学上以时间、长度、质量、温度、电流、发光强度、物质的量这 7 个物理量为基本量,它们的单位名称依次为:秒、米、千克、开尔文、安培、坎德拉、摩尔。

二、计量检测设备相关术语

(1)灵敏度 S。

灵敏度是指检测装置在静态测量时,输出量的增量 Δy 与输入量的增量 Δx 之比的极限值,即 $S = \lim\limits_{\Delta x \to 0} \dfrac{\Delta y}{\Delta x} = \dfrac{dy}{dx}$。对于线性检测装置其灵敏度为一常数;非线性的检测装置其灵敏度是变化的,灵敏度越高,系统就越容易受外界干扰,即系统稳定性越差。

(2)变差(迟滞)。

检测装置的输入量由小增大(正行程),继而由大减小(反行程)的测试过程中对应于同一输入量,输出量往往不等,这就是变差现象。产生原因是装置内部的弹性元件、磁性元件以及机械部分的摩擦、间隙、积塞灰尘等。

(3)死区(灵敏限)。

死区是指检测装置不能响应的最大输入量起始点不灵敏的程度。

(4)量程。

量程是指检测装置测量的上限和测量下限的代数差。

(5)稳定性。

稳定性是指在一定工作条件下,保持输入信号不变时,输出信号随时间或温度的变化而出现的缓慢变化的程度。

(6)动态特性。

检测系统的动态特性是指动态测量时,输出量与随时间变化的输入量之间的关系,其研究方法与控制理论中所介绍的方法相同。动态特性好的传感器,其输出量随时间变化将再现输入量随时间的变化规律。但除了理想的情况外,实际传感器的输出信号与输入的信号不会具有相同的时间函数,由此将引起动态误差。

项目四　常规仪表、DCS 使用知识

一、常规仪表知识

(一) 简单调节系统的定义

简单调节系统是由一个调节对象、一个测量元件、一个调节器和一个调节阀构成的单回路调节系统,是最基本而且使用最广泛的一种形式,可以解决大量的参数定值调节问题。简单典型的调节系统方块图由调节器、测量元件、调节对象、调节阀和比较机构组成。

CAD005　简单调节系统的组成

(二) 自动调节的定义

自动调节是指用自动化装置模仿人工操作完成调节任务的过程。把完成自动调节的所有设备称为自动调节系统。自动调节系统的组成:一部分是起自动调节作用的全套仪表装置,另一部分是自动调节系统中的工业设备。

(三) 自动调节系统的分类

自动调节系统调节规律分为四类,分别为比例、比例积分、比例微分、比例积分微分。

自动调节系统中干扰通道放大倍数越大,调节余差越大。

积分调节规律的作用是消除余差。

微分调节规律的作用是克服滞后影响,提高调节质量;选择调节系统防积分饱和的方法有限幅法、积分切除法和外反馈法。

描述调节对象特性的参数有:放大系数 K、时间常数 T、对象的滞后时间。

引起被调参数偏离给定值的各种因素称为扰动。

引起被调参数发生变化的所有原因称为干扰。

(四) 双位调节规律基础知识

双位控制的输出规律是根据输入偏差的正负,控制器的输出为最大或最小,即控制器有最大和最小两个输出值,相应的执行器只有开和关两个极限位置,因此又称开关控制。

双位调节的动作规律使控制器只有开和关两个输出,目前常用的控制规律中,最简单的控制规律是双位控制。

(五) 控制器参数整定基础知识

积分时间的大小与积分程度的关系是:积分时间越小,则积分作用越强。采用比例积分控制作用时,积分时间对过渡过程的影响具有双重性。调节系统比例度大,过渡过程的曲线平稳。在同样的指示值变化量下,若比例度越小,则调节器的输出变化越大。控制器比例度越小,则控制系统反应越快,系统的灵敏度越高。在一个控制系统中,对象的滞后时间越大、时间常数越大、放大系数越小,则系统越不易稳定。仪表的控制器是按信号偏差共组的,脉动信号构成脉动的偏差信号,它使控制器的输出亦呈周期性的变化,从而使调节阀不停地开大关小。

自动控制系统是具有被控变量负反馈的闭环系统。即如果被控变量偏高,则控制作用应使之降低;相反,如果原来被控变量偏低,则控制作用应使之升高。控制作用对被控变量的影响应与干扰作用对被控变量的影响相反,才能使被控变量回复到给定值。

在控制系统中,不仅控制器,而且被控对象、测量变送器、控制阀都有各自的作用方向,它们如果组合不当,使总的作用方向构成正反馈,则控制系统不但不能起控制作用,反而破坏了生产过程的稳定。所以,系统投运前必须注意检查各环节的作用方向。

所谓作用方向,就是指输入变化后,输出变化的方向。当输入增加时,输出也增加,则称为"正作用"方向;反之,当输入增加时,输出减少的称"反作用"方向。

对于控制器,当被控变量(即变送器送来的信号)增加后,控制器的输出也增加,称为"正作用"方向;如果输出随着被控变量的增加而减小,则称为"反作用"方向(同一控制器,其被控变量与给定值的变化,对输出的作用方向是相反的)。对于变送器,其作用方向一般都是"正"的,因为当被控变量增加时,其输出信号也是相应增加的。对于控制阀,它的作用方向取决于是气开阀还是气关阀(注意不要与控制阀的"正作用"及"反作用"混淆),当控制器输出信号增加时,气开阀的开度增加,是"正"方向,而气关阀是"反"方向。被控对象的作用方向,则随具体对象的不同而不同。

(六)串级控制系统基础知识

采用多个调节器,而且调节器之间相串接,一个调节器的输出作为下一个调节器的设定值。一般有主变量和副变量,主变量在串级控制系统中是起主导作用的变量,副变量是为了稳定主变量或因某种需要而引入的辅助变量。主调节器的输出作为副调节器的给定值,系统通过副调节器的输出去操纵执行器,实现对主控变量的控制,主副调节器是串级工作的。

> CAD006 串级控制的概念

举例说明串级回路的操作,如图1-4-2所示,主回路:液位仪表→液位调节器A;副回路:流量仪表→流量调节器B→控制阀。

(1)主回路和副回路都可以分别实现手动操作。

(2)主回路和副回路都可以分别实现自动操作。

(3)当副回路B处于自动状态AUT方式时,且主回路A控制较为稳定,可将副回路B投串级CAS方式,此时主回路A的输出MV值作为副回路的设定值SV,实现串级控制。

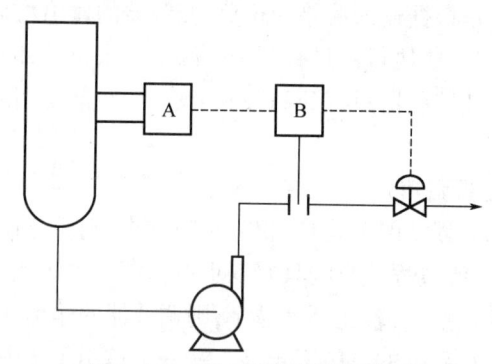

图1-4-2 串级控制回路示意图

串级控制系统的主要特点为:在系统结构上,它是由两个串接工作的控制器构成的双闭环控制系统;系统的目的在于通过设置副变量来提高对主变量的控制质量;由于副回路的存在,对进入副回路的干扰有超前控制的作用,因而减少了干扰对主变量的影响;系统对负荷改变时有一定的自适应能力。

通常串接调节系统主调节器正反作用选择取决于主对象。串级调节系统可以用于改善纯滞后时间较长的对象,有超前作用。串级调节系统主要应用于对象的干扰作用强而频繁、负荷变化大、对控制质量要求较高的场合。串级调节系统中,副调节器通常选用 PI 调节规律。串级调节系统参数整定步骤应为先副环后主环。串级调节系统主调节器输出信号送给副调节器。串级调节系统有两个闭合回路,主回路是一个定值系统,副回路是一个随动系统。串级调节系统的方块图由两个调节器、两个变送器和两个调节对象组成。

串级调节系统由 4 个部分组成,有两个闭合回路;主、副调节器串联;主调节器的输出是副调节器的给定值;系统通过副调节器的输出操纵调节阀。

(七)分程调节系统基础知识

分程调节系统是一个调节器控制两个或两个以上的调节阀,每个调节阀根据工艺需要在调节器输出的一段信号范围内动作。 [CAD007 分程控制的概念]

设置分程调节的目的是扩大可调范围,满足工艺的特殊要求。可以改善调节品质,改善调节阀的工作条件;满足开停车时小流量和生产时的大流量的要求,满足不同属性的介质的要求,使之都有较好的调节质量;满足正常生产和事故状态下的稳定性和安全性。

如图 1-4-3 所示,装置的一个两分程调节,输出有两个调节阀 TV-807A(冷媒)和 TV-807B(热媒),根据 TRCA-202 检测的聚合温度反馈信号传送给 TRCA-807,根据 TRCA-807 得到的信号,分别调节 TV-807A(冷媒)和 TV-807B(热媒)的开度,控制冷媒和热媒的流量,达到控制聚合热媒温度的目的。

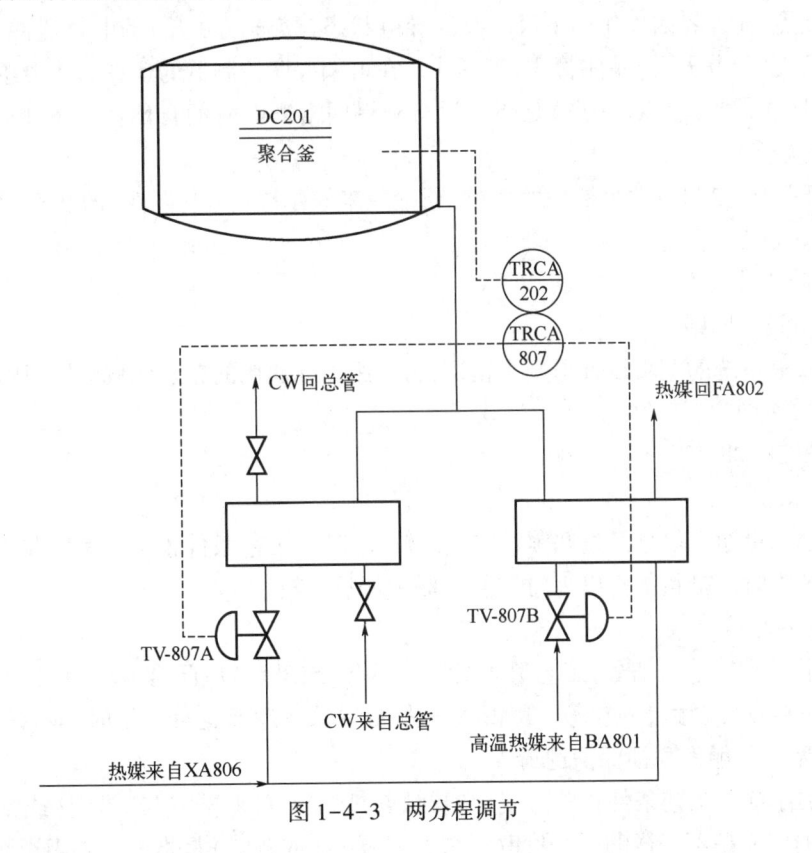

图 1-4-3 两分程调节

(八)联锁基础知识

1. 联锁的基本概念

CAD008 联锁的基本概念

联锁是通过测量仪表将工艺过程参数转换成标准信号输入逻辑控制器,再经过控制器的逻辑运算产生控制信号以完成设备或装置启动条件的确认,提供联锁接点;或是输出到执行机构及辅助仪表完成设备及装置停车(启动)过程。

2. 名词和术语

(1)逻辑控制器(逻辑运算器):进行逻辑运算并输出结果的部件和设备。广义的逻辑控制器包括输入部件、运算部件、输出部件及相应的软件。逻辑控制器有继电器式、固定电路式和可编程序控制器式等多种形式。

(2)可编程序控制器:可以由用户编制逻辑运算和控制程序的电子设备。包括电子设备硬件、系统软件和用户功能软件(组态数据软件)。可编程序控制器的电子设备硬件包括输入部件、运算部件、输出部件。

(3)开关:具有两种稳定位置的状态器件。有软件开关和硬件开关两种。硬件开关简称开关,由一组或几组触点组成。控制电器设备是其典型应用。

(4)按钮:只有一种稳定位置的状态器件。有软件按钮和硬件按钮两种,其中硬件按钮简称按钮,由一组或几组触点组成。控制电器设备是其典型应用。

(5)触点:由导电的定簧片和动簧片组成的机械式电气器件。在外界因素作用下可以改变导电状态(接通或断开)。

(6)接点:在外界因素作用下可以改变导电状态(接通或断开)的电气器件。通常有机械式(触点式)和电子式(晶体管式)等形式。在可编程序控制器的运算部件中还有软件"接点"。常闭(或常开)接点(触点)是指在没有外界因素影响时的自然情况下闭合(或断开)的接点(或触点)。

(7)开关量:是只有两个数值的变量,通常用来表示事物(或事件)的状态,有时也称为"数字量"。

3. 联锁设计规定

1)逻辑设计原则

安全仪表系统的逻辑设计原则为正逻辑,采用国际通用的布尔代数运算规则,事件发生为逻辑"1",否则为逻辑"0"。

2)信号逻辑状态

(1)模拟信号。

所有模拟量输入信号经过联锁设定值比较环节后,工艺条件正常时逻辑状态输出"0",工艺状态超限时逻辑状态输出为"1",触发联锁保护逻辑。

(2)开关信号。

开关量(接点)输入信号,工艺条件正常时接点(或触点)应闭合,逻辑状态为"1";工艺状态超限时接点(或触点)应断开,逻辑状态为"0",输入逻辑运算系统时,应将逻辑状态用"非门"变为"1",触发联锁保护逻辑。

要特别注意:"工艺条件正常时接点(或触点)闭合(或断开)"与"常闭(或常开)"接点(或触点)的定义是不一样的。"常闭(或常开)"接点(或触点)是指没有外因影响时的自然情况下闭合(或断开)的接点(或触点)。

(3)旁路开关。

信号旁路开关在正常状态时开关(接点)闭合,逻辑为"1",实施信号旁路开关(接点)断开,状态逻辑为"0"。除特殊情况外,信号旁路开关采用逻辑控制系统中的软开关。

(4)人工紧急停车。

人工紧急停车采用双联按钮或开关,使用两对常开触点分别接线的方式。工艺过程正常运行时,紧急停车按钮触点断开,输出状态为"0"。人工紧急停车时按下按钮,触点闭合,按钮输出状态为"1",触发安全系统和联锁保护逻辑。

(5)安全系统逻辑复位。

安全系统逻辑复位采用按钮。自然状态时,按钮触点断开,输出状态为"0",没有输出指令。按下按钮,触点闭合,按钮输出状态为"1",输出逻辑复原指令。

(6)报警及联锁状态信号。

安全仪表系统的逻辑控制器产生的所有报警及联锁状态信号,无论是用于内部报警还是外部报警,无论用于声、光还是记录,无论是控制器内部的软接点还是输出的硬件接点,报警及联锁状态一律为"1";正常运行状态一律为"0"。

(7)阀位状态回讯。

阀位的开关信号均为"事件发生"状态为"1",即阀门打开到位时,阀位"开"信号的开关闭合,状态为"1",否则为"0";阀门关闭到位时,阀位"关"信号的开关闭合,状态为"1",否则为"0"。

(8)其他状态信号。

所有设备状态信号,如压缩机、电动机、泵等,设备运行时信号触点闭合,设备状态为"1";停止时(非运行状态)信号触点断开,设备状态为"0"。

3)信号输出工作方式

(1)电磁阀工作方式。

安全仪表系统的逻辑控制器用于控制电磁阀的接点,采用正常状态闭合,电磁阀正常带电励磁的方式。当控制器没有联锁动作指令时,输出接点闭合,电磁阀带电励磁,执行结构处于非执行状态,工艺过程处于正常运行状态。当控制器发出联锁动作指令时,输出接点断开,电磁阀断电失磁,执行结构处于执行保护动作状态,使工艺过程进入紧急停车状态。如果阀门失气作用形式与联锁结果相反,例如:阀门形式为"FC",联锁时却需要打开,这种情况下用于控制电磁阀的接点,应采用工艺正常状态断电,电磁阀正常非励磁的工作方式。对于特别重要的联锁输出,DO应采用具有线路断路和断路识别功能的输出卡件。

(2)电动机驱动工作方式。

安全仪表系统的逻辑控制器用于控制电动机的接点,采用"开关"方式,正常状态时接点断开,电动机停止;联锁状态时接点闭合,电动机启动运行的方式与设备状态的信号方式一致。采用两组接点控制的电机,采用"常开"接点启动,"常闭"接点停机的方式。对于采用两组"常开"接点控制的电机控制系统,可采用两组"常开"接点,或提请电气专业自行转换。

二、DCS 使用知识

[CAD009 DCS系统的基本概念] 集散控制系统 DCS 是以应用微处理器为基础，结合计算机技术、信号处理技术、测量控制技术、通信网络和人机接口技术，实现过程控制和工厂管理的控制系统。其实质是利用计算机技术对生产过程进行集中监视、操作、管理和分散控制。集散控制系统采用标准化、模块化和系列化设计，由过程控制级、控制管理级和生产管理级所组成的一个以通信网络为纽带的集中形式操作管理，控制相对分散，具有配置灵活、组态方便的多级计算机网络结构。

计算机网络技术已使集散控制系统向分散控制箱集中管理的方向发展。

（一）DCS 的组成

DCS 一般由控制器、I/O 板、人机接口、通信网络组成。DCS 系统实质上是一个开放式的计算机系统。

[ZAD007 DCS系统的基本构成] 一般 DCS 控制系统必须有两个"地"，分别为安全保护地和仪表信号地。DCS 系统在结构上由硬件、通信网络和软件三部分组成。

在 DCS 中，操作站的性能不影响 PID 调节器自动调节质量，其中 P、I、D 参数设置、控制站的性能、滤波参数的设置影响 PID 调节器自动调节质量。

（二）DCS 系统故障诊断及处理知识

如果 DCS 显示屏上的所有数据都停止刷新，有可能是控制站死机、操作站死机、通信网络断等造成的，不可能是 I/O 卡件故障引起的。

在操作过程中，如果某块流量仪表在 DCS 中突然回零，可能的原因是 I/O 卡故障。因为 I/O 卡是 INPUT/OUTPUT 的缩写，主要是负责接收现场的模拟量和数字量信号然后转换成 DCS 控制器能接收的数字信号的卡件，同时将 DCS 控制器所发出的指令转换成模拟量信号和数字量信号到现场仪表。主要起中间转换卡的功能。

在操作 DCS 系统时，不允许操作工改变 PID 参数和正反作用。

模块五　制图与识图

项目一　制图基本知识

一、投影

在日常生活中,物体在阳光或灯光的照射下,地面或墙壁上就会出现物体的影子,这个影子在某些方面反映出物体的形状特征,这就是我们常见的投影现象。人们根据这种现象,总结其几何规律,便形成了投影法。投影法就是投射线通过物体,向选定的面投射,并在该面上得到图形的方法。其中,得到图形的平面称为投影面,投影面上的图形称为投影。

(一)投影方法的分类

投影方法分为中心投影法和平行投影法两类。

1. 中心投影法

所有的投射线从投影中心出发的投影法,称为中心投影法。按中心投影法所得到的投影称为中心投影。

2. 平行投影法

投射线相互平行的投影法,称为平行投影法。按平行投影法所得到的投影称为平行投影。在平行投影法中,根据投射线与投影面的角度不同,又分为正投影法和斜投影法。

(1)正投影法:投射线与投影面垂直的投影方法。

(2)斜投影法:投射线与投影面倾斜的投影方法。

(二)正投影法的基本性质

用正投影法得到的投影图,能完整、真实地表示物体的形状大小,不仅度量性好,而且作图简便。因此,正投影法原理是绘制和阅读机械图样的理论基础,在机械工程中应用最为广泛。它反映了线、平面与投影面之间的相对位置的投影结果,具有以下基本性质:

(1)真实性:平面或直线平行于投影面时,其投影反映真实形状或实长。

(2)积聚性:平面或直线垂直于投影面时,其投影积聚成一条直线或一点。

(3)类似性:平面或直线倾斜于投影面时,其投影形状与原形类似。

> ZAE001　正投影的特点

二、物体的三视图

在正投影中只用一个视图是不能确定物体的形状和大小的。几个不同的物体,因为它们的某些尺寸相等,所以它们在投影面上的投影完全相同,如图 1-5-1 所示。这说明在正投影图中,若不附加其他条件,只有一个视图不能全面、准确地反映出物体的形状和大小。因此,在实际绘图工作中,常用三视图来表示物体的空间形状和结构。

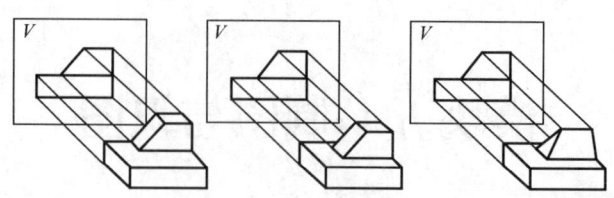

图 1-5-1　形体的一个视图不能完整表示其空间形状和结构

(一)三视图的形成

建立三个相互垂直的投影面,如图 1-5-2 所示,正立投影面(V),简称正面;水平投影面(H),简称水平面;侧立投影面(F),简称侧面。投影面与投影面的交线,称为投影轴。V 面和 H 面的交线为 OX 轴;H 面和 W 面的交线为 OY 轴;V 面和 W 面的交线为 OZ 轴。三条投影轴的交点称为原点 O。

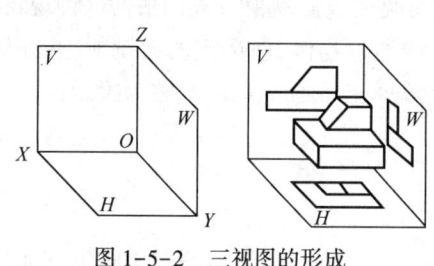

图 1-5-2　三视图的形成

将物体置于三面投影体系中,使底面与水平面平行,前面与正面平行,用正投影法分别向三个投影面进行投影,得到物体的三视图:

(1)主视图:由物体的前面向后投影,在正立投影面(V)上得到的图形。

(2)俯视图:由物体的上面向下投影,在水平投影面(H)上得到的图形。

(3)左视图:由物体的左面向右投影,在侧立投影面(W)上得到的图形。

按国家标准规定,视图中凡可见的轮廓线用粗实线表示;不可见的轮廓线用虚线表示;对称中心线用点画线表示。

为了把空间的三个视图画在一个平面上,必须把三个投影面展开(摊平)。将物体从三面投影体系中移出,V 面保持不动,水平面和侧面沿 OY 轴分开,将 H 面绕 OX 轴向下旋转 90°(随 H 面旋转的 OY 轴用 OY_H 表示);W 面绕 OZ 轴向右旋转 90°(随 W 面旋转的 OY 轴用 OY_W 表示),使 V 面、H 面和 W 面在同一个平面上。由于投影面的边框是假想的,不必画出。这样,就得到物体的三视图,如图 1-5-3 所示。

(二)三视图的投影规律

(1)三视图与物体的对应关系。物体有上、下、左、右、前、后 6 个方位,当物体在三面投影体系的位置确定以后,距观察者近的是物体的前面,离观察者远的是物体的后面,同时物体的上、下、左、右方位也确定下来了,并反映在三视图中,如图 1-5-4 所示。

> ZAE002　三视图的特点

主视图反映了物体的上、下、左、右的位置关系;俯视图反映了物体的前、后、左、右的位置关系;左视图反映了物体的前、后、上、下的位置关系。

(2)三视图之间的投影规律。物体都有长、宽、高三个方向的尺寸。左、右之间的尺寸叫作长;前、后之间的尺寸叫作宽;上、下之间的尺寸叫作高。从图中各视图之间的尺寸关系可以看出每个视图反映物体两个方向的尺寸:主视图反映物体的长和高方向的尺寸;俯视图反映物体的长和宽方向的尺寸;左视图反映物体的高和宽方向的尺寸。每一尺寸又由两个视图重复反映,即主视图和俯视图共同反映长度方向的尺寸,并对正;主视图和左视图共同

(a) 分面进行投影　　　　(b) 投影面的展开

(c) 投影面展开摊平后的三视图　　　　(d) 三视图

图 1-5-3　物体的三视图

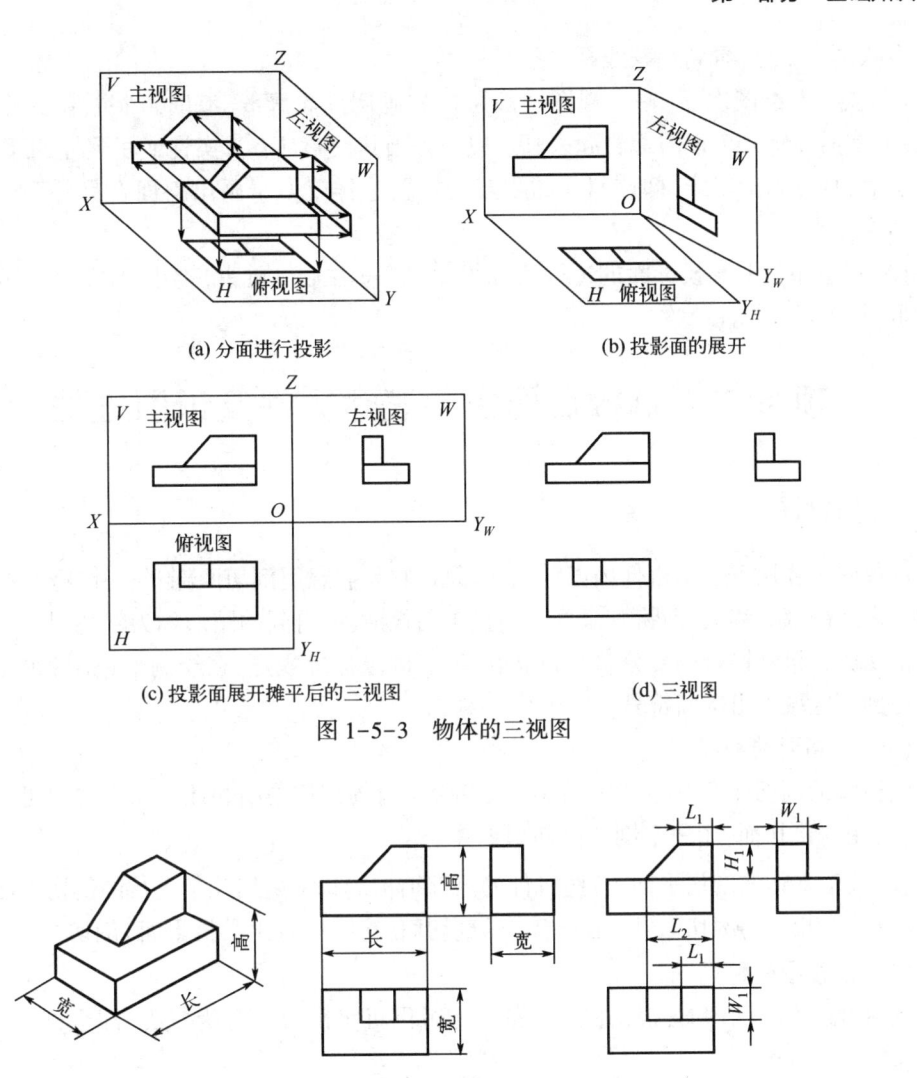

(a) 形体上的长、宽、高　　(b) 三视图总的长、宽、高　　(c) 视图中相应投影的长、宽、高

图 1-5-4　三视图投影规律

反映高度方向的尺寸,且平齐;左视图和俯视图共同反映宽度方向的尺寸,并相等。从而可以总结出三视图之间的投影规律:主、俯视图长对正;主、左视图高平齐;俯、左视图宽相等。

(三)三视图的绘图方法和步骤

(1)把形体位置放正,并选定主视图方向。最好将形体上能反映其形状特征的一面选为画主视图的方向,同时尽可能使其余两个视图简明好画、虚线少。

(2)绘图时,应先定出各视图的位置、画出作图基准线(如中心线或某些边线),各视图之间的距离应适当。要先画反映物体形状特征的视图,再按投影规律画出其他视图。

(3)绘图的线型应按机械制图国家标准的规定,底稿应画得轻而细,以便修改,作图完成后再描粗加深。

(4)分析形体上各部分的几何形状和位置关系,并根据其投影特性(真实性、积聚性、类似性等),画出各组成部分的投影。画图时要注意:着眼点应该为形体的各个表面,而不是

ZAE003　三视图的作图方法

看见一点画一个点,看到一条线画一条线。

(5)要注意绘图次序,每个视图一般可以先画四周轮廓线,有时可将视图逐个单独画成,而通常需要将几个视图配合起来画。应该先画其投影具有真实性或积聚性的那些表面。对于斜面,宜先画出斜线(即该斜面的积聚投影),这样就便于画出斜面在另外两个视图中的类似形投影。

(6)一般不需要画投影面的边框线和投影轴,采用无轴画法。绘图所需尺寸可在形体上量取,每个尺寸标注一次。

项目二 机械制图主要表达方法及识图方法

一、剖视图

剖视图主要用于表示机件内部的结构形状,它是假想用剖切面剖开机件,将处在观察者的切面之间的部分移去,而将其余部分向投影面投射,所得到的图形称为剖视图。

剖切面与机件接触的部分,称为剖面区域。国家标准规定,在绘制剖视图和断面图时,通常在剖面区域画出剖面符号。

(一)剖切面的种类

[GAE001 剖视图知识]

剖视图的剖切面有三种:单一剖切面、几个平行的剖切平画和几个相交的剖切面。

(1)单一剖切面:用一个剖切面剖切机件。

(2)几个平行的剖切平面:有些机件的内部结构形状可采用几个平行的剖切平面剖切。

(3)几个相交的剖切面:用几个相交的剖切面(交线垂直于某投影面)剖切机件。

(二)剖视图的种类

运用上述各种剖切面,根据机件被剖开的范围可将剖视图分为三类,即全剖视图、半剖视图和局部剖视图。

1. 全剖视图

用剖切面完全地剖开机件得到的剖视图,称为全视图。如图 1-5-5 所示,主、左视图都是用一个平行于相应投影面的剖切平面完全地剖开机件后,得到的全剖视图。

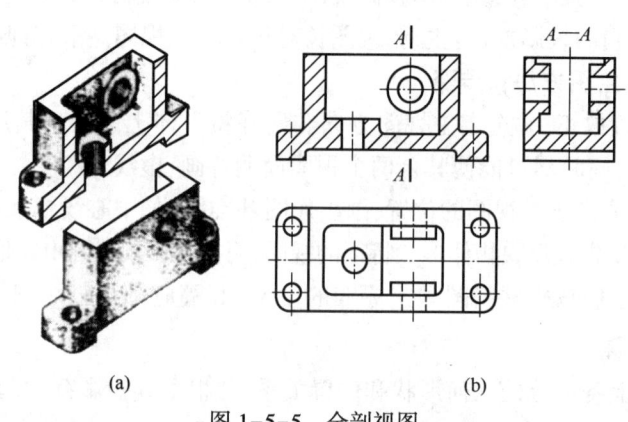

(a) (b)

图 1-5-5 全剖视图

全剖视图的缺点是不能表示机件的外形,所以常用于表示外形简单的机件。如果内外结构都需要全面表示时,可在同一投射方向采用剖视图和视图分别表示内外结构。

2. 半剖视图

当机件具有对称平面时,在垂直于对称平面的投影面上投影,所得到的图形以对称中心为界,一半画成剖视,另一半画成视图,这种剖视图,称为半剖视图。如图1-5-6所示,图中的主视图和俯视图都是用一个平行于相应投影面的剖切平面剖开机件后,所得到的半剖视图。但应注意:画半剖视图时,半个视图和半个剖视的分界线是对称中心线,不能画成粗实线;在半个剖视图中,因为剖切面变为可见的结构,已用粗实线表示,因此在半个视图中与这些粗线对称的虚线不应画出。

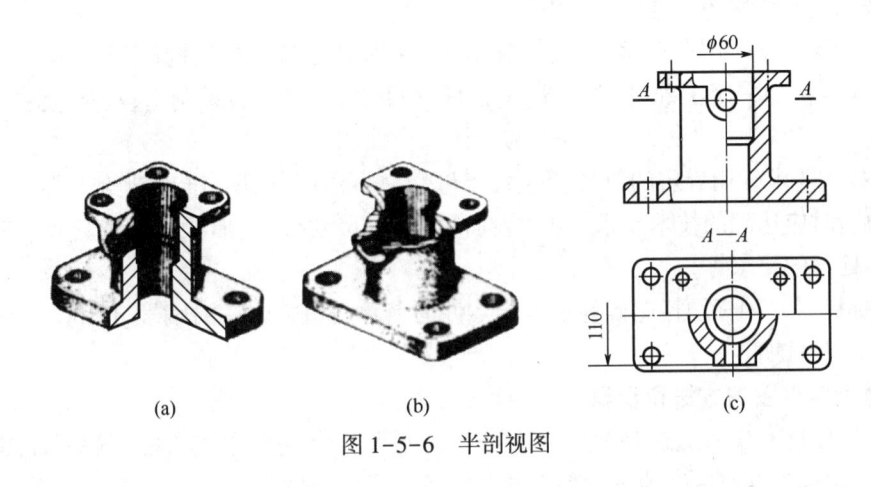

图 1-5-6 半剖视图

3. 局部剖视图

用剖切面局部地剖开机件所得到的剖视图,称为局部剖视图。如图1-5-7所示,局部视图的剖视部分和视图部分一般用波浪线分界,波浪线不应和图中的其他图线重合,也不能画在其他图线的延长线上,波浪线不应超过被剖开部分的外形轮廓线。

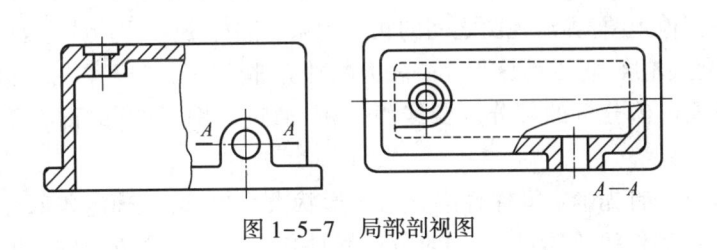

图 1-5-7 局部剖视图

二、断面图

断面图(简称断面)主要用来表示机件某部分截断而成的形状,它是假想用剖切面把机件的某处切断,仅画出截面的图形。在断面图中,机件和剖切面接触的部分称为剖面区域。国家标准规定,在断面区域内要画上剖面符号。断面图分为移出断面图和重合断面图。

GAE002 断面图知识

三、零件图

任何机器、设备都是由许多零件、部件组成的。零件就是具有一定的形状、大小和质量，由一定材料按预定的要求制造而成的基本单元体。表示零件结构、大小和技术要求的图样称为零件图。

（一）零件图的作用

一台机器或部件，都是由许多零件按一定的装配关系和技术要求装配而成的。零件图用于直接指导零件的加工制造和检验，是生产中的重要技术文件之一。

ZAE004 零件图的作用

（二）零件图的内容

一张完整的零件图通常应包括下列基本内容：

GAE003 零件图的内容

（1）图形。用一组正确、完整、清晰和简便的视图表示零件的结构形状。

（2）尺寸。用一组正确、完整、清晰、合理的尺寸，标注出满足制造、检验、装配所需的尺寸。

（3）技术要求。用规定的符号、数字、字母和文字注解，简明、准确地给出零件在使用、制造和检验时应达到的技术要求（包括表面粗糙度、尺寸公差、形状和位置公差、表面处理和材料热处理的要求等）。

（4）标题栏。用标题栏明确地填写出零件的名称、材料、图样的编号、比例、制图人与校核人的姓名和日期等。

（三）读零件图的方法和步骤

作为工程技术或加工制造人员，必须正确地掌握阅读零件图的方法，了解零件图的结构形状和技术要求，以便更好地进行加工及装配等。根据零件图所表示的内容，读图的基本步骤是：

（1）看标题栏。通过标题栏可以了解到零件的名称、比例、材料、质量等，还可以了解零件的加工方法。根据图样的比例和图形的大小，想象出零件的实际大小。

（2）分析图形。进行形体分析、线面分析和结构分析，想象出零件的结构形状。先找到主视图，再分析其他视图，弄清视图之间的相互关系。图样中采用了哪些视图和哪些表示方法。一般先看大致轮廓，将零件分为几个较大的独立部分进行分析，再分析外部结构和内部结构，最后对不便形体分析的部分进行线面分析，通过对图形的分析，想象出零件的结构形状。

（3）分析尺寸。首先确定零件各部分结构形状大小尺寸，再确定各部分结构之间的位置尺寸，最后分析零件的总体尺寸，同时分析零件长、宽、高三个方向的主要基准和辅助基准，找出图中的重要尺寸和主要定位尺寸。

（4）了解技术要求。对图中出现的各项技术要求，如尺寸公差、表面粗糙度、形状和位置公差以及热处理等加工方面的要求，要逐个分析，弄清楚它们的意义。

通过上述步骤的分析，力求对零件有一个正确的全面了解，达到识图的目的。

项目三 化工制图

化工制图主要是石油化工企业在初步设计阶段和施工阶段的各种石油化工专业图样。化工制图与机械制图有着紧密的联系,它与机械制图既有共同之处,又有不同之点,同时还具有明显的专业特征。本节主要介绍石油化工工艺流程图、设备布置图、管道布置图和化工设备图等基本图样。

一、石油化工工艺流程图

石油化工工艺流程图是化工工艺图中工艺流程性质的图样,有若干种类,它们都是用来表达工艺生产流程的。由于它们的要求各不相同,所以其内容、重点和深度也不一致,但这些图样都是将生产中采用的设备和管线从左至右展开画在同一平面上,并附以必要的标注和说明的图形。石油化工工艺流程图主要有总工艺流程图、工艺原则流程图(方案流程图)和工艺管道及仪表流程图(施工流程图)。

(一)总工艺流程图

总工艺流程图也称物料平衡图,它是在设计或开发方案时,为总说明部分进行可行性论证时提供的图样,用于表示全厂各生产装置之间主要的流程路线及物料衡算的结果。图上各车间(工段)用细实线画成长方框来表示,流程线中的主要物料用粗实线表示,流程方向用箭头画在流程线上,图上还需注明车间名称、原料及半成品的名称、平衡数据和来源去向等。

(二)工艺原则流程图

工艺原则流程图也称物料流程图,是在总工艺流程的基础上,分别表示各车间内部工艺物料流程。一般是以装置为单位,以图形与表格综合的表达形式,反映工艺设计计算中物料衡算与热量衡算等结果的图样。它是在全厂总工艺流程图或物料平衡图的基础上,对某一具体装置生产过程的进一步展示。它既可用作提供审查的资料,又可作为进一步设计的依据,还可生产操作时参考。

(三)工艺管道及仪表流程图

工艺管道及仪表流程图也称带控制点的工艺流程图,它是以工艺原则流程图为依据,由工艺设计人员与仪表设计人员在工艺原则流程图的基础上,共同绘制的内容较为详细的工艺流程图。通常在管线和设备上画出阀门、管件、自控仪表等有关符号。这种流程图应画出所有的生产设备和全部管道(包括辅助管道、各种仪表控制点以及阀门等管件),所以它是一种更为详细表达车间、装置生产过程的工艺流程图。因此,它也是设备布置图和管道布置图的设计依据,同时也作为施工安装、生产操作时的参考资料。

1. 设备的画法与标注

根据流程自左至右用细实线表示出设备的简略外形和内部特征(例如塔的填充物和塔板,容器的搅拌器和加热管等),设备的外形应按一定的比例绘制,对于外形过大或过小的设备,可以适当缩小或放大。常用设备绘制图例如表1-5-1所示。对于表中未列出的设备和机器图例,可按实际外形简化绘制,但在同一流程图中,同类设备的外形应一致。

表 1-5-1　工艺流程图上的设备、机器图例

设备类别	代号	图例
塔	T	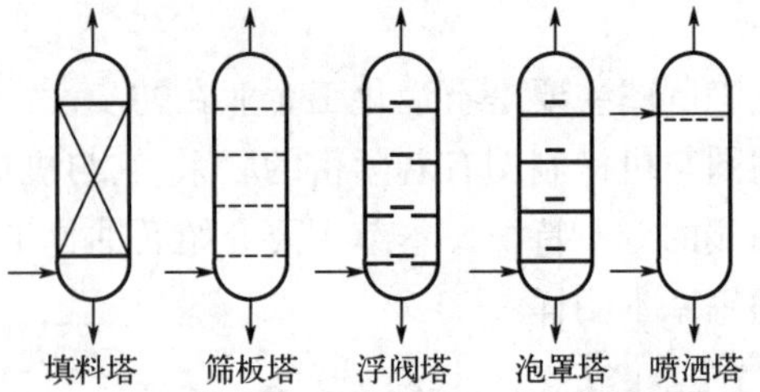 填料塔　筛板塔　浮阀塔　泡罩塔　喷洒塔
反应器	R	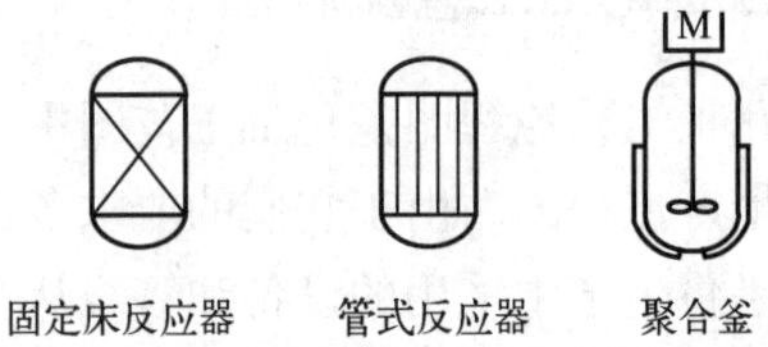 固定床反应器　管式反应器　聚合釜
容器(槽、罐)	V	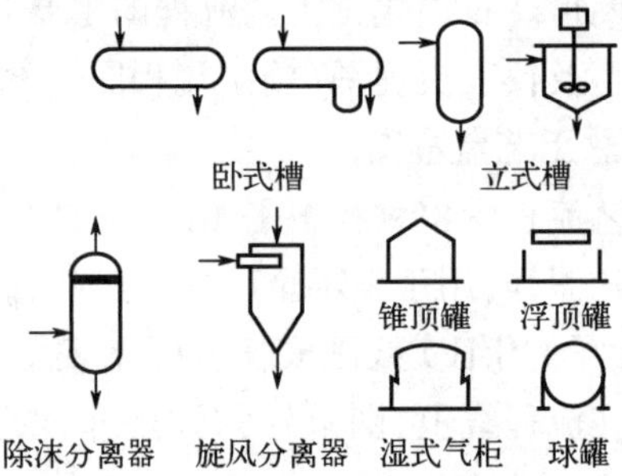 卧式槽　立式槽　锥顶罐　浮顶罐　除沫分离器　旋风分离器　湿式气柜　球罐
泵	P	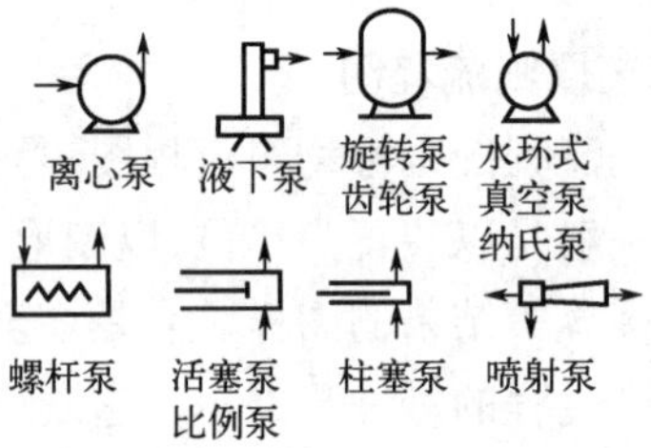 离心泵　液下泵　旋转泵齿轮泵　水环式真空泵纳氏泵　螺杆泵　活塞泵比例泵　柱塞泵　喷射泵

2. 管道流程线的表示方法

流程图中的管道流程线均用粗实线表示。对于辅助管道、公用系统管道只绘出与设备(或主流程管道)连接的一小段;对于带仪表控制点的管道流程图,应画出所有管道,即各种物料的流程线,并在管道线上标注物料代号及辅助管道或公用系统管道所在流程图的图号;对于各流程图间相衔接的管道,应在始(或末)端注明其连续图的图号及所来(或去)的设备位号或管道号。

> CAE001 工艺流程图管线的表示方法

管道流程线上除应绘制流向箭头及用文字标明来源或去向外,还应对每条管道进行标注。施工流程图上的管道应标注三个部分,即管道号、管径和管道等级(见有关标准)。工艺管道及仪表流程图中的物料代号。

3. 阀门等管件的表示方法

> CAE002 工艺流程图阀门的表示方法

管道上的阀门及其他管件应用细实线按标准所规定的符号在相应处画出,并标注其规格代号。现摘录《管道及仪表流程图上的管子、管件、阀门及管道附件的图例》和

GB/T 6567.4—2008《管路系统的图形符号、阀门的控制元件》中的部分内容,见表1-5-2和表1-5-3,或见《石油化工配管工程设计图例》(SH 3052—2014)的有关标准。

表1-5-2　管道及仪表流程图上的管子、管件、阀门及管道附件的图例

名称	图例	名称	图例
主要物料管道		放空管	
辅助物料及公用系统管道		敞口漏斗	
原油管道		异径管	
可折短管		视镜	
蒸汽伴热管道		Y形过滤器	
电伴热管道		T形过滤器	
柔性管		锥形过滤器	
翅片管		阻火器	
文氏管		喷射器	
消音器		夹套管	
喷淋管			

表1-5-3　管路系统常用阀门的图形符号

序号	名称	符号	序号	名称		符号
1.1	截止阀		1.9	安全阀	弹簧式	
1.2	闸阀				重锤式	
1.3	节流阀		1.10	减压阀		
1.4	球阀		1.11	疏水阀		
1.5	蝶阀		1.12	角阀		
1.6	隔膜阀		1.13	三通阀		
1.7	旋塞阀		1.14	四通阀		
1.8	止回阀					

带各类阀体的管道标注如下：

CAE003 工艺流程图管件的表示方法

(1) 同一管段号只是管径不同时,可以只标注管径:

PG0801—50　　DN25

(2) 同一管段号而管道等级不同时,应表示出等级的分界线:

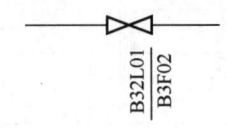

$\dfrac{B32L01}{B3F02}$

同一管段号而管道等级不同时,也可采用下图标注:

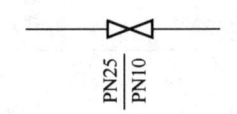

$\dfrac{PN25}{PN10}$

(3) 异径管标注大端公称直径乘小端公称直径:

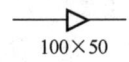

100×50

CAE004 工艺流程图仪表控制点的表示方法

4. 仪表控制点的画法

在工艺管道及仪表流程图中,仪表控制点以细实线在相应的管道上用符号画出。符号包括图形符号和字母代号,它们组合起来表示工业仪表所处理的被测变量和功能,或表示仪表、设备、元件、管线的名称。

(1) 图形符号:仪表(包括检测、显示、控制等仪表)的图形符号是一个细实线圆图,直径约 10mm。需要时允许圆圈断开。必要时,检测仪表或检出元件也可以用象形或图形符号表示。流量检测仪表和检出元件的图形符号,见表 1-5-4。表示仪表安装位置的图形符号见表 1-5-5。

表 1-5-4　流量检测仪表和检出元件的图形符号

序号	名称	图形符号	备注	序号	名称	图形符号	备注
1	孔板			4	转子流量计		圆圈内应标注仪表危害
2	文丘里管及喷嘴			5	其他嵌在管道中的检测仪表		圆圈内应标注仪表位号
3	无孔板取压接头						

表 1-5-5 仪表安装位置的图形符号

序号	安装位置	图形符号	备注	序号	安装位置	图形符号	备注
1	就地安装仪表	○		3	就地仪表盘面安装仪表	⊖	
		⊢○⊣	嵌在管道中	4	集中仪表盘后安装仪表	⊝	
2	集中仪表盘面安装仪表	⊖		5	就地仪表盘后安装仪表	⊝	

(2)字母代号:表示被测变量和仪表功能的字母代号见表 1-5-6。

表 1-5-6 被测变量及仪表功能的字母组合示例

仪表功能＼被测变量	温度	温差	压力或真空	压差	流量	流量比率	分析	密度	黏度
指示	TI	TdI	PI	PdI	FI	FfI	AI	DI	DI
指示、控制	TIC	TdIC	PIC	PdIC	FIC	FfIC	AIC	DIC	DIC
指示、报警	TIA	TdIA	PIA	PdIA	FIA	FfIA	AIA	DIA	DIA
指示、开关	TIS	TdIS	PIS	PdIS	FIS	FfIS	AIS	DIS	DIS
记录	TR	TdR	PR	PdR	FR	FfR	AR	DR	VR
记录、控制	TRC	TdRC	PRC	PdRC	FRC	FfRC	ARC	DRC	VRC
记录、报警	TRA	TdRA	PRA	PdRA	FRA	FfRA	ARA	DRA	VRA
记录、开关	TRS	TdRS	PRS	PdRS	FRS	FfRS	ARS	DRS	VRS
控制	TC	TdC	PC	PdC	FC	FfC	AC	DC	VC
控制、变速	TCT	TdCT	PCT	PdCT	FCT	—	ACT	DCT	VCT

(3)仪表位号:在检测控制系统中,构成一个回路的每个仪表(或元件)都应有自己的仪表位号。仪表位号由字母与阿拉伯数字组成。第一位字母表示被测变量,后继字母表示仪表功能,第三位或第四位数字表示装置号和仪表序号,如图 1-5-8 所示。

```
T  I - 11  01
│  │   │   │
│  │   │   └── 序号
│  │   └────── 装置号
│  └────────── 功能字母代号
└───────────── 被测变量字母代号
```

图 1-5-8 仪表位号的组成

二、设备布置图

(一)设备布置图简介

工艺流程图或施工流程图,均是根据设备在工艺流程中的次序,在同一平面上以展开的形式表示的图样。虽然该图样已将工艺流程表示得简明和清晰,但它们不能表示设备的确切位置。所以尚需按工艺要求,合理而又美观地设计出设备确切的安装位置。这种表示厂房内、外设备安置的图样,称为设备布置图。

设备布置图是设备布置设计中的主要图样,在初步设计阶段和施工图设计阶段中都要进行绘制。不同设计阶段的设备布置图,其设计深度和表示的内容各不相同,一般来说,它是在厂房建筑图上以建筑物的定位轴线或墙面、柱面等为基准,按设备的安装位置绘出设备的图形或标记,并标注其定位尺寸。需要注意的是在设备布置图中设备的图形或标注可能和在工艺流程图中的设备的图形或标注基本相仿,但在工艺流程图中只是示意,无须注意具体大小,而在设备布置图中,必须注意和建筑物绘制保持一致比例的精确的安装尺寸及设备的主要外轮廓线尺寸。

(二)设备布置图的内容

设备布置图是按正投影原理绘制,图样一般包括以下几个内容:

(1)一组视图。表示厂房建筑物基本结构和设备在厂房内外的布置情况。

(2)尺寸及标注。在图形中注写与设备布置有关的尺寸及建筑物轴线的编号、设备的位号、名称等。

(3)安装方位标。指示安装方位基准和图标。

(4)说明与附注。对设备安装有特殊要求的说明。

(5)设备一览表。列表填写设备位号、名称等。

(6)标题栏。注写图名、图号、比例(一般取1∶20或1∶100)、设计阶段及有关人员签名和日期等。

(三)设备布置图的阅读

设备布置图主要反映了两方面的知识,一是厂房建筑图的知识,二是与化工设备布置有关的知识。它与化工设备图不同,阅读设备布置图不需要对设备的零件投影进行分析,也不需要对设备定形尺寸进行分析,它主要是确定设备与建筑物结构,设备间的定位问题。阅读设备布置图的步骤应从以下几方面考虑。

(1)明确视图关系。

设备布置图由一组平面图和剖视图组成,这些图样又不一定布置在一张图纸上,看图时要首先清点设备布置图的张数,明确每张图纸上平面图和立面图的配置,进一步分析各立面剖视图在平面图上的剖切位置,弄清各个视图之间的关系。

(2)看懂建筑结构。

阅读设备布置图中的建筑结构主要是在平面图、立面图中,分析建筑物的层次,了解各层厂房建筑的标高以及每层楼板、墙、柱、梁、楼梯、门、窗和操作平台、坑、沟等的结构情况。它们之间的相互位置。由厂房的定位轴线间距可得知厂房的大小。

(3)分析设备位置。

> JAE001 设备布置图基础知识

从设备一览表中,可以了解到有多少种设备、设备的名称和位号、数量等。从平面图、立面图中分析设备与建筑结构,设备与设备的相对位置,设备的标高。看图的方法是根据设备在平面图和立面图中的投影关系和设备的位号,明确其定位尺寸,即在平面图中查阅设备的平面定位尺寸,在立面图中查阅设备高度方向的定位尺寸。平面定位尺寸的基准一般是建筑定位轴线,高度方向的定位尺寸基准一般是厂房室内地面,从而确定了设备与建筑结构、设备间的相互位置。

三、管道布置图

管道布置图又称为管道安装图或配管图,它通常以工艺仪表及管道流程图、设备布置图、有关的设备图,以及土建图、自控仪表、电气专业等有关图样和资料作为依据,由工艺设计人员在设备布置图上添加管道及其他附件、自控仪表、电器等的图形或标记而构成的。

管道布置图是指导设备和管道安装的技术资料,所以它的内容必须详尽,才能满足管道安装的要求。

(一)管道布置图的内容

目前,管道布置图在我国的管道布置设计中是应用较多的一种图样,是装置安装、施工中的重要依据。图样一般包括如下内容:

(1)一组视图,按正投影原理,画一组平面图、立面制视图,表示整个装置的设备、建(构)筑的简单轮廓以及管道、管件、门、仪表控制点等的布置安装情况。

(2)尺寸和标注,注出管道及有些管件、阀门、控制点等的平面位置尺寸和标高,对建筑轴线编号、设备位号、管段序号,控制点代号等进行标注。

(3)分区简图,表明装置分区的简单情况。

(4)方位标,表示管道安装的方位基准(即是装置建北图标)。

(5)标题栏,注写图名、图号、设计阶段及有关人员签名和日期等。

(二)管道及附件的规定表示法

(1)管道。管道是管道布置图的主要表示内容,为突出管道,主要物料管道采用粗实线单线画出,其他管道用中粗实线画出。对于大直径或重要管道,可以用中粗实线双线绘制。管道三视图的表达方法和管道规定符号见表1-5-7。

表1-5-7 管路及附件的规定符号

名称		单线	双线	空视	说明
管子	法兰连接				管子在图中只需画出一段时,在中断处画出断裂符号; 管子连接形式的画线如右图
	承插连接				
	螺纹连接				
	焊接				
管子转折		向下		向上	
	主视				
	俯视			或 或 或	
	空视				

续表

名称		单线	双线	空视	说明
管子交叉		(a)	(b)		当管子交叉投影重合时,可把被遮住的管子投影断开,如(a),也可将上面管子的投影断裂表示,使可以看见下面的管子
管子重叠		(a) (c)	或 (b)		管子投影重叠时,将上面(或前面)管子的投影断裂表示,下面的管子投影画至重影处稍留间隙断开,如(a)。多根管子投影重叠时,可将最上(或最前)的一条用"双重断裂"符号表示,也可以投影断开处注上 a、a、b、b 等字样,如(b),或分别注出管子代号。管子转折后投影重叠时,将下面的管子画到重影处稍留间隔,如(c)
三通	主视				
	俯视				
	空视				
四通	主视				
	俯视				
	空视				
异径管		同心	偏心		
	主视				
	空视				

续表

名称		单线	双线	空视	说明
U形弯头	主视				
	俯视				
	空视				

(2)管件。管道中除管子外,还有许多其他构件,如短管、弯头、三通、异径管、法兰、盲板等管道附件,简称管件。管道中的管件一般都不画其真实投影,而用简单的图形和符号表示。其规定符号见表1-5-8。

表1-5-8　管件的规定符号

序号	名称	符号	序号	名称		符号
1.1	弯头(管)		1.6	内外螺纹接头		
1.2	三通		1.7	同心异径管接头		
1.3	四通		1.8	偏心异径管接头	同底	
1.4	活接头				同顶	
1.5	外接头		1.9	双承插管接头		
			1.10	快换接头		

(3)阀门。阀门在管道中用来调节流量、切断或切换管道以及对管道起安全、控制作用。管道中的阀门也是用简单的图形和符号表示的,其规定符号与工艺流程图的画法相同。

(4)控制点。管道上的仪表控制点用细实线按规定符号画出,一般画在能清晰表示其安装位置的视图上。其规定符号与工艺流程图中的画法相同。

(5)支架。管道支架是用来支承和固定管道的,其位置一般在管道平面布置图上用符号表示,其画法国家标准已做出规定(参见《石油化工装置工艺管道安装设计施工图册有关标准》)。

非标准管架应另行提供管架图。管架配置比较复杂时,也可单独绘制管架布置图。

(三)管道布置图识读

管道布置图主要是读懂管道布置平面图和剖面图。通过对管道布置平面图的识读,应了解和掌握以下内容:

(1)所表达的厂房各层楼面或平台的平面布置及定位尺寸,厂房各层楼面或平台的立面结构及标高。

(2)设备的平面布置、定位尺寸及设备的编号和名称。设备的立面布置、标高及设备的编号和名称。

(3)管道的平面布置、定位尺寸、编号、规格和介质流向。管道的立面布置、标高及编号、规格、介质流向等。

(4)管件、管架、门及仪表控制点等的种类及平面位置。管件、阀门及仪表控制点立面布置和高度位置。

由于管道布置图是根据工艺管道及仪表流程图、设备布置图设计绘制的,因此阅读管道布置图之前应首先读懂相应的工艺管道及仪表流程图和设备布置图。

四、化工设备图

(一)化工设备图的基本内容

化工设备图除了具有一般机械装配图相同的内容(一组视图、必要的尺寸、技术要求、明细表及标题栏)外,还有技术特性表、接管表、修改表、选用表以及图纸目录等内容,以满足化工设备图样特定的技术要求及严格的图样管理需要。

(二)化工设备图的视图特点

化工设备图的视图特点,主要反映了化工设备的结构特点。

(1)壳体以回转形为主。化工设备的壳体,主要由筒体和封头两部分组成(如各种容器、换热器、精馏塔等),通常选择两个基本视图表示。对较长(或较高)的设备,在一定长(或高度)方向上的形状结构相同,或者按规律变化或重复时,可采用断开或分段(层)的画法。

(2)尺寸相差悬殊。化工设备的总体尺寸与设备的某些局部结构(如容器的壁厚管口等)的尺寸,往往相差悬殊。在绘制过程中,大的尺寸可按比例绘制,而小的尺寸若按比例绘制,将无法绘制或区分,这时可采用夸大的方法绘制壁厚等小的尺寸,其中剖面符号允许用涂色的方法表示。

(3)有较多的开孔和接管。根据化工生产的需要(如物料的进出,仪表的装接等),容器类设备上往往有较多的开孔和接管,绘制时尤其要注意接管的安装位置,接管上的法兰、管壁等小尺寸部件则可采用夸大画法或局部放大画法(图1-5-9)。对设备图中开孔和接管要有详细的标注,并配置管口方位图(图1-5-10)。

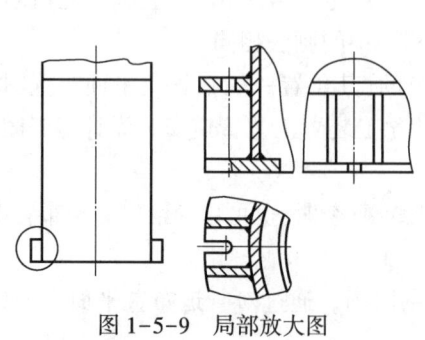

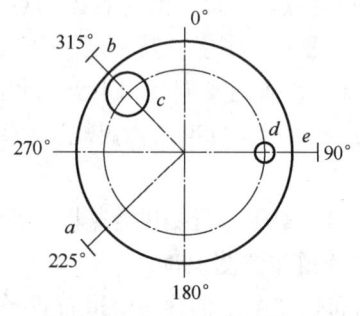

图1-5-9 局部放大图

图1-5-10 管口方位图示例

(4)大量采用焊接结构。化工设备各部分连接零件的安装,多采用焊接的方式(如接管和筒体、封头和筒体等),需要注意绘出各种焊接情况,必要时需局部放大。

(5)广泛采用标准化、通用化及系列化的零部件。对于标准化的零部件,可采用通用的简化画法,一般画出主要轮廓线即可,详细说明在明细栏中标明。

(三)化工设备图的简化表示法

在绘制化工设备图时,为了减少一些不必要的绘图工作量,提高绘图效率,在既不影响视图正确、清晰地表示结构形状,又不致使读图者产生误解的前提下,大量地采用了各种简化画法。

(1)标准零部件。一些标准化零部件已有标准图,它们在化工设备图中不必详细画出,可按比例画出反映其特征外形的简图,而在明细表中注写其名称、规格、标准号等。

(2)外购部件。在化工设备图中,可以只画其外形轮廓简图,但要求在明细表中注写名称、规格、主要性能参数和"外购"字样等。

(3)对于已有零部件图、局部放大图及规定记号的零部件,可以采用单线条(粗实线)示意画法。

(4)液面计。可用点划线表示,并用粗实线画出"+"符号表示其安装位置,但要求在明细表中注明液面计的名称、规格、数量及标准号等。

(5)设备中出现有规律分布的重复结构允许作如下简化表示:

① 螺纹连接件组,可不画出这组零件的投影,只用点划线表示其连接位置,但在明细表中应注写其名称、标准号、数量及材料。

② 按一定规律排列的管束,可只画一根,其余的用点划线表示其安装位置。

③ 按一定规律排列,并且孔径相同的孔板(如换热器中的管板、折流板、塔器中的塔板等),可按排列的规定表示出孔的中心位置和钻孔范围仅画数个孔,但需标注孔径、孔数及孔的定位尺寸。

④ 设备(主要是塔器)中规格、材质和堆放方法相同的填料,如各类环(瓷环、玻璃环、铸石环、钢环及塑料环等)、卵石、塑料球、波纹瓷盘及木格子等,均可在堆放范围内用交叉细实线示意图表示,必要时可用局部剖视表示其细部结构,木格子填料还可用示意图表示各层次的填放方法。

(四)化工设备图的尺寸标注特点

化工设备图的尺寸标注,与一般机械装配图基本相同,需要标注一组必要的尺寸,反映设备的大小规格、装配关系、主要零部件的结构形状及设备的安装定位,以满足化工设备制造、安装、检验的需要。与一般机械装配图比较,化工设备图的尺寸数量稍多,有的尺寸较大,尺寸精度要求较低,轴向尺寸常常采用链式标注法,并允许标注成封闭尺寸链。

JAE003 化工设备图尺寸标注方法

化工设备图的尺寸标注,首先应正确地选择尺寸基准,然后从尺寸基准出发,完整、清晰、合理地标注上述各类尺寸。

化工设备的尺寸基准选择较为简单,一般以设备壳体轴线作为径向基准,以设备筒体和封头的环焊缝或设备法兰的端面以及支座的底面等为轴向基准。

(五)读化工设备图的方法和步骤

阅读化工设备图,一般可按下列方法和步骤进行:

GAE004 化工设备图表示方法

(1)概括了解：

① 看标题栏。通过标题栏，了解设备名称、规格、材料、质量、绘图比例等内容。

② 看明细栏、接管表、技术特性表及技术要求等。了解各零部件和接管的名称、数量；对照零部件序号和管口符号在设备图上查找到其所在位置，了解设备在设计、施工方面的要求。

③ 对视图进行分析。了解表达设备所采用的视图、数量和表达方法，找出各视图、剖视等的位置及各自的表达重点。

(2)视图分析。从设备图的主视图入手，结合其他基本视图，详细了解设备的装配关系、形状、结构、各接管及零部件方位，并结合辅助视图，了解各局部相应部位的形状、结构的细节。

(3)按明细表中的序号，将零部件逐一从视图中找出。了解其主要结构形状、尺寸以及与主体或其他零部件的装配关系。对组合体应从其部件装配图中了解其结构。

(4)设备分析。通过对识图和零部件的分析，设备的整体结构全面了解，并结合有关技术资料，进一步了解设备的结构特点、工作原理和操作过程等内容。

模块六　安全环保基础知识

项目一　清洁文明生产的相关知识

一、概述

清洁生产是指在生产过程、产品寿命和服务领域持续地应用整体预防的环境保护战略,提高生态效率,减少对人类和环境的危害。清洁生产的核心是源头治理。清洁生产体现了污染预防为主的方针,实现经济、环境效益统一,对产品生产过程采用预防污染,减少废物产生。

> CAF001　清洁生产的定义

"清洁生产促进法"是调整和规范生产要素、生产环境条件,保障清洁生产的法律。其立法宗旨是为了提高资源利用效率,减少和避免污染物的产生,保护和改善环境,保障人体健康,促进经济与社会可持续发展。

二、清洁生产的理论基础及内容

清洁生产涵盖了深厚的理论基础,但其实质是最优化理论。目前清洁生产审计中应用的理论主要是物料平衡和能量守恒原理。清洁生产从本质上来说,就是对生产过程与产品采取整体预防的环境策略,减少或者消除它们对人类及环境的可能危害,同时充分满足人类需要,使社会经济效益最大化的一种生产模式。清洁生产的目标之一是通过资源的综合利用、短缺资源的代用、二次能源的利用,以及节能、降耗、节水,合理利用自然资源,减缓资源的耗竭。

> ZAF001　清洁生产的理论基础

> CAF002　清洁生产的内容

清洁生产的内容包括清洁的能源、清洁的生产过程、清洁的产品、清洁的服务。清洁生产的目的是提高资源利用效率,减少和避免污染物的产生,保护和改善环境,保障人体健康。清洁生产的重点环节是节能降耗减污。

> GAF001　清洁生产的重点

三、清洁生产实施

企业在进行技术改造过程中的清洁生产措施主要有:

(1)采用无毒、无害或者低毒、低害的原料,替代毒性大、危害严重的原料。

(2)采用资源利用率高、污染物产生量少的工艺和设备,替代资源利用率低、污染物产生量多的工艺和设备。

> GAF002　清洁生产的措施

(3)对生产过程中产生的废物、废水和余热等进行综合利用或者循环使用。

(4)采用能够达到国家或者地方规定的污染物排放标准和污染物排放总量控制指标的污染防治技术。

四、清洁生产审核范围

污染物排放超过国家和地方规定的排放标准或者超过经有关地方人民政府核定的污染物排放总量控制指标的企业，应当实施清洁生产审核。使用有毒、有害原料进行生产或者在生产中排放有毒、有害物质的企业，应当定期实施清洁生产审核，并将审核结果报告所在地的县级以上地方人民政府环境保护行政主管部门和经济贸易行政主管部门。

清洁生产审核的目的：通过清洁生产审计判定生产过程中不合理的废物流和物耗、能耗部位，进而分析原因，提出削减的可行方案并组织实施，从而减少废弃物的产生和排放，达到实现本轮清洁生产目标。

清洁生产审核的对象是企业（组织）。农业、工业、餐饮业、娱乐业都适用于清洁生产审核。企业在开发长期的清洁生产战略计划时，要有步骤地实施清洁生产方案以实现清洁生产的目标；对职工进行清洁生产的教育和培训；进行产品全生命周期分析；进行产品生态设计；研究清洁生产的替代技术。进行企业清洁生产审核是推行企业清洁生产的关键和核心。在编制清洁生产方案产生和筛选时，企业针对废弃物产生原因，产生相应的方案并进行筛选，编制企业清洁生产中期审核报告的阶段。

项目二　环境污染物的治理

一、环境保护

（一）概述

环境是指影响人类生存和发展的各种天然的和经过人工改造的自然因素的总体，包括大气、水、海洋、土地、矿藏、森林、草原、野生生物、自然遗迹、人文遗迹、自然保护区、风景名胜区、城市和乡村等。

《中华人民共和国环境保护法》是调整因开发、利用、保护和改善人类环境而产生的社会关系的法律。建设对环境产生污染的项目，必须遵守国家有关环境保护管理的规定。建设单位必须保护和改善生活环境与生态环境，防治污染和其他公害，保障人体，促进社会主义现代化建设的发展。征收排污费的目的是促进企事业单位加强经营管理、防治污染、改善环境。

（二）环境污染

环境污染是指由于某种物质或能量的介入，使环境质量恶化的现象。环境污染的类型按污染物的分布范围，可分为全球性污染、区域性污染、局部性污染。环境污染的类型按环境要素可分为大气污染、水体污染和土壤污染。环境污染的类型按污染的性质可分为生物污染、化学污染和物理污染。当前，我国主要的环境问题是环境污染和生态破坏。按污染物的形态可分为废气污染、废水污染、固体废物污染以及噪声污染、辐射污染。大气污染的特点是由污染源排放的污染物经扩散形成的。无污染能源包括太阳能、风能、生物能。环境保护法中的环境包括大气、海洋、森林。

（三）环境保护

工业"三废"是指废水、废气、废渣。《中华人民共和国水污染防治法》1984年11月1日开始生效。《中华人民共和国大气污染防治法》1988年6月1日开始实施。污染物排放标准是污染源规定的最高允许排污限额。

危险废物指具有腐蚀性、急性毒性、浸出毒性、反应性、传染性、放射性等一种及一种以上危害特性的废物。或指列入国家危险废物名录、国家规定的危险废物鉴别标准、鉴别方法认定的具有危险特性的废物。

环境监测的作用是间断或连续地测定环境中污染物的浓度,观察和分析其变化对环境影响的过程。环境影响评价是一项决定项目能否进行的具有强制性的法律制度。

二、污染物来源

污染物是指进入环境后使环境的正常组成和性质发生直接或间接有害于人类的变化的物质。这些物质有自然界释放的;也有人类生产、生活活动中产生的,如废气、废水、废渣。

(一)石油化工行业污染物来源

(1)来自原料(原油)。有些污染物是原料中已有的,如硫,以化合物态存在,在加工过程中,通常以杂质态被清除,产生众多硫的污染物。

(2)来自各种使用后的化工辅料。

(3)来自产品或半成品。

(4)来自加工成品过程中产生的新的污染物质。

[CAF003 石化行业污染的来源]

(二)污染途径

石油化工行业的污染物主要以废水、废气、噪声和固体废物的形式进入环境,进而对环境产生污染。

(1)废水。石油化工行业的废水排放量较大,其主要污染物为石油类、有机物、硫化物、酸、碱、富营养物等。

[CAF004 石化行业污染的途径]

(2)废气。石油化工行业的废气主要来自于燃料燃烧和工艺过程,其主要污染物为硫化氢、二氧化硫、氧化物等。

(3)噪声。石油化工行业的噪声主要来自于大功率的机械设备、物料的反应和轴送、生产异常情况下的放空等。

(4)固体废物。石油化工行业的固体废物主要来源于生产过程产生的固体废物,如原料生产后产生的固体废物、废催化剂、添加剂等;非生产性的固体废物,如办公室、仓库、维修单位、实验室等排出的废弃物以及建筑垃圾等;"三废"处理过程排出的固体废物,如污水处理产生的污泥和废气处理收集的粉尘等。

(三)污染物的污染特点

石油化工行业污染的特点可归纳为下列几个方面:

(1)危害大,毒性大。有刺激或腐蚀性,能直接损害人体健康,腐蚀金属、建筑物,污染土壤、森林及河流、湖泊等。

(2)污染物种类多。污染物种类繁多,既有酸类,又有碱类;既有无机类,也有有机类;既有气体的,也有液体或固体的。

[CAF005 石化行业污染的特点]

(3)污染后恢复困难。受污染的环境要恢复到原来状态,需要很长时间。即便停止排放并清除了污染物,生物的污染也极难消除。

改革生产工艺是控制化工污染的主要方法,包括改革工艺、改变流程、选用新型催化剂等。

三、废水治理

工业废水在厂内处理,使水质达到排放水体或接入城市雨水管道或灌溉农田的要求后直接排放。一般废水治理的方法有物理法、化学法和生物化学法等。工业废水处理中最常用的物理法是活性炭和树脂吸附剂。工业废水化学处理法有中和、化学沉淀、氧化还原。工业废水的生物处理法包括好氧法、厌氧法。

(一)含油污水处理

含油污水的处理工艺有很多种,但几乎所有处理工艺都要先经过隔油和浮选等工序,再进行生化处理,如图 1-6-1 所示。

含油污水 → 均质调节 → 隔油 → 浮选 → 生化

图 1-6-1　含油污水处理示意图

(二)含硫污水处理

含硫污水在进行生化处理之前须首先经过脱硫,同时由于含硫污水中油含量仍比较高因此还要经过隔油和浮选,最后也需要进行生化处理,如图 1-6-2 所示。

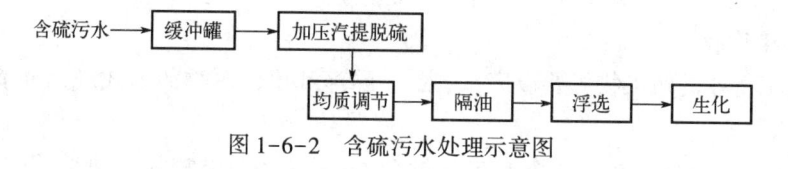

含硫污水 → 缓冲罐 → 加压汽提脱硫 → 均质调节 → 隔油 → 浮选 → 生化

图 1-6-2　含硫污水处理示意图

(三)一般废水的生化处理

石油化工行业除了排放大量的含油、含硫废水外,还要排放大量的其他废水。目前废水处理的工艺很多,主要是传统的活性污泥法处理工艺,如图 1-6-3 所示。

一般废水 → 均质调节 → 曝气 → 二沉池 → 排放或回用

图 1-6-3　一般废水的生化处理示意图

四、废气治理

石化生产过程中排出的废气的控制方法包括吸收法、吸附法、静电法、燃烧法等。炼化企业气态污染物治理的主要对象包括甲苯、硫化氢、二氧化硫、有机废气等。苯、甲醇、乙醚可以作为吸收剂用于吸收有机气体。可直接用碱液吸收处理的废气是二氧化硫。一般粉尘粒径在 20μm 以上可选用离心集尘装置。

(一)吸附法

吸附法是使废气通过某些特定的多孔性固体吸附剂,废气中的有害气体或蒸汽吸附到吸附剂表面,从而使废气得到净化。吸附法一般适用于混合物(气体)低浓度的废气治理。工业装置中的吸附剂一般都需要循环使用,因此,吸附剂饱和后要进行解吸操作,使已被吸附的组分从吸附剂中析出。工业上常用的解吸方法有:升温解吸、变压解吸、置换解吸、吹扫解吸,在实际生产中常常是这几种方法结合使用。

(二)物理吸收法

物理吸收法是利用废气中各组分在吸收液中溶解能力不同的原理,使含有害物质的废气与吸收液接触,有害物质被吸收液所吸收,从而使废气得到净化。加压、冷却可使气体在吸收液中的溶解度增加,有利于吸收过程。选择废气吸收液的条件是:对被吸收的污染物气体的溶解度大;蒸气压和比热容小;化学稳定性好且没有严重的腐蚀性、起泡性;黏度不太大,价廉易得。

(三)化学吸收法

化学吸收法是气体组分与吸收液中的组分发生化学反应,使废气达到净化。化学吸收法常用来精制气体,尤其是用来处理含微量难溶杂质的气体。化学吸收法的缺点是解吸困难,常常不得不用化学方法来解吸。这种方法适用于选择性要求高,回收率高,而非一般物理吸收所能实现的过程。如用碱液吸收气体中的 SO_2、CO_2、H_2S,用各种酸溶液吸收 NH_3 以及用胺类溶液吸收 H_2S 等。

ZAF003 废气治理的常识

从控制大气污染的角度看,用吸收法净化气态污染物,不仅是减少或消除气态污染物向大气排放的重要途径,而且还能将污染物转化为有用的产品。例如,用吸收法净化石油炼制尾气中硫化氢的同时,还可回收有用的硫元素。

五、固体废物的处理

石油化工生产过程中,除产生大量的废水、废气外,还产生大量的固体废物。由于固体废物中不但含有大量矿物原料,还含有各种金属、化学物质和热值,甚至可能富集着自然界中极为分散的某些元素。因此,固体废物的治理要遵循"三化"原则,即资源化、减量化、无害化的原则,优先考虑综合利用。

固体废物的处理一般采用焚烧、固化、陆地填埋等方法。通常在进行处理前要对固体废物进行预处理,就是将固体废物粉碎或磨细,有的固体废物还要压实成型后再处理,这样可使固体废物后续处理比较容易。对特殊化学品可用汽提、蒸馏、吸收、抽提等方法回收利用。对金属、玻璃和塑料等固体物质可用手拣、磁选、筛选、浮选、电选等方法予以分离。污泥和废金属在加工处理前往往需要进行干燥(压滤),废金属如含水分时,在高温炉内加工回收时要防止发生爆炸。

(一)焚烧法

许多固体废物含有潜在的能量,可通过焚烧回收利用。国内外广泛采用焚烧法来处理可燃性固体废物。许多固体废物通过氧化和燃烧可使其中的有害物转化为二氧化碳、水和灰分,体积一般可减少80%~90%;一些有害固体废物通过燃烧可以破坏其组织结构或杀灭病原菌,达到解毒、除害的目的。但应避免产生二次污染,对燃烧生成的污染物质,必须采用相应的处理措施。焚烧法的优点是可以处理各种不同性质的废物,焚烧后残渣量极少,便于填埋处理。这种方法常作为固体废物的最终处理方法。

(二)固化有害物质法

对工业废物进行填埋时采用"化学固定"的预处理。废物固化是用物理—化学的方法将有害废物掺合并包容在密实的惰性基材中,使其稳定化的一种过程。固化技术可按固化剂的不同分为水泥固化、沥青固化、塑料固化、玻璃固化和石灰固化等。目前,固化技术已应用于处理多种有毒有害废物,如:放射性废物、电污泥、冲渣、汞渣、氯渣、铬渣和镉渣等固体废物。

> ZAF004 废渣处理的常识

(三)陆地填埋法

将固体废物埋入土中夯实,通过微生物长期的分解作用使其进行生物降解。被处理的固体废物一般是惰性固体物质或是能被微生物降解的无害化合物。通常采用这种方法处理含有烷烃的固体废物。此种方法的缺点是渗滤液可能污染地下水,而气体的积累则可能造成火灾或爆炸。

此外,固体废物还可以用空气氧化法、热解法等方法处理。

六、噪声污染的处理

(一)噪声及其危害

通常把干扰人们休息、学习、工作的声音,即不需要的声音,统称为噪声。从时间特性上来分,噪声可分为稳态噪声和瞬态噪声。间断的噪声如果持续时间较短(小于1s)则称为脉冲噪声。

噪声对人的生理影响很大,噪声级超过50dB就会影响睡眠和休息;70dB以上就会干扰谈话,造成心烦意乱,精神不集中,降低工作效率;长期工作或生活在90dB以上的噪声环境中,会严重影响听力和导致其他疾病的发生。噪声来源于人类生存的环境中,所以也叫环境噪声。环境噪声是指在工业生产、建筑施工、交通运输和社会生活中所产生的干扰周围生活环境的声音。

> JAF002 防噪声的技术措施

环境噪声污染是指所产生的环境噪声超过国家规定的环境噪声排放标准,并干扰他人正常生活、工作和学习的现象。当噪声超过规定标准时,对人的危害很大,已列为公害。实验表明,噪声危害人的听力,轻则高频听力损伤,重则鼓膜破裂导致耳聋。听力损失,一种是暂时性的,一种是永久性的。暂时性即听觉疲劳,当脱离噪声后,经过一段时间休息即可恢复。长时间暴露在强烈的噪声中,听力只可能有部分的恢复,不能恢复的听力损伤,就是永久性听力障碍,即噪声性耳聋。噪声还可引起神经系统的疾病,统称为神经衰弱综合症群,最广泛的反应是使人心烦意乱,并表现有头痛、头晕、乏力、记忆力减退、恶心、心悸等症状。噪声对心血管系统也可产生不良影响,使心脏跳动加快、心律失常、血管收缩、动脉压不稳定;另外,还会导致消化机能减退,造成消化不良、食欲减退等反应;对睡眠等其他方面也有明显的影响和危害。

(二)噪声的防治

控制噪声最根本的办法是从声源上来解决问题,即控制噪声声源。用无噪声或低噪声的工艺设备替代高噪声的工艺和设备。如提高工艺的加工精度,避免过大的摩擦和振动等。在许多情况下,由于技术或经济上的原因,直接从声源上治理噪声往往是不可能的,这就需要在噪声传播的途径上采取吸声、消声、隔声、隔振、阻尼等几种常用的噪声控制技术。

(1)吸声法。利用吸声材料或吸声结构来吸收声能。吸声材料是一些多孔透气的材料,如玻璃棉、矿渣棉、毛毡、泡沫塑料、吸声砖、木丝板等。

(2)消声法。主要是利用消声器来防止空气动力性噪声的传播。消声器是阻止或减弱噪声传播而允许气流通过的消声装置。

(3)隔声法。这种方法是把发声的物体或需要安静的场所封闭在一个小空间中,使它与周围环境隔绝。典型的隔声措施是用隔声罩、隔声间、隔声屏,将空气中传播的噪声挡住、隔开。

(4)隔振与阻尼。在机器基座与其他结构之间铺设具有一定弹性的软材料,如橡胶板、软木、毛毡、纤维板等,防止机械基座与其他结构的刚性连接。当振动由基座传至隔振垫层时,这些柔韧材料中的分子或纤维之间产生摩擦而将部分振动能量转换成热能消耗掉,起到隔振减噪的作用。

JAF003 防噪声的管理措施

项目三 职业卫生健康

一、职业病

(一)职业病的概念

职业病是指企业、事业单位和个体经济组织的劳动者在职业活动中,因接触粉尘、放射性物质和其他有毒有害等因素而引起的疾病。通常所说的职业病是由国家有关主管部门明文规定的职业病,又称法定职业病。

(二)职业病的种类

按照《职业病分类和目录》,职业病共分为 10 大类 132 种,包括职业性尘肺病及其他呼吸系统疾病(19 种)、职业性放射性疾病(11 种)、职业性化学中毒(60 种)、物理因素所致职业病(7 种)、职业性皮肤病(9 种)、职业性眼病(3 种)、职业性耳鼻喉口腔疾病(4 种)、职业性传染病(5 种)、职业性肿瘤(11 种)、其他职业病(3 种)。

ZAF005 职业病的种类

与石油化工行业生产密切相关的国家规定的职业病有:职业中毒、尘肺、职业性皮肤病、电光性眼炎、噪声性听力损伤、振动性疾病、放射性疾病等。

法定职业病的诊断、确诊、报告等必须按《中华人民共和国职业病防治法》的有关规定执行。

二、工作场所中常见的职业病危害因素

在生产劳动过程中,因生产需要或伴随生产而产生的,能直接或间接地危害从业人员身体健康的因素,统称为职业病危害因素。

职业病危害因素大致可分:生产过程产生的危害因素、劳动过程中的有害因素、生产环境中的有害因素三大类。这里只简要介绍生产过程产生的化学性因素、物理性因素、生物性因素,以及劳动过程中的有害因素。

(1)化学性因素。化学性因素包括生产性毒物、刺激性和致敏性物质、粉尘。

(2)物理性因素。物理性因素包括异常气象条件、电磁辐射、电离辐射、噪声及超声、振动以及空气离子与空调作业等。

ZAF006 职业病危害因素

(3)生物性因素。石油化工行业的某些职业(工种)经常密切接触的病原微生物或寄生虫等病原体,称为生物性有害因素。接触或处理动物、动物尸体、皮革以及破烂陈旧污染物

品时,可引起布氏杆菌病、炭疽等疾病发生;在林区工作可能患森林脑炎;在湿地带野外工作可能患端螺旋体病。

(4)劳动过程中的有害因素。除上述三种与生产过程有关的危害因素外,还有与劳动过程有关的以下危害因素。

① 由于作业时间过长、作业强度过大、劳动制度和劳动组织安排不合理而造成过重负担的体力劳动,可引起身体各部位的肌肉、肌腱、骨骼、关节乃至内脏器官的损伤或疾病,在搬运重物、长期保持紧张和采取极不自然的作业姿势或强迫体位等,可使腰部承受过度负担而引起腰痛或腿痛等。

② 脑力劳动过度紧张可引起失眠、神经衰弱等全身性疾病。

③ 使用手指及上肢频繁紧张动作形成过度负担时,可引起手指痉挛,手指及前腕的肌腱、腱鞘或周围发炎,并可引起"肩、颈、综合征"等局部病症。

④ 劳动者从事与其身体状况不相适宜的工作时,可影响健康。

三、职业中毒

职业中毒是国家规定的职业病中的一类,它是由化学职业危害因素引起的一类职业。职业中毒是指在生产过程中使用的有毒物质或有毒产品,以及生产中产生的有毒废气、废液、废渣引起的中毒,是石油化工行业生产中的主要职业危害。

(一)生产性毒物的存在状态

生产过程中生产或使用的有毒物质称为生产性毒物。在生产过程中,生产性毒物可以以原料、中间体、辅助材料、成品、副产品与废弃物等形式出现。有些毒物在某些车间以原料出现,如在合成聚氯乙烯车间,氯乙烯是原料,但在氯乙烯生产车间,它却是成品。

生产性毒物可以以固体(如氰化钠)、液体(如汽油、苯等)、气体(如氯气、硫化氢、一氧化碳、二氧化硫等)、蒸气(如苯胺蒸气)、粉尘(如三硝基甲苯粉尘)、烟(如熔炼时产生的铅烟)和雾(硫酸雾)等不同状态存在。粉尘、烟和雾的区别在于粒子大小及存在的物理状态。粉尘的粒子直径多为 $0.1\sim10\mu m$ 的固体;烟为直径小于 $0.1\mu m$ 的固体粒子。通常根据粒子大小称粉尘为飘尘,称烟为烟尘。雾则为液体微滴,又称雾滴,如盐酸、浓硫酸等挥发出来的气体遇空气中的水分而生成悬浮在空气中的微小液滴称为有毒雾滴。在气体分散相中,粉尘、烟、雾三者统称为气溶胶,虽然不是气体,但也易进入人的呼吸系统,危害人体健康。

(二)职业中毒的分类

在一定条件下,生产性毒物可引起职业中毒。常见的职业中毒按化学物质的种类、用途和毒性作用,可分为:铅、汞、锰、镉、铬等金属中毒;氨、氯、二氧化硫、二氧化氮、光气、硫酸二甲酯、臭氧等刺激性气体中毒;硫化氢、一氧化碳、氯化物、二氧化碳等窒息性气体中毒;醇类、酯类、芳烃等有机溶剂中毒;苯的氨基、硝基化合物中毒。职业中毒还可以按中毒症状出现的快慢分为急性中毒、慢性中毒和亚急性中毒三类。

> CAF006 职业中毒的种类

(三)急性中毒的概念

进入人体能产生有害作用的化学物质叫"毒物",毒物对有机体的有害作用叫"中毒"。毒物一般可以通过呼吸道、消化道和皮肤三个途径侵入人体。

低浓度的毒物,长期作用于人体所发生的病变称为慢性中毒。引起慢性中毒的毒物绝大部分具有蓄积作用。往往在接触毒物后,数月或数年才逐渐出现临床症状。

在短时间内,大量毒物迅速进入人体后所发生的病变称急性中毒。在对急性中毒进行诊断时一定要注意毒物接触史,注意与内科疾病鉴别诊断,暂时难以肯定的急性中毒,可按可能性最大的诊断进行抢救,不可延迟治疗。

亚急性中毒介于急性中毒和慢性中毒之间。

在决定职业中毒的三要素(毒物、机体与环境)中,毒物无疑是最重要的因素,当毒物因素固定时,是否发生中毒,则取决于个人机体因素(个人年龄和身体健康状况等),同时,除毒物以外的温度、湿度和气压等环境因素仅起次要作用。毒物的毒性取决于其理化性质,相对分子质量、沸点、分散度、溶解度和挥发度是影响毒性的重要因素,而化合物的理化特性又取决于其化学结构,因而毒物的毒性最终取决于其化学结构。如沸点越低,毒性越大;在芳烃化合物同系物中,一般随碳原子数增加,其毒性增大;在碳氢化合物中,直链化合物的毒性比支链化合物的毒性大,碳链上的氢原子被卤族元素取代时,毒性增大,取代得越多,毒性越大;在芳香烃化合物中,苯环上的氢原子被氯、甲基或乙基取代,毒性相应减弱,而刺激性增加;当苯环中的氢被氨基或硝基取代时,其毒性增大;如果在苯环中有两个基团时,对位的毒性比邻位的毒性大,邻位的比间位的大;当苯环中的氢原子被羧基(—COOH)取代时,其毒性明显减弱。

毒物的最高容许浓度是指毒物作业点的有毒物质浓度不应超过的数值。它是在目前医学水平上认为对人体不会产生中毒反应的限量浓度,是通过动物试验和临床观察及长期的卫生学等系统研究而制定的。在《工作场所有害因素职业接触限值》中,可查阅 30 种化学物的 339 项接触限值,47 类粉尘的 70 项接触限值,以及 1 类生物因素和 9 类物理因素的接触限值。工作场所空气中有毒物质容许浓度,包括时间加权平均容许浓度(8h)、最高容许浓度(指在一个工作日内任何时间都不应超过的浓度)、短时间接触容许浓度(5min),都是以每立方米空气中含毒物的毫克数表示,单位是 mg/m^3。

(四)急性中毒的现场抢救措施

发生急性中毒事故,应立即将中毒者送医院急救。护送者要向院方提供中毒原因、毒物名称等,如化学物不明,则应带该物料及呕吐物的样品,供医院及时检测。如不能立即到达医院时,可进行急性中毒的现场自救。

(1)吸入中毒者,应消除毒物的继续作用,迅速将患者脱离中毒现场,向上风向转移至空气新鲜处。松开衣领、裤带,保证呼吸畅通,有条件的要进行输氧,清除患者身体各部的毒物,检查病情。移动时要冷静,注意安全和保暖。

(2)口服中毒者,如为非腐蚀性物质,应立即采用催吐方法,使毒物吐出。现场可用自己的中指、食指刺激、压舌根的方法催吐,也可由旁人用羽毛或筷子一端扎上棉花刺激咽喉催吐,催吐时使中毒者尽量低头、身体向前弯曲,使呕吐物不呛肺部。误服强酸、强碱,催吐后反而使食道、咽部再次受到严重损伤,可服牛奶、蛋清等。另外,对失去知觉者,呕吐物会吸入肺部;误服石油类物品,易使肺部引起肺炎。但是,有抽搐、呼吸困难,神志不清或吸气时有吼声者均不能催吐。

(3)患者呼吸困难时,应立即输氧;患者停止呼吸时,应立即进行人工呼吸。

(4)严重中毒昏迷不醒、心跳骤停时,应立即做胸外挤压术,每分钟挤压60~70次,挤压时不可用力过大,以防肋骨骨折。可同时进行人工呼吸或输氧。

(5)清除污染,防止毒物继续侵入人体。用大量清水冲洗皮肤的污染物,清除衣服上的毒物。如果有化学烧伤,在用大量清水冲洗(注意保暖)后,酸烧伤时用5%碳酸氢钠溶液冲洗,碱烧伤时用2%酸溶液冲洗。头面部受污染时,首先注意眼睛的冲洗。如眼内有毒物溅入时,应用大量清水冲洗,必要时请眼科医生诊治。化学毒物沾染皮肤时,应迅速脱去污染的衣服、鞋子等,用大量流动清水冲洗15~30min。对一些能和水发生反应的物质,应先用棉花、棉布或纸吸除后,再用水冲洗,以免加重损伤。

(6)护送病人入院治疗。在现场抢救中,应及时通知医院做好必要准备。护送病人途中,应注意观察中毒者的呼吸、脉搏、血压以及有无昏迷、惊厥等异常情况。休克病人应平卧位,头部稍低。昏迷病人应保持呼吸道畅通,防止咽下呕吐物。

(7)对症治疗:

① 休克。现场测量血压,如果血压降低,应立即采取抢救措施,如使患者平卧位、头低脚高、吸入氧气、输液、补充电解质、纠正酸中毒或者注射去甲肾上腺素和间羟胺以提高血压。如休克较轻仅仅输液即可纠正。

② 昏迷。缺氧和毒物刺激可高度抑制神经系统,使病人对于任何外界刺激均无反应而呈现昏迷状态。在现场处理时应首先检查病人的呼吸、循环、血压情况并给予相应处理。如有躁动、惊厥、抽搐等表现,可用镇静药物灌肠。

参加救护者必须做好个人防护,进入中毒现场必须防毒面具或供氧式防毒面具。如时间短,对于水溶性毒物(常见的氯、氨、硫化氢等),可暂用浸湿的毛巾捂住口鼻等。在抢救病人的同时,应设法阻断毒物继续泄漏,阻止其蔓延扩散。

厂内行人要注意风向和风力,在突发事故时要防止被有毒有害气体伤害,务必准确判断有毒有害气体来源,绕行、停行或逆风而行到上风向安全区域;不得擅自进入有毒有害区,不要顺风而行或站在下风区。

四、防尘防毒措施

(一)尘毒物质危害人体的主要因素

尘毒物质在生产环境中对人的危害程度,主要与尘毒物质的理化性质、尘毒物质在空气中的浓度、接触尘毒物质的时间、工作岗位的劳动环境、个人因素、毒物的联合作用等因素有关。尘毒物质对人体的危害程度,要受到多种因素的影响。

(二)防尘防毒管理措施

企业必须有职业卫生管理机构和管理人员,做好防尘防毒的管理和监督工作。主要是从职业卫生责任制落实和制度建设入手,通过人员教育、尘毒监测、健康监护、现场监督等措施加强防尘防毒管理。

(1)严格落实安全生产责任制。

(2)认真执行各项管理制度。

(3)开展职业安全卫生技术教育。

(4)做好尘毒监测和卫生保健工作。

(5)加强生产设备维护和及时检维修。

(6)消除二次尘毒源。

(三)防尘防毒技术措施

防尘防毒治本的对策是使生产过程不产生尘毒等危害因素,根本的途径是工艺技术设备的改进和生产过程的机械化、密闭化、自动化;控制环境空气污染是当前最主要的卫生工程技术措施。

(1)改革工艺。

(2)以无毒或低毒原料代替有毒或高毒原料。

(3)采用新材料新设备。

(4)生产设备密闭化和操作自动化。

(5)隔离操作和远程控制。

(6)通风净化和排毒除尘。

GAF004 防尘防毒的技术措施

我国石油化工行业多年来治理尘毒的实践证明,在大多数情况下,靠单一的方法防尘治毒是行不通的,必须采取综合治理措施,即首先改革工艺设备和工艺操作方法,从根本上杜绝或减少有害物质的产生,在此基础上采取合理的通风措施,建立严格的管理制度,加强尘毒监测和健康监护等,这样才能有效防止石油化工行业尘毒危害。

(四)尘毒防护器材

在尘毒岗位操作的工人,在作业中正确使用防护器材,加强个人防护也是防止尘毒危害的重要措施。不同的防护器材,具有不同的防护性能,只有正确使用和妥善保管才能使之真正起到防护作用。下面重点介绍几种个人防护器材。

(1)过滤式防毒面具。

整套面具一般由橡胶面具、导气管、滤毒罐和背包四部分组成,也有面具和滤毒罐直接连接(没有导气管)的。过滤式防毒面具为自吸式,适用于空气中氧含量大于18%、有毒气体浓度小于2%的环境。在使用时要注意以下几点:各种过滤式防毒面具只能防止与其相应的一种或几种有害气体;有毒环境中的氧气占总体积的18%以下,有毒气体浓度占总体积2%以上的地方,各种过滤式防毒面具都不能起到防护作用,应禁止使用;使用中如果闻到微弱的有毒气体或发觉呼吸不畅时,要立即离开毒区;用后应将面罩、导气管用温水清洗晾干放入袋内。滤毒罐必须上盖下塞,储存于干燥通风处,过期应更换。

ZAF008 高毒物品的防护方法

(2)防毒口罩。

防毒口罩的防毒原理及其采用的吸收剂与防毒面具基本一样。使用防毒口罩时要注意选用恰当的防毒口罩类型,同时要注意毒物及氧的浓度和使用时间,在使用中若闻到轻微的毒物气味应立即离开毒区。

(3)防尘口罩。

防尘口罩能过滤和净化空气中的粉尘,对预防尘肺有重要作用。防尘口罩按其结构特点可分为两类:简易型与复式型。选用防尘口罩时应根据作业场所粉尘浓度及粉尘中游离二氧化硅含量高低选择相应的口罩。另外,防尘口罩不能作为防毒口罩使用。

(4)空气呼吸器。

空气呼吸器是使用者自携储存空气的储气瓶,呼吸时不依赖环境气体的一种自给式呼吸器。使用时由储气瓶向面罩内供气,在使用者任一呼吸循环过程中,面罩内压力在吸气阶段均大于环境压力,为正压式呼吸器。空气呼吸器主要适用于消防、化工、船舶、石油、冶炼、厂矿、实验室等处,为消防员或抢险救护人员、厂矿作业人员在浓烟、毒气、蒸气或缺氧的恶劣环境下提供呼吸保护,不吸入有毒气体,从而安全地进行灭火、抢险救灾和救护工作。空气呼吸器配有视野广阔、明亮、气密良好的全面罩,供气装置配有体积较小、质量轻、性能稳定的新型供气阀;选用高强度背板和安全系数较高的优质高压气瓶;减压阀装置装有残气报警器,在规定的气瓶压力范围内,可向佩戴者发出声响信号,提醒使用人员及时撤离现场。

项目四 HSE 管理体系

一、简介

(一) 概念

健康、安全与环境管理体系简称为 HSE 管理体系,或用 HSEMS(Health Safety and Environment Management System)表示。HSE 管理体系的形成和发展是石油勘探开发多年管理工作经验积累的成果,它体现了完整的一体化管理思想。

HSE 管理体系是指实施健康、安全与环境管理的组织机构、职责、做法、程序、过程和资源等而构成的整体。H(健康)是指人身体上没有疾病,在心理上保持一种完好的状态;S(安全)是指在劳动生产过程中,努力改善劳动条件,克服不安全因素,使劳动生产在保证劳动者健康、企业财产不受损失、人员生命安全的前提下顺利进行;E(环境)是指与人类密切相关的、影响人类生活和生产活动的各种自然力量或作用的总和,它不仅包括各种自然因素的组合,还包括人类与自然因素间相互形成的生态关系的组合。

(二) 意义

[CAF008 建立 HSE 管理体系的意义]

HSE 管理体系是企业整个管理体系的有机组成部分,它将健康、安全和环境密切相关的管理体系科学地结合在一起。HSE 管理体系为企业实现可持续发展提供了一个结构化的运行机制,并为企业提供了一种不断改进 HSE 表现和实现既定目标的内部管理工具。近年来,国际上先进的石油化工企业相继采用的 HSE 管理模式,具有系统化、科学化、规范化、制度化的特点,对企业、对社会都具有深远意义。HSE 管理体系运行的最直接目的是防止事故发生,将危害及影响降低到可接受的最低程度,对危害及影响因素正确而科学地识别、评价和有效管理是达到此目的的关键所在。

建立 HSE 一体化管理体系,是贯彻国家可持续发展战略的要求。建立并实施 HSE 管理体系的意义有以下几个方面:可促进企业环境、安全和健康管理水平的提高;可减少各类事故的发生,降低风险;可减少和预防污染,节约能源和资源,减少成本;可改善企业形象提高综合效益;可促进石油化工企业进入国际市场。

二、要素和文件构架

(一) 要素及其主要内容

HSE 管理体系的关键要素及其主要内容见表 1-6-1。

表 1-6-1　HSE 管理体系的要素及其主要内容

序号	HSE 管理体系要素	主要内容
1	领导和承诺、方针目标和责任	自上而下的承诺,建立和维护 HSE 企业文化;健康、安全与环境管理的意图,行动的原则;改善 HSE 表现的目标
2	组织机构、责任、资源和文件控制	人员组织及其相应的职责、资源和完善的健康、安全与环境管理体系文件
3	风险评价和隐患治理	在生产活动、产品及服务中,确定和评价安全、健康与环境的风险,通过一套风险管理程序来选择风险削减措施,包括隐患治理方案的制定
4	承包商和供应商管理	评估承包商和供应商的 HSE 表现,使其符合本企业的 HSE 的规定和要求
5	装置(设施)设计和建设	在新建、扩建、改建装置(设施)时,坚持"三同时"原则,确保装置设施在运行寿命期间保持良好运行状态
6	运行和维修	在生产运行和设备管理上制订相应的程序,保证 HES 方针目标的实现
7	变更管理和应急管理	与系统有关的任何因素发生变化都要加强变更管理,防止发生事故,并制定和演练总体的和各专项的应急预案
8	检查和监督	活动的执行和监测及必要时如何采取纠正措施
9	事故处理和预防	采取各种技术和管理措施预防事故,事故发生后,严格执行"四不放过"的原则
10	审核和评审	对体系执行效果和适应性的定期评价

体系中各要素不是孤立的,这些要素之间紧密相关,相互渗透,以确保体系的系统性、统一性和规范性。这些要素中,领导和承诺是 HSE 管理体系的核心。承诺是 HSE 管理的基本要求和动力,自上而下的承诺和企业 HSE 文化的培育是体系成功实施的基础;方针和目标是方向;组织机构、资源和文件作为支持;计划、实施、检查、改进是循环链过程。

(二)文件架构

文件是指 HSE 管理体系在建立、运行和保持过程中所形成的各种文档。文件是管理体系行中的一个重要部分,它支持管理方案和程序的存在,记录体系的运行情况,为组织传递各种内外信息,支持体系的正常运行。文件可以是书面的,也可以是电子的。一般 HSE 管理体系文件可分为三层,分别是:管理手册、管理程序文件、作业文件。管理手册是阐述企业 HSE 管理方针和 HSE 管理目标,是企业描述 HSE 管理体系和实施 HSE 管理的纲领性文件。管理程序文件是企业在全部生产经营活动过程中,进行 HSE 管理的方法和要求的规范性文件,是企业 HSE 管理手册的支持性文件,上接管理手册,是管理手册规定的具体展开。作业文件是依据企业 HSE 管理手册和相应法律法规、标准及规范要求编制的,是管理程序文件的支撑性文件。作业文件是保证管理手册和管理程序文件正确有效实施的工作支撑文件和证明资料,覆盖了企业的生产经营活动过程中的全部 HSE 管理活动,用以证实企业 HSE 管理体系的运行状况。

GAF005 管理体系文件架构

三、重点要素

(一)评价和风险管理

评价和风险管理分为识别、评价、控制和评审 4 个阶段。危害识别与风险评估是整个

HSE 管理体系的核心部分,它的目的是评价危险发生的可能性及其后果的严重程度,以寻求最低事故率、最少的损失、环境的最低破坏。整个体系的建立基本上是立足于各项危害识别与风险评估结果,以危害识别与风险评估的结果为基础,建立健全预防各种危害或风险的机制、措施和方案,从而达到健康、安全、环保的预期目标。

1. 危害与风险的概念

危害是指可能造成人员伤害,是职业病、财产损失、环境破坏的根源或状态。包括人的不安全行为、物的不安全状态、有害的作业环境、安全管理上的缺陷等方面。人的不安全行为是指违反安全规则或安全常识,使事故有可能发生的行为。物的不安全状态是指使事故可能发生的不安全条件或物质条件。《企业职工伤亡事故分类》(GB 6441—1986)中,人的不安全行为是指造成事故的人为错误;物的不安全状态是指导致事故发生的物质条件。危害辨识是指识别危害的存在并确定其特性的过程。危害识别的范围主要包括人员、原材料、机械设备、作业环境等方面。危害辨识是控制事故发生的第一步,只有识别出危险源和事故隐患的存在,找出导致事故的根源,才能有效地控制事故的发生。辨识时应识别出危害因素的分布、伤害(危害)方式及途径和重大危害因素。危害识别过程中,对其状况的评价有正常状况、异常状况、紧急状况三种,对异常状况、紧急状况应采取相应的对策。

风险是指发生特定危害事件的可能性以及发生事件结果的严重性。风险评价指依照现有的专业经验、评价标准和准则,对风险程度进行评价并确定是否在可承受范围的全过程。可承受的风险是企业根据法律文件、HSE 方针的具体要求,来判定当前状况下企业可接受的风险。开展风险评价的目的是全面识别危害因素,准确评价、控制重大风险。

风险可以用定性和定量两种方法表述。定性评价指不对风险进行量化处理,只用发生的可能性等级和后果的严重度等级进行相对比较,如高、中、低;定量评价是在风险量化基础上进行评价,主要是依靠历史统计数据,运用数学方法构造数学模型进行评价,例如预期年经济损失或预期年死亡率。

2. 危害识别与风险评价方法

在日常生产运行中各种操作、开停工、检修作业、基建及其他变更等活动前,均应进行危害识别和风险评价。其范围包括企业在生产、运行、生活、服务、储存中可能产生的重要危险、危害因素;周围环境对本企业员工的危险、危害因素及影响,其中包括自然灾害、地方病、传染病、易发病、气候危险等。

危害识别与风险评价的主要内容包括本企业的地理环境;本企业内各生产单元的平面布置;各种建筑物结构;主要生产工艺流程;主要生产设备装置;粉尘、毒物、噪声、振动辐射、高温、低温等危害作业的部位;管理设施、应急方案、辅助生产设施、生活卫生设施等。

危害识别与风险评价的方法有直接经验分析方法、系统安全分析方法、综合性分析方法三类。具体的危害识别和风险评价的方法很多,每一种方法都有其目的性和应用范围。评价人员应根据所确定的评价对象的作业性质和危害复杂程度,选择一种或结合多种危害识别方法。在选择识别方法时,应考虑活动或操作性质、工艺过程或系统的发展阶段、危害分析的目的、所分析的系统和危害的复杂程度及规模、潜在风险度大小、现有人力资源、专家成员及其他资源、信息资料及数据的有效性、是否是法规或合同要求等因素。常见的危害识别与风险评价方法有安全检查表(SCL)、工作危害分析(JHA)、类比法、预先危险性分析（PHA）、失效模式与影响分析（FMEA）、危险度分析法、调查表、危害与可操作性研究（HAZOP）、风险矩、事故树或故障树分析、单元危险性快速划分法等。总之，风险评价技术是一门复杂的、技术性很强的学科，其方法多种多样，参加人员需要具有一定专业知识、理论水平。

在进行危害识别时要考虑以下问题：存在什么危害（伤害源）、谁（什么）会受到危害、伤害怎样发生、伤害的程度怎样。评价人员应通过现场观察及所收集的相关资料，对所确定的评价对象，识别尽可能多的实际的和潜在的危害，包括物（设施）的不安全状态、人的不安全行为、有害的作业环境、管理缺陷等。

在 HSE 管理体系中，事故就是造成死亡、职业病、伤害、财产损失或环境破坏的事件。HSE 管理体系规定，公司应建立事故报告、调查和处理管理程序，所制定的管理程序应保证能及时地调查、确认事故（未遂事故）发生的根本原因。HSE 管理体系规定，事故的报告、事故的分类、事故的等级、损失计算、事故的调查、责任划分、处理等程序应按国家的有关规定执行。

在 HSE 管理体系中，不符合是指任何与工作标准、惯例、程序、法规、管理体系绩效等的偏离，其结果能够直接或间接导致伤害或疾病、财产损失、工作环境破坏或这些情况的组合。在 HSE 管理体系中，目标是指组织在职业健康安全绩效方面所要达到的目的。在 HSE 管理体系中，相关方是指与组织的职业健康安全绩效有关的或受其职业健康安全绩效影响的个人或团体。

（二）审核和评审

审核和评审是 HSE 管理体系的重要环节，定期对 HSE 管理体系的持续适宜性、充分性和有效性进行评估，是体系持续改进的必要保证。企业应按适当的时间间隔对 HSE 管理体系进行审核和评审，以确保其持续的适宜性和有效性。

审核是判别管理活动和有关过程是否符合计划安排，各要素是否得到有效实施，并系统地验证企业实施健康、安全与环境的方针和目标的过程。审核的目的是检验企业的 HSE 管理体系及其要素的实施是否适用、有效。根据审核方（实施审核的机构）和受审核方（提出审核要求的企业）之间的关系，审核分为内部审核和外部审核两种基本类型。内部审核由企业自主组织进行，又称为第一方审核；外部审核又分为第二方审核和第三方审核。第二方审核是指企业的采购方和总部等相关方的审核，旨在向相关方提供对企业信任的证据；第三方审核是企业作为受审方，由取得相应资格的机构进行 HSE 体系审核。目前，实际进行审核的是企业内部（第一方）审核和认证机构（第三方）审核。企业一般每年进行一次内部审核；第三方审核一般每三年进行一次，必要时可适当增加审核次数。

审核中的"不符合"是指任何能够直接或间接造成伤亡、职业病、财产损失、环境污染的事件；违背作业标准、规程、规章的行为以及与管理体系要求产生的偏差。不符合项按其性质可分为严重不符合项、一般不符合项。严重不符合项是指能使体系出现系统性失效或区域性失效，以及存在重大职业健康安全风险或造成严重环境危害的重大问题；一般不符合项是指个别的、偶然的、孤立的、性质轻微的、不影响体系有效性的局部问题。

评审是指企业高层管理者对安全、环境与健康管理体系的适应性及其执行情况进行正式评审。评审包括有关安全、环境与健康管理中存在的问题和方针、法规以及因外部条件改变而提出的新目标。评审的目的是检验 HSE 管理体系的适宜性、充分性和有效性。

安全处理及施工方案编制内容有生产处理及隔离要求、工程处理程序及方法、危害因素识别与分析、事故风险控制措施(预防措施、应急措施)。

编制安全隔离措施时,必须考虑工艺流程、盲板材质、盲板规格、加堵人和确认人等方面要素。

生产规模小、危险因素少的生产经营单位,综合应急预案和专项应急预案可以合并编写。

应急救援结束后,应开展的工作是现场清理、事故调查、理赔安抚、生产恢复。

JAF005 应急预案的编制方法

编制应急预案应做的准备工作是全面分析本单位危害因素,可能发生的事故类型及事故的危害程度,排查事故隐患的种类、数量和分布情况,并在隐患治理的基础上,预测可能发生的事故类型及事故的危害程度,确定事故危险源,进行风险评估。针对事故危险源和存在的问题,确定相应的防范措施,客观评价本单位应急能力,充分借鉴国内外同行业事故教训及应急工作经验。

应急预案编制完成发布前,应由编制单位主要负责人组织有关部门和人员进行内部评审,由上级主管部门或地方政府负责安全管理的部门组织外部评审,报有关部门备案,并经生产经营单位主要负责人签署发布。

项目五　安全生产

一、概述

安全生产是企业生存和发展的永恒主题,安全生产管理是企业管理的重要组成部分。安全生产管理工作在整个石油化工生产经营活动中占有十分重要的地位。

石油化工企业安全生产管理的基本内容包括:建立健全安全生产责制和规章制度;保证必要的安全生产投入;加强安全生产教育;开展多种形式的安全生产检查;进行事故调查处理;坚持建设项目"三同时"原则;定期进行安全评价;辨识和监控重大危险源;建立安全生产重大事故应急救援体系;有效运行 HSE 体系等。

二、安全教育

根据《中华人民共和国安全生产法》关于"生产经营单位应当对从业人员进行安全生产教育和培训,保证从业人员具备必要的安全生产知识,熟悉有关的安全生产规章制度和安全操作规程,掌握本岗位的安全操作技能。未经安全生产教育和培训合格的从业人员,不得上岗作业"的规定,政府有关部门和企业都对从业人员的安全教育提出了具体要求。从业人员的安全教育一般包括入厂三级安全教育、特种作业人员安全技术教育、经常性安全教育等。

(一)入厂三级安全教育

入厂三级安全教育是指对新入厂人员的厂级教育、车间级教育和班组级教育。所有新员工(包括学徒工、外单位调入员工、合同工、大中专院校毕业生)以及代培人员、技术岗位的季节性劳务工等,上岗前应进行三级安全教育,并经考试合格后方可分配工作。

(1)厂级安全教育。厂级安全教育一般由企业安全部门负责进行,不少于24学时。

(2)车间级安全教育。各车间有不同的生产特点和不同的要害部位、危险区域和设备,在进行本级安全教育时,应根据各自情况详细讲解,一般由车间安全管理人员负责进行,不少于24学时。

(3)班组级安全教育。班组级安全教育一般由班组长或班组安全员负责进行,不少于8学时。

CAF009 三级安全教育的内涵

(二)特种作业人员安全技术教育

特种作业是指在劳动过程中容易发生伤亡事故、对操作者本人、他人和周围设施的安全可能有重大危害的作业。直接从事这种作业的人员称为特种作业人员。目前,特种作业包括电工作业、金属焊接切割作业、起重机械(含电梯)作业、企业内机动车辆驾驶、登高架设作业、锅炉作业(含水质化验)、压力容器操作、制冷作业、爆破作业、矿山通风作业(含瓦斯检验)、矿山排水作业(含尾矿坝作业)以及经国家安全生产监督管理总局批准的其他作业。特种作业人员在独立上岗作业前,必须进行与本工种相适应的、专门的安全技术理论学习和实际操作训练,经安全技术理论和实际操作技能考核合格,取得特种作业操作证后,方可上岗作业。

三、危险作业管理

(一)动火作业

1. 动火作业的概念

动火作业是指气焊、电焊、铅焊、锡焊、塑料焊等各种焊接作业;气割、等离子切割或使用砂轮机、磨光机等各种金属切割作业;使用喷灯、液化气炉、火炉、电炉等明火作业;烧(烤、煨)管线、熬沥青、炒砂子、铁锤敲击(产生火花)物件、喷砂和产生火花的其他作业;生产装置和罐区连接临时电源并使用非防爆电气设备和电动工具。

GAF007 用火作业安全知识

用火作业的安全监督,以防止发生火灾、爆炸为重点,要严格坚持"三不动火"的原则,即没有经批准的用火作业许可证不动火,用火安全措施不落实不动火,没有用火监护人或监护人不在场不动火。作业前必须严格执行安全用火规范,落实好相应的防范措施后才能办证作业。

2. 动火作业的分级

动火作业级别与企业生产的不同性质有关,一般分为特级用火作业、一级用火作业、二级用火作业三大类。另外,在没有火灾危险性的区域划出固定用火作业区,在此区域内用火,称为固定用火作业。

3. 禁止动火的情况

有下列情形之一的,不得进行动火作业:

(1)动火申请没有批准的,不动火。

(2)防火、灭火措施不落实,不动火。

(3)周围易燃杂物未清除,不动火。

(4)附近难以移动的易燃结构未采取安全防范措施,不动火。

(5)凡盛装过油类等易燃液体的容器、管道未洗刷干净,未排净残存液体,不动火。

JAF009 用火作业的安全程序

(6)凡储存过受热膨胀,易燃、易爆物品的车间、仓库和其他场所,未排除易燃易爆危险,不动火。

(7)未配备相应的灭火器材,不动火。

(8)动火中没有现场安全负责人,不动火。

(9)动火中发现有不安全苗头,不动火。

(10)动火人员要严格遵守安全操作规程。

(11)动火后应彻底清除现场火种。

(二)高处作业

1. 高处作业的概念

高处作业是指在坠落高度基准面 2m 以上(含 2m),有坠落可能的位置进行的作业,含临边作业。高处作业分为一般高处作业和特殊高处作业两类,作业应办理"高处作业许可证"。高处作业人员应接受培训。患有高血压、心脏病、贫血、癫痫、严重关节炎、肢体残疾或服用嗜睡、兴奋等药物的人员及其他禁忌高处作业的人员不得从事高处作业。作业基准面 30m 及以上作业人员,作业前必须体检,合格后方可从事作业。

2. 高处作业的分级

(1)特殊高处作业:

① 在作业基准面 30m 及以上进行的高处作业。

② 雨、雪等恶劣天气进行的高处作业。

③ 夜间进行的高处作业。

④ 接近或接触带电体进行的高处作业。

⑤ 在受限空间内进行的高处作业。

⑥ 突发灾害时进行的高处作业。

⑦ 在排放有毒、有害气体和粉尘超出允许浓度场所进行的高处作业。

⑧ 异常温度设备设施附近的高处作业。

(2)一般高处作业。除特殊高处作业以外的高处作业。

3. 高处作业的主要安全措施

进行高处作业前,针对作业内容进行危害识别,制定相应的作业程序及安全措施,并将安全措施填入"高处作业许可证"内。

(1)应制定安全应急预案,内容包括作业人员紧急状况时的逃生路线等高空避险方法,现场应配备的应急救援设施和灭火器材等。现场人员应熟知应急预案的内容。

(2)高处作业人员应使用与作业内容相适应的安全带,安全带应系挂在施工作业处上方的牢固构件或"生命线"上,实行高挂(系)低用。安全带系挂点下方应有足够的净空。

(3)劳动保护服装应符合高处作业的要求。

(4)高处作业严禁上下投掷工具、材料和杂物等,所用材料应堆放平稳,应设安全警戒区,并设专人监护。工具在使用时应系有安全绳,不用时应将工具放入工具套(袋)内。在同一坠落平面上,一般不应进行上下交叉高处作业;如需进行交叉作业,中间应设置安全防护层,坠落高度超过 24m 的交叉作业,应设双层防护。

(5)高处作业人员不应站在不牢固的结构物上进行作业,不应在高处休息。脚手架的搭设必须符合国家有关规程和标准。应使用符合安全要求的吊笼、梯子、防护围栏、挡脚板和安全带等。作业前,应仔细检查所用的安全设施是否坚固、牢靠。夜间高处作业应有充足的照明。

(6)在邻近地区设有排放有毒、有害气体及粉尘超出容许浓度的烟囱及设备的场合,严禁进行高处作业,如在容许浓度范围内,也应采取有效的防护措施。遇有不适宜高处作业的恶劣气象(如六级风以上、雷电、暴雨、大雾等)条件时,严禁露天高处作业。

(三)受限空间作业

1. 受限空间作业的概念

受限空间是指生产区域内炉、塔、釜、罐、仓、槽车、管道、烟道、隧道、下水道、沟、坑、井、池、涵洞等封闭、半封闭的设施及场所。在进入受限空间作业前,应办理"进入受限空间作业许可证"。进入受限空间可能会涉及用火、高处、临时用电等作业,此时还要办理相应的作业许可证。进入受限空间作业的安全监督,除防止发生火灾爆炸外,应以防止中毒窒息和人员触电为重点,必须严格执行作业安全规范,落实好相应的防范措施后才能办证作业。

2. 受限空间作业的分级

(1)一般受限空间。除符合以下所有物理条件外,还至少存在以下危险特征之一的空间称为一般受限空间。

物理条件:

① 有足够的空间,让人员可以进入并进行指定的工作。

② 进入和撤离受到限制,不能自如进出。

③ 并非设计用来给员工长时间在内工作的空间。

危险特征:

① 存在或可能产生有毒有害气体。

② 存在或可能产生掩埋作业人员的物料。

③ 内部结构可能将作业人员困在其中(如内有固定设备或四壁向内倾斜收拢)。

(2)特殊受限空间。下列情况均属于特殊受限空间:

① 受限空间内无法通过工艺吹扫、蒸煮、置换处理达到合格。

② 与受限空间相连的管线、阀门无法断开或加盲板。

③ 受限空间作业过程中无法保证作业空间内部的氧气浓度合格。

④ 受限空间内的有毒有害物质高于《工作场所有害因素职业接触限值》中的最高容许浓度。

> JAF006 进入受限空间的作业程序

3. 受限空间作业的主要安全措施

进入受限空间作业前,应针对作业内容进行危害识别,制定相应的作业程序及安全措施。对照"进入受限空间作业许可证"有关安全措施逐条确认,并将补充措施填入相应栏内并确认。

(1)制定安全应急预案,内容包括作业人员紧急状况时的逃生路线和救护方法,现场应配备的救生设施和灭火器材等。现场人员应熟知应急预案的内容。

(2)在进入受限空间作业前,应切实做好工艺处理,与其相连的管线、阀门应加盲板断开。不得以阀门代替盲板,盲板处应挂牌标示。

（3）作业前应容器进行工艺处理,采取蒸煮、吹扫、置换等方法,并进行采样分析。

（4）无监护人在场,不应进行任何作业。当受限空间状态改变时,为防止人员误入,在受限空间的入口处设置"危险！严禁入内"警告牌。

（5）为保证设备内空气流通和人员呼吸需要,可采用自然通风,必要时采取强制通风方法,但严禁向内充氧气。进入受限空间内的作业人员每次工作时间不宜过长,应安排轮换作业或休息。

（6）取样分析应有代表性、全面性。设备容积较大时应对上、中、下各部位取样分析,应保证设备内部任何部位的可燃气体浓度和氧含量合格(氧含量在 19.2%～23.5%),并且有毒有害物质不超过国家规定的工作场所空气中有毒物质和粉尘的容许浓度。作业期间应至少每隔 4h 取样复查一次,若有一项不合格应停止作业。

> GAF009 进入受限空间作业安全知识

（7）带有搅拌器等转动部件的设备,应在停机后切断电源,摘除保险或挂接地线,并在开关上上锁,挂"有人工作、严禁合闸"警示牌,必要时派专人监护。进入金属容器(炉、塔、釜、罐等)和特别潮湿、工作场地狭窄的非金属容器内作业,照明电压应≤12V；当需使用电动工具或照明电压>12V 时,应按规定安装漏电保护器,其接线箱(板)严禁带入容器内使用。

（8）当作业环境内存在爆炸性气体,应使用防爆电筒或电压≤12V 的防爆安全行灯,行灯变压器不应放在容器内或容器上；作业人员穿戴防静电服装,使用防爆工具。

（9）进入受限空间作业的人员及所带工具、材料须进行登记。作业结束后,进行全面检查,确认无误后,方可交验。

（四）火场逃生

> GAF010 火场逃生知识

（1）火灾报警时应讲清楚起火地点、单位、燃烧物、燃烧程度等。

（2）在日常生活中,发生火灾时应迅速报警、注意防烟、选择正确的逃生路线。

（3）在禁火区发生化学危险品燃烧时,应迅速报火警、快速扑灭初期火灾,若可能,切断燃烧物的供给。

（4）身处高层建筑,下方发生火灾,应迅速报火警,用纺织物弄湿捂住口鼻、远离着火点。

模块七 电工基础知识

项目一 电工基本概念

一、电路知识

(一) 电路定义

电路是由各种电气元件按照一定方式连接起来的整体,即由电源、负载、连接导线及控制设备组成的导电回路。电路的作用是实现电能的传送、分配和转换。通俗讲,电流流过的路径就叫电路。构成一个电路必须具备以下三种部件:

1. 电源

电源是电路中供给电能的装置,也是产生和维持电流、发出信号的设备。

2. 负载

负载是电路中耗用电能的装置,比如白炽灯泡、电炉、电动机等。

3. 连接导线

连接导线把电源和负载连接成闭合回路。电流只有在闭合回路中才能流通。由于铜的导电能力最好,因此常用作连接导线。

(二) 电路状态

1. 开路

开路也叫断路,即在闭合回路中,某一部分发生断线,使电流不能导通的现象。因为电路中断,没有导体连接,电流无法通过,导致电路中电流消失,一般对电路无损害。

2. 短路

短路是指电源未经过任何负载而直接由导线接通成闭合回路,易造成电路损坏、电源瞬间损坏等。

3. 通路

通路是指处处连通的电路。

4. 串联电路

几个电路元件沿着单一路径互相连接,每个节点最多只连接两个元件,此种连接方式称为串联。以串联方式连接的电路称为串联电路。串联电路中流过每个电阻的电流相等,因为直流电路中同一支路的各个截面有相同的电流强度。

5. 并联电路

并联电路是使在构成并联的电路元件间电流有一条以上的相互独立通路,为电路组成两种基本的方式之一。电路有多条路径,每一条电路之间互相独立,有一个电路元件开路,其他支路照常工作。并联电路中用导线连接在电源两极的任意两点间的电压相等。电压并联电路中各电阻的电压与总电压相同。

(三) 电路基本物理量

1. 电流

在电场力作用下,电荷有规则地定向运动形成电流。电流强度是在电场的作用下单位时间内通过某一导体截面的电量。习惯上规定正电荷运动的方向为电流的方向,而导体两端的电压是形成电流的外部条件。大小和方向都不随时间变化的电流,称为直流电流。在任一瞬间,流入某节点的电流之和等于从该节点流出的电流之和。

2. 电压

电场中任意两点的电位差,就是在两点之间的电压,在数值上等于电场力把单位正电荷从某点移到另一点所做的功。设正电荷 Q 在电场中从 A 点移动到 B 点,电场力对它做的功为 W,则功 W 与电量 Q 的比值,叫作 A、B 两点间的电压。如把1C 电量的电荷,从电场一点移动到另外一点电场力做的功若是1J,那么这两点的电压就是1V。电压也有方向,规定电压的实际方向以电荷运动方向为准,从正极指向负极,即电压的实际方向是电位降低的方向。

3. 电阻

[CAG001 电路基本物理量的概念] 电阻是用于稳定和调节电路中的电流和电压的电子元件。电荷在金属导体内定向移动时,与导体中的原子相碰撞,受到阻碍,把导体对电流的这种阻碍作用称为电阻,用字母 R 表示,单位为欧姆(Ω)。电阻将会导致电子流通量的变化,电阻是用来表示导体对电流的阻碍作用的大小。没有电阻或电阻很小的物质称其为电导体,简称导体。不能形成电流传输的物质称为电绝缘体,简称绝缘体。当导体的材料均匀时,导体的电阻与它的长度 L 成正比,而与它的横截面积 S 成反比,说明导体的电阻与构成导体的材料性质和几何形状有关。电阻的主要物理特征是变电能为热能,也可说它是一个耗能元件,电流经过它就产生内能。两只额定电压相同的电阻,串联在电路中,则阻值较大的电阻发热量较大。设电路的电阻为 $R(\Omega)$,电流为 $I(A)$,电流流过的时间为 $t(s)$,则流过电路所产生的热量可表示为 $Q = I^2 Rt$。

[CAG002 串联电路中电阻的计算] 欧姆定律表达式 $I = U/R$ 表达了电流、电压、电阻关系。即在电阻一定的情况下,导体中的电流跟导体两端的电压成正比,当所加电压一定时,电阻越大电流越小。电流通过导体产生的热量,与导体运动速度无关。串联电路中,各处电流大小相等,即 $I = I_1 = I_2$,[CAG003 并联电路中电阻的计算] 各段电压之和等于总电压,即 $U = U_1 + U_2$,各段电阻之和等于总电阻,即 $R = R_1 + R_2$;在并联电路中,各支路电流之和等于干路电流,即 $I = I_1 + I_2$,各支路电压等于总电压,即 $U = U_1 = U_2$,各支路电阻倒数之和等于总电阻倒数之和,即 $1/R = 1/R_1 + 1/R_2$。如果若干电阻加同一电压,那么这若干电阻的连接方式叫作并联;如果若干电阻流过同一电流,那么这若干电阻的连接方式叫作串联。

4. 电位

电位在物理学中称为电势,是表示电场中某点的性质的物理量,表明正电荷位于该点时所具有电位能的大小。电位参考点是可以任意选择的,理论上选择离电场无限远的点为零电位点。在电路中,任选一点作参考点,而把电路中任意一点与参考点之间的电压 U_0 称为该点的电位,而电路中任意两点的电位之差称为电压。设电场中 a 点电位为 U_a,b 点电位

为 U_b，则 a、b 两点间的电位差 $U_{ab}=U_a-U_b$。电位又称电势，在国际单位制中的单位是伏特（V）。

5. 电动势

电动势是表示电源性质的物理量。电动势在数值上等于非电场力（局外力）把单位正电荷从电源的低电位端经电源内部移到高电位端所做的功。电动势简称电势，用符号 E 表示，其单位是伏特（V）。电源内部电动势的方向在电源内部负极指向正极，即电位升高的方向。电源上的电压与电动势的关系是 $U=-E$。

6. 电功率

电流在单位时间内做的功叫作电功率。电功率是用来表示消耗电能的快慢的物理量，用 P 表示，它的单位是瓦特，简称"瓦"，符号是 W。

一个用电器功率的大小数值上等于它在 1s 内所消耗的电能。如果在"t"（单位为 s）这么长的时间内消耗的电能"W"（单位为 J），那么这个用电器的电功率就是 $P=W/t$（定义式）。电功率还等于导体两端电压与通过导体电流的乘积（$P=UI$）。对于纯电阻电路，计算电功率还可以用公式 $P=I^2R$ 和 $P=U^2/R$。每个用电器都有一个正常工作的电压值叫额定电压，用电器在额定电压下正常工作的功率叫作额定功率，用电器在实际电压下工作的功率叫作实际功率。

7. 电磁感应

电磁感应是指因为磁通量变化产生感应电动势的现象。若闭合电路为一个 n 匝的线圈，则瞬时电动势又可表示为：$\varepsilon=n\times\Delta\Phi/\Delta t$（$\Delta t\to 0$）。式中 n 为线圈匝数；$\Delta\Phi$ 为磁通量变化量，单位 Wb（韦伯）；Δt 为发生变化所用时间，单位为 s（秒）；ε 为产生的感应电动势，单位为 V。电磁感应俗称磁生电，多应用于发电机。电磁感应现象的产生条件有两点（缺一不可）：闭合电路；穿过闭合电路的磁通量发生变化。

CAG004 电磁感应基本概念

设在匀强磁场中有一个与磁场方向垂直的平面，磁场的磁感应强度为 B，平面的面积为 S，则磁感应强度 B 与垂直磁场方向的面积 S 的乘积，叫作穿过这个面的磁通量，简称磁通。计算式 $\Phi=BS$。当平面与磁场方向不垂直时：$\Phi=BS\cos\theta$（θ 为两个平面的二面角）。

（四）电路基本元器件

1. 分类

1）电容

电容指的是在给定电位差下的电荷储藏量，记为 C，国际单位是法拉（F）。一般来说，电荷在电场中会受力而移动，当导体之间有了介质，则阻碍了电荷移动而使得电荷累积在导体上，造成电荷的累积储存，最常见的例子就是两片平行金属板。电容容量的大小就是表示能储存电能的大小，电容对交流信号的阻碍作用称为容抗，它与交流信号的频率和电容量有关。在直流电路中，电容器是相当于断路的。电容器在电路中具有通交流、隔直流、通高频、阻低频的作用。

2）晶体二极管

晶体二极管是固态电子器件中半导体两端的器件。这些器件主要的特征是具有非线性的电流—电压特性。此后随着半导体材料和工艺技术的发展，利用不同的半导体材料、掺杂分布、几何结构，研制出结构种类繁多、功能用途各异的多种晶体二极管。晶体二极管可用来产生、控制、接收、变换、放大信号和进行能量转换等。晶体二极管在电路中常用"D"加数字表示,如:D5 表示编号为 5 的二极管。

3) 电感

当线圈通过电流后,在线圈中形成磁场感应,感应磁场又会产生感应电流来抵制通过线圈中的电流。在纯电感电路中,电感上电流有效值、电压有效值和感抗之间遵循欧姆定律。把这种电流与线圈的相互作用关系称为电的感抗,也就是电感,单位是亨利(H)。电感在电路中常用"L"加数字表示,如:L6 表示编号为 6 的电感。

4) 发光二极管

发光二极管简称为 LED。由含镓(Ga)、砷(As)、磷(P)、氮(N)等的化合物制成。它是半导体二极管的一种,可以把电能转化成光能。发光二极管一般用引脚长度不同来区分极性,较短的引脚为负极。

5) 晶体三极管

晶体三极管是半导体基本元器件之一,具有电流放大作用,是电子电路的核心元件。三极管是在一块半导体基片上制作两个相距很近的 PN 结,两个 PN 结把整块半导体分成三部分,中间部分是基区,两侧部分是发射区和集电区,排列方式有 PNP 和 NPN 两种。晶体三极管在电路中常用"Q"加数字表示,如:Q17 表示编号为 17 的三极管。

6) 传感器

传感器是一种物理装置或生物器官,能够探测、感受外界的信号、物理条件(如光、热、湿度)或化学组成(如烟雾),并将探知的信息传递给其他装置或器官。

国家标准 GB/T 7665—2005《传感器通用术语》对传感器的定义是:"能感受规定的被测量件并按照一定的规律转换成可用信号的器件或装置,通常由敏感元件和转换元件组成"。传感器是一种检测装置,能感受到被测量的信息,并能将检测感受到的信息,按一定规律变换成为电信号或其他所需形式的信息输出,以满足信息的传输、处理、存储、显示、记录和控制等要求。传感器是实现自动检测和自动控制的首要环节。

7) 变压器

把一种电压、电流的交流电能转换成相同频率的另一种电压、电流的交流电能转换设备是变压器。变压器是利用电磁感应的原理来改变交流电压的装置,主要构件是初级线圈、次级线圈和铁芯(磁芯)。在电气设备和无线电路中,常用作升降电压、匹配阻抗、安全隔离等。在发电机中,不管是线圈运动通过磁场或磁场运动通过固定线圈,均能在线圈中感应电势,此两种情况,磁通的值均不变,但磁通数量却有变动,这是互感应的原理。变压器就是一种利用电磁互感应,变换电压、电流和阻抗的器件。变压器的功能主要有:电压变换、电流变换、阻抗变换、隔离、稳压(磁饱和变压器)等。

8) 继电器

继电器(Relay)是一种电控制器件,是当输入量(激励量)的变化达到规定要求时,在电气输出电路中使被控量发生预定的阶跃变化的一种电器。它具有控制系统(又称输入回路)和被控制系统(又称输出回路)之间的互动关系。通常应用于自动化的控制电路中,它实际上是用小电流去控制大电流运作的一种"自动开关"。继电器是各类电子开关的原型,在电路中起着自动调节、安全保护、转换电路等作用。

9）扬声器

扬声器又称"喇叭"，是一种十分常用的电声换能器件，在发声的电子电气设备中都能见到它。扬声器的主要性能指标有：灵敏度、频率响应、额定功率、额定阻抗、指向性以及失真度等参数。要根据使用的场所和对声音的要求，结合扬声器的特点来选择扬声器。

2. 电路元件表示方法

电路元件表示方法见表1-7-1。

表1-7-1　电路元件表示方法

类别	名称	图形符号	文字符号	类别	名称	图形符号	文字符号
开关	单极控制开关		SA	时间继电器	通电延时（缓放）线圈		KT
	手动开关一般符号		SA		断电延时（缓放）线圈		KT
	三级控制开关		QS		瞬时闭合的常开触头		KM
	三级隔离开关		QS		瞬时断开的常闭触头		KT
	三级负荷开关		QS		延时闭合的常开触头		KT
	组合旋钮开关		QS		延时断开的常闭触头		KT
	低压断路器		QF		延时闭合的常闭触头		KT
	控制器或操作开关		SA		延时断开的常开触头		KT
接触器	线圈操作器件		KM	电磁操作器	电磁铁的一般符号		YA
	常开主触头		KM		电磁吸盘		YH
					电磁离合器		YC
	常开辅助触头		KM		电磁制动器		YB
	常闭辅助触头		KM		电磁阀		YV

续表

类别	名称	图形符号	文字符号	类别	名称	图形符号	文字符号
非电量控制的继电器	速度继电器常开触头		KS	中间继电器	线圈		KA
	压力继电器常开触头		KP		常开触头		KA
发电机	发电机		G		常闭触头		KA
	直流测速发电机		TG	电流继电器	过电流线圈		KV
灯	信号灯（指示灯）		HL		欠电流线圈		KV
	照明灯		EL		常开触头		KV
位置开关	常开触头		SQ		常闭触头		KV
	常闭触头		SQ	电压继电器	过电压线圈		KA
	复合触头		SQ		欠电压线圈		KA
按钮	常开按钮		SB		常开触头		KA
	常闭按钮		SB		常闭触头		KA
	复合按钮		SB	电动机	三相笼型异步电动机		M
	急停按钮		SB		三相绕线转子异步电动机		M
	钥匙操作式按钮		SB		他励直流电动机		M
热继电器	热元件		FR		并励直流电动机		M
	常闭触头		FR		串励直流电动机		M

续表

类别	名称	图形符号	文字符号	类别	名称	图形符号	文字符号
熔断器	熔断器		FU	互感器	电压互感器		TV
变压器	单相变压器		TC		电流互感器		TA
	三相变压器		TM				

(五)单相交流电的基本知识

1. 交流电

电流的大小和方向随时间做周期性变化的电流称为交流电,也称"交变电流",简称"交流"(AC)。大小和方向不随时间做周期性变化的电流称为直流电。交流电的最基本的形式是正弦电流,正弦交流电路是指电路中含有正弦电源,电流、电压都随时间按正弦规律变化,不同于方向不随时间发生改变的直流电。正弦量的周期(或频率)、最大值(或有效值)、初相位称为正弦量的三要素。在交流电路中,凡是电阻起主导作用的各种负载(如白炽灯、电阻炉及电烙铁等),由它们组成的电路,忽略其他附加参数的影响,仅考虑其主要的电阻特性时,这样的电路称为纯电阻电路。在实际工作中常用交流电的有效值来衡量交流电的大小。电机、电器铭牌标示的电流、电压值都指的是有效值。

CAG005 交流电的概念

CAG006 直流电的概念

CAG007 正弦交流电的概念

在实际工作中常用交流电的频率来表示交流电的大小。在我国,电力工业上所用的交流电的频率规定为50Hz。有的国家(如美国)电力系统的标准频率为60Hz。这一频率称为工业频率,简称工频。在目前的科技领域从远低于1Hz到约1012Hz的交流电都有着应用。

交流电的产生主要有两类方式,一类是用交流发电机产生,另一类是用含电子器件如电子管、半导体晶体管的电子振荡器产生。

交流电在实际使用中,如果用最大值来计算交流电的电功或电功率并不合适,因为毕竟在一个周期中只有两个瞬间达到这个最大值。为此人们通常用有效值来计算交流电的实际效应。理论和实验都证明,在交流电路中,电压的大小随着时间做周期性变化。交流电电压最大值 U_m 与有效值 U 的关系是 $0.707U_m=U$。

2. 单相交流电

单相交流电是指电路中只具有单一的交流电压,在电路中产生的电流、电压都以一定的频率随时间变化。因为只有一组线圈,所以只产生一相交流电,故称为单相交流电。如在单个线圈的发电机中产生的是单相交流电(即只有一个线圈在磁场中转动)。

3. 交流电的应用

交流电以正弦交流电应用最为广泛,且其他非正弦交流电一般都可以经过数学处理后,化成正弦交流电的叠加。正弦电流(又称简谐电流),是时间的简谐函数。当闭合线圈在磁场中匀速转动时,线圈里就产生大小和方向做周期性改变的交流电。现在使用的交流电,一般频率是50Hz。常见的电灯、电动机等用的电都是交流电。在实际应用中,交流电用符号"~"表示。在日常照明电路中,电流的大小和方向是随时间按正弦函数规律变化的。

由电流随时间的变化规律可以看出:正弦交流电需用频率、峰值和相位三个物理量来描述。交流电所要讨论的基本问题是电路中的电流、电压关系以及功率(或能量)的分配问题。由于交流电具有随时间变化的特点,因此产生了一系列区别于直流电路的特性。在交流电路中使用的元件不仅有电阻,而且有电容元件和电感元件,使用的元件多了,现象和规律就复杂了。

(六)三相交流电的基本知识

1. 三相交流电定义

三相交流电是三个频率相同、电势和振幅相等、相位差互为120°的对称正弦交流电的组合,它是由三相发电机三组对称的绕组产生的,每一绕组连同其外部回路称一相,分别记为A、B、C。它们的组合称三相制,常以三相三线制和三相四线制方式,即三角形接法和星形接法供电。三相制的主要优点是:在电力输送上节省导线;能产生旋转磁场,且为结构简单、使用方便的异步电动机的发展和应用创造了条件。三相制不排除对单相负载的供电。因此三相交流电获得了最广泛的应用,目前我国生产、配送的都是三相交流电。

2. 三相电压

三相交流电每根相线(火线)与中性线(零线)间的电压叫相电压,其有效值分别用 U_A、U_B、U_C 表示;相线间的电压叫线电压,其有效值分别用 U_{AB}、U_{BC}、U_{CA} 表示。因为三相交流电源的三个线圈产生的交流电压相位相差120°,三个线圈作星形连接时,线电压等于相电压的 $\sqrt{3}$ 倍。我国日常电路中,相电压是220V,线电压是380V。工程上,讨论三相电源电压大小时,通常指的是电源的线电压。如三相四线制电源电压380V,指的是线电压380V。

3. 三相交流电的应用

三相交流电是电能的一种输送形式,简称为三相电。三相交流电的用途很多,工业中大部分的交流用电设备,例如电动机,都采用三相交流电,也就是经常提到的三相四线制。而在日常生活中,多使用单相电源,也称为照明电。当采用照明电供电时,使用三相电其中的一相对用电设备供电,例如家用电器,而另外一根线是三相四线之中的第四根线,也就是其中的零线,该零线从三相电的中性点引出。

(七)三相异步电动机的基础知识

1. 电动机

电动机是一种将电能转化成机械能,并输出机械转矩的动力设备。一般电动机可分为直流电动机和交流电动机两大类。直流电动机虽然其结构比交流电动机复杂,但由于其有良好的启动性能以及在宽广的范围内平滑而经济的调速性能,因而也获得了较广泛的应用。它主要用于拖动系统中的轧钢机、造纸机、金属切削机床、挖掘机、卷扬机、电传动机车、地铁电动车组、城市电车、电瓶车等。直流电动机按其励磁方式的不同可分为他励、并励、串励、复励等四种,其中使用最多的是并励直流电动机,其次是串励直流电动机。交流电动机是将交流电能转化成机械能的装置,按其工作原理的不同,交流电动机可分为同步电动机和异步电动机两大类,同步电动机的旋转速度与交流电源的频率有严格的对应关系,在运行中转速严格保持恒定不变;异步电动机的转速随负载的变化稍有变化。按所需交流电源相数的不同,交流电动机可分为单相和三相两大类,目前使用最广泛的是三相异步电动机,这主要是由于三相异步电动机具有结构简单、价格低廉、坚固耐用、使用维护方便等特点。在没有三相电源的场合及一些功率较小的电动机则广泛使用单相异步电动机。

2. 三相异步电动机概述

> ZAG002 常用电动机型号含义

异步电动机是利用气隙旋转磁场与转子绕组中的感应电流相互作用产生电磁转矩,从而实现能量转换的交流电动机。三相异步电动机,其转子的转速低于旋转磁场的转速,转子绕组因与磁场间存在相对运动而感生电动势和电流,并与磁场相互作用产生电磁转矩,实现能量变换。与单相异步电动机相比,三相异步电动机运行性能好,并可节省各种材料。按转子结构的不同,三相异步电动机可分为笼式和绕线式两种。笼式转子的异步电动机结构简单、运行可靠、重量轻、价格便宜,得到了广泛的应用,其主要缺点是调速困难。绕线式三相异步电动机的转子和定子一样也设置了三相绕组并通过滑环、电刷与外部变阻器连接。调节变阻器电阻可以改善电动机的启动性能和调节电动机的转速。

3. 异步电动机维护要点

三相笼式异步电动机启动方式可分为直接启动、降压启动,一般规定10kW及以下的异步电动机均采用直接启动。三相异步电动机启动时,定子电流是额定电流的4~7倍。与单相异步电动机相比,三相异步电动机不仅运行性能好,而且各种材料利用率也高。

电动机正常运行时,除保证转子电流正常外,运行人员还要检查电动机周围空气是否流通,温度是否过高,以防转子不正常发热。电动机在正常运行中,轴瓦温度不超过80℃。

二、电路计算

电路分为直流电路、正弦交流电路和三相交流电路。直流电和交流电在家庭生活、工业生产中有着广泛的使用。生活民用电压220V、通用工业电压380V,都属于危险电压。在我国,电力工程中所用的交流电通常是正弦波交流电。

(一)直流电路的基本计算

直流电路就是电流的方向不变的电路,直流电路的电流大小是可以改变的。电流的大小方向都不变的称为恒定电流。在电源外,正电荷经电阻从高电势处流向低电势处,在电源内,靠电源的非静电力的作用,克服静电力,再把正电荷从低电势处"搬运"到高电势处,如此循环,构成闭合的电流线。电流所做的功和电压、电流和通电时间成正比。电子的势能转化为电子的动能,消耗了电功率;同时,电池的化学能产生了电动势,补充了电能,完成了能量的转化和守恒。直流电一般被广泛使用于手电筒(干电池)、手机(锂电池)等各类生活小电器等。干电池(1.5V)、锂电池、蓄电池等被称为直流电源。因为这些电源电压都不会超过24V,所以属于安全电源。

1. 欧姆定律的内容

> CAG008 欧姆定律的概念

在同一电路中,导体中的电流跟导体两端的电压成正比,跟导体的电阻成反比,这就是欧姆定律。基本公式是$I=U∶R$。

由公式$R=U/I$可知,某导体的电流与其两端的电压成正比,与导体的电阻成反比。而不能说导体的电阻与其两端的电压成正比,与通过其电流成反比,因为导体的电阻是它本身的一种性质,取决于导体的长度、横截面积、材料和温度,即使它两端没有电压,没有电流通过,它的阻值也是一个定值。一般的金属材料,温度升高后,导体的电阻增加。

2. 部分电路欧姆定律公式

$$I = U/R \tag{1-7-1}$$

式中　I——流过电阻的电流,A;
　　　U——电阻两端电压,V;
　　　R——电路中的电阻,Ω。

3. 全电路欧姆定律

全电路欧姆定律的表达式为:

$$I = E/(R+r) \tag{1-7-2}$$

式中　I——闭合电路的电流,A;
　　　E——电阻两端电压,V;
　　　R——电路中的电源处电阻,Ω;
　　　r——电路中的电源内电阻,Ω。

【例1】　在一串联电路中,一个电阻的阻值为6Ω,另一个为4Ω,当电路两端加上20V直流电时,电路中电流强度为多少?

解:由欧姆定律:$I = U : R$;又知该电路为串联,所以$R = 6+4 = 10(Ω)$

则:$I = 20/10 = 2(A)$

答:电路中电流强度为2A。

【例2】　有一个1kW、220V的电炉,若不考虑温度对电阻的影响,把它接在110V的电压上,它的功率将是多少?

解:由$P = UI$可知电炉的额定电流 $I_{额} = P_{额}/U_{额}$,又 $P = I^2R$,则该电炉电阻:

$$R_{炉} = P_{额}/I_{额}^2 = P_{额}/(P_{额}/U_{额})^2 = U_{额}^2/P_{额}$$

在110V电压下,电炉功率为:

$$P = U^2/R_{炉} = U^2/(U_{额}^2/P_{额}) = U^2 P_{额}/U_{额}^2 = 110^2 \times 1000/220^2 = 250(W)$$

答:电炉的功率将是250W。

【例3】　混联电路电阻的简单计算。

定位法:对于一些复杂的混联电路,求电路的等效电阻时,可以通过确定各电阻两端的位置来进行图形变换,从而得到比较直观的电路连接形式。

要点:确定各电阻两端的端点;进行图形变换。

【例4】　计算下列电路(图1-7-1)的等效电阻(各电阻均为100Ω)。

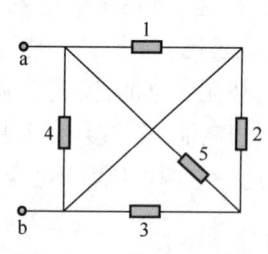

图1-7-1　等效电阻计算

分析:(1)先定义好各电阻两端端点;(2)开始图形变换:确定a、b两点和其余各点位置(a、b作为端点,其余各点分布在a、b两点之间);(3)根据原图中各电阻两端的端点,在新图各端点间填入相应电阻,进行电路变换(图1-7-2)。

计算等效电阻:$R_{ab} = 1/[(1/R_2 + 1/R_3) + R_5] + 1/R_1 + 1/R_4 = 375Ω$。

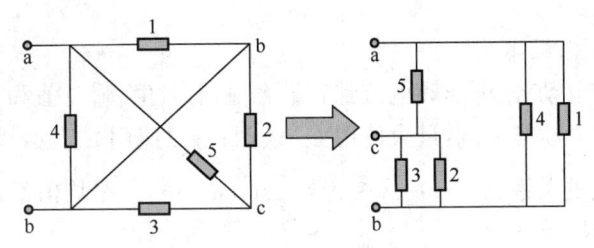

图 1-7-2 电路变换图

4. 电功与电热,电功率与热功率

(1)纯电阻电路:

电功与电热:$W=Q=Pt=UIt=I^2Rt=U^2/R \cdot t$。

电功率与热功率:$P=P'=UI=I^2R=U^2/R$。

(2)非纯电阻电路:

电功与电热:$W=UIt,Q=I^2Rt$。

电功率与热功率:$P=UI,P'=I^2R$。

(3)用电器接入电路时的约定:

① 纯电阻用电器若无特别说明,则认为电阻恒定;

② 若用电器的实际功率超过额定功率,则认为用电器将损坏(断路);

③ 若用电器没注明额定值,则认为可以安全使用。

5. 功率与效率

1)功率

(1)额定功率与实际功率:$P_{实}=(U_{实}/U_{额})^2 \cdot P_{额}$。

(2)总功率与有用功率:$P_{总}=EI,P_{有用}=UI$。

(3)非纯电阻电路的功率:$P_{总}=P_{热}+P_{其他}$。

2)效率

效率 $\eta=P_{有用}/P_{总}=R/(R+r)$,当 $R=r$ 时,电源有最大输出功率,但此时电源的效率为 50%。

(二)单相交流电的基本计算

1. 交变电流周期频率

闭合线圈在匀强磁场中绕与磁场垂直的轴匀速转动,在一个周期内电压 U、电流 I 发生一次周期性变化。交变电流的周期和频率都是描述交变电流的物理量。交流电的频率与周期是互为倒数关系。

周期 T 是指交变电流完成一次周期性变化所需的时间,单位是秒(s)。周期越长,交变电流变化越慢,在一个周期内,交变电流的大小和方向都随时间变化。

频率 f 是指交变电流在 1s 内完成周期性变化的次数,单位是赫兹(Hz)。频率越大,交变电流变化越快。关系式为:

$$T=2\pi/\omega$$
$$T=1/f \tag{1-7-3}$$
$$\omega=2\pi/T=2\pi f$$

式中　ω——角频率,r/s。

2. 正弦交流电变化规律

正弦交变电流的电动势、电压和电流都有最大值、有效值、瞬时值和平均值,特别要注意它们之间的区别。以电动势为例:最大值用 E_m 表示,有效值用 E 表示,瞬时值用 e 表示,平均值用 $\overline{E}$ 表示。它们的关系为:$E=E_m/\sqrt{2}$,$e=E_m\sin(\omega t+\Phi)$。平均值不常用,必要时要用法拉第电磁感应定律直接求。

$$\overline{E}=n\frac{\Delta\Phi}{\Delta t}$$

式中　n——线圈匝数;

　　　$\Delta\phi$——磁通量变化量,Wb;

　　　Δt——发生变化所用时间,s。

特别要注意,有效值和平均值是不同的两个物理量,千万不可混淆。因此,将一小灯泡分别接到下面三个电源上:$U_1=10V$ 的直流电上,$U_2=10\times 2^{1/2}\times\sin(314t+45°)$ V 的交流电源上;$U_3=10\times 2^{1/2}\times\sin(628t+45°)$ V 的交流电源上时,亮度是一样的。生活中用的市电电压为220V,其最大值为 $220\sqrt{2}$ V 即311V,频率为50Hz。

GAG001 电功率及功率因数的计算

3. 电功率及功率因数的计算

三相电功率计算公式包括三种功率,有功功率 P、无功功率 Q 和视在功率 S。对于对称负载来说,三种功率计算公式均比较简单,相对测量也比较简单,也只需要测量一路电量信号即可。

对于要求精度较高的场合,必须采用两表法或者三表法来测量三相功率。

在交流电路中,相电压与相电流之间的相位差 ϕ 的余弦,叫作功率因数,用 $\cos\phi$ 表示,在数值上,功率因数是有功功率与视在功率的比值($\cos\phi=P/S$)。它反映了用于有功的"电力"在"电源"提供的总功率(视在功率)中所占的比率。三种功率和功率因数 $\cos\phi$ 是一个直角功率三角形关系:两个直角边是有功功率、无功功率,斜边是视在功率,即

$$\cos\phi=\frac{\text{有功功率}}{\sqrt{\text{有功功率}^2+\text{无功功率}^2}} \tag{1-7-4}$$

三相负荷中,任何时候这三种功率同时存在:视在功率 $S=1.732UI$,有功功率 $P=1.732UI\cos\phi$,无功功率 $Q=1.732UI\sin\phi$,功率因数 $\cos\phi=P/S$,$\sin\phi=Q/S$。

功率因数既然表示了总功率中有功功率所占的比例,显然在任何情况下功率因数都不可能大于1。由功率三角形可知,当 $\phi=0°$,即交流电路中电压与电流同相位时,有功功率等于视在功率。这时 $\cos\phi$ 的值最大,即 $\cos\phi=1$,当电路中只有纯阻性负载,或电路中感抗与容抗相等时,才会出现这种情况。感性电路中电流的相位总是滞后于电压,此时 $0°<\phi<90°$,此时称电路中有"滞后"的 $\cos\phi$;容性电路中电流的相位总是超前于电压,这时 $-90°<\phi<0°$,称电路中有"超前"$\cos\phi$。

电动机是需要有功和无功电流激磁运行的,电动机满载时,耗用有功电流最大,无功电流最小,功率因数约 0.85;轻载或空载时,耗用有功电流较小,无功电流较大,功率因数约 0.4~0.7,一般计算取功率因数为 0.78 或 0.8。

项目二 安全用电常识

一、安全用电常识

(一) 电流对人体的危害

触电是指电流通过人体而引起的病理、生理效应,即人碰到带电的导线,电流就要通过人体并对于人的身体和内部组织造成不同程度的损伤。

1. 电击

电击是指电流通过人体内部直接造成对内部组织的伤害,它是危险的伤害,往往导致严重的后果,电击又可分为直接接触电击和间接接触电击。电击伤会使人觉得全身发热、发麻,肌肉发生不由自主的抽搐,逐渐失去知觉,如果电流继续通过人体,将使触电者的心脏、呼吸机能和神经系统受伤,直到停止呼吸、心脏活动停顿为死亡。

2. 电伤

电伤是指电流对人体表面的伤害,它往往不致危及生命安全;电伤从外观看一般有电弧烧伤、电的烙印和熔化的金属渗入皮肤(称皮肤金属化)等伤害。总之,当人触电后,由于电流通过人体和发生电弧,往往会使人体烧伤,严重时造成死亡。

3. 安全电压

所谓安全电压,是指为了防止触电事故而由特定电源供电所采用的电压系列。安全电压应满足以下3个条件:(1)标称电压不超过交流50V、直流120V;(2)由安全隔离变压器供电;(3)安全电压电路与供电电路及大地隔离。我国规定的安全电压额定值的等级为42V、36V、24V、12V、6V。当电气设备采用的电压超过安全电压时,必须按规定采取防止直接接触带电体的保护措施。

4. 安全电流

为了保证电气线路的安全运行,所有线路的导线和电缆的截面都必须满足发热条件,即在任何环境温度下,当导线和电缆连续通过最大负载电流时,其线路温度都不大于最高允许温度(通常为700℃左右),这时的负载电流称为安全电流。如果将一额定值为5W、500Ω的电阻,接入电压为100V的电路中,由 $P=U^2/R$ 可知,电阻将有可能烧坏。

(二) 影响触电后果的因素

电击对人体的危害程度,主要取决于通过人体电流的大小和通电时间长短。电流强度越大,致命危险越大;持续时间越长,死亡的可能性越大。能引起人感觉到的最小电流值称为感知电流,交流为1mA,直流为5mA;人触电后能自己摆脱的最大电流称为摆脱电流,交流为10mA,直流为50mA;在较短的时间内危及生命的电流称为致命电流,致命电流为50mA。在有防止触电保护装置的情况下,人体允许通过的电流一般为30mA。

1. 电流强度

单位时间里通过导体任一横截面的电量叫作电流强度(物理学中称为电流),单位符号"A"。

2. 电流通过人体的持续时间

一般来说，通过人体的电流越大，对人的生命威胁也越大，而电流通过人体的持续时间越长，使流经处的皮肤发热、出汗，降低了皮肤阻抗，这样通过人体的电流也相应地增加，从而增加了危险性。

3. 电流频率

电流通过人体时，由于每个人的体质不同，电流通过的时间有长有短，因而有不同的后果。这种后果又和通过人体电流的大小有关系。但是要确切地说出通过人体的电流有多少才能发生生命危险是困难的。触电的伤害程度决定于通过人体电流的大小、途径和时间的长短。当人体通过 0.6mA 的电流，会引起人体麻刺的感觉；通过 20mA 的电流，就会引起剧痛和呼吸困难；通过 50mA 的电流就有生命危险；通过 100mA 以上的电流，就能引起心脏停搏、心房停止跳动，直至死亡。

4. 电流通过人体的途径

触电对人体的危害，主要是因电流通过人体一定路径引起的。电流通过头部会使人昏迷，电流通过脊髓会使人截瘫，电流通过中枢神经会引起中枢神经系统严重失调而导致死亡。从左手到胸部是最危险的途径，从手到手、手到脚也是最危险的，从脚到脚危险就小些。

5. 人体状况

人体内阻抗是指与人体接触的两电极之间的阻抗。忽略频率对人体内阻的容性及感性分量影响，那么人体内阻差不多是起电阻作用，虽然受电流路径的影响，但其值一般在 500Ω 左右，这对整个人体阻抗（约 100kΩ）来说是相当小的，因此可以近似地认为它是个恒定为 500Ω 的电阻值。人体阻抗取决于一定因素，特别是电流路径、接触电压、电流持续时间、频率、皮肤潮湿度、接触面积、施加的压力和温度等。在工频电压下，人体的阻抗随接触面积增大、电压越高，而变得越小。

6. 作用于人体的电压

安全电压的等级分为 42V、36V、24V、12V、6V。当电源设备采用 24V 以上的安全电压时，必须采取防止可能直接接触带电体的保护措施。因为尽管是在安全电压下工作，一旦触电虽然不会导致死亡，但是如果不及时摆脱，时间长了也会产生严重后果。

（三）人体触电的方式

1. 直接接触触电

直接接触触电是指人身直接接触电气设备或电气线路的带电部分而遭受电击。它的特征是人体接触电压，就是人所触及带电体的电压；人体所触及带电体所形成接地故障电流就是人体的触电电流。直接接触触电带来的危害是最严重的，所形成的人体触电电流总是远大于可能引起心室颤动的极限电流。

2. 间接接触触电

间接接触触电是指电气设备或电气线路绝缘损坏发生单相接地故障时，其外露部分存在对地故障电压，人体接触此外露部分而遭受电击。它主要是由于接触电压而导致人身伤亡的。

（四）防触电方法

为了达到安全用电的目的，必须采用可靠的技术措施，防止触电事故发生。绝缘、安全间距、漏电保护、安全电压、遮栏及阻挡物等都是防止直接触电的防护措施。保护接地、保护接零是间接触电防护措施中最基本的措施。所谓间接触电防护措施是指防止人体各个部位触及正常情况下不带电,而在故障情况下才变为带电的电器金属部分的技术措施。专业电工人员在全部停电或部分停电的电气设备上工作时,在技术措施上,必须完成停电、验电、装设接地线、悬挂标示牌和装设遮栏后,才能开始工作。

接地是指电气设备的某个部分与大地之间做良好的电气连接。与大地土壤直接接触的金属导体或金属导体组称为接地体;连接电气设备应接地部分与接地体的金属导体称为接地线;接地体和接地线统称为接地装置。电气设备接地的目的主要是保护人身和设备的安全,所有电气设备应按规定进行可靠接地。

> CAG009 装置设备接地线的概念

(五)用电设备防爆等级

> GAG003 用电设备防爆等级

在规定条件下不会引起周围爆炸性环境点燃的电气设备叫防爆电气设备。防爆电气设备的防爆等级的划分是根据设备使用的类别、爆炸性气体混合物的温度组别、防爆电气设备的防爆型式来划分的。可分为三类:

Ⅰ类:煤矿井下电气设备。

Ⅱ类:除煤矿、井下之外的所有其他爆炸性气体环境用电气设备。Ⅱ类又可分为ⅡA、ⅡB、ⅡC类,标志ⅡB的设备可适用于ⅡA设备的使用条件;ⅡC可适用于ⅡA、ⅡB的使用条件。

Ⅲ类:电气设备用于除煤矿以外的爆炸性粉尘环境。Ⅲ类电气设备再分为ⅢA类(可燃性飞絮);ⅢB类(非导电性粉尘);ⅢC类(导电性粉尘)。

电气设备在规定范围内的最不利运行条件下工作时,可能引起周围爆炸性环境点燃的电气设备任何部件所达到的最高温度叫最高表面温度。最高表面温度应低于可燃温度。

例如:防爆传感器环境的爆炸性气体的点燃温度为100℃,那么传感器在最恶劣的工作状态下,其任何部件的最高表面温度应低于100℃。爆炸性环境用电气设备按其最高表面温度划分为$T_1 \sim T_6$组别,见表1-7-2。

表1-7-2 温度组别划分表

T_1	T_2	T_3	T_4	T_5	T_6
>450℃	300~450℃	200~300℃	135~200℃	100~135℃	85~100℃

针对不同的用途,防爆电气设备分为隔爆型电气设备(d)、增安型电气设备(e)、本质安全型电气设备(i)、无火花型电气设备(n)、防爆特殊型电气设备(s)。

隔爆型电气设备(d)是指把能点燃爆炸性混合物的部件封闭在一个外壳内,该外壳能承受内部爆炸性混合物的爆炸压力并阻止和周围的爆炸性混合物传爆的电气设备。

增安型电气设备(e)是指正常运行条件下,不会产生点燃爆炸性混合物的火花或危险温度,并在结构上采取措施,提高其安全程度,以避免在正常和规定过载条件下出现点燃现象的电气设备。

本质安全型电气设备(i)是指在正常运行或在标准试验条件下所产生的火花或热效应均不能点燃爆炸性混合物的电气设备。

无火花型电气设备(n)是指在正常运行条件下不产生电弧或火花,也不产生能够点燃周围爆炸性混合物的高温表面或灼热点,且一般不会发生有点燃作用的故障的电气设备。

防爆特殊型电气设备(s)是指电气设备或部件采用 GB 3836.1—2000 未包括的防爆型式时,由主管部门制订暂行规定。送劳动人事部备案,并经指定的鉴定单位检验后,按特殊电气设备"s"型处置。

二、电气设备灭火方法

(一)断电灭火

电力线路或电气设备发生火灾,首先应设法切断电源,然后组织扑救。在切断电源时应注意以下几点:

(1)火灾发生后,由于受潮或烟熏,开关设备绝缘强度降低,因此拉闸时应使用适当的绝缘工具操作。

(2)有配电室的单位,可先断开主断路器;无配电室的单位,先断开负载断路器,后拉开隔离开关。

(3)切断用磁力启动器启动的电气设备时,应先按"停止"按钮,再拉开隔离开关。

(4)切断电源的地点要选择恰当,防止切断电源后影响火灾的扑救。

(5)剪断电线时,应穿戴绝缘靴和绝缘手套,用绝缘胶柄钳等绝缘工具将电线剪断。不同相电线应在不同部位剪断,以免造成线路短路。剪断空中电线时,剪断的位置应选择在电源方向的支持物上,防止电线剪断后落地造成短路或触电伤人事故。

(6)如果线路上带有负载时,应先切除负载,再切断灭火现场电源。

(二)带电灭火

在不得已需要带电灭火时,应注意以下几点:

(1)选用适当的灭火器。应选用不导电的灭火剂进行灭火,如 IG541、七氟丙烷、二氧化碳或干粉灭火剂等。

(2)可用水进行带电灭火。但因水能导电,必须采取适当安全措施后才能进行灭火。灭火人员在穿戴绝缘手套和绝缘靴、水枪喷嘴安装接地线的情况下,可使用喷雾水枪灭火。

(3)对架空线路等空中设备灭火时,人体位置与带电体之间仰角不应超过45℃,以免导线断落伤人。

(4)如遇带电导线断落地面,应划出警戒区,防止跨入。扑救人员需要进入灭火时,必须穿上绝缘靴。

(5)在带电灭火过程中,人应避免与水流接触,防止地面水渍导电引起触电事故。

(6)灭火时,灭火器和带电体之间应保持足够的安全距离。

(三)电力电缆火灾的扑救

(1)电缆着火燃烧时,应立即切断起火电缆的电源。当敷设在沟中的电缆发生燃烧时,与其并排敷设的电缆若有燃烧的可能,也应切断电源。

(2)对电缆间隔小而电缆布置稠密的电缆沟发生火灾时,应将电缆沟的隔火门关闭或将两端堵死,采用窒息法进行扑救。

(3)电缆沟道电缆火灾时,扑救人员应尽可能戴上防毒面具及橡皮手套,并穿绝缘靴。

(4)禁止用手直接接触电缆钢甲,也不准移动电缆。

（5）扑救电力电缆火灾时，可采用干粉灭火器、二氧化碳灭火器或喷雾枪灭火，也可用黄土和干沙进行覆盖灭火。

（四）电动机火灾的扑救

在扑救旋动电动机火灾时，为防止设备的轴和轴承变形，可令其慢慢转动，用喷雾水灭火，并使其均匀冷却。也可用其他适当的灭火器扑灭，但不宜用干粉、沙子、泥土灭火，以免增加修复的困难。

（五）电力变压器火灾的扑救

（1）变压器起火后，应立即切断变压器各侧断路器，并向值班长和有关领导报告。迅速组织人员到现场扑救；同时赶快打火警电话，使消防人员尽快赶到现场进行扑救。

（2）若变压器油溢在变压器顶盖上着火，应设法打开变压器下部的放油阀，使油流入蓄油坑内。同时要防止着火油料流入电缆沟内。

（3）当火势继续蔓延扩大，可能波及其他设备时，应采取适当的隔离措施，必要时可用砂土堵挡油火，并设法切断此类设备的电源。

（4）对起火的变压器应使用干粉灭火器、推车式泡沫灭火器或喷雾水枪进行灭火。在不得已的情况下，可用沙子覆盖灭火，严禁带电使用泡沫灭火器灭火，以防触电伤人。

第二部分

初级工操作技能及相关知识

模块一　开车准备

项目一　灭火器的使用

一、相关知识

(一)燃烧的三要素

燃烧的发生要同时具备可燃物、助燃物、着火源这三要素。

1. 可燃物

可燃物指与氧气或其他氧化剂发生燃烧的物质,主要有:(1)固态物质,如木材、棉纤维、煤等;(2)液态物质,如酒精、汽油、苯等;(3)气态物质,如氢气、乙炔、一氧化碳等。

2. 助燃物

助燃物指帮助和支持可燃物质燃烧的物质,主要有空气、纯氧或其他具有氧化性的物质。

3. 着火源

着火源指供给可燃物与助燃物发生燃烧的能量来源,主要有明火、高温表面、摩擦和撞击、绝热压缩、化学反应热、电气火花、静电火花、雷击、光热射线等。

(二)灭火器的类型

水基型灭火器:把清洁水或带添加剂的水(泡沫)作为灭火剂的灭火器。

干粉型灭火器:充装干粉灭火剂的灭火器,一般分为 BC 类和 ABC 类干粉灭火剂两类,目前主要充装物有磷酸铵盐、碳酸氢钠、氯化钠、氯化钾等。

二氧化碳灭火器:充装二氧化碳灭火剂的灭火器。

洁净气体灭火器:充装洁净气体(非导电的气体或能蒸发的气体)的灭火器。

(三)灭火器型号表示方法

灭火器的型号一般用汉语拼音大写字母和阿拉伯数字标于筒体,型号由类、组、特征代号及主要参数几部分组成。

(1)灭火器类代号编在型号首位,通常用"M"表示。

(2)灭火器组代号编在型号第二位,具体为:F——干粉灭火剂;T——二氧化碳灭火剂;Y——1211灭火剂;Q——清水灭火剂。

(3)特征代号编在型号第三位:S——手提式;T——推车式;Y——鸭嘴式;Z——盘车式;B——背负式。

(4)主要参数在最后,用数字表示,代表灭火剂的质量或容积,单位一般为 kg 或 L。

例如,"MFSABC2"表示 2kg 手提式 ABC 干粉灭火器;"MFT50"表示 50kg 推车式干粉灭火器。

(四)灭火器的选用

CBA003 灭火器的选用（1）A类火灾(固体物质火灾)场所:应选用水基型(水雾、泡沫)灭火器、ABC类干粉灭火器。

（2）B类火灾(液体或可溶化的固体物质火灾)场所:应选用水基型(水雾、泡沫)灭火器、BC类或ABC类干粉灭火器、洁净气体灭火器。

（3）C类火灾(气体火灾)场所:应选用干粉灭火器、水基型(水雾)灭火器、洁净气体灭火器、二氧化碳灭火器。

（4）D类火灾(金属火灾)场所:应选用金属火灾专用灭火器,也可用干沙、土或铸铁屑粉末代替进行灭火。在扑救此类火灾的过程中,必须有专业人员指导,以免在灭火过程中不合理地使用灭火剂,而适得其反。

（5）E类火灾(带电火灾)场所:应优先选用二氧化碳灭火器或洁净气体灭火器,也可用干粉、水基型(水雾)灭火器。需注意的是使用二氧化碳灭火器扑救电气火灾时,为防止短路或触电不得选用装有金属喇叭喷筒的二氧化碳灭火器。

（6）F类火灾(烹饪器具内烹饪物火灾)场所:应选用BC类干粉灭火器、水基型(水雾、泡沫)灭火器。二氧化碳灭火器对F类火灾只能暂时扑灭,容易复燃。

在仪表控制室、计算机房、信息站、化验室等场所,应选用二氧化碳灭火器。在石油化工企业的生产区内,应选择干粉型或泡沫型灭火器。

(五)现场火灾应急要点

CBA004 拨打火警电话要点（1）发生初期火灾时,第一发现人应大声呼叫报警,并立即进行扑救,同时报告现场负责人。

（2）及时断开着火区电源,现场负责人立即组织人员迅速展开初期火灾的扑救工作,切断易燃物输送源或迅速隔离易燃物等。

（3）若火势现场无法控制,应立即拨打就近火警电话,并及时向应急办公室汇报。报警时,要沉着冷静,讲清着火时间、着火单位、着火地点、着火部位、着火物质、火势情况,讲清报警人姓名及电话号码,然后指派专人到着火点附近路口迎接消防车。

（4）迅速疏散着火区内无关人员到安全区,确定安全警戒区域,安排专人负责警戒。在专业消防队到达之前,参加救火的人员要服从现场第一责任人的统一指挥,在专业消防队到达之后,听从现场消防指挥员的统一指挥,员工配合消防队做好灭火及其他工作。

（5）现场有伤员时,及时救护并联系就近医院进行救治。

(六)消防水带的使用方法

CBA005 消防水带的使用方法（1）打开消火栓门,取出水带、水枪(图2-1-1)。

（2）检查水带及接头是否良好,如有破损不能使用。

（3）向火场方向甩出水带,避免扭折、拖拉。

（4）将水带与消火栓连接,连接时将连接扣准确插入滑槽,按顺时针方向拧紧。

（5）将水带另一端与水枪连接,灭火时两人握紧水枪,对准火场。

（6）缓慢打开消火栓阀门,对准火场根部进行灭火。

图2-1-1 消防水带

二、技能要求

(一)准备工作

(1)工具准备:防爆阀门扳手、防爆手电、防爆对讲机。

(2)人员穿戴劳保着装:工作服、工作鞋、安全帽、手套。

(3)检查灭火器是否完好。

(4)准备好可燃气报警仪和对讲机。

(二)操作规程

1. 手提式干粉灭火器

(1)将灭火器(图2-1-2)提到起火地点,撕去铅封,拔出保险销。

(2)一手握住喷管嘴部,对准火源根部,一手按下压把,干粉即可喷出。

(3)灭火时要平射,由近及远,快速推进。

> CBA006 手提式干粉灭火器的使用方法

2. 手提式二氧化碳灭火器

(1)将灭火器(图2-1-3)提到起火地点,撕去铅封,拔出保险销。

(2)旋转喷嘴,使其与灭火器筒体呈70°~90°。

(3)一手握住喷嘴,对准火源根部,一手按下压把,灭火剂即可喷出。

(4)灭火时要平射,由近及远,快速推进。

(5)使用时注意手握部位,防止冻伤,在室内有限空间使用要防窒息。

图 2-1-2　手提式干粉灭火器

图 2-1-3　手提式二氧化碳灭火器

3. 推车式干粉灭火器(35kg)

(1)甲乙两人操作,将灭火器(图2-1-4)推到起火地点3~5m处。

(2)站在上风处,甲将盘好的喷管打开,握住喷管嘴部,对准火源根部,打开喷管嘴部阀。

(3)乙撕去铅封,拔出保险销,全开灭火器阀门,干粉即可喷出。

(4)灭火时要平射,由近及远,向前平推,左右横扫,不让火焰回窜。

(5)灭火时应一次扑灭,否则会前功尽弃。

图 2-1-4　推车式干粉灭火器

(三)注意事项

(1)使用灭火器材时,应根据燃烧介质的种类正确选择灭火器。

(2) 使用灭火器灭火时，严禁直冲着火液面，防止发生喷溅。

(3) 室外使用应站在火源的上风口。

项目二　过滤式防毒面具的使用

一、相关知识

防毒面具是个人劳动保护用品，戴在头上，保护人的呼吸器官、眼睛和面部，防止毒气、粉尘、细菌、有害有毒气体或蒸气等有毒物质伤害。防毒面具广泛应用于石油、化工、矿山、冶金、军事、消防、抢险救灾、卫生防疫和科技环保、机械制造等领域，在雾霾、光化学烟雾较严重的城市也能起到比较重要的个人呼吸系统保护作用。防毒面具从造型上可以分为全面具和半面具，全面具又分为正压式和负压式；按防护原理，可分为过滤式防毒面具和隔绝式防毒面具。

过滤式防毒面具由面罩和滤毒罐（或过滤元件）组成。面罩包括罩体、眼窗、通话器、呼吸活门和头带（或头盔）等部件。滤毒罐用以净化有毒气体，内装滤毒层和吸附剂，也可将这两种材料混合制成过滤板，装配成过滤元件。较轻的（200g左右）滤毒罐或过滤元件可直接连在面罩上，较重的滤毒罐通过导气管与面罩连接。

CBA007 防毒面具相关知识

隔绝式防毒面具由面具本身提供氧气，分储气式、储氧式和化学生氧式三种。隔绝式面具主要在高浓度有毒空气（体积浓度大于1%时）中，或在缺氧的高空、水下或密闭舱室等特殊场合下使用。

除上述两种防毒面具以外，许多国家还装备有其他各类防毒面具。它们是在过滤式防毒面具的基础上更换滤毒罐内的吸着剂或改进局部结构而成。现代防毒面具能有效地防御战场上可能出现的毒剂、生物战剂和放射性灰尘。它的质量有的已减至0.6kg左右，可持续佩戴8h以上，佩戴防毒面具后还可较方便地使用光学、通信器材和武器装备。

本项目只介绍过滤式防毒面具，外形见图2-1-5。由于防护对象和作用的不同，滤毒罐可分为防粉尘滤罐、防机械颗粒物滤罐、防化学毒性物质滤罐、复合型防尘防毒滤罐、防特殊过滤物的滤罐等。

图2-1-5　过滤式防毒面具外形及佩戴效果图

二、技能要求

(一)准备工作

(1)工具设备:防爆阀门扳手、防爆手电、防爆对讲机。

(2)人员穿戴劳保着装:工作服、工作鞋、安全帽、手套。

(3)确认毒物并选择滤毒罐类型,携带对讲机和有毒气体报警仪。

(二)操作规程

(1)确认毒物,选择适用的滤毒罐。

(2)戴上面罩,用手完全堵住呼气阀,进行气密检查。

(3)拧开过滤罐上的盖,拔出罐底橡胶塞。

(4)将过滤罐与面罩连接,用手堵住过滤罐进气口后吸气,确保不漏气。

(5)放开手,做几次深呼吸,感觉供气舒畅,无不适感,方可使用。佩戴后如图 2-1-5 所示。

> CBA008 过滤式防毒面具的使用方法

(三)注意事项

(1)一定要注意使用前应拧开过滤罐上的盖,拔出罐底橡胶塞,否则会导致窒息。

(2)过滤式防毒面具不能用于受限空间及抢险。

(3)使用条件必须是毒物浓度不高、氧含量不低于19%的场所。

(4)使用过滤式防毒面具时,有毒气体浓度应不大于过滤罐所允许的适用范围。

项目三 正压式空气呼吸器的使用

一、相关知识

(一)空气呼吸器简介

正压式呼吸器又称储气式防毒面具,有时也称消防面具,一般分为空气呼吸器和氧气呼吸器。

> CBA009 空气呼吸器简介

空气呼吸器广泛应用于消防、化工、石油、冶炼、实验室、矿山等部门,供消防员或抢险救护人员在浓烟、毒气、蒸气或缺氧等各种环境下安全有效地进行灭火、抢险救灾和救护工作。根据呼吸器型号的不同,防护时间的最高限值有所不同,空气呼吸器的工作时间一般为 20~30min,总地来说空气呼吸器的防护时间比氧气呼吸器稍短。

(二)空气呼吸器的组成

(1)面罩:为大视野面窗,面窗镜片采用聚碳酸酯材料,具有透明度高、耐磨性强的优点,并具有防雾功能。网状头罩式佩戴方式佩戴舒适、方便。胶体采用硅胶,无毒、无味、无刺激,气密性能好。

(2)气瓶:为铝内胆碳纤维全缠绕复合气瓶,工作压力 30MPa,具有质量轻、强度高、安全性能好的优点,瓶阀具有高压安全防护装置。

(3)瓶带组:瓶带卡扣为一快速凸轮锁紧机构,并保证瓶带始终处于闭环状态,气瓶不会出现翻转现象。

(4)肩带:由阻燃聚酯织物制成,背带采用双侧可调结构,使重量落于腰胯部位,减轻肩带对胸部的压迫,使呼吸顺畅。并在肩带上设有宽大弹性衬垫,减轻对肩的压迫。

(5)报警哨:置于胸前,报警声易于分辨,体积小、重量轻。

(6)压力表:大表盘,具有夜视功能,配有橡胶保护罩。

(7)气瓶阀:具有高压安全装置,开启力矩小。

(8)减压器:体积小、流量大、输出压力稳定。

(9)背托:背托设计符合人体工程学原理,由碳纤维复合材料注塑成型,具有阻燃及防静电功能,质轻、坚固,在背托内侧衬有弹性护垫,可使佩戴者舒适。

(10)腰带组:卡扣锁紧,易于调节。

(11)快速接头:小巧、可单手操作,有锁紧防脱功能。

(12)供给阀:结构简单、功能性强、输出流量大,具有旁路输出、体积小。

二、技能要求

(一)准备工作

(1)工具设备:防爆阀门扳手、防爆手电、防爆对讲机。

(2)人员穿戴劳保着装:工作服、工作鞋、安全帽、手套。

(3)准备好正压式空气呼吸器。

(二)操作规程

CBA010 正压式空气呼吸器的使用方法

(1)如图 2-1-6 所示,检查背带、面罩等部件无损坏,将气瓶与背托连接完好并固定。

(2)打开气瓶阀,观察压力在 20MPa 以上,方可戴上面罩进行作业,禁止先戴面罩后开空气瓶阀开关。

图 2-1-6 正压式空气呼吸器外形及佩戴效果图

(3)关闭气瓶阀,观察压力表,在 1min 内下降不得大于 2MPa。

(4)按下供气阀上的按钮(强制供气阀),缓慢释放管路气体的同时观察压力表,当压力降到 5~6MPa 时报警哨须报警。

(5)打开气瓶阀,瓶口向下背上空气呼吸器,扣上搭扣,调整好腰带、肩带并与身体充分贴合。

(6)戴上面罩,适当调整好束带松紧,用手掌封住面罩供气口后吸气,无法呼吸则说明面罩气密完好。

(7) 将供气阀推入面罩供气口,听到"咔嗒"声音,深呼吸几次,呼吸通畅,此时可进入正常使用状态。

(8) 使用完毕后关闭气瓶阀,放净管路内剩余气体。

(三) 注意事项

(1) 正压式空气呼吸器及其零部件应避免阳光直射,以免橡胶件老化。

(2) 正压式空气呼吸器严禁接触油脂及油脂类物质。

(3) 空气瓶不能充装氧气,以免发生爆炸。

(4) 气瓶(6.8L)压力为20MPa时,可使用40min左右。当压力下降至5~6MPa,报警哨发出报警,此时应立即撤离现场,报警后可再使用5~10min。

(5) 正压式空气呼吸器的压缩空气应清洁,达到规定要求。

(6) 使用前应检查面罩气密性,蓄有胡须及佩戴眼镜者不能使用,面部形状异常或有疤痕以致无法保证面罩气密性者也不得使用。

(7) 正压式空气呼吸器压力表应每年进行一次校正。

(8) 在有毒区域内作业,严禁在没有离开有毒区域时摘下空气呼吸器面罩。

(9) 使用结束后,要确定已离开受污染、空气成分不明的环境或已处于不再要求呼吸保护的环境中。

CBA011 正压式空气呼吸器使用的注意事项

项目四 挤出机开车准备

一、相关知识

(一) 挤出机挤出原理

挤出机首先将塑料加热至黏流状态,在加压的情况下,使之通过具有一定形状的口模而成为截面与口模相仿的连续体,然后通过冷却使其具有一定的几何形状和尺寸,由黏流态变为高弹态,最后冷却定型为玻璃态,得到所需要的产品。

CBA012 挤出机挤出原理

通过挤出机筒体加热板加热,使物料中一些残留单体、水汽等杂质快速汽化尽可能地从排气口排出,物料掺混融炼后所产生的低相对分子质量物质及一些残余物经真空闪蒸后从真空口排出,以保证系统内物料的纯净。

挤出机的扭矩控制ABS成品中的橡胶含量,机械接枝率及混炼程度等影响着产品性能的指标。挤出机扭矩大,机械剪切力大,机械降解能力增强,使很多大相对分子质量长链段的橡胶链被剪切成小分子链段的物质,破坏胶链,在高温作用下真空闪蒸排出系统之外,产品指标下降。挤出机扭矩小,机械剪切力小,机械降解能力差。虽不能对橡胶链构成严重的破坏,但不能够使ABS粉料、SAN粒料及各种化学品进行均匀地掺混,不能很好地熔炼等一系列因素,同样影响产品的性能指标。

CBA013 挤出机对产品的影响

(二) 挤出机盘车

(1) 观察挤出机温度,调整挤出机温度在正常范围内。

(2) 对挤出机螺杆进行盘车,盘动几圈。

(3)挤出机低转数开车,同时观察螺杆扭矩。

(三)启动挤出机前的确认

CBA014 启动挤出机前的确认

(1)确认挤出机进料处阀门开启灵活。
(2)确认挤出机进料量按照工艺配方准确无误。
(3)确认挤出机联轴器的开口垫片固定好。
(4)确认挤出机螺杆和传动电动机的转动方向。
(5)确认润滑油压力和温度。
(6)确认联锁自保系统满足启动要求。

二、技能要求

(一)准备工作

(1)工具设备:防爆F扳手、防爆手电。
(2)人员穿戴劳保着装:工作服、工作鞋、安全帽、手套。

CBA015 启动挤出机前的检查

(二)操作规程

(1)检查电动机的接地线是否正确,确认螺杆和螺翅正常。
(2)检查挤出机驱动部分的润滑油是否充足,油的型号是否正确,润滑系统是否工作正常,油温在40~60℃。
(3)打开筒体冷却水阀,检查连接部位是否漏水。
(4)检查主动螺杆插入是否正确。
(5)把含有二硫化钼的抗焦化剂涂在螺栓及模头上。
(6)检查筒体的加热冷却水系统工作是否正常。

(三)注意事项

(1)确认挤出机安装正确。
(2)确认筒体冷却水箱水位在正常范围。

项目五 切粒机开车前的检查

一、相关知识

(一)切粒机简介

切粒机是在ABS和SAN造粒生产过程中束条的切割系统,生产出圆柱状树脂颗粒。如图2-1-7所示,切粒机主要由9部分组成:(1)束条导向装置;(2)拉入装置;(3)切割装置;(4)机壳;(5)机盖板;(6)驱动装置;(7)水分布装置;(8)气动及检测装置;(9)安全装置。

束条在经过导流板时,束条表面由溢流板喷射出的冷却水进行冷却。如图2-1-8所示,束条在花辊和光辊牵引下,由定刀和转刀进行切割。为了切割同等规格粒料,减少长条料及物料粉末,转刀、花辊和光辊速度要匹配。输送水在转刀的侧后方进入切割室。牵引辊和转刀分别由三台电机驱动。束条切割成粒料后,颗粒中心和切割面仍然是熔融状态。在颗粒内的余热通过水输送线移除,颗粒和水的混合物通过输送流道向干燥器输送。

图 2-1-7　切粒机

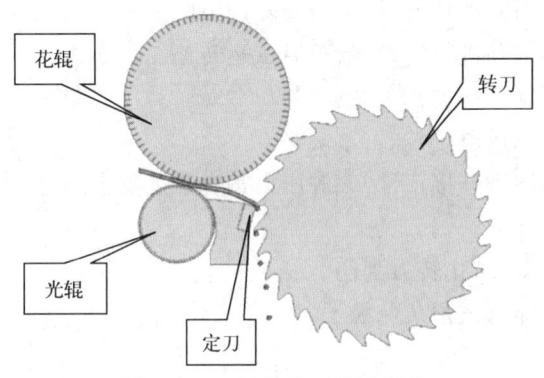

图 2-1-8　切粒机工作示意图

(二) 切粒机初始状态确认

(1) 切粒机检修结束,单机试车完毕。

(2) 分布器与转刀、压辊可正常运行。

(3) 切粒机与电动机用联轴器连接好。

(4) 切粒机组仪表已按规格型号联校好。

(5) 切粒机仪表盘送电投用。

(6) 与 DCS 系统相连接仪表联校完好。

(7) 电气设备送电。

(8) 机组自保联锁、报警、备泵自启、各报警连锁系统试验合格。

CBA016　切粒机相关知识

(三) 切粒机的维护保养

(1) 保持切粒机本身清洁,每天都要对切粒机进行打扫,保持周围地面没有粒料。

(2) 每天巡检切粒机注意观察切粒机振动、噪声等是否有异常。

(3) 检查电动机、振动筛、离心干燥机地脚螺栓是否松动。

(4) 每次开车时要先开机,后开输送水,保持轴承使用寿命。

(5) 定时调整导流板横向位置,保证切粒效果,延长切刀使用寿命。

(6) 操作时,不要使金属等硬的异物掉入切刀室,以免造成切刀损坏。

二、技能要求

(一)准备工作

(1)工具设备:防爆 F 扳手、防爆对讲机。

(2)人员穿戴劳保着装:工作服、工作鞋、安全帽、手套。

(3)确认机组的周围整洁。

(4)确认所有通道均能通行。

(5)确认现场作业结束。

(6)确认电动机所带动的设备允许启动。

CBA017 切粒机开车前的检查

(二)操作规程

(1)检查驱动部分,并对这些部件进行润滑。

(2)检查压辊和切刀间隙状况,把切刀间隙调整好。

(3)检查切粒机内部并进行清理,盘车后试运转 2min。

(4)确认分布器正常。

(5)确认切粒机现场送电正常。

(6)确认切粒机气源管连接正常,气源压力符合开工要求。

(三)注意事项

(1)盘车时注意安全,防止转刀刮伤。

(2)切粒机内部不能有残留杂色粒子。

模块二　开车操作

项目一　离心泵的启动

一、相关知识

(一)离心泵相关性能参数

离心泵的主要工作性能参数包括泵的流量 Q_e、扬程 H_e、轴功率 N_a 和效率 η。它们之间相互存在着一定的关系。

> CBB001 离心泵的相关性能参数

1. 离心泵的流量

泵的流量是指泵在单位时间内输送的液体体积,常用符号 Q_e 表示。泵的流量单位为 m^3/h、m^3/s、L/min 和 L/s 等。泵的流量大小与泵的结构、尺寸(主要是叶轮的直径与宽度)和转速有关。

> CBB002 离心泵的流量

2. 离心泵的扬程

泵对单位质量液体所能提供的有效能量称泵的扬程或泵的压头,常用符号 H_e 表示。泵的扬程单位常用所输送液体的液柱高度(m 液柱)来表示。泵的实际扬程(压头)和泵的结构、尺寸(主要是叶轮直径的大小和叶片的弯曲情况等)以及泵的转速和流量有关。随着离心泵出口流量增大到某一值后扬程开始下降,对离心泵而言,在转速一定和正常工作范围内,流量越大,扬程越小。

> CBB003 离心泵的扬程

3. 离心泵的功率和效率

(1)单位时间内液体从泵得到的实际机械能称为泵的有效功率,常用符号 N_e 表示。离心泵的功率随泵出口流量的增加而增大。泵的有效功率 N_e 的计算公式为:

> CBB004 离心泵的功率

$$N_e = \rho g Q_e H_e \tag{2-2-1}$$

式中　N_e——泵的有效功率,W;

　　　H_e——泵的有效扬程,m 液柱;

　　　ρ——液体密度,kg/m^3;

　　　Q_e——泵的流量,m^3/s;

　　　g——重力加速度,一般取 $g=9.8 m/s^2$。

(2)由电动机输入离心泵的功率称为泵的轴功率,常用符号 N_a 表示。离心泵的轴功率随着流量的增大而逐渐增大。离心泵输送介质的密度发生变化,轴功率也会随之变化;随着输送液体的黏度增大,离心泵的轴功率增大。泵的轴功率 N_a 的计算公式为:

$$N_a = M\omega \tag{2-2-2}$$

式中　N_a——泵的轴功率,W;

M——泵轴扭矩，N·m；
ω——泵的旋转角速度，s^{-1}。

CBB005 离心泵的效率

（3）泵的有效功率与泵的轴功率之比值，称为泵的效率，常用符号 η 表示。离心泵的有效功率总是小于轴功率。泵的效率 η 的计算公式为：

$$\eta = N_e / N_a \times 100\% \qquad (2\text{-}2\text{-}3)$$

式中　η——泵的功率，%；
N_e——泵的有效功率，W；
N_a——泵的轴功率，W。

离心泵在额定点时的效率最高。离心泵输送液体的密度越大，则泵的效率越高。输送的液体黏度增大，泵的效率降低。离心泵效率随着泵出口流量的增加，其效率会先增大后下降。通常离心泵铭牌上标注的性能参数是泵效率最高时的参数。

（二）离心泵启动前的准备

离心泵在准备启动、预热、灌泵、备用和长期停用时都要盘车。备用离心泵盘车时，将轴的位置转动到与原来相差 90°，目的是防止轴发生弯曲，备用离心泵在盘车过程中，能发现是否存在故障和隐患，若有则可及时处理。备用泵和停用泵需要每隔一段时间盘车一次，每次转动 180°，启动前要盘车 1.5 圈。

离心泵开车前要进行预热盘车，目的是防止泵轴受热不均产生弯曲，防止机械密封故障，启动电动机而产生抱轴。离心泵开车前，关闭出口阀门的目的是防止电动机长时间超电流而跳电或者损坏电动机。

输送热物料的离心泵，开车前进行预热的目的是防止离心泵内件热膨胀量不同，造成机械密封及泵进出口法兰的泄漏，严重时在开泵后损坏机械密封。

（三）机泵的自启动

当控制参数下降或者上升到某一值时，能使该参数恢复正常的系统自动启动，该系统称为自启动系统。自启动系统启动以后，当被调参数恢复正常时，该自启动系统的运行设备不会停车。

二、技能要求

CBB006 离心泵启动前的准备

（一）准备工作

（1）工具设备：防爆F扳手、活动扳手、防爆对讲机。
（2）人员穿戴劳保着装：工作服、工作鞋、安全帽、手套。
（3）确认泵供电正常。
（4）确认泵的入口管线、阀门、法兰和压力表接头安装齐全，符合要求；确认地脚螺栓及其他连接部分无松动。
（5）确认防护罩完好。
（6）确认盘车均匀灵活，泵体内无金属碰击声或摩擦声。
（7）确认轴承箱内油位处于轴承箱液位计的 1/2~2/3。
（8）确认冷却水系统畅通。
（9）确认泵出口阀关闭。

(10)确认二级密封正常。

(二)操作规程

（1）开启入口阀,使液体充满泵体,将泵内空气赶净。若是热油泵,则不允许开放空阀赶空气,并且关闭预热线。

（2）启动电动机。

（3）全面检查机泵的运转情况:出口压力、振动情况、轴承情况、声音。

（4）当泵出口压力高于操作压力时,逐步开出口阀门,控制泵的流量、压力。

（5）检查泵出口压力、电流及冷却水运行情况。

（6）如为热油泵,还应打入封油。封油压力高于泵体压力 0.1MPa 以上。

(三)注意事项

（1）离心泵在任何情况下都不允许无液体空转,以免零件损坏。

（2）热油离心泵,一定要预热,以免冷热温差太大,造成事故。

（3）离心泵启动后,在出口阀未开的情况下,不允许长时间运行(小于1min)。

（4）在正常情况下,离心泵不允许用入口阀调节流量,以免抽空,而应用出口阀调节。

（5）离心泵启动后,为防止发生汽蚀,正常情况下打开出口阀门的时间为 3min。在出口管线上装一个单向阀,是为了防止液体倒流,引起泵转子反转,造成转子上的螺母等零件的松动、脱落。

CBB007 离心泵的启动操作

CBB008 离心泵启动时的注意事项

项目二 往复泵的启动

一、相关知识

往复泵是容积式泵,液体靠压缩排出。所以泵的出口压力受背压影响,即泵出口压力等于背压,当背压超过泵的允许压力时,会引起泵的损坏。流量受液缸容积的影响,与出口压力没有关系,具有自吸能力,理论上排出压力可无限高。往复泵启动前全开泵的进出口阀门,目的是防止泵启动以后超压。启动时,将泵的冲程调为零,目的是防止电动机超电流、出口超压。

CBB009 往复泵的结构

二、技能要求

(一)准备工作

（1）工具设备:防爆F扳手、活动扳手、防爆对讲机。

（2）人员穿戴劳保着装:工作服、工作鞋、安全帽、手套。

(二)操作规程

（1）启动前的检查:吸入容器内是否充满液体,润滑油位是否符合要求,出口压力表是否完好,阀门状态是否符合要求,冲程调至 0 位。

（2）打开进出口阀。

（3）启动电动机,检查泵出口压力、电动机电流。

（4）泵出口压力正常后将冲程调至所需位置。

(5)检查运行情况:压力、流量、轴温、电流、声音、振动、泄漏等是否符合要求。

CBB010 往复泵启动时的注意事项

(三)注意事项

(1)往复泵启动时,应注意进出口阀必须处于全开状态,再启动电动机,介质引至泵前可不必灌泵,直接启动。

(2)高压往复泵启动时,在打开放空之后启动往复泵,等泵上量后打开出口阀,最后关闭放空。

(3)往复泵进口阀全关时启动泵后会因缺乏液体润滑易造成泵体损坏。

(4)往复泵润滑油允许的最高油温是50℃。

项目三 水冷器的投用操作

一、相关知识

作为石油、化工、动力等领域的通用设备,换热器有着广泛的应用。根据目的不同,换热器可分为热交换器、冷却器、加热器、蒸发器、冷凝器等。水冷器是用水作为介质进行冷却的换热器。与空冷器比较,水冷器的优点有:

(1)水冷器的冷却面积比空冷器要小得多。

(2)水冷却对环境气温变化不敏感。

(3)可以设置在其他设备之间,空冷器与水冷器串联时,当空冷风机停运时,应立即开大水冷器水量。

与空冷器比较,水冷器的缺点有:

(1)水有腐蚀性,需要进行处理,以防结垢及脏物淤积。

(2)运行费用较高。

(3)某些地域,水较难获得,必须设置各种泵站和管线。

CBB011 水冷器进、出口水温的要求

(4)由于水冷却设备多,易结垢,需要停下设备清除。

通常工艺设计水冷器的进、出口水的温差是10℃,但进、出口水的温差达到或者超过10℃不能说明水冷器的冷却能力达到或者超过了设计能力。

CBB012 水冷却器进出口管线上加装压力表的目的

循环水冷器进水压力始终比回水压力高,水冷器进出口管线上加装压力表主要是为了便于判断水冷器的堵塞及循环水压力是否正常。循环水冷器进水和回水管线上的压力均与其他正常水冷器进口压力相同,则该水冷器的回水阀门没有打开,或者阀门已在关闭状态下损坏,又或者回水管线发生了堵塞。利用水冷器进口和出口的压降可以判断水冷器管程是否堵塞。

二、技能要求

(一)准备工作

(1)工具设备:防爆F扳手、活动扳手、防爆对讲机。

(2)人员穿戴劳保着装:工作服、工作鞋、安全帽、手套。

(二)操作规程

(1)确认水冷器具备使用条件,确认水冷器冷却水进、出口阀关闭;确认进出换热器的被冷却物料进出口阀门关闭。 <small>CBB013 水冷却器投用操作</small>

(2)打开水冷器排气阀;微开水冷器进水阀门;当排气口全为水时,关闭排气阀门;全开水冷器的进水阀。

(3)打开水冷器物料排气阀,微开工艺物料进口阀,对水冷器工艺侧物料排气;当排气口有液体时,关闭排气阀门;全开水冷器的物料出口阀。

(4)慢慢打开冷却水的出口阀门同时慢慢打开热流体进口阀门。

(三)注意事项

(1)水冷器投用时动作要慢,避免换热器及冷热两股液体的温度发生突变。 <small>CBB014 水冷却器投用的注意事项</small>

(2)应先进行排气,后进行冲液,先开排气阀,后开进水阀,目的是防止冷却器内有空气的存在减少水冷器的有效传热面积,并防止形成气阻。若不排气,会造成循环水侧出现回流和短路。

(3)水冷器的投用原则是先充冷却水,后充热流体。水冷器先充满水再充满热流体后,慢慢打开水冷器回水管线上的阀门,同时慢慢打开热液体管线上的阀门。

(4)水冷器在投用时为确保各水冷器内充满水,引入循环水时应先打开水冷器的进口阀门进行排气,然后再打开其出口阀门。

(5)水冷器进出物料的流程是水走管程从下向上,物料走壳程从上向下。循环水走管程主要考虑的是循环水易结垢,以便停车时进行清洗。冷却水走管程,下进水、上出水的目的是便于管程内充满水,最大限度地利用其传热面积。

项目四　PB 乳化剂的配制

一、相关知识

(一)乳化剂的概念

乳化剂是能改善乳化体系中各相之间的表面张力,形成均匀分散体或乳化体的物质。

(二)乳化剂的乳化机理

乳化剂是促使乳液稳定不可缺少的组成部分,对乳状液的稳定性起重要作用。为了形成稳定的乳状液,使分散相分散成极小的液滴,乳化剂的使用和选择也很重要。 <small>CBB015 PB乳化剂的乳化机理</small> 乳化剂主要是通过降低界面自由能,形成牢固的乳化膜,以形成稳定的乳状液。降低界面自由能,液滴粒子形成球状,以保持最小表面积。两种不同的液体形成乳液的过程是两相液体之间形成大量新界面的过程。液滴越小,新增界面越大,液滴粒子表面的自由能就越大。乳化剂吸附于液滴表面,可有效降低表面张力或表面自由能。乳化剂吸附于液滴周围,在液滴周围定向排列成膜,从而降低油水界面张力,有效阻止液滴聚集。乳化剂在液滴表面排列越整齐,乳化膜越牢固,乳状液越稳定。

二、技能要求

(一)准备工作
(1)工具设备:防爆F扳手、活动扳手、防爆对讲机。
(2)人员穿戴劳保着装:工作服、工作鞋、安全帽、手套。

(二)操作规程
(1)检查、确认配制罐的内部无杂质及液位,确认配制指令正确、罐的出口阀关闭、管线设定正确。
(2)按照配制指令称出需要量的助剂,DCS确认好各加料数据和配制程序。
(3)现场准备好后与DCS联系启动加料程序,启动脱盐水泵向配制罐中加入规定量的脱盐水。
(4)启动搅拌,打开去加料盘管的蒸汽,设定一定温度。
(5)打开浓氢氧化钾管线阀门,启动氢氧化钾泵向配制罐中加入规定量的浓氢氧化钾溶液。
(6)加入称定好的乳化剂1。
(7)搅拌20min。
(8)打开乳化剂2加料管线阀门,启动泵向配制罐中加入规定量的乳化剂2。
(9)加入其他助乳化剂,搅拌20min。
(10)取样分析,现场、DCS做好数据记录包括现场流量表读数。

(三)注意事项
(1)配制过程中要对加入量进行严格校对,确保加入的助剂和数据准确。
(2)配制过程中应严格按照加料顺序加料。

项目五　PB引发剂的配制

一、相关知识

(一)引发剂的概念
引发剂又名自由基引发剂,指一类容易受热分解成自由基(即初级自由基)的化合物,可用于引发烯类、双烯类单体的自由基聚合和共聚合反应,也可用于不饱和聚酯的交联固化和高分子交联反应。

(二)引发剂的作用
引发剂是能引发单体进行聚合反应的物质。不饱和单体聚合活性中心有自由基型、阴离子型、阳离子型和配位化合物等。目前在胶黏剂工业中应用最多的是自由基型,它表现出独特的化学活性,在热或光的作用下发生共价键均裂而生成两个自由基,能够引发聚合反应。

引发剂可以直接影响聚合反应过程能否顺利进行,也会影响聚合反应速率,还会影响产品的储存期。

二、技能要求

(一)准备工作

(1)工具设备:防爆F扳手、活动扳手、防爆对讲机。

(2)人员穿戴劳保着装:工作服、工作鞋、安全帽、手套。

(二)操作规程

(1)检查、确认配制罐的内部无杂质及液位,确认配制指令正确、罐的出口阀关闭、管线设定正确。

(2)按照配制指令称出需要量的引发剂,DCS确认好各加料数据和配制程序。

(3)现场准备好后与DCS联系启动加料程序,打开脱盐水阀门,向配制罐中加入规定量的脱盐水。

(4)启动搅拌,打开加热盘管蒸汽阀设定温度为25℃。

(5)缓慢均匀加入规定量的引发剂。

(6)保持搅拌30min。

(7)取样分析备用,现场、DCS做好数据记录包括现场流量表读数。

CBB018 PB引发剂的配制

(三)注意事项

(1)配制过程中要对加入量进行严格校对,确保加入的助剂和数据准确。

(2)配制过程中应严格按照加料顺序加料。

项目六 凝聚系统管线填充

一、相关知识

凝聚过程需要使用强酸、高温蒸汽等,凝聚效果随各物料加入量差别很大。如各物料填充不到位,会引起产品凝聚效果差而出现大块或产品质量波动。因此,在开车前要进行管线的填充。

二、技能要求

(一)准备工作

(1)工具设备:防爆F扳手、活动扳手、防爆对讲机。

(2)人员穿戴劳保着装:工作服、工作鞋、安全帽、手套。

(二)操作规程

(1)设定好硫酸、热工业水、胶乳流量。

(2)将凝聚罐低压蒸汽自调阀设定好温度,打到自调位置后自动升温,工业水设定手动状态调节阀门开度OP,观察热工业水流量正常,见量后手动关闭自调阀,热工业水填充完毕。

CBB019 凝聚系统管线填充操作

(3)启动硫酸泵调整冲程,设定流量打自调,待流量正常平稳现场见量后,停硫酸泵,硫酸填充完毕。

(4)启动 ABS 胶乳泵,设定流量后打自调,观察流量正常平稳、见量后停泵,胶乳填充完毕。

(5)将凝聚罐物料放净并确认凝聚罐、沉化罐、淤浆进料罐空,阀门全部关闭后准备进料。

(三)注意事项

(1)填充过程中要全程监控,防止物料过量进入凝聚罐。

(2)操作时应两人或多人进行,相互联系,避免误操作或遗漏。

项目七　SAN 聚合升温操作

一、相关知识

(一)聚合反应

聚合反应是把低相对分子质量的单体转化成高相对分子质量的聚合物的过程,聚合物具有低相对分子质量单体所不具备的可塑、成纤、成膜、高弹等重要性能。这种材料是由一种以上的结构单元(单体)构成的,由单体经重复反应合成的高分子化合物。

(二)聚合反应分类

[CBB020 聚合反应的分类] 从大的方面来说,聚合反应分为加聚反应(聚合反应)和缩聚反应(缩合反应)。按照单体和聚合物的结构,又可分为定向聚合(立构有规聚合)、异构化聚合、开环聚合和环化聚合等聚合反应。

(三)SAN 聚合反应

SAN 树脂采用热引发本体聚合法,将苯乙烯、丙烯腈、溶剂连续加入聚合釜中,控制一定的搅拌转速、反应温度、压力和循环量,发生反应,由相对分子质量调节剂控制相对分子质量的大小,得到一定转化率的熔融状聚合物。再经加热、脱挥除去未反应的单体、助剂和水分,从而获得熔融状的 SAN 树脂,再经造粒得到 SAN 粒料。

二、技能要求

(一)准备工作

(1)工具设备:防爆 F 扳手、活动扳手、防爆对讲机。

(2)人员穿戴劳保着装:工作服、工作鞋、安全帽、手套。

(二)操作规程

(1)设定适当的加料系数。

[CBB021 SAN 聚合升温操作] (2)打开丙烯腈、苯乙烯和循环溶剂两侧阀门及相对分子质量调节剂加料阀。

(3)调节单体阀门开度及相对分子质量调节剂泵回流,使 PV 值与 SP 值相当。

(4)反应釜液位达到一定值时,启动搅拌器油泵和搅拌器。

(5)聚合液温度达到一定温度时,将反应釜的压力设定值逐步升高。

(6)启动反应釜底泵,确认泵运行无振动、杂音、电流正常,密封油投用正常。

(7)将泵压力设定为要求值。

(8)聚合液温度高于一定温度后,根据温升速度,逐渐关小蒸汽阀门。

(9)聚合液温度达到一定温度时,将反应釜的压力设定值提高。

(10)将泵的压力设定好。

(11)聚合液温度达到要求温度时,关闭蒸汽阀门,逐渐提高反应釜压力设定值,将聚合反应温度升至最终值。

(三)注意事项

(1)快速提高反应釜压力会发生爆聚反应。

(2)开车过程中,所有的升温操作都要逐步小心进行,温升太快会发生爆聚反应。

> CBB022 SAN 聚合升温操作的注意事项

项目八 ABS粉料风送系统开车操作

一、相关知识

干燥后的ABS粉料通过风送系统送入料仓。粉料风送系统利用文丘里管在管路上的渐缩管把送风机抽取的气流流速变快,使气体在文丘里管出口的后侧形成一个"真空"区。上部旋转阀连续不断地将干燥后的ABS粉料送入该"真空"区,ABS粉料在风力作用下,随着气流经旋风分离器分离及袋式过滤器过滤后,进入料仓。采用文丘里管进行粉料输送,结构简单、操作方便、输送量大,不需要额外的能源消耗。当干燥器负荷过大、出料量太大或管线内有大块料及管线法兰连接处漏气、袋式过滤器堵塞时都有可能出现风送管线堵塞。在这种情况下,应该立即停止干燥器进料,开停风机若干次,疏通被堵塞的管线。拆开风送管线及弯头处清理大块物料,拆开袋式过滤器清理,接氮气进行吹扫管线直至畅通后恢复送料。

> CBB023 ABS 风送系统特点

二、技能要求

(一)准备工作

ABS粉料风送系统开车时,需佩戴好安全帽、防滑鞋、防静电服等劳动保护用品,携带开车过程中可能使用到的扳手、F板子、螺丝刀、防爆对讲机等工具,并将其工作内容告知班长和本岗位其他相关人员。

> CBB024 ABS 风送系统操作

(二)操作步骤

(1)首先选择好料仓。

(2)开启输送风机。

(3)启动袋式过滤器。

(4)开启旋转阀向风送系统进料。

(5)观察系统风压,逐渐调整送料量。

(三)注意事项

(1)正常开车后要定点定时检查过滤器及脉冲吹扫系统,注意料仓料位,避免堵塞或满仓跑料事故。

(2)风送系统开车操作时一定要记住先开风机后进料,操作顺序不能颠倒,否则可能造成输送管线的堵塞。

模块三　正常操作

项目一　规范填写岗位记录

一、相关知识

(一)交接班的"十交、五不交"

> CBC001 交接班的"十交、五不交"

十交:交任务和指示、交操作、交指标、交质量、交设备、交安全、交环保和卫生、交问题和经验、交工具、交记录。

五不交:设备不好不交、工具不全不交、操作情况不明不交、记录不全不交、卫生不好不交。

(二)巡检

> CBC002 岗位巡检内容

巡检是指巡检人员在规定的时间内,沿着指定的巡检路线,按规定内容进行检查。巡检中涉及的技能要求包括:

三会,会使用、会维护保养、会排除故障;

四懂,懂结构、懂原理、懂性能、懂用途;

五清,工艺流程清、巡检内容清、巡检顺序清、巡检路线清以及危险点源清;

五字法,听、摸、测、看、闻。

二、技能要求

(一)准备工作

(1)工具设备:防爆阀门扳手、防爆手电、防爆对讲机。

(2)人员穿戴劳保着装:工作服、工作鞋、安全帽、手套。

(3)准备好巡检记录、交接班日志、笔。

(二)操作规程

> CBC003 规范填写岗位记录

(1)岗位记录应真实记录生产实际状况。

(2)岗位记录所有项目须认真填写,不允许空项。正常出现空项或因计量表故障(需注明原因)出现空项确实不需记录,应经车间主管领导批准,并在空项处划斜线"\"。

(3)岗位记录不得涂改和刮改,保证记录纸整洁、无污点、不得损坏。出现笔误,用横线"—"覆盖,并于备注栏(或记事栏)标明更改内容并签名。

(4)岗位记录数据均为真实准确有效的数字。

(5)岗位人员按时填写岗位操作记录,他人不得代记。

> CBC004 规范填写交接班记录

(6)岗位操作人员按时用钢笔以仿宋体填写岗位操作记录,使用蓝黑墨水,字体上下对齐,大小一样。

(7)交接班记录须详细记录当班本岗位情况,向下班交代清楚,不得故意隐瞒实情。

(8)交班前、接班后,岗位操作记录要按时签名,接班者应在交接班记录上记录接班时本岗位情况。

(9)现场就地表记录读数,以计量最小刻度或另外估算一位数字为准(须科学合理选择且满足控制需求);DCS 记录读数,以实际显示数字位数为准。

(10)岗位操作记录标注的计量单位与实际显示数据(DCS、现场计量表)添加的计量单位一致。

(三)注意事项

记录必须真实、准确、妥善保管、以备查看。

项目二　调节阀改旁路的操作

一、相关知识

调节阀是生产过程中自动化系统的一个重要的必不可少的环节。调节阀又称控制阀,是过程控制中的主要执行单元,通过接受调节控制单元输出的控制信号,借助动力操作去改变气体流量。调节阀由执行机构和阀体部分组成。其中执行机构是调节阀的推动装置,它按信号压力的大小产生相应的推力,使推杆产生相应的位移,从而带动调节阀的阀芯动作。阀体部件是调节阀的调节部分,它直接与介质接触,由阀芯的动作,改变调节阀节流面积,达到调节的目的。

按调节阀的驱动方式可分为手动调节阀、气动调节阀、电动调节阀、液动调节阀等。

电动调节阀是指用电动执行器控制阀门,用于需要对阀门经常进行开关及阀门开关动作要求快的场所。可分为上下两部分,上半部分为电动执行器,下半部分为阀门。电动调节阀主要有两种,一种为角行程电动调节阀,另一种为直行程电动调节阀。电磁调节阀是用电磁控制的工业设备,用来控制流体的自动化基础元件,用在工业控制系统中调整介质的方向、流量、速度和其他的参数。电磁调节阀有多种,不同的电磁调节阀在控制系统的不同位置发挥作用,最常用的是单向阀、安全阀、方向控制阀、速度调节阀等。电磁调节阀广泛应用于化工装置的联锁保护系统中。[CBC005 电动阀的概念] [CBC006 电磁阀的概念]

气动调节阀分为气开和气关两类,气开阀在故障状态时关闭,气关阀在故障状态时打开。气开和气关的方式可通过正、反作用的执行机构类型和正体、反体阀的组合实现,在使用阀门定位器时,也可通过阀门定位器实现。[CBC007 调节阀组成]

典型的调节阀组是由一次阀、旁路阀、二次阀、放空阀及排污阀组成的。调节阀位与调节器的输出应与输出信号特性曲线保持一致,但低信号时可能不一致。[CBC008 调节阀使用注意事项]

当调节阀无法动作,实际流量低于正常流量时,应开大调节阀的旁路到正常流量,同步进行调节阀的旁路阀开大及一次阀关小,并注意不要使流量偏离正常值10%。调节阀因故障需切到旁路阀,在进行切出操作时应先关闭调节阀的一次阀,视情况开大其旁路阀,保持其控制参数的相对稳定,再关闭其二次阀。在调校调节阀的阀位时,操作人员应切出调节阀,关闭其一次阀或者二次阀。

CBC009 调节阀旁路阀的作用

调节阀的调节需要通过测量仪表的指示反馈进行调节。控制调节阀的测量仪表安装在调节阀附近的目的是调节阀故障时,方便操作人员利用变送仪表的数据进行调节。

调节阀通常设置旁路阀,调节阀旁路阀广泛使用截止阀,大直径管线使用闸阀或蝶阀,主要是防止调节阀故障时,用于调节流体流量。一般正常操作时不需要打开调节阀旁路阀,但装置氮气置换经过调节阀时应打开调节阀旁路阀。

二、技能要求

(一)准备工作

(1)工具设备:防爆F扳手、活动扳手、防爆对讲机。

(2)人员穿戴劳保着装:工作服、工作鞋、安全帽、手套。

(二)操作规程

1. 调节阀改旁路阀操作步骤

(1)保持通信畅通,确认需改旁路阀的调节阀。

(2)用对讲机与内操联系逐渐打开调节阀旁路阀,同时逐渐关闭调节阀,保持流量稳定。

(3)调节阀关闭后听从内操指示调节旁路阀开度,使流量维持在控制值。

(4)关闭调节阀前后手阀,听从内操指示调节旁路阀开度,调节阀切除。

2. 控制阀改副线阀操作步骤

(1)调节器自动改为手动,保持原阀位。

(2)在现场观察一次表值后,缓慢关控制阀上游阀,待一次表测量值开始降低动作时,缓慢打开副线阀,保持一次表显示值不变,并同时关控制阀上游阀,开副线阀使一次表测量值保持不变。

(3)待上游阀关死后,用副线阀控制测量值,再关死下游阀。

3. 副线阀改控制阀操作步骤

(1)内操将调节器输出值调至全关,外操确认一次。

(2)外操打开控制阀的上、下游阀观察一次表显示值不变。

(3)外操开始缓慢关副线阀,内操逐渐打开调节器输出信号,注意测量值不变。待副线阀全关后用控制阀控制测量值稳定。

(4)待测量值稳定后,将调节器手动改为自动。

(三)注意事项

(1)切换过程中保持流量稳定,严格注意操作参数的变化,避免影响安全生产。

(2)注意个人安全行为。

项目三 运行离心泵的日常检查

一、相关知识

(一)离心泵的分类

按使用要求不同,离心泵有不同的类型。

(1)按液体吸入叶轮的方式可分为单吸泵和双吸泵,单吸泵是指液体从泵的一侧吸入叶轮,双吸泵用于输送流量较大的场合。

(2)按叶轮级数,可分为单级泵和多级泵。

(3)按壳体剖分方式,可分为水平剖分式和分段式。

(4)按泵壳的结构还可分为蜗壳式泵和透平式泵。

(5)按输送介质,可以分为水泵、油泵、酸泵、碱泵等。

> CBC010 离心泵的分类

此外,按泵扬程的大小分为低压泵(扬程小于 $20mH_2O$)、中压泵(扬程 $20\sim160mH_2O$)和高压泵(扬程高于 $160mH_2O$)。按输送介质不同又分为清水泵、油泵以及耐腐蚀泵等。

离心泵的级数越多,扬程越大。由两个或两个以上叶轮串联组成的离心泵是多级泵,在多级且叶轮个数为偶数的离心泵中,叶轮一般采用对称布置,其目的是平衡轴向力。

(二)离心泵的相关附件

1. 电动机作动力的离心泵

电动机作为离心泵的主要驱动力来源,在化工生产中其正常运行与否至关重要。在工业上,为防止电动机超负荷损坏采取的措施是电动机超电流保护,其作用是电动机超电流达到一定时间或者短路后自动切断电源。

> CBC011 电动机超电流保护的作用

首次启动离心泵驱动电动机前,应查看电动机转向是否正确。电动机温度跳闸保护报警,但电动机未跳闸可先启动备机后再停电动机。以 6000V 或者以上电动机作为离心泵动力时,宜选用异步电动机,启动时的间隔时间应大于 45min,特殊情况下可以再启动一次。规定高压电动机离心泵启动时间、间隔的目的是防止烧坏电动机或者使电动机跳闸。

> CBC012 以电动机作为离心泵动力时使用的注意事项

2. 听针的使用

听针主要用于检查机泵轴承的异常声音,是监听电动机、泵的运行情况的一种工具。每次用听针时,都应把听针点放在固定的位置,不要与转动部件接触,也不要用听针敲打设备,听针与设备的接触应选择在接触良好、不易滑动的表面。用手固定听针的力约为 0.5~1kg。

> CBC013 听针使用时的注意事项

二、技能要求

(一)准备工作

(1)工具设备:防爆 F 扳手、活动扳手、防爆对讲机。

(2)人员穿戴劳保着装:工作服、工作鞋、安全帽、手套。

(二)操作规程

(1)确认离心泵出口压力、振动、电动机电流、润滑油液位和颜色正常,循环水畅通,机械密封泄漏符合要求;确认机械密封冲洗液温度小于泵内液体温度60℃或者小于100℃。

> CBC014 离心泵的日常检查

(2)用听针听泵的电动机声音、轴承声音,确认正常;听泵的运行声音,确认泵没有汽蚀或者气缚。

(3)用手触摸泵、电动机的轴承座,确认轴承温度正常。

(4)对不同离心泵的运行声音进行比较,确认其声音正常。

(5)闻运行电动机的气味,确认气味正常。

(6)巡检过程中,发现异常情况应立即切换;情况危急时可实行紧急停车并向班长汇报。

(三)注意事项

按照巡检规定,控制室人员通过各机泵的运行参数对机泵进行运行检查,现场外操人员通过连续不间断巡回检查,发现异常,及时妥善处理问题。

项目四 丁二烯聚合投料过程控制

一、相关知识

丁二烯是一种有机化合物,化学式为 C_4H_6,无色气体,有特殊气味。具有稍溶于水,溶于乙醇、甲醇,易溶于丙酮、乙醚、氯仿等的性质,是制造合成橡胶、合成树脂、尼龙等的原料。制作方法主要有丁烷和丁烯脱氢或碳四馏分分离。

二、技能要求

(一)准备工作

(1)工具设备:防爆F扳手、活动扳手、防爆对讲机。

(2)人员穿戴劳保着装:工作服、工作鞋、安全帽、手套。

(二)操作规程

[CBC015 丁二烯聚合投料过程控制]

(1)DCS人员在通知现场做投料准备时,要选择数据分析合格的乳化剂和引发剂储罐。

(2)DCS联系调度,保证高压蒸汽足够用,DCS记录好投料批次及各物料的加料量和储罐的初始液位值。

(3)DCS启动程序。

(4)丁二烯、乳化剂、调节剂加料。

(5)引发剂加料。

(6)加WT。

(7)加热,达到规定温度后,进入反应控制阶段。

(三)注意事项

(1)加料过程中应严密监控加料状态,保证按规定量加料。

(2)当加料时物料流量偏离设定值或超出量程范围时应由程序加料改为手动加料,使流量在量程范围内,尽可能接近设定值。

项目五 卸硫酸操作

一、相关知识

(一)硫酸的性质

[CBC016 硫酸的基本性质]

硫酸是一种无机化合物,化学式是 H_2SO_4。纯净的硫酸为无色油状液体,纯度 ≥

98.0%,透明度≥50mm,色度≤2,杂质(5g 硫酸)≤20。

(二)硫酸的作用

硫酸是一种最活泼的二元无机强酸,能和绝大多数金属发生反应。高浓度的硫酸有强烈吸水性,可用作脱水剂。与水混合时,亦会放出大量热能。其具有强烈的腐蚀性和氧化性。是一种重要的工业原料,可用于制造肥料、药物、炸药、颜料、洗涤剂、蓄电池等,也广泛应用于净化石油、金属冶炼以及染料等工业中。常用作化学试剂,在有机合成中可用作脱水剂和磺化剂。

(三)硫酸的异常情况处理

(1)硫酸溅到裸露的皮肤或进入眼睛的处理方法:立即用大量清水冲洗,溅入眼内用水冲洗,把眼皮掰开,眼球来回转动,将酸彻底冲洗干净,并去医院医治。

(2)硫酸洒到衣服上的处理方法:立即用水洗。

(3)少量硫酸的溅出或喷洒的处理方法:要用大量水洗掉,清理干净处理硫酸后的积水。

(4)硫酸大量泄漏的处理方法:首先要设法将硫酸防护池封住不让硫酸外漏,在用碱进行中和后,联系有关部门装桶转移到安全地方进行处理(中和时除按照要求佩戴防酸工作服、防酸胶靴、防酸面罩、防护手套外,还必须佩戴好黄色的滤毒罐)。

二、技能要求

(一)准备工作

(1)工具设备:防爆F扳手、活动扳手、防爆对讲机。

(2)人员穿戴劳保着装:工作服、工作鞋、安全帽、手套。

(二)操作规程

1. 卸酸前的准备

(1)卸酸操作必须由两名有实际操作经验的人员进行(操作经验不满一年的员工不准作为卸酸主操),见到硫酸分析报告单合格后方可卸酸。

(2)卸酸操作人员必须穿好防酸工作服,戴好防酸面罩和防酸手套,穿好防酸胶靴(穿胶靴时必须把裤腿套在外面),还要备好一根通水的水管或装满水的水桶一个。

(3)硫酸罐车进入卸酸站台后,首先应保证酸车稳定,将防倒垫板垫在酸车的后轮上,防止酸车滑行造成危险。

(4)当准备卸酸时,应由班长或有经验的操作人员确认卸酸金属软管无泄漏,酸罐内硫酸液位保证有受料的余量。连接好罐车的接地线,方可进行卸酸操作,在此基础上冬季必须保证站台上无积冰。要防止硫酸冒罐造成严重后果。

2. 卸酸操作步骤

(1)将金属软管与酸车阀门连接好,垫好垫片后紧固螺栓,紧螺栓要用力均匀,不宜用力过猛,防止造成酸车阀门损坏或短管损坏,导致大量硫酸溢出伤人。

(2)接好金属软管后,要对卸酸所用气动泵进行确认;首先要确认泵的入口软管连接正常,法兰连接处不漏;确认气动泵软管不能为裸管。

(3)确认接酸管线设定好后,打开酸车阀门,开阀时要面部向侧后方躲开法兰口处,用力均匀缓慢,做到开一点观察一会儿,直到阀门全部打开硫酸流出。打开气动泵气源,启动气动泵。观察流量计情况直到流量计上有流量显示,通知 DCS 人员认真监盘,无量时及时通知现场人员。

(4)记录接收前后硫酸储罐的液位。

(5)中和后,用大量水冲洗排放点,至操作完成为止。

(三)注意事项

(1)防止出现硫酸与地沟的污水混合产生硫化氢气体。如附近有明火作业时,不准接收硫酸。接完硫酸后停气动泵气源,拆下卸料管,断开接地线。

(2)注意本区废水 pH 值的控制。

项目六 SAN1 号聚合反应器的温度控制

一、相关知识

(一)聚合反应热

> CBC020 SAN 聚合反应热的移除

控制 SAN1 号聚合反应器的温度,主要通过移走聚合反应热来实现。聚合反应热主要通过聚合物溶液内的溶剂甲苯和丙烯腈、苯乙烯单体气化时,吸收大量的气化潜热,从而实现移走反应热,达到控制聚合反应温度的目的。气化的单体和溶剂又在 1 号反应器顶部冷凝器中与循环冷却水换热,被冷凝成液体,返回聚合反应器中循环使用。

控制聚合物溶液中溶剂及未反应单体气化的物质的量是控制聚合反应温度的最有效方式。通过控制聚合反应器的压力,使聚合反应器内的溶剂和未反应单体的气化饱和温度改变,以改变溶剂和未反应的单体的气化数量,最终达到控制聚合反应温度的目的。

(二)SAN 聚合中甲苯的作用

> CBC021 本体法SAN聚合中甲苯的作用

以苯乙烯、丙烯腈为反应单体,甲苯作为稀释剂,采取热引发连续本体聚合方法生产 SAN 树脂。未反应完全的单体经过冷却回收,循环使用。本体法生产的 SAN 树脂相对分子质量较高、聚合物纯净、生产效率高、后处理简单。

本体法生产因反应单体纯净,无其他溶剂和介质,聚合过程放热大,排散困难。因此,在聚合单体中加入甲苯作为稀释剂,降低反应单体的浓度,减少热量的产生。

由于甲苯自身不参加反应,装置开车时配制高浓度含量的间断聚合液,减少反应热的产生,便于开车工艺过程的稳定和调整。同时甲苯还作为机械密封液使用,通过背压调节,控制甲苯的泄漏量,防止聚合物在密封处聚集。甲苯也可作为聚合温度失控状态时事故降温。

二、技能要求

(一)准备工作

(1)工具设备:防爆 F 扳手、活动扳手、防爆对讲机。

(2)人员穿戴劳保着装:工作服、工作鞋、安全帽、手套。

(二)操作规程

正常生产时,SAN1 号反应釜温度控制在一定值,如出现温度变化,执行如下操作。

1. 降低聚合反应釜温度操作

当聚合釜温度升高偏离设定值时：

(1)检查分程调节系统工作情况，排除调节阀故障后，检查变送压力表是否故障，适当降低反应釜压力设定值，压力不降的可手动泄压。

(2)聚合反应温度继续上升，则同时向聚合反应釜底部和中部通冷却水。

(3)如聚合反应温度持续降不下来，则向聚合釜加入少量循环溶剂或事故溶剂。

2. 提高聚合反应釜温度操作

当聚合釜温度下降偏离设定值时：

(1)正常生产中，聚合反应温度下降，要缓慢逐步提高聚合反应釜压力，同时要加强循环溶剂储罐的排水。

(2)如聚合反应釜夹套通有冷却水，要逐步关小底部、中部、顶部夹套冷却水调节阀。

(3)经上述操作后，若聚合反应温度无上升趋势，温度仍下降，排掉底部夹套冷却水，开始向底部夹套通蒸汽，将聚合反应温度升至正常温度。

(三)注意事项

操作过程中，调整幅度不能过大，以防止发生爆聚或急速降温的问题。

项目七　挤出机日常检查

一、相关知识

ABS成品是在双螺杆挤出机中生产的，第一个阶段是使固态塑料塑化，并在加压的情况下使其通过特殊形状的口模而成为界面与口模形状相仿的连续体；第二阶段是用适当的处理方法使挤出的连续体失去塑性状态而变成为固体。

二、技能要求

(一)准备工作

(1)工具设备：防爆F扳手、活动扳手、防爆对讲机。

(2)人员穿戴劳保着装：工作服、工作鞋、安全帽、手套。

(二)操作规程

(1)检查润滑油压力是否在规定范围内。

(2)检查润滑油滤油器差压。

(3)检查各润滑点上油、回油是否顺畅，检查回油温度。

(4)定期化验检查润滑油油质是否合格。

(5)检查油箱液位在油标范围内。

(6)检查挤出机换网器油压是否正常。

(7)检查挤出机筒体各段温度是否正常。

(8)检查挤出机模头压力是否正常。

(9)检查抽真空系统是否正常。

(10) 检查冷却水系统是否正常。

(11) 检查机组有无异常声响。

(12) 检查机组有无泄漏。

(13) 检查挤出机转速是否稳定正常。

(14) 冬季做好机组的防冻凝检查。

(三) 注意事项

挤出机是转动设备,检查时不要触碰转动部位,防止机械伤害。

项目八　离心泵切换操作

一、相关知识

(一) 变频调速的优缺点

<u>CBC025 变频调速的特点</u>

1. 变频调速的优点

(1) 无附加滑差损耗,效率高,调速范围宽。

(2) 产品品种较多,选择的余地大。

2. 变频调速的缺点

(1) 技术复杂,投资大。

(2) 需配备技术较高的维修工人。

变频调速适用于低流量、运行时间较长或启动频繁的机泵,可用于拖动机泵的中小容量的电动机。

(二) 变频机泵切换至工频机泵的操作方法

(1) 变频机泵切换至工频机泵时,先开工频机泵,缓慢打开工频机泵出口,同时主操室操作人员将变频机泵电流相应调小,直至为零。变频机泵电流调小,机泵转速变小。

<u>CBC026 变频机泵与工频泵的相互切换</u>

(2) 变频机泵切换至工频机泵时,先用工频机泵出口阀与变频机泵电动机电流进行流量切换。

(3) 变频机泵切换至工频机泵后,主控室操作人员用工频机泵出口流量调节阀控制流量。

(三) 工频机泵切换至变频机泵的操作方法

(1) 工频机泵切换至变频机泵时,可以先切换机泵再将流量控制切换至变频机泵电动机电流控制。

(2) 启动变频机泵,先关小工频机泵出口,使变频机泵出口流量调节阀全开。

(3) 将变频机泵电动机电流慢慢提高至与工频机泵相当,这样就相当于两台工频机泵之间切换。

(4) 工频机泵切换至变频机泵后,主控室操作人员将流量调节阀全开,用变频机泵电动机电流控制流量。

二、技能要求

(一) 准备工作

(1) 工具准备:防爆F扳手、活动扳手、防爆对讲机。

(2)人员穿戴劳保着装:工作服、工作鞋、安全帽、手套。
(二)操作规程
1. 离心泵的正常切换
(1)确认备泵处于热备用状态,否则要重新充液排气,暖泵;循环水畅通;润滑油液位正常。机械密封完好;备用泵盘车,确认泵轴转动灵活。

> CBC027 离心泵的切换步骤

(2)启动备用泵电动机,打开出口阀,同时逐步关闭运行泵出口阀,注意保持流量稳定,直到运行泵出口阀全关,备用泵出口阀全开。
(3)确认备用泵出口流量、压力、电流、声音、轴承温度、轴封泄漏正常;关闭原来运行泵电动机;根据上级要求对停止运行的机泵进行退料或者热备用。
2. 紧急情况下的切换
离心泵在紧急情况下的切换是指油喷出、电动机起火、泵严重损坏等事故。
(1)备用泵应做好一切启动准备工作。
(2)切断原运转泵的电源,停泵,启动备用泵。
(3)打开备用泵的排出阀,使出口流量、压力达到规定值。
(4)关闭原运转泵的排出阀和吸入阀门,对事故进行处理。
(三)注意事项
(1)切换必须有两人以上操作。

> CBC028 离心泵切换的注意事项

(2)离心泵在任何情况下都不允许无液体空转,以免零件损坏。
(3)不允许在进口阀未开的情况下启动离心泵,作断流运转。
(4)必须用排出阀调节流量,决不可用吸入阀来调节流量,以免抽空。
(5)启动泵前的准备工作一定要做仔细,启动后要注意泵的压力、流量、电流等是否正常。

项目九　过滤器投用操作

一、相关知识

一般过滤器由滤芯、滤腔、辅助系统组成。过滤器的工作原理是借流体压力或自身压力,利用过滤单元表面,收集流体中直径大于过滤单元表面孔径的固体颗粒,固体颗粒被拦截在过滤单元表面,从而使流过过滤器的液体变得清洁。过滤器使用到一定时间以后,其压降增大的原因是固体颗粒层厚度增加。

> CBC029 过滤器的结构

二、技能要求

(一)准备工作
(1)工具准备:防爆F扳手、活动扳手、防爆对讲机、盲板、警示牌。
(2)人员穿戴劳保着装:工作服、工作鞋、安全帽、手套。
(二)操作规程
(1)确认待投用过滤器排污阀、进口阀、出口阀和充氮阀及排气阀关闭。

(2)微开过滤器进口阀、安全阀旁路阀,对过滤器进行充液排气。

(3)充液过程中,一旦发现过滤器有泄漏,要立即关闭过滤器进口阀,打开排污阀对过滤器退料检修。

(4)安全阀旁路阀管线温度有灼热感或者有明显的液体节流声时,关闭排气阀门。

(5)分别全开过滤器的出口、进口阀门。

(三)注意事项

维护必须有两人以上操作。易聚合物料定期进行切换检查、清理过滤器,避免因过滤器堵塞影响装置安全稳定运行。

项目十 安全阀投用操作

一、相关知识

(一)安全阀的作用

CBC030 安全阀的作用

安全阀的作用是当压力容器超压时自动泄放压力,排放容器或系统内高出设定压力的部分介质,使压力降至正常值,确保容器或系统安全。安全阀不适用于不可压缩性流体的场合。

安全阀用于锅炉、容器设备及管道上,当介质压力超过规定的数值时,阀门自动开启,排出过剩介质,防止压力继续上升。而当压力恢复到原来的数值时,能自动关闭,保证生产自动安全。安全阀的整定压力是设计压力的 1.1 倍。起跳以后,当系统压力下降以后,安全阀回座时应为起跳压力的 0.9 倍。

(二)安全阀的分类

CBC031 安全阀的分类

按照气体排放方式,安全阀分为:全封闭式安全阀、半封闭式安全阀、开放式安全阀。

按照阀瓣开启高度,安全阀分为:微启式安全阀、全启式安全阀。

按作用原理,安全阀分为:弹簧式安全阀、杠杆重锤式安全阀、脉冲式安全阀。

(三)安全阀的工作原理

CBC032 安全阀的工作原理

弹簧式安全阀是一种利用弹簧的压缩预紧力及加载于阀瓣上的作用力来调节阀门的开关,起到泄压保护作用的安全阀。其工作原理为当弹簧力大于介质作用于阀瓣的正常压力时,阀瓣处于关闭状态;当介质压力超过允许压力时,弹簧受到压缩,使阀瓣离开阀座,阀门自动开启,介质从中泄出减压;当压力回到正常值时,弹簧压力又将阀瓣推向阀座,阀门自动关闭。弹簧式安全阀灵敏度较高,对振动的敏感性小,可用于移动式的压力容器上。弹簧式安全阀上的弹簧会由于长期受高温的影响而使弹力减小,因此必须注意弹簧的隔热和散热问题,所以弹簧式安全阀的弹簧作用力不能太大,因为过大过硬的弹簧不利于工作。

杠杆重锤式安全阀是利用重锤和杠杆来平衡作用在阀瓣上的力。根据杠杆原理,它可以使用质量较小的重锤通过杠杆的增大作用获得较大的作用力,并通过移动重锤的位置(或变换重锤的质量)来调整安全阀的开启压力。杠杆重锤式安全阀结构简单、调整容易而又比较准确,适用于温度较高的场合。但杠杆重锤式安全阀结构比较笨重,加载机构容易振动,并常因振动而产生泄漏。

(四)安全阀的相关概念
(1)开启压力:安全阀阀瓣在运行条件下开始升起时的进口压力。
(2)回坐压力:排放后阀瓣重新与阀座接触,即开启高度变为零时的进口压力。
(3)安全阀背压力:安全阀出口压力。
(4)安全阀流道面积:阀进口端至关闭件密封面间流道的最小横截面积。
(5)安全泄放量:容器出现超压时,为保证容器内压力不再继续升高,安全泄压装置在单位时间内所必需的最低泄放介质质量。

二、技能要求

(一)准备工作
(1)工具准备:防爆F扳手、活动扳手、防爆对讲机。
(2)人员穿戴劳保着装:工作服、工作鞋、安全帽、手套。

(二)操作规程
(1)安全阀在安装使用前,应在试验台上调整到规定的压力,并检查关闭件以及可拆卸连接处的密封性。调整和检查好的安全阀应进行密封。

> CBC033 安全阀的投用操作

(2)现场操作人员确认安全阀法兰、螺栓、前后阀门处于完好状态,处于有效期限内,校验铅封完好,确认系统压力无明显变化。
(3)打开安全阀的出口阀,微开安全阀的进口阀,与主控人员联系,检查DCS画面系统压力无明显变化,全开安全阀的进口阀。
(4)确认安全阀相关管线、法兰无泄漏现象。
(5)投用正常后,确认副线阀门全关,并打好目标安全阀前后阀门及副线阀门铅封。

(三)注意事项
(1)安全阀应校验合格并垂直安装,安全阀安装前应专门测试,并检验其密封性。
(2)对使用中的安全阀应作定期检查。
(3)当被保护设备内部有液相和气相空间时,安全阀应安装在被保护设备液面以上气相空间的最高处。
(4)当安全阀入口有隔断阀时,隔断阀应处于常开状态,并要加以铅封,以免出错。对于介质是蒸汽的安全阀,应定期做手提排气试验。
(5)有毒、易燃介质的压力容器的安全阀应选用全封闭式安全阀。

项目十一 风机系统的日常检查

一、相关知识

(一)加热炉鼓(引)风机在启动前的准备工作
(1)检查吸入和排出管线安装是否符合要求,有无异物。
(2)检查有关电气、仪表是否符合要求。

(3)将鼓(引)风机的外壳与叶轮、密封压盖与轴之间的尺寸作一次检验。

(4)用手盘车,检查旋转部分转动是否灵活,有无异物和杂音。

(5)检查鼓(引)风机入口和出口挡板调节是否灵活,关闭鼓(引)风机入口和出口挡板。

(6)拆卸鼓(引)风机与电动机之间的联轴器,单独运行电动机,检查电动机旋转方向是否与鼓(引)风机一致,检查电动机运行有无异常振动和杂音,轴承温度变化是否正常。

(7)电动机单独运行完毕后,连接鼓(引)风机与电动机之间的联轴器。

(8)按机泵润滑油使用规格和三级过滤制方法向轴承油箱注入合格润滑油,油箱必须用润滑油清洗干净,油面加至油标的1/3~1/2。

(9)确认轴承箱冷却水系统已投入运行。

(二)加热炉鼓(引)风机正常运行维护

经常检查轴承温度,通常轴承最大允许温度为70℃。在首次投入使用时,应密切注意轴承温度的变化,至少每隔一小时检查一次。经常检查轴承箱内的润滑油油位及油质,按润滑油五定表规定加油,油面保持至油标的1/3~1/2,每3个月更换一次润滑油。每次换油做好相应的书面记录备查。检查冷却水系统运行正常,检查密封泄漏情况。

(三)加热炉鼓(引)风机的停用

(1)将鼓(引)风机的入口挡板徐徐关闭后,切断电源,鼓(引)风机停车。请注意鼓(引)风机是否发生有异常声音和转速迅速下降的现象。在鼓(引)风机完全停止转动后关闭出口阀。

(2)如需长期停车,则鼓(引)风机停车后,继续供应冷却水30~60min后,关闭冷却水系统,将冷却水排净。

(3)停车后,应定期盘车。在重新启动之前,转动风机检查其性能。

二、技能要求

(一)准备工作

(1)工具准备:防爆F扳手、活动扳手、防爆手电、防爆对讲机。

(2)人员穿戴劳保着装:工作服、工作鞋、安全帽、手套。

(二)操作规程

(1)检查确认鼓风机运行声音正常;轴振动正常;轴承温度正常;轴承冷却水畅通;轴承箱润滑油液位正常。

(2)确认鼓风机出口压力正常;快开风门处于关闭状态;确认引风机真空度正常;检查确认热风系统没有泄漏。

(3)发现问题要及时处理,对超越权限的故障要及时向班长或者相关职能人员汇报。

(三)注意事项

防止烫伤事故。

项目十二　压力表投用操作

一、相关知识

(一)压力表的选用方法

1. 表盘直径的选用

设备大或者观看距离远,选用较大的表盘,否则选用小表盘。

> CBC035 压力表的选用方法

2. 测量范围的确定

压力表一般使用满量程的1/2~2/3,极限用到满量程的3/4;负荷冲击较大的建议用到满量程的1/2。

为了经济合理使用压力表,压力表的量程不能选得太大,但为了保证测量精度,一般被测压力的最小值不低于仪表满量程的1/3为宜。同时为了延长弹性元件的使用寿命,避免弹性元件因长期受力过大而永久变形,压力表量程一般为所属压力容器最高工作压力的1.5~3倍,留有余量,并且要在压力表使用前,在刻度盘上划红线,粘贴检验合格证,指出工作时最高压力,注明下次校验日期。低压容器使用的压力表精度不应低于2.5级,中压及高压容器使用的压力表精度不应低于1.6级。压力表的校验和维护应符合公司的有关规定。用于介质为水蒸气的压力表,在压力表与压力容器之间应装有存水弯管。封印损坏或超过校验有效期限的压力表不可以继续使用。

3. 精度等级的确定

压力表的精度等级分为:1.0级、1.6级、2.5级、4.0级。各等级仪表的外壳公称直径应符合表2-3-1的规定。

> CBC036 压力表的精度等级

表2-3-1　压力表精确度与外壳公称直径

外壳公称直径,mm	精确度等级
40、60	2.5、4.0
100	1.6、2.5
150、200、250	1.0、1.6

压力表的精确度等级应按生产工艺准确度要求和最经济角度选用。压力表的最大允许误差是压力表的量程与精确度等级百分比的乘积,如果误差值超过工艺要求准确度,则需更换精确度高一级的压力仪表。

4. 材质的确定

测量没有腐蚀性的介质时选用普通型压力表;测量有一定腐蚀性的介质时选用不锈钢型压力表;测量介质温度较高场合,宜选用不锈钢型压力表。

(二)压力表的安装要求

压力表校验合格后方可安装,应垂直安装,仪表朝向应面向便于操作、便于观察的方向,并力求与测量点保持在同一水平位置,以防指示迟缓。

> CBC037 压力表的安装要求

安装压力表前,必须进行放空泄压,确认无压后,方可进行操作,禁止带压操作。

压力仪表尽可能安装在室温、相对湿度小于80%、振动小、灰尘少、没有腐蚀性物质的地方,对于电气式压力仪表应尽可能避免受到电磁干扰。

压力表安装位置应避开经常有机械操作的地方,以免操作其他设备时碰坏压力表,如手动操作的阀门手柄处。

二、技能要求

(一)准备工作

(1)工具准备:防爆F扳手、活动扳手、防爆对讲机。

(2)人员穿戴劳保着装:工作服、工作鞋、安全帽、手套。

(二)操作规程

CBC038 压力表投用操作

(1)确认压力表量程合适,压力表完好。

现场操作人员找到目标压力表安装位置,确认压力表量程合适;压力表外观完好无损坏、刻度清晰、精度等级符合要求;检查指针完好、可以归零、轻敲有位移;在效验有效日期内;检查铅封完好、压力表标明使用上下限、各部位螺钉紧固、通气孔畅通、压力表螺纹完好无损坏。

(2)选择合适的压力表垫片并装入。

(3)紧固好压力表。

(4)开引出阀。现场操作人员缓慢打开压力表根部引出阀,压力应缓慢升到工作位置。

(5)检查压力表有无泄漏情况,确认压力表指示压力正确。

现场操作人员检查压力表指针是否处于标明使用上下限范围内,确认压力表及相关管线、法兰无泄漏,与主控人员联系是否与DCS画面显示一致。

(三)注意事项

(1)运行的机泵出口压力表指示失效时,应检查压力表手阀是否堵塞、弯管是否堵塞、压力表是否失灵。

(2)检查压力表泄压孔是否畅通,以保持内外压力平衡,同时防止内漏泄压。

模块四　停车操作

项目一　换热器的停用操作

一、相关知识

(一)启动和停用换热器的原则
(1)启动:先投用冷流,后投用热流。
(2)停用:先关热流,后关冷流。

(二)日常检查与维护
(1)检查换热器浮头大盖、法兰、焊口有无泄漏。
(2)检查换热器冷介质入口和出口温度、压力。
(3)检查换热器热介质入口和出口温度、压力。
(4)检查换热器保温是否完好。

(三)换热器巡检内容
(1)检查外部可见缺陷:腐蚀、焊接缺陷、破损等。
(2)检查壳体与头盖法兰连接、管路与壳体法兰连接、阀门与管路法兰连接、阀门大盖等密封处有无泄漏。
(3)检查支座及支撑结构、基础情况。
(4)检查保温情况。
(5)将现场指示与 DCS 参数对比。
(6)根据参数对比判断是否泄漏。

CBD001　换热器巡检内容

二、技能要求

(一)准备工作
(1)工具准备:防爆阀门扳手、防爆手电、防爆对讲机。
(2)人员穿戴劳保着装:工作服、工作鞋、安全帽、手套。

(二)操作规程
(1)确认换热器可以停用。
(2)缓慢打开热介质旁路阀。
(3)缓慢关闭热介质入口阀。
(4)缓慢关闭热介质出口阀。
(5)缓慢打开冷介质旁路阀。
(6)缓慢关闭介质入口阀。

CBD002　换热器停用操作方法

(7)缓慢关闭冷介质入口阀。
(8)打开放油阀将管线内介质排净。
(三)注意事项

> CBD003 换热器停用的注意事项

(1)换热器停用时,严禁有毒有害介质随地排放,冬季应注意防冻凝。
(2)停用过程中,速度不宜过快,以免发生泄漏。
(3)停用换热器时应先停用热流,后停用冷流。

项目二 停用蒸汽伴热线操作

一、相关知识

如果蒸汽伴线导淋阀已经打开进入空气,最好用氮气吹扫干净并关闭导淋阀。停用伴热后导淋阀没有打开进空气,可以不用把水放出来。不管哪种情况,一定要在冬季投用前,把伴热疏水器摘除,系统吹扫干净后,安装疏水器投用蒸汽伴热。

二、技能要求

(一)准备工作
(1)工具准备:防爆阀门扳手、防爆手电、防爆对讲机。
(2)人员穿戴劳保着装:工作服、工作鞋、安全帽、手套。
(二)操作规程

> CBD004 蒸汽伴热相关知识

(1)停用前确认需要停用的伴热管。
(2)关闭伴热线蒸汽引出阀。
(3)放净管线内存水。
(4)将伴热线疏水器卸下。
(5)用工厂风将管线内残水吹扫干净后,关闭工厂风阀。
(6)确认伴热线是否充介质保护,如不需保护,关闭阀门。
(7)将卸下的疏水器收好,以备再次使用。
(三)注意事项
(1)卸疏水器时要注意防止烫伤。
(2)检查停用管线是否有形变、泄漏现象。

项目三 离心泵的停车操作

一、相关知识

离心泵停车顺序是关出口阀、停电机、关进口阀,停车时应注意出口阀关闭过程要缓慢,保证其工艺流量平稳过渡。离心泵切换后进行停车时,应确认备用泵运行状况及流量正常,待停泵出口阀已完全关闭。热油离心泵需停车检修时,在离心泵停车以后,泵内液体排净,且冷却到常温后停冷却水。

二、技能要求

（一）准备工作

(1) 工具准备：防爆F扳手、活动扳手、防爆手电、防爆对讲机。

(2) 人员穿戴劳保着装：工作服、工作鞋、安全帽、手套。

（二）操作规程　　　　　　　　　　　　　　　　　　　　　　CBD005 离心泵停车操作方法

(1) 全面检查待停离心泵运行状态；

(2) 缓慢关闭待停离心泵的出口阀，密切注意出口压力、电动机电流，直至出口阀关闭。

(3) 确认出口阀全关后，停电动机，使泵停止运转。

(4) 关闭泵出口阀，检查离心泵，确认不倒转，密封不泄漏。

(5) 如做备用热油泵应做好预热。

（三）注意事项　　　　　　　　　　　　　　　　　　　　　　CBD006 离心泵停车操作的注意事项

(1) 先把泵出口阀关闭，再停泵，防止泵倒转。倒转对泵有危害，使泵体温度很快上升，造成某些零件松动。

(2) 停泵注意轴的减速情况，如时间过短，需要检查泵内是否有磨、卡等现象。

(3) 如是热油泵，要停冲洗油或封油，打开进出口管线平衡阀或连通阀，防止进出口管线冻凝。

(4) 如该泵要修理，必须用蒸汽扫线，拆泵前要注意泵体压力，如有压力，可能进出口阀关不严。

(5) 离心泵在停车过程中，一旦发生抽空，必须立即停泵，抽空将损坏离心泵内的密封环和机械密封，甚至产生抱轴。高压离心泵出口自循环管线上设置限流孔板的目的是限制离心泵最大循环流量，防止其发生汽蚀的最小流量。

项目四　计量秤系统停车操作

一、相关知识

（一）工业上所用的计量仪表分类

(1) 速度式流量仪表：例如叶轮式水表、差压式孔板流量计、靶式流量计、转子流量计、超声波流量计、电磁流量计。　　　　　　　　　　　　　　　CBD007 计量仪表分类

(2) 容积式流量仪表：例如椭圆齿轮流量计、往复式计量泵等。

(3) 质量式流量仪表：这类仪表计量精度较高被测流量不受流体的温度、压力、密度、黏度等变化的影响，是较为理想的厂际间的计量仪表，但价钱较其他类仪表高。

（二）计量秤系统

ABS粉料和SAN加料计量秤系统以失重式喂料器为主，料仓物料卸下单元放置在重量传感器上面，传感器继续不断地在微小的时间间隔测重量，并且将这个信息传送到控制器。在单位时间内失去的物料重量就等于实际的流量。

控制器通过把实际流量设定值的信号与计算马达或振动器的驱动信号相比较,马达的实际速度或者振动器的实际振幅连续不断地受到驱动控制器的监控。如果实际速度和设定值之间有差异,控制器就调整驱动信号,使实际的马达速度或振幅趋向于设定值。

在这两种控制回路的双重保护下,系统的精度非常高。

二、技能要求

(一)准备工作

(1)工具设备:防爆阀门扳手、F扳手、螺丝刀、防爆手电、防爆对讲机。

(2)人员穿戴劳保着装:工作服、工作鞋、安全帽、手套。

(二)操作规程

(1)DCS上停风机,停止计量程序,停止空气吹扫系统。

(2)将秤内物料排净后关闭排料阀。

(3)切断现场设备电源。

(三)注意事项

(1)停车后检查所有风机是否停止运转。

(2)各旋转阀及风机的操作开关均切至手动状态。

(3)现场确认秤内无物料。

项目五　隔离系统的盲板加装操作

一、相关知识

(一)系统抽加盲板

[CBD008 系统抽加盲板时的注意事项]

检修系统,物料倒空泄至常压后可以加装盲板。系统检修结束,盲板两侧没有压力或者微正压,原则上不会有大量物料溢出时,8字盲板进行调向。8字盲板拆除以后,要确认不仅垫片的材质、压力等级符合要求而且所有螺栓满扣且材质、大小符合规范。

(二)盲板调向的注意事项

[CBD009 化工装置中8字盲板调向的注意事项]

化工装置中8字盲板调向开通时,应具备一定条件:系统检修结束;盲板两侧没有压力或者微正压;盲板两侧原则上不会有大量油溢出。8字盲板调向开通以后,要确认垫片的材质、压力等级符合要求。

二、技能操作

(一)准备工作

(1)设备:对讲机两部、活动接头、密封垫片。

(2)材料、工具:防爆F扳手、活动扳手、防爆手电、防爆对讲机。

(3)人员:内操1名,外操1名。

(二)操作规程

(1)确认系统已与外界隔离;系统内物料已经退净;确认系统已经泄至常压。高温系统的温度已经下降到安全温度。

（2）缓缓松开要加装盲板的法兰,确认没有物料流出;法兰松开过程中如果有大量不明液体或者气体喷出应立即将法兰复位并向相关人员汇报;确认加在法兰之间的盲板大小、厚度符合要求;临时盲板加装时,所有排放口侧不加垫片;所有排放口处的盲板法兰处应留有适当间隙。

（3）在流程图上记下盲板加装位置;所有加装盲板应进行编号。

(三) 注意事项

(1)维护必须有两人以上操作。

(2)防止高温烫伤。

模块五　设备使用与维护

项目一　润滑油添加操作

一、相关知识

(一)润滑油的作用

<u>CBE001 润滑油的作用</u>

(1)润滑作用。润滑油在摩擦面间形成油膜,消除或减少干摩擦,改善摩擦状油的状况,这是润滑油的首要作用。

(2)冷却作用。在摩擦时所产生的热量,大部分被润滑油带走,少部分热量经过传导和辐射直接散发出去。

(3)冲洗作用。磨损下来的碎屑被润滑油带走,称为冲洗作用。冲洗作用的好坏对磨损的影响很大,特别对于经过大修更换了摩擦件的设备,在最初运转时期的磨合阶段中,润滑油的冲洗作用更加重要。

(4)密封作用。有些润滑部位除了要求润滑油对摩擦面起润滑、冷却和冲洗作用外,还用润滑油增强密封作用。蒸汽往复泵的气缸壁与活塞之间、活塞环与活塞槽之间,就是借助润滑油对它们之间的间隙的填充作用,来提高密封效果的。

(5)减振作用。摩擦件在油膜上运动,好像浮在"油枕"上一样,对设备的振动起一定的缓冲作用,使运行变得平稳。

(6)卸荷作用。由于摩擦面间有油膜存在,作用在摩擦面上的负荷就比较均匀地通过油膜分布在摩擦面上,油膜的这种作用称为卸荷作用。

(7)保护作用。防腐蚀、防尘都属于润滑油的保护作用。

润滑油进入各润滑点前应进行三级过滤,以便除去油中的机械杂质。选用润滑油的一般原则是转速越高,选用润滑油黏度越小。机泵正常运行期间,恒油位器油位低于2/3时应添加润滑油。润滑油的主要的理化指标有外观、黏度、运动黏度、闪点、倾点、凝点、水分、机械杂质。黏度是判断润滑油流动性好坏的指标,与泵的运转状态无关。抗乳化度是评价油和水分离的能力,好的润滑油其抗乳化度应不大于15min。闪点是润滑油加温至会闪燃的最高温度,通常表示此油能耐的最高温度。

<u>CBE002 润滑脂使用时的注意事项</u>

润滑脂由润滑油、稠化剂、改善性能的添加剂等组成,质量指标有滴点、针入度、相似黏度。润滑脂加注时,应从挤压面润滑脂的加油孔注入,有新鲜油脂从挤压面渗出即可达到要求的标准。润滑脂的作用与润滑油一样,也能起润滑金属表面、减少摩擦的作用。

(二)润滑油的更换条件

润滑油油品乳化的主要特征为变混浊、黏度减小,油品氧化后酸值升高。引起油品乳化的因素有油中进水、油中进入蒸汽。

润滑油的主要性能指标有黏度、水分、机械杂质、酸值。按机泵滑润油使用规格和三级过滤方法向轴承油箱注入合格润滑油。三级过滤网脏时用煤油清洗,油箱必须用润滑油清洗干净,按润滑油五定表规定不定期加油,油面加至油标的1/3~1/2。经常检查轴承箱内的润滑油油位及油质,根据油品化验分析结果确定是否更换,每次换油做好相应的书面记录备查。

> CBE003 机泵轴承箱内润滑油更换的条件

(三)润滑油的加油"五定"

"五定"是指:定点、定质、定量、定时、定人。

> CBE004 润滑油的加油"五定"

(1)定点:确定每台设备的润滑油部位和润滑点,保持其清洁与完好无损,实施定点给油。

(2)定质:设备的润滑油品必须经检验合格,按规定的润滑油种类进行加油;润滑装置和加油器具保持清洁。

(3)定量:在保证良好润滑的基础上,实行日常耗油量定额和定量换油。

(4)定时:按照规定的周期加润滑油,对储量大的油,应按规定时间抽样化验,视油质状况确定清洗换油、循环过滤和抽验周期。

(5)定人:按照规定,明确员工对设备日常加油、清洗换油的分工,各司其职,互相监督。

二、技能要求

(一)准备工作

(1)工具设备:防爆阀门扳手、防爆手电、防爆对讲机、接油盘、加油漏斗、油壶、测温仪、测振仪。

(2)人员穿戴劳保着装:工作服、工作鞋、安全帽、手套。

(二)操作规程

(1)在添加润滑油之前,现场操作人员应先根据设备性能、适用环境选择合适的润滑油。

> CBE005 润滑油的添加操作

(2)检查待添加润滑油质量。

(3)检查待加油泵油位、油质、密封情况。

(4)现场操作人员使用接油盘、加油漏斗、油壶,通过注油孔将经过三级过滤的润滑油添加进轴承箱内。

(5)添加完润滑油后,现场操作人员确认油位处于1/2~2/3范围内。

(6)确认注油孔丝堵已安装。

(7)确认加油后轴承箱温度、振动是否正常。

(三)注意事项

(1)选用规定型号的润滑油,并经过三级过滤。

(2)每次加油前必须清洁擦拭油抽、油壶等容器和工具。

(3)每种用油专用的容器,并且在容器上注明盛载油品的名称,以防污染。

(4)每次添加润滑油后,做好机械保养记录。

(5)不可加油过多,润滑油添加过多,同样会导致散热不良而使机泵轴承温度升高损坏泵。

项目二　机泵盘车

一、相关知识

(一)机泵盘车的目的

>CBE006 机泵盘车目的

机泵轴长时间静止,在重力作用下,轴会发生弯曲变形,所以要定期盘车。所谓"盘车"是指在启动电动机前,用人力或盘车装置将机泵转动几圈,用以判断由电动机带动的负荷(即机械或传动部分)是否有卡滞而阻力增大的情况,从而不会使电动机启动时负荷变大而损坏电动机(即烧坏)。所以,一般在停机后再启动设备时,就要盘车。

1. 机泵在启动前盘车的目的

(1)不论是新安装还是刚检修过的机泵,通过盘车检查是否灵活有无卡涩,内部有无异响,防止启动时机泵损坏或电流过大烧毁电动机。

(2)有的大型机组同时也是为了暖机和开车前润滑,防止开车后,转子与机体产生局部过热,导致热变形。

2. 机泵在停运时盘车的目的

(1)刚停下来的机泵(如果是正常停运),为了防止热变形,一般要冷却一小段时间再盘车。

(2)备用机泵要定期盘车,防止轴弯曲变形或因设备输送黏度较大的介质致使机泵转子卡涩。

3. 备用泵定期盘车的原因

泵轴上装有叶轮等配件,在重力的长期作用下会使轴弯曲。经常盘车,不断改变轴的受力方向,可以使泵的弯曲变形为最小。检查运动部件的松紧配合程度,避免运动部件长期静止而生锈,使泵能随时处于备用状态。盘车把润滑油带到轴承各部,防止轴承生锈,而且由于轴承得到初步润滑,紧急状态能马上启动。

(二)机泵盘不动车的原因及处理

>CBE007 机泵盘不动车的原因及处理

机泵盘不动车的原因及处理如表2-5-1所示。

表2-5-1　机泵盘不动车的原因及处理方法

序号	原因	处理方法
1	油品凝固	吹扫预热
2	长期不盘车	加强盘车
3	部件损坏或卡住	检修
4	轴弯曲严重	检修更换

(三)机泵盘车制度

(1)使用单位应对所有机泵根据设备实际状况,分类确定盘车周期(班、日或周)。

(2)对于带联锁自启动的机泵,必须在保证生产和人身安全的前提下进行盘车操作。

(3)盘车操作每次不得少于1.5圈。在设备转动外漏部位(如轴头、联轴器等)应划出明显的盘车标记,并与盘车周期相对应。

(4)要建立机泵盘车记录,每次盘车后要记录盘车设备的位号、名称、盘车标记、盘车时间、盘车人等。

二、技能要求

(一)准备工作

(1)工具准备:防爆阀门扳手、防爆手电、防爆对讲机。

(2)人员穿戴劳保着装:工作服、工作鞋、安全帽、手套。

(二)操作规程

(1)打开机泵的对轮罩,检查是否有螺栓、螺帽脱落的现象。

(2)与机泵正常转动方向一致转动对轮,均匀用力,保证轴承无卡涩现象,盘车过程中一边转动对轮一边观察端面。

(3)转动对轮 1.5 圈。

(4)检查转轴的前后端面密封是否良好,是否有泄漏现象。

(5)盖好对轮罩,插上销子后方可离开。

> CBE008 机泵盘车操作及注意事项

(三)注意事项

(1)由于大型机泵的对轮沉重,一般难以转动,需借助其他工具辅助作业,此时应使用合适盘车工具,均匀用力,慢慢转动对轮。

(2)盘车过程中发生卡涩现象,应立即检查原因进行处理。

项目三 离心泵的检修

一、相关知识

(一)离心泵电动机温度偏高的原因及处理方法

1. 原因

(1)绝缘不良,潮湿。

(2)电流过大,超负荷。

(3)电动机电源线短路。

(4)电动机轴承安装不正。

(5)电动机内油脂过多或过少。

(6)长期不清扫、通风散热不好。

> CBE009 机泵电动机温度高的原因

2. 处理方法

切换备用泵、断电、联系检修。

(二)机泵轴承温度偏高的原因及处理方法

1. 原因

(1)电动机与泵轴不同心。

(2)润滑油不够。

> CBE010 机泵轴承温度偏高的原因

(3)润滑油乳化变质或有杂质,不合格。

(4)润滑油过多。

(5)冷却水中断。

(6)甩油环跳出固定位置。

(7)轴承损坏。

(8)轴弯曲,转子不平衡。

2. 处理方法

> CBE011 机泵轴承温度偏高的处理方法

(1)联系钳工修理。

(2)加足润滑油。

(3)更换合格润滑油或加注新润滑脂。

(4)调节润滑油位合适。

(5)调节冷却水,保证冷却水畅通。

(6)切换至备用泵,联系钳工维修。

二、技能要求

(一)准备工作

(1)工具准备:防爆阀门扳手、防爆手电、防爆对讲机。

(2)人员穿戴劳保着装:工作服、工作鞋、安全帽、手套。

(二)操作规程

(1)全面检查待停离心泵运行状态。

(2)缓慢关闭待停离心泵的出口阀,密切注意出口压力、电动机电流,直至出口阀全关。

(3)确认出口阀全关后,停电动机,使泵停止运转。

(4)关闭泵出口阀,检查离心泵,确认不倒转,密封不泄漏。

(5)如做备用,热油泵应做好预热。

(三)注意事项

(1)热油泵在停冲洗油或封油时,打开进出口管线平衡阀或连通阀,防止进出口管线冻凝。

(2)如该泵要修理,必须用蒸汽扫线,拆泵前要注意泵体压力,如有压力,可能进出口阀关不严。

(3)先把泵出口阀关闭,再停泵,防止泵倒转(倒转对泵有危害,使泵体温度很快上升造成某些零件松动)。

(4)停泵注意轴的减速情况,如时间过短,要检查泵内是否有磨、卡等现象。

项目四 压力容器的维护

一、相关知识

> CBE012 压力容器的定义

(一)压力容器的定义

工业生产中具有特定的工艺功能并承受一定压力的设备,称压力容器。储运容器、反应容器、换热容器和分离容器均属压力容器。为了与一般容器(常压容器)相区别,只有同时满足下列三个条件的容器,才称为压力容器。

(1)工作压力≥0.1MPa,工作压力是指压力容器在正常工作情况下,其顶部可能达到的最高压力(表压力)。

(2)内直径(非圆形截面指其最大尺寸)≥0.15m,且容积≥0.025m³。

(3)盛装介质为气体、液化气体以及介质最高工作温度高于或者等于其标准沸点的液体。

根据压力容器操作压力、介质危害程度、容器功能、结构特性、材料和对容器安全性能的综合影响程度等,将压力容器分为三类。

1. 第一类压力容器

低压容器。

2. 第二类压力容器

(1)中压容器。

(2)低压容器(仅限毒性程度为极度和高度危害介质)。

(3)低压反应容器和低压储存容器(仅限易燃介质或毒性程度为中度危害介质)。

(4)低压管壳式余热锅炉。

(5)低压搪瓷玻璃压力容器。

3. 第三类压力容器

(1)高压容器。

(2)中压容器(仅限毒性程度为极度和高度危害介质)。

(3)中压储存容器(仅限易燃或毒性程度为中度危害介质,且 $PV \geq 50MPa \cdot m^3$)。

(二)压力容器的破坏形式

1. 塑性破裂或韧性破裂

塑性破裂或韧性破裂是容器承受的压力超过材料的屈服极限,材料发生屈服或全面屈服(即变形),当压力超过材料的强度极限时,则发生断裂。

1)成因

(1)盛装液化气体的容器过量充装。

(2)由于容器在使用过程中超压而使器壁应力大幅增加,超过材料的屈服极限。

(3)设计或安装错误。

(4)器壁大面积腐蚀使壁厚减小。

2)特征

(1)明显塑性变形。

(2)断口呈暗灰色纤维状。

(3)容器一般无碎片飞出。

3)预防

防止超温超压、定期检验。

2. 脆性破裂

在正常压力范围内,无塑性变形的情况下突然发生的爆炸称为脆性破裂。

1)成因

(1)低温使材料的韧性降低或材料的脆性转变,温度升高使材料变脆。

(2)设备存在制造缺陷,造成局部压力过高。

2)特征

(1)没有明显的塑性变形。

(2)断口齐平,呈金属光泽。

(3)一般产生碎片。

(4)破裂事故多在温度较低的情况下发生,脆性破裂和塑性破裂刚好处于相反的状态。

3)预防

选材和结构设计,注意裂纹性缺陷的检验和发现。

3. 疲劳断裂

疲劳断裂是容器在频繁的加压、泄压过程中,材料受到交变应力的作用,经长期使用后所导致的容器破裂。

1)特征

(1)在经过多次的反复加压和泄压以后发生。

(2)没有明显的塑性变形过程,器壁没有减薄。

(3)不是破裂成碎片,而是裂成一个口,泄漏失效。

(4)疲劳断口存在两个明显的区域,一个是疲劳裂纹扩展区,光滑面有滩状波纹,一个是最终断裂区,断口齐平,有金属光泽。

(5)疲劳破裂的位置往往是在容器存在应力集中的部位(如开孔接管处等)。

2)预防

防止疲劳破裂的措施,在于设计中应尽量减少应力集中,采用合理的结构及制造工艺。同时,在使用过程中也尽量减少不必要的加压、泄压或严格控制压力及温度的波动。

4. 应力腐蚀

钢材在腐蚀介质作用下,引起壁厚减薄或材料组织结构改变,机械性能降低,使承载能力不够而产生的破坏,称为腐蚀破裂。腐蚀破裂常以应力腐蚀的形式出现。应力腐蚀是金属材料在应力和腐蚀的共同作用下,以裂纹形式出现的一种腐蚀破坏。发生应力腐蚀,必须同时具备两个条件:一是应力,指拉伸应力,包括由外载荷引起的应力和在加压过程中引起的残余应力;二是腐蚀介质。

5. 蠕变破裂

蠕变是指当金属的温度高于某一限度时,即使应力(主要为拉应力)低于屈服极限,材料也能发生缓慢的塑性变形。这种塑性变形经长期积累,最终也能导致材料破坏,这一现象被称为蠕变破裂。

当前工程上,压力容器破裂事故主要为脆性破裂、疲劳破裂、应力腐蚀这三种形式。

(三)压力容器的安全泄压装置

安全泄压装置有很多类型,按结构形式可分为四种:阀型、断裂型、熔化型和组合型。

CBE014 压力容器的安全泄压装置

1. 阀型安全泄压阀装置

常用的阀型安全泄压阀装置就是安全阀。这种装置的特点是它仅仅排泄容器内高于规定部分的压力,当容器内压力降至正常操作压力时,它即自动关闭。这样可避免容器因出现超压就得把全部气体排除而造成生产中断和浪费,因此被广泛采用。而这种泄压装置的缺点是:密封性较差;由于弹簧的惯性作用,阀的开启会出现滞后现象;当用于一些不洁净的气体时,阀口有被堵塞或阀瓣有被粘住的可能。因此这种装置不适宜使用在易挥发、毒性大的场合。在阀门组装时应认真清理结合面,避免杂质落入,当使用不清洁的物料时,需要经常检修。

2. 断裂型安全泄压装置

常用的断裂型安全泄压装置是爆破片和防爆帽。前者用于中、低压容器,后者用于高压和超压容器。其特点是密封性能好、泄压反应快以及气体内所含的污物对它的影响较小等。但是由于它在完成泄压后不能继续使用,而且容器也需停运,等待换新,因而会造成运行成本增加且操作量大。所以断裂型安全泄压装置一般只被用于超压可能较小而且不宜装设阀型泄压装置的容器上。

3. 熔化型安全泄压装置

常用的熔化型泄压装置就是易熔塞。它是通过易熔合金的熔化,使容器的气体从原来填充有易熔合金的孔中排出而泄放压力的。这种泄压装置主要用于防止容器由于温度升高而发生的超压,避免因此引起爆炸,所以熔化型泄压装置一般多用于液化气体钢瓶。

4. 组合型安全泄压装置

组合型泄压装置是一种同时具有阀型和断裂型或者是阀型和熔化型的泄压装置。常见的有弹簧安全阀和爆破片的组合型。它具有阀型和断裂型的优点,既能防止阀型安全泄压装置的泄漏,又可以在排放过高的压力以后使容器继续运行。容器超压时,爆破片断裂、安全阀开放排气,待压力降至正常压力时,安全阀关闭容器继续运行。

二、技能要求

(一) 准备工作

(1) 工具准备:防爆阀门扳手、防爆手电、防爆对讲机。
(2) 人员穿戴劳保着装:工作服、工作鞋、安全帽、手套。

(二) 操作规程

1. 保持压力容器防腐层完好

现场操作人员检查衬里是否开裂或焊缝处是否有渗漏现象,检查防腐层有无自行脱落,在装料和安装容器内部附件时有无被刮落或撞坏。

> CBE015 压力容器的维护

2. 停用期间压力容器的维护

现场操作人员将内部介质排除干净,防止容器内的死角积存腐蚀性介质。保持压力容器的干燥和清洁,防止大气腐蚀。压力容器外壁涂刷油漆,注意保温层下和压力容器支座处的防腐等。

3. 压力容器外壁安全装置的维护保养

现场操作人员保持压力表洁净,表盘上的玻璃明亮清晰,表内指针所指示的压力读数清晰易见。装有排液、除尘装置的压力表,定期进行排液或排放尘土。定期校验压力表,校验后的压力表贴上合格证并铅封。

安全阀保持干净,防止阀体或弹簧等被油垢或脏物所粘满或锈蚀,防止安全阀的排放管被油垢或其他异物堵塞和冬季积水冻结。发现安全阀有渗漏迹象时,及时进行更换或检修,禁止用增加载荷的方法(如加大弹簧的压缩量)来减除安全阀的泄漏。定期校验安全阀,校验合格的安全阀加装铅封。

4. 压力容器附件零件的维护保养

对于压力容器的紧固螺栓等附件零件,在每次取下后,首先进行清洗,然后进行外观检查,检查合格的紧固螺栓再进行磁粉或超声波无损检测,检测合格的紧固螺栓才能重复使用。

(三)注意事项

压力容器的操作人员必须具有压力容器的基本知识,熟悉和掌握常见生产工艺及压力容器在生产工艺中的主要作用原理。

项目五　热油泵预热操作

一、相关知识

(一)热油泵预热的原因

<small>CBE016 热油泵预热的原因</small>

热油泵不预热就不具备使用条件,原因如下:

(1)温度高。热油泵一般温度在200~350℃,如不预热,泵体温度低,热油进入后,因冷热温差大,使泵经受不住这种剧烈的变化,将会引起泄漏、裂缝、部件受损,并且有可能因零件热胀系数不一样,从而导致零件胀住的现象。

(2)黏度大。热油泵输送的介质黏度都较大,在常温下和低温下会凝固,甚至把泵体管线堵死,而造成启动不上量,流量、扬程小,甚至使泵产生振动和杂音。

(二)热油泵密封泄漏的原因及处理方法

<small>CBE017 热油泵密封泄漏的原因</small>

原因:

(1)摩擦副严重磨损,动、静环吻合不均(或静环破裂),密封圈损坏,轴有槽沟、表面有腐蚀。

(2)较长时间抽空后密封圈坏,弹簧断。

(3)弹簧压缩比大,密封表面的强度不够,材质不好。

(4)操作不稳波动较大,泵振动。

(5)封油中断。

处理方法:为防止热油泵机械密封抽空破坏,可采取保持稳定操作,减少抽空现象;在泵抽空时不让防转销脱出防转槽;增加补偿环的质量,减弱抽空时发生自激振动的倾向等措施。

(三)封油的作用

<small>CBE018 封油的作用</small>

离心泵运转过程中,密封面或填料相互摩擦,特别是含有催化剂或碱等固体颗粒时,更易泄漏,而且会越漏越大,甚至造成火灾。为了防止这种情况发生,通常将封油通入端面、填料处进行密封,由于一般单级泵的封油压力比机泵压力高,因此封油可将漏液压回去。

封油还有冷却、冲洗、润滑、密封断面和填料的作用。封油系统的操作温度一般要求不大于40℃。

二、技能要求

(一)准备工作

(1)工具准备:防爆阀门扳手、防爆手电、防爆对讲机。

(2)人员穿戴劳保着装:工作服、工作鞋、安全帽、手套。

(二)操作规程

(1)现场操作人员检查待预热备用泵是否符合预热要求,流程是否正确。

(2)为使备用泵预热时不发生运转泵抽空,现场操作人员要关闭泵出口阀,缓慢打开入口阀,使泵体缓慢升温;把泵内空气赶净;再打开出口阀至微过量进行预热(如有预热管则利用预热管)。

(3)现场操作人员将泵填料箱(大盖)冷却水套通入冷却水,以免高温损坏零件、填料或造成泄漏,必要时可打入少量的封油。

(4)在预热中,定期盘车180°,防止轴因预热温度不均而造成弯曲。预热时油量不要过大,以防叶轮反转。

(5)现场操作人员确认预热温度每小时升温情况;确认泵、叶轮未出现反转;确认热油泵出口管线的压力大于入口压力,这样预热时出口管线的油可将预热泵入口的油压回去,从而起到预热作用。

(6)在预热时,若运转泵抽空,应停止预热,应先处理抽空后方可预热。

(三)注意事项

(1)热油备用泵平时均需处于热备用状态,即由泵出口预热管进油,通过泵体后排入泵入口管线进入运行泵。泵预热后,可以随时启动。

(2)如果备用泵要进行检修则不预热,需把泵内液体排净或扫空,泄压至零,检修完后,及时转入热备用状态。

项目六 单向阀的检查

一、相关知识

(一)单向阀的结构及工作原理

单向阀是炼油化工生产中的重要阀门,只允许介质向一个方向流动,而且阻止其向反方向流动,因此单向阀又称逆止阀、止回阀、逆流阀和背压阀。

通常这种阀门是自动工作的,在一个方向流动的流体压力作用下,阀瓣打开;流体反方向流动时,由于流体压力和阀瓣的自重和阀瓣作用于阀座,从而切断流动。

(二)单向阀的分类

单向阀按其阀盘的动作情况,主要可分为升降式单向阀与旋启式单向阀。

升降式单向阀的结构一般与截止阀相似,其阀瓣沿着通道中线作升降运动,动作可靠,但流体阻力较大,适用于较小口径的场合。升降式单向阀可分为直通式和立式两种:直通式升降单向阀一般只能安装在水平管路;而立式升降单向阀一般就安装在垂直管路。旋启式单向阀的阀瓣绕转轴做旋转运动,其流体阻力一般小于升降式单向阀,它适用于较大口径的场合,但不适于安装在垂直、介质流向由上至下的管路上。

(三)泵出口安装单向阀的作用

泵出口安装单向阀的作用是在突然停电或操作失误等未关闭出口阀门就停止运转的情况下,避免泵受到出口高压流体的冲击而倒转,可能导致叶轮松动、电动机损坏等问题。

(四)主风机出口单向阀的作用

> CBE022 主风机出口单向阀的作用

主风机出口单向阀按阀体结构可分为旋启式和蝶式两种形式。主风机出口单向阀的作用是防止系统物质倒流至主风机内,避免毁机严重事故。

二、技能要求

(一)准备工作

(1)工具准备:防爆阀门扳手、防爆手电、防爆对讲机。

(2)人员穿戴劳保着装:工作服、工作鞋、安全帽、手套。

(二)操作规程

> CBE023 单向阀的检查内容

(1)检查单向阀的安装方向是否正确。

(2)检查单向阀的公称压力是否满足工艺条件需要。

(3)检查阀体外表面腐蚀情况。

(4)对密封点的泄漏情况进行检查。

(5)检查紧固件是否均匀坚固。

(6)检查阀体内部是否有异常声音。

(三)注意事项

(1)单向阀闭锁状态下的泄漏量非常小甚至为零,但是经过一段时期的使用,因阀座和阀芯的磨损就会引起泄漏,而且有时泄漏量非常大,会导致单向阀的失效,故磨损后应注意研磨修复。

(2)主风机出口单向阀正常状态下必须要求在自动状态。

项目七　安全阀的日常巡检维护

一、相关知识

(一)安全阀巡检的内容

> CBE024 安全阀巡检内容

(1)安全阀有无泄漏。

(2)安全阀外表有无腐蚀情况。

(3)提升装置(扳手)动作有效,并且处于适当位置。

(4)安全阀外部调节机构的铅封是否完好。

(5)有无影响安全阀正常功能的因素。

(6)安全阀相关附件完整无损并且正常。

(二)安全阀的维护内容

日常维护安全阀时要保持安全阀的清洁,做好防锈、防粘、防堵和防冻,安全阀在用时保持副线阀门全关。为保证安全阀整定压力和密封性能,对使用中的安全阀要做定期检查,每年至少校验一次。安全阀如需更换应向设备主管部门申请,并重新办理登记建卡手续,新安全阀经过检验定压合格,方可安排使用,并且安全阀在投用前,须检查安全阀本体铅封是否完好、校验日期是否正确。

(三)安全阀定期手动校验的目的

安全阀定期手动校验,是为了迅速简单地确定安全阀的动作性能,防止阀芯和阀瓣粘连,检测其严密性和泄放管道状况。

(四)安全阀泄漏的判断

以液态烃安全阀为例,当安全阀出现泄漏时,阀体温度升高,阀体在夏季会出现漏水,冬季则会出现结霜的情况;当安全阀出现较大泄漏时,安全阀出口管线会有明显的气流声。此外,也可通过触摸管线温度进行判断,以燃料气分液罐为例,若安全阀出现泄漏,安全阀出口管线温度要低一些。另外,安全阀起跳回坐后,发生内漏的可能性较大。

CBE025 安全阀泄漏的判断方法

(五)安全阀起跳判断

安全阀可起泄压作用,当压力容器超过正常工作压力时,它即自动起跳,将容器内的介质排出一部分,直至容器内压力下降到正常工作压力时,它又自动关闭,以达到保护容器不致超压而发生爆炸事故。同时,安全阀排气时的气流声也起到了自动报警作用。安全阀的开启压力不得超过容器设计压力,一般按设备的操作压力再增加5%~10%来进行调整。安全阀起跳后有如下特征:

CBE026 安全阀起跳判断方法

(1)安全阀阀门有异响。
(2)放空管线处有较大的气流声。
(3)相应容器或管线压力降低。

二、技能要求

(一)准备工作

(1)工具准备:防爆阀门扳手、防爆手电、防爆对讲机。
(2)人员穿戴劳保着装:工作服、工作鞋、安全帽、手套。

(二)操作规程

(1)要经常保持安全阀的清洁,防止阀体弹簧等被油垢脏物填满或被腐蚀,防止安全阀排放管被油污或其他异物堵塞;经常检查铅封是否完好,防止杠杆式安全阀的重锤松动或被移动,防止弹簧式安全阀的调节螺栓被随意拧动。

CBE027 安全阀日常维护

(2)发现安全阀有泄漏迹象时,应及时更换或检修。禁止用加大载荷(如过分拧紧弹簧式安全阀的调节螺栓或在杠杆式安全阀的杠杆上加挂重物等)的方法来消除泄漏。为防止阀瓣和阀座被气体中的油垢等脏物粘住,致使安全阀不能正常开启,对用于空气、蒸汽或带有黏滞性脏物但排放不会造成危害的其他气体的安全阀,应定期做手提排放试验。

(3)为保持安全阀灵敏可靠,每年至少做一次定期校验。定期校验的内容一般包括动态检查和解体检查。动态检查的主要内容是检查安全阀的开启压力、回坐压力、密封程度以及在额定排放压力下的开启高度等,其要求与安全阀调试时相同。若动态检查不合格,或在运行中发现有泄漏等异常情况时,则应做解体检查。解体后仔细检查安全阀的所有零部件有无裂纹、伤痕、磨损、腐蚀、变形等情况,并根据缺陷的大小和损坏程度予以修复或更换,最后组装,进行动态检查。

(三)注意事项

(1)安全阀投用后要确保投用阀门全开,并打好铅封。

(2)加强对安全阀的检查工作,发现泄漏,应立即更换或者检修。

项目八　膨胀节的检查

一、相关知识

(一)膨胀节的作用

膨胀节习惯上也称为补偿器、伸缩节,是为了补偿因温度差与机械振动引起的附加应力,而设置在容器壳体或管道上的一种挠性结构。它主要由工作主体的波纹管(一种弹性元件)和端管、支架、法兰、导管等附件组成。膨胀节是利用其工作主体波纹管的有效伸缩变形,以吸收管线、导管、容器等由热胀冷缩等原因而产生的尺寸变化,或补偿管线、导管、容器等的轴向、横向和角向位移。

(二)膨胀节的分类

> CBE028　膨胀节的分类

膨胀节按照材质可分为金属膨胀节、非金属膨胀节两种。其中,金属膨胀节又可分为弯管式膨胀节、波纹管膨胀节、套筒式膨胀节。

弯管式膨胀节是将管子弯成 U 形或其他形体,利用形体的弹性变形能力进行补偿的一种膨胀节。它的优点是强度好、寿命长、可在现场制作。缺点是占用空间大、消耗钢材多、摩擦阻力大。这种膨胀节被广泛用于各种蒸汽管道和长管道上。

波纹管膨胀节是用金属波纹管制成的一种膨胀节。它能沿管道轴线方向伸缩,也允许膨胀节有少量弯曲,可用在管道上进行轴向长度补偿。这类膨胀节的优点是节省空间,节约材料,便于标准化和批量生产。缺点是寿命较短,一般用于温度和压力不很高、长度较短的管道上。对于高温、高压的管道系统,介质为易燃、易爆、剧毒的管道系统一般禁用波纹管膨胀节。

套筒式膨胀节由能够做轴向相对运动的内外套管组成,内外套管之间采用填料函密封,使用时保持两端管子在一条轴线上移动,用于补偿管道的轴向伸缩及任意角度的轴向转动。这类膨胀节具有体积小、补偿量大的特点,适用于热水、蒸汽、油脂类介质,通过滑动套筒对外套筒的滑移运动,达到热膨胀的补偿。

二、技能要求

(一)准备工作

(1)工具准备:防爆阀门扳手、防爆手电、防爆对讲机。

(2)人员穿戴劳保着装:工作服、工作鞋、安全帽、手套。

(二)操作规程

(1)检查膨胀节是否在超温、超压、超设计条件下运行。
(2)检查膨胀节的外观是否存在泄漏及表面裂纹。
(3)检查膨胀节固定支架是否有倾斜、松动现象,滑动导向支架是否有卡涩现象。
(4)检查膨胀节的变形是否超过设计最大补偿量。
(5)对于有拉杆的膨胀节,还应检查其拉杆限位是否在正确的位置。
(6)对于铰链式膨胀节,则应检查铰链是否与管道轴线平行,方向正确;链轴是否在膨胀节全长正中位置;其回转平面是否与出口管的主管及水平管的轴线所在平面一致。

CBE029 膨胀节的检查及注意事项

(三)注意事项

(1)保温层应做在膨胀节外保护套上,不得直接做在波纹管上;不得采用含氯的保温材料。
(2)装有膨胀节的管道在运行操作中,阀门的开启和关闭要逐渐进行,以免管道内温度和压力急剧变化,造成支架或膨胀节损坏。
(3)不可以使用膨胀节变形的方法来调整管道的安装偏差。

项目九　PB聚合釜搅拌器机械密封的检查

一、相关知识

(一)搅拌器的种类与使用方法

化工工艺过程的变化,是以参加反应物质的充分混合为前提,采用搅拌操作对于加热、冷却、液体萃取、气体吸收等物理变化过程能得到很好的效果。搅拌器是使液体、气体介质强迫对流并均匀混合的器件。搅拌器的类型、尺寸及转速,对搅拌功率在总体流动和湍流脉动之间的分配都有影响。一般说来,涡轮式搅拌器的功率分配对湍流脉动有利,而旋桨式搅拌器对总体流动有利。对于同一类型的搅拌器来说,在功率消耗相同的条件下,大直径、低转速的搅拌器,功率主要消耗于总体流动,有利于宏观混合。小直径、高转速的搅拌器,功率主要消耗于湍流脉动,有利于微观混合。搅拌器的放大是与工艺过程有关的复杂问题,可通过逐级经验放大,根据取得的放大判据,外推至工业规模。

CBE030 搅拌器的种类

常用的搅拌有轮式搅拌器、桨式搅拌器、锚式搅拌器、带式搅拌器、磁力搅拌器、磁力加热搅拌器、折叶式搅拌器、变频双层搅拌器。搅拌器在使用前要检查确认搅拌电机变速箱及机械密封油泵注入清洁的润滑油,密封良好,联系电工送电。启动搅拌器前检查机器各部位的工作情况如搅拌转向、电机电流大小及运行声音,正常后将搅拌投入工作中。

CBE031 搅拌器的使用

聚合搅拌器由8部分组成:搅拌轴及桨叶、底轴承、驱动电机、联轴器、齿轮减速机、机械密封、密封水系统、冲洗水系统。

CBE032 聚合搅拌器相关知识

通过搅拌器的旋转,推动物料在容器内不断循环,完成液体的混匀,促进传热,以及液液、气液、固液和气固液分散等过程。搅拌器可分为径向流式和轴向流式。PB搅拌器分为螺带式和桨式两种。

(二)搅拌器机械密封

> CBE033 机械密封相关知识

机械密封是指至少一对垂直于旋转轴线的端面在流体压力和补偿机构弹力(或磁力)作用下以及辅助密封的配合下保持贴合并相对滑动而构成的防止流体泄漏的装置。

机械密封是一种旋转机械的轴封装置。由于传动轴贯穿在设备内外,这样,轴与设备之间存在一个圆周间隙,设备中的介质通过该间隙向外泄漏,如果设备内压力低于大气压,则空气向设备内泄漏,因此必须有一个阻止泄漏的轴封装置。轴封的种类很多,由于机械密封具有泄漏量少和寿命长等优点,所以机械密封是在这些设备最主要的轴密封方式。机械密封又叫端面密封。

二、技能要求

(一)准备工作

搅拌器机械密封维护时要佩戴好安全帽、防滑鞋、防静电服等劳动保护用品,准备好检查过程中所需用的扳手、F扳手、螺丝刀、防爆对讲机,并将工作内容告知班长和本岗位相关人员。

(二)操作规程

(1)检查密封油罐压力在正常范围内。
(2)检查轴承箱及电动机温度在正常范围内。
(3)检查密封油罐、齿轮箱油位是否正常,油质无乳化现象。
(4)检查各紧固件无泄漏。

(三)注意事项

检查时若发现油箱液面下降快时,应查明原因,采取相应措施。

模块六　事故判断与处理

项目一　加热炉辐射段顶部温度高时调整处理

一、相关知识

加热炉辐射段传热占整个系统传热的 50%~60%，发现辐射段温度高时，应该检查烟道挡板开度是否过小、瓦斯压力是否波动、瓦斯是否带液、炉膛负压是否变化等。

在控制加热炉烟道气氧含量的情况下，燃烧器的风门开度太大，加热炉烟道挡板关闭过小会造成加热炉对流段形成正压。加热炉对流段形成正压后，应开大烟道挡板和风门，降低汽化量。

二、技能要求

(一)准备工作

(1) 工具准备：防爆F扳手、活动扳手、防爆手电、防爆对讲机。
(2) 人员穿戴劳保着装：工作服、工作鞋、安全帽、手套。

(二)操作规程

(1) 检查加热炉负荷是否太高，若是，则采取措施适当降低负荷；
(2) 检查加热炉炉管是否结垢或需要吹灰，传热效率下降，若是，则要对加热炉吹灰或在适当的时候做除垢处理；
(3) 加热炉气嘴或油嘴火焰太高，若是，要调整对应的气嘴或油嘴，降低其火焰高度；
(4) 检查燃烧情况，若燃烧不完全，引起二次燃烧，则要调整火嘴，若烟道挡板开度太大则要关小烟道挡板；
(5) 检查辐射段温度表指示是否正常，若不正常，要联系仪表处理。

> CBF001　加热炉辐射段顶部温度高时的处理

(三)注意事项

防止长时间高温，烧坏炉管。

项目二　机泵振动大的处理

一、相关知识

(一)机泵电流超高的原因

(1) 泵和电动机中心不对中。
(2) 介质相对密度变大。

> CBF002　机泵电流超高的原因

(3)转动部分发生摩擦。
(4)泵出口阻力变低,使泵的运行点偏向大流量处。

(二)机泵耗功大的原因

> CBF003 机泵耗功大的原因

(1)当输送液体的相对密度超过原设计值时,会造成泵的功耗过大。
(2)机泵功耗大的常见原因有轴承润滑不当、轴承安装不正确、轴弯曲、叶轮损坏。
(3)泵输送油品的黏度、密度也会影响机泵功耗。
(4)输送液体预热不足,也会对机泵耗功有影响。
(5)当油泵用来送水时,功耗会显著增加。

二、技能要求

(一)准备工作

(1)工具准备:防爆阀门扳手、防爆手电、防爆对讲机。
(2)人员穿戴劳保着装:工作服、工作鞋、安全帽、手套。

(二)操作规程

1. 机泵振动大的现象

> CBF004 机泵振动大的现象

机泵振动大时往往伴随有噪声,轴瓦温度升高,轴承箱温度升高,严重时密封泄漏。机泵振动时电流会上升,流量降低。

2. 机泵振动大的原因

> CBF005 机泵振动大的原因

1)安装和检修质量存在问题
(1)机泵安装时垫铁及调正垫片选用不当,垫铁与基础面的平面未精加工或铲平,垫铁间未点焊定位,调正垫片数量过多,造成机泵运行一个阶段后中心位置发生偏移。
(2)地脚螺栓未紧固或松动未及时检查处理。
(3)轴承质量差,如轴承座孔与轴承外胶圈配合松动,造成转子跳动,引起超温超振,减短轴承使用寿命。检修时滑动轴承的间隙修刮偏大或上瓦盖紧力不足。
(4)转子质量不平衡(包括轴弯曲),检修中为对转子做晃动度检测,对叶轮做静平衡测试,因此转子可能偏心造成振动。如机组部件在高速时有不对称的位移,则应在高速下找转子动平衡。
(5)检修安装后,叶轮间隙过大,以致造成偏心振动。
(6)联轴节与泵轴的配合间隙太松。
(7)电动机上的对轮拆装时敲打严重,并造成与它相配合的中间连接体外圆晃动度超过允许偏差(达0.8~1.2mm),因此使机泵中心难以校准。
(8)多级离心泵由于平衡鼓(盘)与平衡套(板)材质接近甚至相同,有的还是碳钢的,安装稍不注意,在运行中经常发生振动。
(9)叶轮流道内夹杂物没有仔细检查和清除。
(10)叶轮口环与泵体口环配合间隙过小,运行中摩擦造成振动。
(11)主轴弯曲超标未进行校直修复便凑合装上,造成振动。

2)配管系统设计不合理
设计时未充分考虑热力管系统在升温后对机泵轴中心推移的严重影响。由汽轮机带动的机泵没有考虑由热膨胀引起从外部对其汽轮机的附加作用力(如管道等),使机组中心发生变化。处理办法:可将管道做适当改装以补偿热膨胀。

3)操作问题

(1)如果机泵长期处于低负荷运行,即长期处于汽蚀条件下工作会带来叶轮的严重破坏。

(2)润滑油质量差,油里含有较多的杂质和水分,没有及时更换和冲洗。

(3)调节机泵出口流量时要缓慢,防止调节过大,机泵超负荷,引起机泵振动。

(4)热油泵要做好预热,预热不好,油品冷热不均,引起振动。

3. 机泵振动大的预防措施

(1)严格执行机泵的安装技术程序,维护检修规程标准;细致分析处理出现的问题,使振动值不超过允许值。

(2)大检修时,在支脚薄弱处增设加强筋板并焊住,以增加机泵抗额外负荷的刚度;处理好安装时遗留下来的易引起的缺陷。

(3)合理选取泵型,使之在良好的工作特性区运行;做到精心操作,不抽空、不带水、不汽蚀等平稳生产。

(4)建立和健全润滑油质量保证体系,确保机泵良好润滑;加强对机泵的巡回检查,经常检测和处理有关振动的小问题,使之不继续发展。

(5)合理设计工艺配管,通过膨胀节或其他方法补偿热应力,设计合理的管道吊架及托架,减少泵承受额外负载。

(6)做好转动设备转子的动平衡校验和修正。

(7)要求设计部门改进结构设计,增强抗振性能。

(8)建立机泵振动档案,绘制振动曲线,及时把握趋势,决定大修时消除振动的对策,确保生产安全。

(三)注意事项

(1)发现机泵振动大,应立即查找原因进行处理,严重时切换备用泵或停泵。

(2)机泵安装及选用时,尽量避免出现振动过大的现象。

(3)操作时,缓慢调节流量,防止流量大幅度波动。

项目三　离心泵抽空处理

一、相关知识

(一)离心泵抽空

运行中的离心泵出口压力突然大幅度下降并激烈地波动,这种现象称为抽空。离心泵抽空的原因有启动前未灌泵、进空气、介质大量汽化。离心泵防止抽空的方法之一是在工艺上温度宜取下限,压力宜取上限,塔底液面不可过低,泵的流量要适中。

离心泵运行时不上量的原因有:泵内或流体介质内有空气;吸入压头不够;叶轮中有异物;口环磨损或间隙过大;原动机转速不够;出、入口管路堵塞。离心泵由于泵内

CBF006　离心泵抽空的原因

CBF007　离心泵不上量的原因

或液体介质内有空气引起抽空时,应打开导淋阀排气。

(二)离心泵抽空的现象

CBF008 离心泵抽空的现象

(1)出口压力波动较大。

(2)泵振动较大。

(3)机泵有杂音出现。

(4)管线内有异声。

(5)因压力不够,轴向窜动引起泄漏。

(6)仪表指示有波动。

(7)压力、电流波动或无指标。

二、技能要求

(一)准备工作

(1)工具准备:防爆阀门扳手、防爆手电、防爆对讲机。

(2)人员穿戴劳保着装:工作服、工作鞋、安全帽、手套。

(二)操作规程

CBF009 离心泵抽空的处理方法

离心泵抽空的处理方法为:

(1)当塔、罐、容器液面低或空时,关小泵出口阀或停泵,待液面上升后再开泵。

(2)当油品带水、温度高、汽化时,降低油品温度,关小出口阀,进行排水。

(3)当入口阀开得过小或出口阀开得过大时,开大入口阀,关小出口阀,并适时适量给封油。

(4)当封油开得太大或过早,使泵内液体汽化时,适时适量给封油。

(5)当两台泵同时运行、抢量时,关小泵出口阀,视操作需要,可停一台泵。

(6)当泵入口阀未开或阀芯掉下时,开入口阀或换泵后检修。

(7)当入口管线和叶轮堵塞时,吹扫并检修。

(8)当吸入口漏气时,检查入口管线及法兰。

(9)当压头不够时,改善吸入口压头(与泵入口的塔器、容器的液面高低和压力有关)。

(10)当泵内有气体时,打开放空阀排净气体(热油泵除外)。

(11)当电动机转向不对时,单机试验。

(12)当出、入口蒸汽扫线阀漏时,换阀门。

(三)注意事项

(1)重油泵抽空处理时严禁打开放空阀。

(2)迅速查明抽空原因,防止抽空时间过长,损坏机泵。

项目四 管壳式换热器泄漏处理

一、相关知识

CBF010 管壳式换热器的特点

管壳式换热器是以封闭在壳体中管束的壁面作为传热面的间壁式换热器。一般来说,管壳式换热器制造容易、生产成本低、选材范围广、清洗方便、适应性强、处理量大、工作可靠,且能适应高温高压。虽然它在结构紧凑性、传热速度和单位金属消耗量方面无法与板式和板翅式换热器相比,但它由于具有前述的一些优点,因而在化工、石油能源等行业的应用中仍处于主导地位。

管壳式换热器是把管束与管板连接,再用壳体固定。它的形式大致分为固定管板式、浮头式、U形管式、滑动管板式、填料函式及套管式等几种。生产中应根据介质的种类、压力、温度、污垢和其他条件,管板与壳体的连接的各种结构形式特点,传热管的形状和传热条件、造价、维修检查方便等情况,来选择设计制造各种管壳式换热器。

二、技能要求

(一)准备工作

(1)工具准备:防爆阀门扳手、防爆手电、防爆对讲机。

(2)人员穿戴劳保着装:工作服、工作鞋、安全帽、手套。

(二)操作规程

(1)现场操作人员找出泄漏的换热设备,确认该换热设备可以停用。

(2)现场操作人员缓慢打开热介质旁路阀,缓慢关闭热介质入口阀,缓慢关闭热介质出口阀,缓慢打开冷介质旁路阀,缓慢关闭冷介质入口阀,缓慢关闭冷介质出口阀。

(3)当物料温度降低后,现场操作人员打开放油阀将设备内介质排净。

(三)注意事项

换热器拆卸时,一定要将系统内压力泄掉才能作业。

项目五　离心泵汽蚀的事故处理

一、相关知识

(一)离心泵汽蚀原因

当离心泵的扬程高至某一限度,泵进口压力降到等于泵送液体温度下的饱和蒸气压时,在泵的进口处液体就会沸腾,大量汽化;或者离心泵输送的介质在某一压力下由于温度过高产生大量气化,液体汽化产生的大量气泡进入泵的出口高压区时,泵体因受到冲压而发生振动并发出声音,会使流量、扬程显著下降,这种现象称为汽蚀。离心泵产生汽蚀的主要原因是离心泵入口压力低于该压力下输送液体的饱和蒸气压。进口温度偏低、离心泵满负荷运行、进口压力偏高也可以导致离心泵产生汽蚀。

CBF011　离心泵汽蚀的原因

(二)离心泵汽蚀现象及处理

离心泵产生汽蚀时的现象是流量下降,出口压力下降,扬程下降,效率下降。离心泵产生汽蚀时,泵的温度偏高,产生杂音、离心泵泵体振动大。为防止汽蚀现象的发生,必须使离心泵入口压强大于液体饱和蒸气压,或者在吸入口设置破沫网,开泵后尽快打开出口阀,避免吸入罐液位太低。输送油品温度太高、离心泵入口压力过低、输送油品过轻可能导致离心泵产生汽蚀现象。离心泵发生汽蚀会造成泵出口压力过低。

CBF012　离心泵的汽蚀现象

(三) 离心泵的汽蚀危害

CBF013 离心泵的汽蚀危害

离心泵发生汽蚀时,泵体发生振动,发出噪声;泵的流量、扬程和效率明显下降,泵无法正常工作,甚至损坏。离心泵发生汽蚀时,最主要是对叶片造成损坏。

容易导致汽蚀现象出现的操作是快速关小离心泵进口阀。要使泵运转时不发生汽蚀现象,必须使液体在泵吸入口处的能量超过液体的汽化压强。

二、技能要求

(一) 准备工作

(1) 工具准备:防爆阀门扳手、防爆手电、防爆对讲机。

(2) 人员穿戴劳保着装:工作服、工作鞋、安全帽、手套。

(二) 操作规程

CBF014 离心泵汽蚀的处理方法

(1) 增加物料进罐流量或者减少泵出口流量。

(2) 降低吸入罐温度,严重汽蚀时,对泵吸入口管线浇水。

(3) 打开泵自循环管线。

(4) 切换清理。

(三) 注意事项

(1) 启动备用机泵时,确保机泵送电。

(2) 启动后,要注意观察机泵电流情况、机泵出口压力正常,流量恢复正常。

项目六　离心泵机械密封泄漏处理

一、相关知识

(一) 离心泵机械密封泄漏的原因

CBF015 离心泵机械密封泄漏的原因

(1) 周期性漏损。其原因是:转子轴向窜动,动环来不及补偿位移,操作不稳,密封箱内压力经常变动及转子周期性振动等。其消除的办法是尽可能减少轴向窜动,使其在允差范围内,并使操作稳定,消除振动。

(2) 经常性漏损。其原因如下:

① 动、静环密封面变形。消除办法:使端面比压在允差范围内;采取合理的零部件结构,增加刚性;应按规定的技术要求正确安装机械密封。

② 组合式的动环及静环镶嵌缝隙不佳产生的漏损。消除办法:动环座、静环座的加工应符合要求,正确安装,确保动、静环镶嵌的严密性。

③ 严防密封面的损伤,如已损坏应及时研磨修理。注意使弹簧的旋转方向在轴转动时应越旋越紧,消除弹簧偏心或更换弹簧,使其符合要求。

(3) 突然性漏损。离心泵在运转中突然泄漏,少数是因正常磨损或已达到使用寿命,而大多数是由于工况变化较大引起的,如抽空导致密封破坏、高温加剧泵体内油气分离,导致密封失效。造成的原因有:抽空、弹簧折断、防转钳裂断、静环损伤、环的密封表面擦伤或损坏、泄漏液形成的结晶物质等使密封副损坏。消除办法:及时调换损坏的密封零部件;防止抽空现象发生;采取有效措施消除泄漏液所形成的结晶物质的影响等。

(4)停车后启动漏损。其原因是:弹簧锈住失去作用、摩擦副表面结焦或产生水垢等。消除办法:更换弹簧或擦去弹簧的锈渍,采取有效措施消除结焦及水垢的形成。

二、技能要求

(一)准备工作

(1)工具准备:防爆阀门扳手、防爆手电、防爆对讲机。

(2)人员穿戴劳保着装:工作服、工作鞋、安全帽、手套。

(二)操作规程

(1)立即切换到备用泵,故障泵停车退料。

(2)退料检查进口过滤网,如果损坏或者缺失应及时更换。

(3)故障泵停车之前查看机械密封冲洗油温度,若太高,切泵以后要进行检查清理。

> CBF016 离心泵机械密封泄漏的处理方法

(三)注意事项

切换时防止流量波动过大,防止断料。

项目七 离心泵气缚的处理操作

一、相关知识

(一)离心泵的气缚现象

离心泵在启动前,若排气不净,泵体内存在空气,由于空气的密度远远小于液体的密度,泵内产生的离心力就很小,液体难以流入泵内,进而不能输送正常流量的扬程,这种由于泵内存在气体而不能输送液体的现象称为气缚。离心泵产生气缚时的现象是电动机电流过小,入口管线有不凝气,泵不出液体,液位低于其离心泵的自吸力使出口压力低,无流量。

> CBF017 离心泵的气缚

(二)离心泵的气缚原因

气缚的主要原因是泵内存在空气或者不凝气,因此在离心泵开泵前,在泵入口处排空气。离心泵运行过程中,吸入管路漏入空气也会发生气缚现象。因此为防止离心泵产生气缚现象,必须保证吸入管路和泵壳内都充满液体。

二、技能要求

(一)准备工作

(1)工具准备:防爆阀门扳手、防爆手电、防爆对讲机。

(2)人员穿戴劳保着装:工作服、工作鞋、安全帽、手套。

(二)操作规程

(1)如果是开车过程中离心泵发生了气缚,则可打开排气阀、退料阀,排出其中气体,如果排不出去,则做切泵处理。

> CBF018 离心泵气缚的处理方法

(2)如果是正常运行过程中发生气缚,则首先检查泵吸入口塔釜、罐液位,如果液位过低,可关小调节阀,恢复液位。若泵依旧气缚,则可在运行过程中排气或是切泵。

(3) 如果离心泵是在停车退料的过程中发生了气缚,要立即停泵,避免电动机故障。

(三) 注意事项

启动备用机泵时,确保机泵送电,启动后,要注意观察机泵电流情况、机泵出口压力正常,流量恢复正常。

项目八 三大原料泄漏的处理

一、相关知识

(一) 苯乙烯的理化性质及应急措施

1. 苯乙烯的理化性质

苯乙烯(又名乙烯基苯),无色透明液体,有不愉快气味。分子式 C_8H_8,相对分子质量 104.153,沸点 145.2℃ ($1.01×10^5$Pa),熔点(凝点) -30.628℃,密度 $0.9063×10^3$kg/m³ (20℃),闪点 34.4℃,自燃点 490℃,爆炸极限 1.1%~6.1%(体积分数)。

CBF019 苯乙烯的理化性质

危险特性:溶于乙醇和醚,不溶于水。能聚合,也能和其他单体共聚,暴露于空气中会逐渐发生聚合和氧化,加热至 200℃聚合呈玻璃状,能起氢化和卤化反应。在没有阻聚剂的情况下会爆聚。苯乙烯易燃,其蒸气能与空气形成爆炸性混合气体。因这种物质易自氧化,因此应把它归为可过氧化的物质,与能引发聚合的过氧化物引发剂接触有危险,与氧化剂能发生强烈反应。储存时要与酸、碱、氧化剂等分开存放。

2. 苯乙烯泄漏应急处理

若发现苯乙烯泄漏,应迅速撤离泄漏区人员至安全区,并进行隔离,严格限制出入,切断火源。应急处理人员戴自给正压式呼吸器,穿消防防护服。尽可能切断泄漏源,防止进入下水道、排洪沟等限制性空间。小量泄漏时可用活性炭或其他惰性材料吸收,也可以用不燃性分散剂制成的乳液刷洗,洗液稀释后放入废水系统。大量泄漏时可构筑围堤或挖坑收容;用泡沫覆盖,降低蒸气灾害。用防爆泵转移至槽车或专用收集器内,回收或运至废物处理场所处置。

(二) 丙烯腈的理化性质及应急措施

CBF020 丙烯腈的理化性质

1. 丙烯腈的理化性质

丙烯腈(又名乙烯腈)AN,常压下为无色透明液体,易挥发、有苦杏仁气味。分子式 $H_2C=CH-CN$,相对分子质量 53.06,沸点 77.3℃($1.01×10^5$Pa),熔点 -83.6℃,相对密度(水=1)0.81,相对密度(空气=1)1.83,闪点 0℃,自燃点 480℃,爆炸极限 3.0%~17.0%(体积分数)。

危险特性:其蒸气与空气形成爆炸性混合物,遇明火、高热能引起燃烧爆炸。与氧化剂能发生强烈反应。其蒸气比空气密度大,能在较低处扩散到相当远的地方,遇火源引着会燃烧。若遇高热,可能发生聚合反应,出现大量放热现象,引起容器破裂和爆炸事故。

丙烯腈易自氧化,在加热、阳光直射(紫外线)、压力、过氧化物或其他不相容的物质存在下,丙烯腈蒸气或没加阻聚剂的液体会剧烈聚合。含有阻聚剂的液体在温度高于 200℃时也会剧烈聚合。因此被分类为可自氧化的物质,对光敏感,过氧化物引发的聚合反应有危险。

2. 丙烯腈泄漏应急处理

迅速撤离泄漏污染区人员至安全区,并进行隔离,严格限制出入。切断火源。应急处理人员戴自给正压式呼吸器,穿防毒服。尽可能切断泄漏源,防止进入下水道、排洪沟等限制性空间。小量泄漏时可用活性炭或其他惰性材料吸收。也可以用大量水冲洗,洗水稀释后排入废水系统。大量泄漏时可构筑围堤或挖坑收容,用泡沫覆盖,降低蒸气灾害。喷雾状水冷却和稀释蒸气、保护现场人员、把泄漏物稀释成不燃物。用防爆泵转移至槽车或专用收集器内,回收或运至废物处理场所处置。

(三) 丁二烯的理化性质及应急措施

1. 丁二烯的理化性质

丁二烯常压条件下为无色气体,在压力下为无色透明液体。分子式 $CH_2=CH—CH=CH_2$,相对分子质量 54.09,沸点 -4.5℃($1.01×10^5$ Pa),熔点 -108.9℃($1.01×10^5$ Pa),相对密度(水=1)0.62,相对密度(空气=1)1.84,闪点 -78℃,爆炸极限 1.4%~16.3%(体积分数)。 [CBF021 丁二烯的理化性质]

危险特性:丁二烯与空气或氧气接触,能生成猛烈爆炸的过氧化物。丁二烯在设备和管道内易发生自聚,可使阀门、管道胀裂,且自聚物性质活泼,易分解,如经振动即能发生爆炸。长期储存,需加阻聚剂、氮封,储存于阴凉、通风处,远离火种、热源,防止阳光直射,应与氧气、压缩空气、氧化剂等分开存放。

2. 丁二烯泄漏应急处理

迅速撤离泄漏污染区人员至上风处,并进行隔离,严格限制出入。应急处理人员戴自给正压式呼吸器,穿消防防护服,尽可能切断泄漏源。用工业覆盖层或吸收剂盖住泄漏点附近的下水道等地方,防止气体进入。合理通风,加速扩散。喷雾状水稀释、溶解。构筑围堤或挖坑收容产生的大量废水。如有可能,将漏出气用排风机送至空旷地方或装设适当喷头烧掉,漏气容器要妥善处理,修复、检验后再用。

二、技能要求

(一) 准备工作

(1) 工具准备:防爆阀门扳手、防爆手电、防爆对讲机。

(2) 人员穿戴劳保着装:工作服、工作鞋、安全帽、手套。

(二) 操作规程

1. 丙烯腈、苯乙烯储罐发生泄漏

(1) 立即戴好防毒面具或空气呼吸器沿上风向进入泄漏区,查清原因。 [CBF022 丙烯腈、苯乙烯储罐泄漏的处理方法]

(2) 向班长或车间汇报。

(3) 报防护站电话。

(4) 立即汇报生产调度和车间领导。

(5) 若储罐正在进行接收物料或出料操作,通知 DCS 停止并关闭泄漏点进料控制阀。

(6) 戴好防毒面具或空气呼吸器沿上风向进入泄漏区,关闭泄漏点进料控制阀阀门,关闭罐区雨排水阀,防止物料进入 10 号线。

(7) 组织人员沿着安全途径向安全地点疏散。

(8) 联系仪表、电气、维修做好应急处理。

(9)以泄漏点为中心根据险情和风向确定警戒范围,禁止任何车辆和无防护用品人员进入。

(10)对受伤人员立即组织抢救,并送往医院医治。

CBF023 丁二烯球罐泄漏的处理方法

2. 丁二烯发生泄漏

(1)及时发现泄漏情况,积极处理,并上报值班长及各级领导。

(2)若球罐正在接收物料、打循环或碱洗操作,通知DCS停止操作,关闭进料阀及两台球罐底部出料阀。

(3)若是球罐底部泄漏,且泄漏量小于10t/h,立即启动球罐注水管线向球罐注水。操作步骤为(图2-6-1):

① 关闭脱盐水增压泵出口通向球罐注水管线的第一道阀门后导淋阀门1。

② 打开球罐注水管线第一道阀门2,向球罐注水管线内充水,同时打开丁二烯泵房内U形管东侧球罐注水管线与U形管连接的阀门前导淋阀门3,使管线内充满脱盐水。

③ 关闭U形管通向聚合单元的阀门6和球罐出口循环阀门7。

④ 打开泄漏球罐底部球罐循环阀门8(此阀门正常情况下为全开),关闭另一球罐底部球罐循环阀门8′。

⑤ 打开U形管东侧阀门5向泄漏球罐注水。

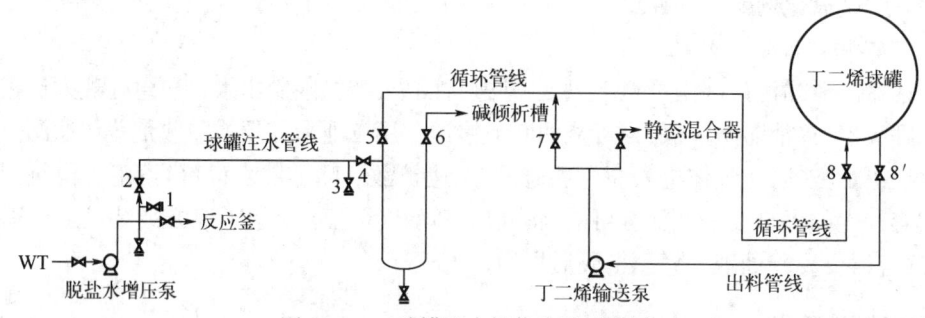

图2-6-1 球罐注水操作步骤示意图

(4)若球罐底部泄漏,且泄漏量大于10t/h,立即设定管线,将泄漏球罐内物料通过循环管线倒入另一台球罐,然后关闭顶部气相连通阀门线,通过泄漏球罐顶部的火炬副线向火炬泄压,待球罐压力接近0时关闭火炬副线,防止空气进入火炬系统。

(5)若是球罐顶部泄漏时,立即关闭顶部气相连通阀门,打开泄漏球罐顶部火炬副线阀门,向火炬泄压,压力降低后减小泄漏量,联系检修人员更换垫片或带压堵漏。

(6)若有伤员,应立即组织抢救,并送往医院医治。

(7)及时通知在罐区附近工作、活动人员立即撤离。

(8)关闭罐区雨排水阀,防止物料进入10号线。

(9)禁止一切车辆进入泄漏区。

(10)在确定泄漏点后,戴好防护器具,切断泄漏点前后阀门,防止泄漏进一步扩大,操作过程中注意防中毒、防冻伤。

(11)通知泄漏区一定范围内禁止使用明火。

(12)注意风向,在泄漏区上风口组织、观察或处理。

(13)从软管站接来氮气、压缩空气待用。

第三部分

中级工操作技能及相关知识

模块一　开车准备

项目一　PB聚合釜开车投料前现场的检查

一、相关知识

聚丁二烯是丁二烯的聚合物,英文缩写PB。按照结构不同可分为顺-1,4-聚丁二烯(又称顺丁橡胶,CBR)、反-1,4-聚丁二烯以及1,2-聚丁二烯。不同结构的聚丁二烯的性能差别很大,顺丁橡胶有高弹性和低滞后性、高抗拉强度和耐磨性,拉伸时可结晶;反-1,4-聚丁二烯结晶性大,回弹性差;1,2-聚丁二烯为非晶态,低温性能较差。聚丁二烯可用硫黄硫化,硫化时发生顺-反异构化。顺-1,4-聚丁二烯分子链与分子链之间的距离较大,在常温下是一种弹性良好的橡胶。反-1,4-聚丁二烯分子链的结构也比较规整,容易结晶,在常温下是弹性较差的塑料。

> ZBA001 聚丁二烯的结构

二、技能要求

(一)准备工作

(1)工具设备:防爆阀门扳手、防爆手电、防爆对讲机。

(2)人员穿戴劳保着装:工作服、工作鞋、安全帽、手套。

(二)操作规程

(1)确认检修项目全部完成,符合工艺要求,现场清理完毕。

(2)确认对本岗位的阀门、管线、法兰、盲板、安全阀、呼吸阀、防爆片、压力表、液面计、仪表、机泵、蒸汽伴热线、上下水管道进行全面检查,有问题应在试压前及时解决。

(3)确认盲板是否按照要求拆除或装好(包括停工检修盲板和气密时所加盲板)。

(4)确认全部工艺阀门开关正确,工艺管线设定正确。

(5)安全、通信、消防器材齐全、完好、就位。

(6)确认阻聚剂、消泡剂等助剂充足。

(7)确认所有机泵油位正常。

(8)确认水、电、汽、风随时可进入装置。

(9)确认可燃气体报警仪测试合格。

(10)确认装置区内所有平台和护栏完好。

> ZBA002 PB聚合釜开车投料前检查

(三)注意事项

检查要全面、认真准确,多方确认,避免失误。

项目二　凝聚系统开车前检查

一、相关知识

凝聚态是指由大量粒子组成,并且粒子间有很强相互作用的系统。自然界存在各种各样的凝聚态物质。固态和液态是最常见的凝聚态。低温下的超流态、超导态、磁介质中的铁磁态、反铁磁态等都是凝聚态。凝聚相就是凝聚态物质所在相。

二、技能要求

(一)准备工作

(1)工具设备:防爆阀门扳手、防爆手电、防爆对讲机。

(2)人员穿戴劳保着装:工作服、工作鞋、安全帽、手套。

(二)操作规程

> ZBA003 凝聚系统开车前工艺管线检查

(1)检查所属工艺管线、流程是否符合工艺要求。

① 确认所有设备安装完毕,阀门、法兰、密封填料、垫片保持良好状态,控制阀合格好用,各温度压力检测仪表指示准确,各机泵单机试运正常,设备润滑正常,盘车结束。

② 电气设备和控制系统的电源及仪表空气已送上,并能满足操作需要。

③ 确认所有容器、换热器列管和管线内部无粉料和其他杂物。

④ 确认干燥器、旋风分离器的各防爆板的销钉完好齐全,消防水喷嘴畅通。

(2)检查公用工程系统是否具备条件。

> ZBA004 凝聚系统开车前公用工程系统检查

① 确认新鲜水引入。

② 确认蒸汽控制阀下排凝阀见汽。

③ 确认蒸汽分配器排凝阀见汽。

(3)检查所属设备、管线是否符合开工要求。

> ZBA005 凝聚系统开车前设备检查

① 检查酸、碱和胶乳系统、废水系统、化学品等具备开工要求。

② 对 WC 管线、胶乳管线进行填充,空气加热系统排液。

③ 热水罐及循环管线投用,淋洗塔加水循环。

(三)注意事项

检查要全面、认真准确,多方确认,避免失误。

项目三　SAN 聚合工序开工前准备

> ZBA006 聚合反应中注意的安全措施

一、相关知识

聚合反应中注意的安全措施有:

(1)应设置可燃气体检测报警器,一旦发现设备、管道有可燃气体泄漏,将自动停止。

(2)反应釜的搅拌和温度应有检测和联锁装置,发现异常能自动停止进料。

(3)高压分离系统应设置爆破片、导爆管,并有良好的静电接地系统,一旦出现异常,及时泄压。

二、技能要求

(一)准备工作

(1)工具设备:防爆阀门扳手、防爆手电、防爆对讲机。

(2)人员穿戴劳保着装:工作服、工作鞋、安全帽、手套。

(二)操作规程

(1)确认反应器、换热器具备开工条件。

(2)确认齿轮泵及密封油站具备开工条件。

(3)确认导热油升温完毕。

(4)确认聚合工序联锁试运正常并投用。

(5)确认溶剂系统投入使用、安全环保设施齐全好用。

(6)确认1号反应器系统氮气气密完毕,系统泄漏率符合要求。

(7)确认1号反应器系统氮气置换完毕,氧含量小于0.3%(体积分数)。

(8)确认2号反应器系统氮气气密完毕,系统泄漏率符合要求。

(9)确认2号反应器系统氮气置换完毕,氧含量小于0.3%(体积分数)。

(三)注意事项

检查要全面、认真准确,多方确认,避免失误。

项目四 振动筛开车前的检查

一、相关知识

振动筛是利用振子激振所产生的往复旋型振动而工作的。振子的上旋转重锤使筛面产生平面回旋振动,而下旋转重锤则使筛面产生锥面回转振动,其联合作用的效果则使筛面产生复旋型振动。其振动轨迹是一复杂的空间曲线。该曲线在水平面投影为一圆形,而在垂直面上的投影为一椭圆形。调节上下旋转重锤的激振力,可以改变振幅。而调节上下重锤的空间相位角,则可以改变筛面运动轨迹的曲线形状并改变筛面上物料的运动轨迹。

二、技能要求

(一)准备工作

(1)工具设备:防爆阀门扳手、防爆手电、防爆对讲机。

(2)人员穿戴劳保着装:工作服、工作鞋、安全帽、手套。

(二)操作规程

(1)检查振动筛内部,清除粒子及杂质。

(2)检查软连接是否有破损的部位,螺栓是否有松动。
(3)在两个废料出口套上软连接并用桶接好。
(4)检查偏心轮的位置,试开动 2min,观察振动筛情况,如果振幅不合格,调整偏心轮。

(三)注意事项

检查要全面、认真准确,多方确认,避免失误。

模块二　开车操作

项目一　装置引循环水操作

一、相关知识

(一)循环水在装置中的作用

循环水主要是作为大型机组、冷换设备及机泵的冷却介质。

> ZBB001 循环水的作用及要求

(二)循环水给水要求

为保证冷却效果,装置正常生产运行,要求正常操作中应维持循环水上水压力不低于 0.4MPa,温度不大于规定温度,否则应及时联系水场提高循环水压力或降低循环水温度。

二、技能要求

(一)准备工作

(1)工具准备:防爆阀门扳手、防爆手电、防爆对讲机。
(2)人员穿戴劳保着装:工作服、工作鞋、安全帽、手套。
(3)按工艺流程检查所有阀门是否好用,打通流程,拆除相关盲板。
(4)检查全部孔板、流量计、调节阀、温度计、压力表是否完好、投用。
(5)如循环水需进入机泵,确认各机泵冷却水过滤器已清理干净并安装完毕。

(二)操作规程

> ZBB002 引循环水的操作方法及注意事项

(1)确认装置内各支线引出阀关闭。
(2)打开装置循环水上水总阀、回水总阀,防止憋压。
(3)打开主风机润滑油冷却器循环水跨线阀,打开气压机润滑油冷却器循环水跨线阀,以及各水冷器或管线跨线阀。
(4)联系准备引循环水,将放空阀打开,排气。
(5)水场供循环水,放空见水后关闭放空阀门。
(6)确认循环水循环正常,检查管线有无泄漏及压力、温度是否达到要求。
(7)打开各阀门引水至各支线。
(8)投用各冷却器。

(三)注意事项

(1)循环水引入装置时要缓慢,末端要排气放空。
(2)引循环水前注意循环水管线及冷换设备的防腐、防垢。
(3)投冷换设备时,注意先投用循环水,后投用介质。

项目二　装置引蒸汽操作

一、相关知识

（一）水蒸气的特性

水蒸气，现场简称水汽或蒸汽，是水的气体形式。在标准大气压下，水的沸点为100℃（373.15K）。当水达到沸点时，水就完全蒸发成水蒸气。当水在沸点以下时，水也可以缓慢地蒸发成水蒸气。

（二）饱和蒸汽和过热蒸汽

当液体在有限的密闭空间中蒸发时，液体分子通过液面进入上层空间，成为蒸汽分子。由于蒸汽分子处于紊乱的热运动之中，它们相互碰撞，并和容器壁以及液面发生碰撞，在和液面碰撞时，有的分子则被液体分子所吸引，而重新返回液体中成为液体分子。开始蒸发时，进入空间的分子数目多于返回液体中分子的数目，随着蒸发的继续进行，空间蒸汽分子的密度不断增大，因而返回液体中的分子数目也增多。当单位时间内进入空间的分子数目与返回液体中的分子数目相等时，则蒸发与凝结处于动平衡状态，这时虽然蒸发和凝结仍在进行，空间中蒸汽分子的密度也不再增大，此时的状态称为饱和状态。在饱和状态下的水为饱和液体，其对应的蒸汽是饱和蒸汽，但最初只是湿饱和蒸汽，待蒸汽中的水分完全蒸发后才是干饱和蒸汽，饱和蒸汽的体积是水的1725倍。蒸汽从不饱和到湿饱和再到干饱和的过程，温度是不增加的，干饱和之后继续加热则温度会上升，成为过热蒸汽。

（三）蒸汽三阀组的使用方法

使用三阀组是防止介质互窜的手段。如图3-2-2所示，蒸汽三阀组正常状态下两端截止阀关闭，放空阀打开，确认两端介质阀门无泄漏，并挂牌检查。

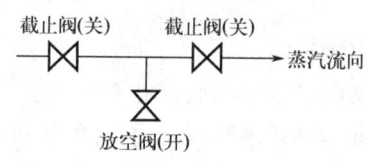

图3-2-2　蒸汽三阀组结构示意图

（四）引蒸汽操作要点

蒸汽引入装置时，微开阀门进行暖管，引蒸汽时要缓慢，应先主线、后支线，通过排凝阀排净液体。若管线有冷凝水则容易产生水击。

（五）伴热蒸汽投用注意事项

装置部分物料管线进行伴热的目的是防止管线内的物料冻结、冷凝或者减慢管道内的物料温度下降，防止燃料气中的重组分冷凝成液体。伴热蒸汽管线投用时先开凝水侧，后缓慢开蒸汽侧并确认畅通，在开通期间要确认其畅通并定期进行检查确认。冬季仪表导压管线伴热的目的是防止导压管内的物料结冰。

二、技能要求

(一)准备工作

(1) 工具准备:防爆阀门扳手、防爆手电、防爆对讲机。

(2) 人员穿戴劳保着装:工作服、工作鞋、安全帽、手套。

(3) 所有施工完毕,检查确认合格。

(4) 检修盲板全部拆除。

(5) 流程检查确认正确。

(二)操作规程

(1) 做好对外联系工作。

(2) 全面检查引蒸汽流程。

(3) 关闭主蒸汽线上的全部分支管线阀门。

(4) 打开主线上的所有导淋阀。

(5) 缓慢打开主蒸汽阀门引蒸汽,过量即可,进行暖管。

(6) 顺蒸汽流动方向检查导淋,若水击,马上关闭导淋阀,关小主蒸汽阀门。水击严重时,关闭主蒸汽阀门,排净水后再开阀引蒸汽。

(7) 主线引蒸汽导淋完毕,最末端导淋阀稍开。接着引各分支管线,方法同上。如果界区有蒸汽缓冲罐更好,把缓冲罐的导淋阀打开排水,一定要缓慢进行。

ZBB007 蒸汽从界区引入装置内的操作

(三)注意事项

(1) 阀门开启应缓慢。

(2) 开始引蒸汽时应先开管线导淋阀,当排净积水后再稍开主蒸汽阀门。

(3) 如有水击应立即停止操作,消除后再继续操作。

(4) 对大直径蒸汽管线,要注意热膨胀问题。

ZBB008 引蒸汽操作注意事项

项目三 PB聚合系统投料开车

一、相关知识

(一)聚丁二烯的聚合方法

ZBB009 聚丁二烯的聚合方法

聚丁二烯的聚合方法是自由基乳液聚合,典型的乳液体系含水、单体、引发剂和乳化剂(皂)。常用引发剂有:过硫酸钾、过氧化二苯甲酰、对异丙苯过氧化氢和偶氮二异丁腈。调节剂为硫醇,主要起链转移作用,可调节相对分子质量。

(二)聚丁二烯的应用

ZBB010 聚丁二烯的应用

丁二烯通常与苯乙烯、丙烯腈等其他的单体共聚,形成各种橡胶或塑料共聚物。最常见的共聚物是丁二烯与苯乙烯的共聚物,这种共聚物被用来制作汽车轮胎。丁二烯还常常被用于制成嵌段共聚物。同时,丁二烯还可加入热塑性塑料中,通过一定方法制备的共聚物,可以比单聚物具有更好的强度、韧性等性质。聚丁二烯主要用作合成橡胶,溶液聚合的聚丁二烯常与丁苯橡胶或天然橡胶并用,做轮胎的胎面和胎体。此外,由于它耐磨,可用作输送带、鞋底、摩托车零部件等。

二、技能要求

(一)准备工作

(1)工具设备:防爆阀门扳手、防爆手电、防爆对讲机。

(2)人员穿戴劳保着装:工作服、工作鞋、安全帽、手套。

(二)操作规程

> ZBB011 PBL 聚合系统投料开车

(1)确认水、电、气、仪表等公用工程满足开车要求。

(2)确认冰机正常运行。

(3)确认加料管线填充完毕,数据分析合格,各加料管线阀门开关正确。确认要投料的反应釜气相氮氧含量分析合格,现场确认釜内无液相。

(4)确认各加料泵、搅拌器检修合格、送电且能正常运转。

(5)确认原料、助剂分析合格,且液位足量。

(6)确认冰机到反应釜液氨管线调节阀状态正常。

(7)确认密封水系统运转正常。

(8)确认反应釜相关阀门全部关闭,且气源均已投用,加料反应釜搅拌器处于停止状态。

(9)确认要投料的聚合釜加料总阀开,其他釜加料总阀关闭。

(10)DCS人员联系好现场人员到现场准备投料。

(11)DCS人员启动投料程序,观察各物料瞬时流量是否在规定范围之内,及时通知现场通过流量表前阀门进行相应的调节。

(三)注意事项

(1)各反应釜投料间隔时间一般为4~8h。

(2)大检修开车第一釜料与第二釜料之间时间间隔要控制在10~12h。

项目四　ABS聚合投料反应操作

一、相关知识

> ZBB012 ABS 生产反应机理

ABS树脂是复杂的多元单体接枝共聚物,以橡胶为主链,树脂为支链。可以采用多种橡胶为主链,接枝上不同种类的树脂,因此,可以得到众多不同结构的ABS树脂。目前工业生产上主要采用聚丁二烯橡胶(或丁苯橡胶)为主链,接枝丙烯腈和苯乙烯,制成含有三种组分的接枝共聚物。采用自由基聚合反应,在引发剂的作用下,自由基与支链上的双键或攻击双键一端的氢进行接枝聚合反应。反应也按一般的自由反应经历的步骤,如链引发、链增长、链转移和链终止,期间既有接枝聚合,又有两种单体各自均聚合。因此,反应过程十分复杂,得到的是聚丁二烯与苯乙烯、丙烯腈接枝共聚物和SAN的混合物。

二、技能要求

(一)准备工作

(1)工具设备:防爆阀门扳手、防爆手电、防爆对讲机。

(2)人员穿戴劳保着装:工作服、工作鞋、安全帽、手套。

(二)操作规程

(1)一次加料:泄漏检查合格后,程序控制一次加料,向反应釜加入 PB 胶乳、丙烯腈、苯乙烯、乳化剂、TDDM,上述物料加完后,加入二次冲洗水。

(2)反应釜预热:确认温度控制系统已准备好,程序控制启动反应釜水循环泵,并将水温设定好,开始自动加热;当达到加热终止温度时,加热自动停止。

(3)一次反应:当釜内温度达到初次反应温度后,程序控制向反应釜加入规定量的活化剂和引发剂,开始引发一次反应。在此期间注意温升,并记录一次峰温。如一次峰温偏低,可停计时器,以延长一次反应到一次峰温达正常范围内。如加入活化剂后反应温度不上升,则可能是活化剂失效,应手动加入适量的活化剂,引发反应。反应结束后,胶乳应单独存放,评价后,根据物性情况,与好的胶乳按一定的比例进行掺混。

(4)在一次加料结束后,反应釜在预热至一定温度后,开始冷却。控制夹套出口循环水温度。

(三)注意事项

夹套入口和出口实际温差一般为 15~25℃。

项目五　凝聚罐升温操作

一、相关知识

ABS 凝聚过程采用化学凝聚,投加形成絮凝体的化学品,使胶体的微细悬浮物质发生脱稳作用发生初始聚集。投入的化学品,或正常存在于水中的物质,或与为了进行化学沉淀而加入水中的物质相互作用。

二、技能要求

(一)准备工作

(1)工具设备:防爆阀门扳手、防爆手电、防爆对讲机。

(2)人员穿戴劳保着装:工作服、工作鞋、安全帽、手套。

(二)操作规程

(1)凝聚罐内按规定量加入配制好的硫酸和热水。

(2)设定凝聚罐初始加热温度。

(3)打开低压蒸汽总阀,将凝聚罐蒸汽调节阀前后手动阀打开,调整手动阀开度。

(4)凝聚罐开始升温,升温时呈梯度分布进行,注意凝聚罐温度要保持平稳上升,必要时向凝聚罐通压缩空气,以防止凝聚罐温度蹿高、波动大而导致爆聚现象。

(5)凝聚罐温度达到规定温度后,开始连续进料。

(三)注意事项

(1)通蒸汽前检查蒸汽导淋,将冷凝液排出,防止气锤发生。

(2)升温时调节阀开度切勿过大,造成温度上升过快,超过工艺控制指标。

项目六　干燥器升温操作

一、相关知识

(一)干燥器

干燥器是指一种通过加热使物料中的湿分(一般指水分或其他可挥发性液体成分)汽化溢出,以获得规定湿含量的固体物料的机械设备,是一种实现物料干燥过程的机械设备。

(二)干燥器的发展历史

近代干燥器开始使用的是间歇操作的固定床式干燥器。19世纪中叶,洞道式干燥器的使用标志着干燥器由间歇式操作向连续操作方向发展。回转圆筒干燥器则较好地实现颗粒物料的搅动,干燥能力和强度得以提高。一些行业则分别发展了适应本行业要求的连续操作干燥器,如纺织、造纸行业的滚筒干燥器。20世纪初期,乳品生产开始应用喷雾干燥器,为大规模干燥液态物料提供了有力的工具。20世纪40年代开始,随着流化技术的发展,高强度、高生产率的沸腾床和气流式干燥器相继出现。而冷冻升华、辐射和介电式干燥器,则为满足特殊要求提供了新的手段。20世纪60年代开展了远红外和微波干燥器。

(三)干燥器的选型

[ZBB016 干燥器的选型]

干燥器的选型应考虑以下因素:

(1)保证物料的干燥质量,干燥均匀,不发生变质,保持晶形完整,不发生龟裂变形。

(2)干燥速率快,干燥时间短,单位体积干燥器汽化水分量大,能做到小设备大生产。

(3)能量消耗低,热效率高,动力消耗低。

(4)干燥工艺简单,设备投资小,操作稳定,控制灵活,劳动条件好,污染环境小。

(四)干燥器的分类

[ZBB017 干燥器的分类]

(1)按照操作过程,干燥器分为间歇式(分批操作)和连续式两类。

(2)按照操作压力,干燥器分为常压干燥器和真空干燥器两类。

(3)按照加热方式,干燥器分为对流式、传导式、辐射式、介电式等类型。

(4)按照实湿物料运动方式,干燥器分为固定床式、搅动式、喷雾式和组合式。

(5)按照结构,干燥器分为箱式、输送机式、滚筒式、立式、机械搅拌式、回转式、流化床式、气流式、振动式、喷雾式、组合式等多种。

ABS粉料干燥一般采用连续流化床式干燥器,干燥介质为空气或氮气。

二、技能要求

(一)准备工作

(1)工具设备:防爆阀门扳手、防爆手电、防爆对讲机。

(2)人员穿戴劳保着装:工作服、工作鞋、安全帽、手套。

(二)操作规程

[ZBB018 干燥器的升温操作及注意事项]

(1)启动干燥器各风机、调节风门开度,控制空气流量在规定范围内。

(2)将热空气温度设定在65℃打自调,干燥器热空气开始经干燥器缓慢升温。

(3) 将热水罐加水至95%,关闭干燥器热水循环阀,打开去干燥器的热水阀。
(4) 启动热水泵,干燥器通热水。
(5) 适当调节热风与热水的设定值,直至干燥器进料前,将干燥器温度调至不低于75℃。
(三) 注意事项
(1) 升温时调节阀开度切勿过大,造成干燥器内温度过高。
(2) 干燥器气相出口温度会出现暂时性超标,当干燥器进料后就会很快下降至控制范围内。

项目七　SAN聚合开车操作

一、相关知识

(一) 聚合方法

聚合方法的选择除了要考虑单体的化学特性、传热方式、聚合物的特性,对产品质量要求外,能否实现大型化、连续化,聚合反应器结构与特性也要予以考虑。工业上常用的聚合方法有本体聚合、悬浮聚合、乳液聚合和溶液聚合4种。

ZBB019 工业上聚合方法的分类

在聚合温度和压力下为气态或固态的单体也能聚合,分别称为气相聚合和固相聚合。气相、固相和熔融聚合均可归于本体聚合范畴。

1. 本体聚合

本体聚合最大特点是在聚合过程中,不需要加入分散剂、乳化剂等聚合助剂或溶剂,组分简单,所以产品的纯度高。与其他聚合方法相比,工艺过程简单,能耗低,成本低,对环境污染小。从反应器的利用率来看,它是所有聚合方法中最高的。

ZBB020 本体聚合

本体聚合困难的问题是如何及时、有效地移走反应放出的大量反应热。特别是在反应后期转化率高,反应体系的黏度剧增造成混合、传热困难,反应情况恶化。反应热如果不能及时带出反应器,就会使体系温度上升,聚合度下降,聚合度分布加宽,副反应增加。严重的还会出现因反应温度无法控制而产生爆聚现象。因此,一般在本体聚合中加入少量溶剂,改良本体聚合。

2. 悬浮聚合

悬浮聚合的机理与本体聚合相同,只是把单体分散成液滴悬浮于水中进行聚合,传热问题就容易解决,但设备的生产能力相应减小。聚合过程中要加入分散剂来稳定液滴,增加后处理设备。悬浮聚合产品的纯度高,工艺过程的简单程度仅次于本体聚合。悬浮聚合最常用的反应器为搅拌釜。

ZBB021 悬浮聚合

悬浮聚合的缺点是不易实现连续化。主要原因是聚合物粒子在一定的转化范围内是发黏的,易于黏在反应器壁面,通过搅拌可以防止或减轻黏壁。而在连续悬浮聚合时,釜与釜间输送物料的管道由于没有搅拌,粒子很易黏于管壁,最终堵塞管道,使操作无法进行。

另外,悬浮聚合通用性差,只适用于特殊的单体-引发剂体系。悬浮聚合的连续相用水,使用的引发剂(或催化剂)遇水分解时,就不能采用。

3. 乳液聚合

乳液聚合在胶粒中进行反应,反应速率高,产物聚合度高,乳液聚合是用水作连续

ZBB022 乳液聚合

4. 溶液聚合 [ZBB023 溶液聚合]

溶液聚合的应用越来越多,特别是在离子型聚合中。由于溶剂的作用,使聚合体系的黏度减少,有利于物料的混合与传热。溶液聚合的主要缺点是:由于使用溶剂,增加溶剂的回收与处理设备;有时溶剂会发生链转移反应,产品的相对分子质量较低;溶剂污染较严重。但是溶液聚合的通用性较大,易于实现大型化、连续化。

二、技能要求

(一)准备工作

(1)工具设备:防爆阀门扳手、防爆手电、防爆对讲机。

(2)人员穿戴劳保着装:工作服、工作鞋、安全帽、手套。

(二)操作规程 [ZBB024 SAN聚合开车步骤及注意事项]

(1)聚合工序开工前准备,反应系统气密、置换完毕,具备开工条件。

(2)聚合工序间歇进料。

(3)聚合工序间歇聚合,聚合温度达到要求,系统连续聚合反应,脱挥工序投料。

(4)聚合工序连续进料。

(5)闪蒸罐连续进料。

(6)造粒系统开工。

(7)颗粒料存储,反应系统和精馏系统打通,装置转入正常生产。

(三)注意事项

(1)提高加料系数应缓慢进行,防止由于加料量增大,而使聚合反应温度下降。

(2)将过渡料和合格品按一定比例进行掺混,然后送入混炼工段。

项目八 SAN造粒系统开车

一、相关知识 [ZBB025 SAN造粒系统相关知识]

SAN经闪蒸罐脱除未反应单体和溶剂后,在高温融熔状态下,经齿轮泵高压挤出,经模头口模形成束条流出,再经冷却、切粒后生成中间品SAN粒子。

[ZBB026 SAN切粒过程控制] 落入脱挥器底部熔融状态的SAN树脂,在高黏度泵的作用下,经过静态混合器后由模头送入造粒单元进行切粒、脱水、干燥后送入包装进行包料出库。由于SAN树脂在低温下流动性变差,在脱挥器的夹套、静态混合器的夹套均通有高温热媒以维持SAN树脂的熔融状态,但SAN树脂在长时间的高温烘烤下,树脂会发黄、碳化,在透明颗粒料中会夹杂黑点、红点,影响产品的使用。因此,脱挥器中的熔融SAN液面以控制低液位为宜,尽量减少停留时间。造粒单元根据原料加料量,通过匹配高黏度泵和切粒机的转速,实现

脱挥器中低液位的控制标准。造粒模头各段通有高温热媒以维持熔融 SAN 物料的流动性。但若温度太高,物料变稀,容易粘黏切粒机,造成长条料增多,严重时发生切粒机夹料,造成装置停车;温度太低,物料流动性变差,系统压力升高,严重时可能造成高黏度泵出口防爆板破裂,装置停工。所以,通过在 DCS 上设定挤压模头上各段温度参数,实现温度的自动控制。

二、技能要求

(一)准备工作

(1)工具设备:防爆阀门扳手、防爆手电、防爆对讲机。

(2)人员穿戴劳保着装:工作服、工作鞋、安全帽、手套。

(二)操作规程

ZBB027 SAN 造粒系统开车步骤

(1)确认造粒系统检修结束,试车正常,切粒机已就位。

(2)依次启动切粒机、干燥箱、振动筛、风机、旋转阀、引风机、循环水泵、滤布机。

(3)确认各台设备启动后运行状态正常。

(4)启动齿轮泵,并将齿轮泵转速设定好。

(5)将 SAN 束条用木质工具拉伸后送入切粒机压辊。

(6)将齿轮泵转速提至 6r/min。

(7)用防爆工具将束条送进对应的导流槽内。

(8)以一定的速度提高齿轮泵转速,直到与闪蒸罐液位达到平衡。

(9)同时以一定的速度调整切粒机转速与齿轮泵转数相对应。

(10)确认送料风压正常。

(11)启动造粒系统及模头排烟系统。

(三)注意事项

ZBB028 SAN 造粒系统开车的注意事项

(1)确认输送水和溢流水、喷淋水工作正常。

(2)确认各旋转阀和换向阀工作正常。

(3)确认各气动输送管线的程序操作正常。

(4)设定不合格产品进粒子料仓的正确路线。

项目九 挤出机开车调整操作

一、相关知识

ZBB029 挤出机的辅助设备

挤出机包括主机和辅助设备,辅助设备包括润滑油系统、抽真空系统和循环水系统三个。润滑油包括油泵、油过滤器和油冷却器,而真空系统主要包括真空罐、真空泵和吸收塔。真空系统的主要作用抽出原料熔融产生的残单,也就是将生产过程中产生的废气吸收,通过真空泵抽至水洗塔吸收处理,其目的是减少有害气体排入大气,污染环境。

二、技能要求

(一)准备工作

(1)工具设备:防爆阀门扳手、防爆手电、防爆对讲机。

(2)人员穿戴劳保着装:工作服、工作鞋、安全帽、手套。

(二)操作规程

ZBB030 挤出机开车调整操作及注意事项

(1)选择对应料仓,启动风机。

(2)控制盘上设定各段温度,启动加热器加热。

(3)启动真空系统调整真空度,启动振动筛,检查振动筛振幅。

(4)启动切粒机,将转速调至零位启动主开关,控制好转速。

(5)调整好挤压机筒体温度。

(三)注意事项

(1)调整好主机、喂料器、切粒机的匹配关系,挤压机开启之前要进行清洁。

(2)同时注意开车要按操作顺序逐一启动设备,不能颠倒。

项目十 计量秤开车调整操作

一、相关知识

(一)容积式泵

容积式泵有两种类型:一种是具有往复运动工作条件的往复泵。常见的有计量泵,柱塞泵,隔膜泵;另一种是具有旋转工作条件的转子泵,常见的有齿轮泵,螺杆泵。容积式泵的共同特点是其扬程与流量无关,只要泵强度及电动机功率足够,其压出压力可以达到很高。

往复泵流量,不能像离心泵那样用开闭出口阀门来调节,该泵是定容排液。阀门关小,内压剧增,可能发生泵体破裂事故。其流量调节方法是采用支路排液,来控制主管路流量。

二、技能要求

(一)准备工作

(1)工具设备:防爆阀门扳手、防爆手电、防爆对讲机。

(2)人员穿戴劳保着装:工作服、工作鞋、安全帽、手套。

(二)操作规程

(1)开启空气吹扫系统,检查袋滤器运行情况。

(2)启动计量程序,三通阀换向正确。

(3)启动与料仓对应的风机、旋转阀。

(4)检查计量秤称重情况,根据落差值及时调整物料设定值。

(三)注意事项

操作时要注意同时调整。

模块三　正常操作

项目一　新鲜丁二烯碱洗操作

一、相关知识

> ZBC001 碱洗的概念

在丁二烯生产储存过程中,为防止自聚需加入阻聚剂(TBC),含量为 40~150mg/kg(国标)。为提高丁二烯聚合速率,在丁二烯聚合前需要将阻聚剂除掉,一般去除阻聚剂的方法是碱洗。将丁二烯和氢氧化钠溶液按一定的比例加入混合器,丁二烯中的阻聚剂会溶入碱液中,然后通过丁二烯与碱液重力的不同,分层进行分离。碱洗后的丁二烯进行聚合反应,碱液重复使用,待阻聚剂达到一定浓度后更换。

二、技能要求

(一) 准备工作

(1) 工具设备:防爆阀门扳手、防爆手电、防爆对讲机。
(2) 人员穿戴劳保着装:工作服、工作鞋、安全帽、手套。

(二) 操作规程

> ZBC002 新鲜丁二烯碱洗过程控制

(1) 碱洗前要先确认丁二烯球罐液位在低限以上,足够一次碱洗用,确认丁二烯缓冲罐液位在低限以下。
(2) 控制室人员通知现场操作人员,设定丁二烯球罐、丁二烯碱洗管线、丁二烯泵、碱液循环泵,打开球罐手动出料阀。
(3) 碱洗具备条件后,控制室人员启动碱洗程序,开始碱洗。
(4) 当丁二烯缓冲罐液位达到95%以上时,碱洗程序停止。

(三) 注意事项

> ZBC003 新鲜丁二烯碱洗过程控制的注意事项

(1) 碱洗启动后,若碱量低于规定流量,联系现场操作人员,调节泵出口阀。如果仍无效,切泵,并且将切换下来的泵入口过滤器进行拆清,回装后备用。
(2) 若碱洗启动后丁二烯没有量,先停碱洗程序,通知现场人员确认泵是否上量,如泵带气,可以通过打循环或者向火炬排气的方式处理。
(3) 如果清理过滤器后碱循环量达不到规定要求,可能是泵的机械问题,切换至另一台泵运行。如泵没有问题,则是储罐内碱量不足所致,需要彻底排碱后重新配碱并补碱。

项目二　ABS 聚合釜氮气抽空置换

一、相关知识

ZBC004 氮气置换的目的

ABS 聚合釜氮气置换的目的是置换出空气,防止因空气中的氧影响聚合反应,同时避免可燃气体与空气中的氧气形成可燃性混合物,进而可能造成内燃或爆炸。

ZBC005 氮气置换的工作原理

氮气置换工作原理是由于氮的化学性质不活泼,不容易与其他物质发生化学反应。

二、技能要求

(一)准备工作

(1)工具设备:防爆阀门扳手、防爆手电、防爆对讲机。

(2)人员穿戴劳保着装:工作服、工作鞋、安全帽、手套。

ZBC006 ABS 聚合釜氮气抽空置换操作

(二)操作规程

(1)确认反应釜相关阀门处于关闭状态。

(2)启动聚合反应程序。

(3)由 DCS 程序控制,向反应釜加入规定量的一次冲洗水。

(4)抽空置换。

(5)一次冲洗水加料结束后,启动真空泵,将反应釜抽真空至绝压,开始向反应釜充氮气,当反应釜内压力达到绝压时,开始抽真空,如此反复操作 2 次,真空系统停止,使釜内氧含量低于 5%。

(6)泄漏检查:抽真空完成后再开始加料,以便检查,确认搅拌器的轴封、人孔、阀门等是否泄漏。

(7)抽真空结束后,程序启动反应釜搅拌器。

(三)注意事项

如果这些阀中有一个不是处于关闭,不能开始抽空置换。

项目三　PB 胶乳过滤器的切换与清理

一、相关知识

ZBC007 过滤器的概念

(一)过滤器

过滤器是输送介质管道上不可缺少的一种装置。通常安装在减压阀、泄压阀、定水位阀等其他设备的进口端设备。过滤器由筒体、不锈钢滤网、排污部分、传动装置及电气控制部分组成。待处理的水经过过滤网的滤筒后,其杂质被阻挡,当需要清洗时,只要将可拆卸的滤筒取出,处理后重新装入即可,因此,使用维护极为方便。

过滤器按照获得过滤推动力的方法不同,分为重力过滤器、真空过滤器和加压过滤器三类。

(二)过滤器的使用维护要点

(1)安装过滤器时要注意其壳体上表明的液流方向,将其正确安装在液压系统中。

(2)要定期对滤芯进行清洗或更换,而且在清洗和更换时要防止外界污染物侵入工作系统。

(3)滤芯元件在清洗时,应堵住滤芯端口,防止清洗下的污物进入滤芯内腔造成内部污染。

(4)过滤器的故障一般是滤芯堵塞或滤芯变形、弯曲、凹陷吸偏及击穿等,修复的方法就是清洗或更换滤芯。

二、技能要求

(一)准备工作

(1)工具设备:防爆阀门扳手、防爆手电、防爆对讲机。

(2)人员穿戴劳保着装:工作服、工作鞋、安全帽、手套。

(二)操作规程

1. PB 胶乳过滤器的切换

(1)停胶乳卸料泵,关闭泵密封水阀门,关闭运行过滤器的出入口阀门。

(2)打开备用过滤器的进出口阀门,填充过滤器。

(3)打开备用泵的密封水阀门,控制密封水流量,确认过滤器填充好后,联系 DCS 启动备用泵。

(4)泵启动后,观察过滤器的密封是否良好,是否漏料,如有,应重新拧紧螺栓。

2. 胶乳过滤器的清理

(1)关闭胶乳过滤器的进出口阀门。

(2)打开去脱气塔管线上的阀门,将过滤器内胶乳尽量抽至脱气塔。

(3)关闭去脱气塔管线上的阀门,将塑料桶放在过滤器的封盖下,拧开螺栓,打开封盖,将过滤器内胶乳倒进塑料桶内。

(4)过滤器内胶乳倒空后,抽出滤芯,用清洗水车进行清理。

(三)注意事项

(1)选择过滤器时应注意滤芯的合理选型。

(2)用水车清洗时要注意防止高压水伤人。

项目四 SAN 粒料输送操作

一、相关知识

SAN 粒料是在齿轮泵出来的融熔 SAN 通过水槽冷却后,用切粒机切成圆柱体颗粒,经干燥器干燥后作为半成品向后部输送。SAN 输送过程以风机为推动力,稀向输送。在此过程中,一定要严格遵守操作规程,以防操作不当导致 SAN 粒料堵塞管线。

二、技能要求

（一）准备工作

(1)工具设备：防爆阀门扳手、防爆手电、防爆对讲机。

(2)人员穿戴劳保着装：工作服、工作鞋、安全帽、手套。

（二）操作规程

> ZBC011 SAN粒料输送操作

(1)根据混炼SAN料斗的高低报情况定期向混炼工段输送SAN粒料。

(2)设定正确的送料管线，选择相应的SAN加料料斗。

(3)启动风机，确认送料管线畅通，风压正常。

(4)打开送料料仓滑阀，再开旋转阀，根据风机风压情况将旋转阀调节至相应的转数。

(5)送料结束后，先关旋转阀再关滑阀待管线内物料全部送净后，最后停风机和风扇。

（三）注意事项

> ZBC012 SAN粒料输送操作的注意事项

(1)一定要遵循先开风机后开旋转阀的顺序操作，以免管线堵塞。

(2)注意观察风压防止送冒料。

(3)冬季防水。

项目五　凝聚岗位定期操作

一、相关知识

> ZBC013 凝聚的概念

所谓凝聚就是破乳，破坏乳状液，使胶乳中的聚合物固体微粒聚集，凝结成团粒而沉降析出。凝聚釜的作用分别为破乳、凝聚、熟化、固化。凝聚工艺指标分别通过凝聚釜的温度、凝聚釜的搅拌、酸浓度及水胶比来进行控制。在日常生产过程中，凝聚需要定期执行操作，以保证装置长期平稳运行。

二、技能要求

（一）准备工作

(1)工具设备：防爆阀门扳手、防爆手电、防爆对讲机。

(2)人员穿戴劳保着装：工作服、工作鞋、安全帽、手套。

（二）操作规程

> ZBC014 凝聚岗位定期操作

(1)定期用高压水清洗筛网以防堵塞，由程序设定时间。

(2)定期检查清洗清理流料槽，以防淤浆浓度高黏度大时，造成流料槽堵塞。如发现凝聚罐有大块时，检查抽气管线是否堵塞，如堵塞应及时清理。

(3)定期检查记录凝聚罐、熟化罐的温度。

(4)定期检查各流量准确度。

(5)定期对熟化罐内淤浆取样分析并记录结果。如果浆液维持白色混浊状，凝聚状态不好；如果浆液很快澄清分层，说明凝聚状态良好。

(6)定期检查氢氧化钾的加入量，控制在适当的范围。

(三)注意事项

用手感觉凝聚颗粒状态,如颗粒太细,应及时进行调整。

项目六　挤出机的升温操作

一、相关知识

挤出机是轻合金(铝合金、铜合金和镁合金)管、棒、型材生产的主要设备。它的产生和发展不过是一个多世纪的时间,却发生了巨大的变化。从手动的水压机,发展成为全自动的油压机。挤出机的种类也大大增加。挤出机的能力、数量反映了一个企业的生产技术水平。一个国家拥有挤出机的能力、数量、生产能力和装备水平,反映了一个国家的工业发展水平。

挤出机是将 ABS 粉料和 SAN 粒料进行共混生产最终 ABS 产品的设备,需要对挤出系统进行日常检查,确保生产运行平稳、产品质量合格。挤出机主要由三大部分组成:机械部分、液压部分、电气部分。

二、技能要求

(一)准备工作

(1)工具设备:防爆阀门扳手、防爆手电、防爆对讲机。

(2)人员穿戴劳保着装:工作服、工作鞋、安全帽、手套。

(二)操作规程

(1)在开车前启动挤出机筒体冷却水泵。

(2)打开温控器开关,根据生产指令设定各段温度。

(3)启动挤出机的润滑油泵。

(4)启动粒子输送风机及旋转阀。

(5)启动振动筛调整好振幅。

(6)启动切粒机、风刷、排风机。

(7)准确调整三通阀的方向选择好料仓。

(8)挤出机升温规定值恒温后,将转速控制旋钮调至零位,启动挤出机主机。

(9)启动挤出机的同时,启动恒定加料器,给挤出机喂料。

(10)模头出料后,按一定时间间隔将熔融树脂切断,将废料装袋放到指定地点,待树脂外观达到满意时开始牵条。

(11)束条经水浴槽再经风刷最后送入切粒机。

(12)开真空喷射器,检查真空系统是否正常。

(13)调整挤出机转速及切粒机转速使其相互匹配满足生产负荷要求。

(三)注意事项

启动挤出机时应密切注意电流的变化情况,尤其是在增转速时,如有超电流、超扭矩趋势,必须马上降低转速,必要时停机。

项目七 聚合釜温度投串级控制

> ZBC017 串级控制的相关知识

一、相关知识

　　串级控制是改善控制过程品质极为有效的方法,并得到广泛的应用。与简单的单回路控制系统相比,串级控制系统在其结构上形成了两个闭环。一个闭环在里面,被称为内回路或者副回路;另一个闭环在外,被称为外回路或者主回路。副回路在控制过程中负责粗调,主回路完成细调。串级控制就是通过这两条回路的配合控制完成普通单回路控制系统很难达到的控制效果。

　　首先,串级控制对进入副回路的扰动有很强的克服能力。其次,由于副回路的存在,减小可控制对象的时间参数,从而提高了系统的响应速度。第三,串级控制提高了系统的工作频率,改善了系统的控制质量。最后,串级系统有一定的自适应能力。

二、技能要求

(一)准备工作

(1)工具设备:防爆阀门扳手、防爆手电、防爆对讲机。

(2)人员穿戴劳保着装:工作服、工作鞋、安全帽、手套。

> ZBC018 聚合釜温度投串级控制

(二)操作规程

(1)确认聚合釜投料到加入引发剂阶段。

(2)聚合釜温度主控表投自动。

(3)聚合釜夹套温度控制表投自动。

(4)聚合釜夹套温度控制表投串级控制。

(三)注意事项

如加入引发剂聚合温度与夹套温度未进行串级切换控制可暂停加料,联系仪表处理。

项目八 凝聚温度的调整操作

一、相关知识

(一)凝聚温度

　　凝聚过程中,为将ABS胶乳凝聚得到ABS淤浆,除加入凝聚剂外,还需要高的温度,以利于加快电子碰撞,使胶乳快速彻底凝聚。在凝聚过程中,开车阶段将凝聚温度梯度提升至规定温度。在正常生产情况下,因凝聚效果或外界蒸汽压力波动等原因,需要对凝聚温度进行调整。

(二)凝聚不充分、颗粒小的原因与处理方法

1. 原因

(1)硫酸加入量小。

(2)凝聚熟化温度低。
(3)搅拌过度。
(4)淤浆浓度太低。

2. 处理办法

(1)提高硫酸加入量。
(2)提高凝聚熟化温度。
(3)降低搅拌速度。
(4)降低胶乳进料量或降低 WC 的进料量。

> ZBC019 凝聚不充分、颗粒小的原因与处理方法

二、技能要求

(一)准备工作

(1)工具设备:防爆阀门扳手、防爆手电、防爆对讲机。
(2)人员穿戴劳保着装:工作服、工作鞋、安全帽、手套。

(二)操作规程

(1)用低压蒸汽通过蒸汽管道进入,凝聚罐蒸汽加热总管,打开总管蒸汽手阀,通过各凝聚罐蒸汽调节阀进行手动升温操作。
(2)依据升温趋势及时调整现场蒸汽手阀开度大小。
(3)当温度升到工艺指标下限时,及时调整蒸汽阀门开度并切入自动状态,进入微调。
(4)如遇蒸汽压力过低或过高时,要及时开大或关小调节阀的开度。
(5)如果蒸汽阀有内漏,可将调节阀前后手动阀进行调整。

> ZBC020 凝聚温度的调整及注意事项

(三)注意事项

温度调整过程中,密切监视凝聚罐温度曲线趋势,温度过低或过高都要现场进行检查。

项目九　DCS 干燥器温度的调整

一、相关知识

> ZBC021 干燥原理

脱水后的湿粉料采用流化床干燥器进行干燥,一般以热空气或氮气为干燥介质。热空气以一定的速度从流化床干燥器底部的多孔分布板进入干燥器,均匀地通过物料层,使颗粒在干燥器中呈流化态。物料在热气流中上下翻滚,湿粉料中水分先从颗粒表面汽化,使得颗粒内部和表面的水分不同。水分便由内部向外扩散,汽化和扩散过程同时进行,物料便逐渐干燥。热空气不断地将水分带走,从而达到干燥的目的。

二、技能要求

(一)准备工作

(1)工具设备:防爆阀门扳手、防爆手电、防爆对讲机。
(2)人员穿戴劳保着装:工作服、工作鞋、安全帽、手套。

> ZBC022 干燥器温度的调整

(二)操作规程

(1)DCS 人员将干燥器升温温度设定好,手动打开调节阀,打开蒸汽调节阀前后手动阀进行干燥升温。

(2)干燥器各段温度升到接近工艺指标温度将手动切为自动控制。

(3)如干燥器温度过高,通知现场人员进行检查,同时 DCS 人员将温度设定值降低。

(4)如干燥器温度低,可适当提高干燥器设定温度,同时联系调度了解蒸汽压力。

(三)注意事项

温度调整过程中,监视温度曲线趋势,过低或过高都要及时调整,同时联系现场人员检查干燥器有无异常。

项目十 挤出机正常调整操作

一、相关知识

> ZBC023 挤出原理

(一)挤出原理

将塑料加热使之呈黏流状态,在加压的情况下,使之通过具有一定形状的口模而成为截面与口模相仿的连续体,然后通过冷却使其具有一定的几何形状和尺寸的塑料,由黏流态变为高弹态,最后冷却定型为玻璃态得到所需要的产品。

(二)混炼挤压岗位操作原则

严格执行混炼挤压岗位的工艺操作指南,按生产方案要求,控制合理的挤出机扭矩、筒体温度、转速、水浴槽水温及切粒机转速,保证挤出机的正常生产和平稳运行。负责本岗位的开停工和事故处理,确保挤出机的正常运转;做好本岗位工艺设备及相关工艺管线巡检和日常维护工作,特别是加强重点设备和部位的检查,严格做好交接班制度和数据的原始记录。系统出现波动要及时汇报和处理,确保装置"安、稳、长、满、优"运行。

二、技能要求

(一)准备工作

(1)工具设备:防爆阀门扳手、防爆手电、防爆对讲机。

(2)人员穿戴劳保着装:工作服、工作鞋、安全帽、手套。

> ZBC024 挤出机正常调整操作及注意事项

(二)操作规程

(1)检查调整喂料器运行、筒体各段温度、模头束条、模头温度、冷却水阀开度。

(2)检查切粒机切刀转速和电流。

(3)调整真空泵压力。

(4)检查更换换网器。

(三)注意事项

挤出机正常操作中注意电流、水槽温度和模头温度及出料状况。

项目十一　ABS接枝用还原剂的配制

一、相关知识

(一)还原剂

还原剂是在氧化还原反应里失去电子的物质。一般来说,所含的某种物质的化合价升高的反应物是还原剂。还原剂本身具有还原性,被氧化,其产物叫氧化产物。还原与氧化反应是同时进行的,还原剂在与被还原物进行氧化还原反应的同时,自身也被氧化,而成为氧化产物。

> ZBC025 还原剂的概念

(二)氧化还原反应

在反应过程中有元素化合价变化的化学反应叫作氧化还原反应。这种反应可以理解成由两个半反应构成,即氧化反应和还原反应,此类反应都遵守电荷守恒。在氧化还原反应里,氧化与还原必然以等量同时进行。有机化学中也存在氧化还原反应。

> ZBC026 氧化还原反应的概念

二、技能要求

(一)准备工作

(1)工具设备:防爆阀门扳手、防爆手电、防爆对讲机。

(2)人员穿戴劳保着装:安全帽、防滑鞋、橡胶耐酸碱服、橡胶耐酸碱手套、安全防护眼镜。

(3)配制ABS接枝用还原剂时,要保持厂房局部通风,空气中粉尘浓度超标时,必须佩戴自吸过滤式防尘口罩。

(二)操作规程

按照还原剂溶液的标准配方分别在台秤上称取足量的化学品备用。通过现场控制盘设定脱盐水的加入量,并记录脱盐水加入前的表数。启动脱盐水泵,打开配制槽脱盐水加入的阀门,确认脱盐水加入配制槽中,计量仪表开始运行。脱盐水加入结束,记录加入后的表数,并核实加入量是否与配方量一致。启动配制槽搅拌器,从人孔处投入称量好的化学品,搅拌后,联系分析人员对配制好的溶液进行分析。

> ZBC027 ABS接枝用还原剂的配制操作

(三)注意事项

(1)助剂的配制全过程,必须按照要求穿戴好劳动保护用品。

(2)称取固体助剂时,注意去除包装物的皮重。

(3)脱盐水加入前后确认加入量与配方量一致。助剂必须待化验室分析结果确认合格后方可投入使用。若分析不合格,根据分析结果重新计算并进行助剂或溶剂的补加,再联系取样分析,保证最终使用时合格。

> ZBC028 ABS接枝用还原剂配制的注意事项

项目十二　SAN 1号反应器系统氮气气密操作

一、相关知识

> ZBC029 氮气的性质及作用

气体的密度和它所处的温度和压强有关,一般考虑标准状况和常温两种情况。如果是标准状态,氮气密度是1.25g/L,氧气密度是1.43g/L;如果是常温状态,氮气密度是1.36g/L,

氧气密度是 1.56g/L。

一般情况下,氮气不与其他物质发生化学反应,并且氮气无毒,易制取,常用于气密性试验。

二、技能要求

(一)准备工作

(1)工具设备:防爆阀门扳手、防爆手电、防爆对讲机。

(2)人员穿戴劳保着装:工作服、工作鞋、安全帽、手套。

(二)操作规程

> ZBC030 SAN 1号反应器系统氮气气密操作

(1)确认 SAN 1 号反应器系统流程打通,并与其他系统断开。

(2)确认 1 号反应器顶部冷凝器循环冷却水投用。

(3)关闭氮气分程调节的 X、Y、Z 阀两侧阀门。

(4)打开顶部分离器顶部氮气阀门向系统充压。

(5)确认 1 号反应器压力。

(6)关闭顶部分离器顶部氮气阀门,停止向系统充氮气。

(7)确认 1 号反应器、顶部分离器压力相当。

(8)检查 SAN1 号反应器系统漏点。

(9)联系保运处理漏点。

(10)确认 SAN1 号反应器系统无漏点。

(11)记录 SAN1 号反应器内温度和压力。

(12)检查整个系统的泄漏情况。

(13)确认系统泄漏率符合要求,1 号反应器系统气密完毕。

(三)注意事项

> ZBC031 SAN 1号反应器系统氮气气密操作的注意事项

(1)气密压力要严格按照规定的压力进行,不得超压。

(2)气密过程如发现泄漏立即停止,泄压进行处理。

(3)气密过程升压、降压要缓慢进行。

项目十三 TDDM 接收操作

一、相关知识

> ZBC032 TDDM 的性质

(一)TDDM 的性质

叔十二碳硫醇(TDDM),是无色油状液体,有恶臭,凝点 -7℃,沸点 200~235℃(常压),爆炸范围 0.7%~9.1%,闪点 129℃,不溶于水,可溶于乙醇、乙醚、丙酮、苯、汽油和酯类等有机溶剂。

> ZBC033 TDDM 的主要用途和储存

(二)TDDM 的主要用途

主要用于 ABS 树脂、丁苯树脂(SBR)、丁腈橡胶(NBR)、高冲聚苯乙烯(M-HIPS)产品,在聚合反应过程中作相对分子质量调节剂使用;也可作为聚氯乙烯、聚乙烯等聚烯烃的稳定剂和抗氧剂;还可用于合成某些药物、杀虫剂、杀菌剂、香料的原料。

(三) TDDM 的储存

TDDM 储存过程中一定要严禁泄漏,保存在阴凉干燥、通风良好的不燃材料结构仓库中,少量产品可低温储存。远离热源和明火,尤其要避免阳光直射。与氧化剂、可燃物及强酸隔离储运。

二、技能要求

(一) 准备工作

(1) 工具设备:防爆阀门扳手、防爆手电、防爆对讲机。

(2) 人员穿戴劳保着装:工作服、工作鞋、安全帽、护目镜、胶靴、手套。

(二) 操作规程

(1) 从化学品库房领取需要量的 TDDM 桶,送至配制罐旁。检查确认缓冲罐的内部无杂质,底部出口阀关闭,有足够的空间,具备接收条件。

(2) 安装好 TDDM 桶泵,把空气管线和空气马达连上,泵的出口与 TDDM 配制罐的接料管线连上。

(3) 打开接料阀,然后慢慢打开空气截止阀,启动泵。

(4) 将桶中的物料抽空,停泵,关接料阀。

(5) 在加料斗处将桶中的残留物料倒入配制罐中,至桶内倒不出物料为止,事先应打开加料斗下的加料阀,用后关闭。

(6) 由班长确认桶干净后,将空桶盖拧紧后送到安全区。达到一定数量后,由指定专人缴库。

ZBC034 TDDM 的接收操作

(三) 注意事项

(1) 接收期间,注意检查配制罐液位,不能冒罐。

(2) 配制罐彻底排空时,应排至专用的清洁容器内,不能使用塑料桶。

项目十四 PB 聚合反应釜保压与丁二烯置换

一、相关知识

(一) 保压

保压是指将压力固定,在一段时间内保持压力下降不超过某一标准。

ZBC035 反应釜的结构

(二) 反应釜的结构

反应釜的结构由釜体、传动装置、搅拌装置、加热装置、冷却装置、密封装置组成。

二、技能要求

(一) 准备工作

(1) 工具设备:防爆阀门扳手、防爆手电、防爆对讲机。

(2) 人员穿戴劳保着装:工作服、工作鞋、安全帽、手套。

(二)操作规程

> ZBC036 反应釜保压操作

(1)确认聚合釜清胶结束,各处回装完毕,阀门、联锁调试完毕。

(2)现场设定管线,确认欲加水的聚合釜各阀门开关状态;聚合釜的加料总管手阀打开,放空阀门打开,三个压力检测点下手阀和现场压力表下手阀打开,其他所有与聚合釜相连的手阀、气缸阀都必须处于关闭状态。

(3)DCS人员开脱盐水加料总阀和聚合釜上的脱盐水阀门开始加水,加水至规定值时,停止加水。

(4)在聚合釜加水的过程中,进行搅拌器机械密封保压。

(5)机封保压合格后,将搅拌器密封水正常投用,先启动油泵观察油压正常且油泵运行正常再起搅拌器,确认运行没有问题后先停搅拌器再停油泵。

(6)继续加水至放空,溢流时关闭放空阀门,启动泵继续加水将釜压充至1.2MPa左右关阀,关闭聚合釜加料总管手阀,然后通过密封水单元去往聚合釜中的冲洗水将釜压充至1.35MPa左右,保压查漏。

(7)连续压力降不高于0.05MPa视为保压合格。

> ZBC037 丁二烯置换

(8)聚合釜保压合格后,通过底部导淋排水将釜压降至接近于零。

(9)通知DCS人员开始进行聚合釜排水置换。

(10)氧含量不大于0.3%,氮含量不大于3%视为合格。如不合格,开火炬副线阀门向火炬泄压置换直至分析合格。

(11)反应釜的加水工作与丁二烯置换要逐个进行。

(12)当反应釜有一台釜加水达到规定值以上时,通知DCS人员将打开反应釜底部的卸料气缸阀,使反应釜釜底部的卸料管线满水。

(13)打开卸料管线导淋排气,待确认满管为水后关闭导淋阀门,关闭反应釜底部的卸料气缸阀,继续进行加水保压操作。

(三)注意事项

保压要认真准确,多方确认,避免失误。

项目十五 动火监护检查

一、相关知识

> ZBC038 监护人职责

(一)动火作业时监护人职责

监护人必须经过专业培训(由公司安全、消防部门负责),经考核合格,持证上岗。其职责是:

(1)监护人必须有较强的责任心;了解动火区域岗位的生产过程,熟悉工艺操作和设备状况;能熟练使用消防器材及其他救护器具。

(2)监护人对安全措施落实情况进行检查,监督消防设施到位情况,发现落实不好或安全措施不完善时,有权提出暂不进行作业。

(3)监护人必须携带动火票。

(4)监护人要佩戴明显的标志,并配备专用安全检测仪器,坚守岗位。

(5)监护人应熟悉应急预案,并能指挥处理异常情况。

(二)安全用火管理要求

(1)作业区内,凡生产建设等工作需要使用明火(包括电焊、火焊、喷灯、各种炉灶等)、生产装置和罐区使用临时电源、机动车辆进入生产装置和罐区,均须采取必要的防火措施,办理用火申请手续,并经有关部门批准。严禁随意动火。

(2)用火应严格执行用火制度,做到"三不用火",即没有经批准的火票不用火,用火安全措施不落实不用火,用火监护人不在场不用火。

(3)看火人应选派责任心强、熟悉生产流程和现场情况的人员担任。看火人必须时刻掌握用火现场及周围情况。如发现异常情况,要及时采取措施或停止用火。必要时,看火人有权要求停止用火。

(4)必须按指定的时间、地点、部位用火。

(5)用火必须有妥善可靠的防火安全措施。

二、技能要求

(一)准备工作

(1)工具设备:防爆阀门扳手、防爆手电、防爆对讲机。

(2)人员穿戴劳保着装:工作服、工作鞋、安全帽、手套。

(3)检查作业许可证及现场环境情况。

(二)操作规程

(1)将动火设备(如塔、容器、储罐、换热器、管线等)内的可燃物料彻底清理干净,并用足够的时间对设备进行蒸汽吹扫、水洗或蒸煮,以达到动火条件。

(2)切断与动火设备相连的所有管线,并加堵盲板。

(3)塔、容器、储罐动火,应做可燃物含量分析,如进入设备内部动火还应做氧含量和有毒物含量分析,合格后方可动火。动火前人在外边进行设备内试验,工作时人孔外应有专人监护。

(4)塔内动火,可用石棉布或毛毡用水浸湿,铺在相邻两层踏板上,进行隔离。

(5)动火点5m以内的可燃物料和杂物必须清理干净,周围15m以内的下水井、地漏、地沟、电缆沟等应清除易燃物,并予封闭。

(6)电焊回路线应接在焊件上,不得接在与易燃易爆设备、管线有联系的金属件上,把线及二次线绝缘必须完好,不得穿过下水井或其他设备搭火。气焊时氧气瓶与乙炔瓶间距不得小于5m,焊机与气瓶间距不得小于10m。

(7)高处动火(2m以上)必须采取防止火花飞溅措施,风力较大时应视具体情况而定,大于五级(含五级)时禁止动火。

(8)动火现场必须配备足够的、相应的消防器材,如蒸汽带、灭火器等。

(9)距动火点30m以内不得对易燃物料罐进行脱水操作,上游50m以内不得排放可燃物料。

(10)动火开始前,应认真检查条件是否变化,动火结束后,不得留有余火。

> ZBC040 动火监护检查的注意事项

(三)注意事项

(1)凡在生产、储存、输送可燃物料的设备、容器及管道上动火,应首先切断物料来源,加好盲板,经彻底吹扫、清洗、置换后,打开人孔,通风换气,并经分析合格,方可动火。分析合格后,如超过30min才动火,必须再次进行动火分析。

(2)正常生产的装置和罐区内,凡是可动可不动的火一律不动。凡能拆下来的一律拆下来移到安全地方动火。节假日非必须的用火,一律禁止。对节假日中必须的用火,在原有级别上升级管理。

(3)用火审批人必须亲临现场检查,落实防火措施后,方可签发动火票。一张动火票只限一处使用。动火票期限一般不超过8h,延期后总的作业期限原则上不超过24h。

(4)装置进行大、中修,因动火工作量大,对易燃、可燃和有毒物料均应彻底送至装置外罐区,并加盲板与装置隔绝。

(5)进设备内部动火,必须遵守进入设备作业安全管理规定。

模块四　停车操作

项目一　碱倾析槽退料置换

一、相关知识

(一)生产退料

生产退料是指生产过程中因材料质量问题、规格型号不符、数量超额、工艺资料变更、生产节约的余料、不需用材料、计划数量减少或取消、材料盘盈等原因需退回仓库的行为。碱倾析槽退料一般为系统蒸煮检修,将物料丁二烯返回至原料储罐,废碱液排掉的过程。

(二)置换

置换意为替换或指一种元素把某种化合物中的其他元素替换出来,应用于化学、商业、数学。

二、技能要求

(一)准备工作

(1)工具设备:防爆阀门扳手、防爆手电、防爆对讲机。

(2)人员穿戴劳保着装:工作服、工作鞋、安全帽、手套。

(二)操作规程

(1)确认丁二烯反应釜最后一批料投料结束。

(2)关闭回收丁二烯碱洗管线阀门。

(3)启动碱洗,将丁二烯球罐洗空。

(4)碱洗结束后,将倾析槽中的碱在泵入口导淋处向废水池全部排出。

(5)确认倾析槽内碱液全部经废水池排净。

(6)确认泵入口导淋见液相丁二烯后关闭导淋。

(7)启动泵从碱液配制罐向倾析槽加脱盐水。

(8)将倾析槽中丁二烯用水顶至缓冲罐中,DCS人员观察丁二烯缓冲罐液位,在缓冲罐液位上涨42%左右时,从倾析槽顶部分析取样点确认,直至见水后,停泵,确认倾析槽返料置换结束。

ZBD001　碱倾析槽退料置换操作

(三)注意事项

(1)排碱时要用大量水进行稀释,同时注意排碱速度不能过快,现场要有专人监护,一旦发现异常立即停止排碱。特别是发现浅黄色黏稠状液体(过氧化聚合物)时立即停止排碱,并向车间相关人员汇报。

ZBD002　碱倾析槽退料置换的注意事项

(2)在拆装管线、法兰时要使用防爆工具,开关阀门时如遇到开关困难不能强行开关,更不允许用力敲砸,应立即向车间技术人员汇报处理。

项目二　凝聚系统停车

一、相关知识

<u>ZBD003 凝聚工艺过程原理</u>

ABS 胶乳凝聚一般采用硫酸作凝聚剂,去中和聚合物粒子表面的负电荷至消失,再通过加热提高粒子的动能,使粒子相互碰撞而形成大的颗粒析出,从而达到凝聚目的,这就是凝聚过程,凝聚结束后加入氢氧化钾对浆液进行中和。

凝聚系统停车时,必须严格遵守操作规程,否则,将有可能造成系统堵塞或凝聚系统物料凝固黏附管线影响下次下车。

二、技能要求

(一)准备工作

(1)工具设备:防爆阀门扳手、防爆手电、防爆对讲机。

(2)人员穿戴劳保着装:工作服、工作鞋、安全帽、手套。

(二)操作规程

(1)停胶乳进料泵、硫酸泵。

(2)关闭入凝聚罐热水阀、入凝聚罐过滤水阀。

(3)关闭 ABS 胶乳掺混罐底阀。

(4)停止向淤浆进料罐加 KOH。

(5)与 ABS 聚合现场联系,用压缩空气将碱管线吹空。

(6)将胶乳振动筛冲洗水程序调为停止状态。

(7)联系 C 区人员冲洗胶乳管线,将胶乳管线水封。

(8)冲洗胶乳振动筛后停运。

(9)当凝聚罐内的物料向沉化罐倒料前,调整凝聚罐搅拌器速度控制手轮,输出传动轴的转数从输出传动轴端看指示器自右向左方向运动减少其转数。减少到最低刻度后,通知 DCS 人员将搅拌器停下。

(10) DCS 停凝聚罐搅拌器及油泵。

(11)当沉化罐内的物料向淤浆进料罐倒料前,调整沉化罐搅拌器速度控制手轮,输出传动轴的转数从输出传动轴端看指示器自右向左方向运动减少其转数。减少到最低刻度后,通知 DCS 人员将搅拌器停下。

(12) DCS 人员停沉化罐搅拌器及油泵。

(13)淤浆进料罐液位下降到 5%左右用水冲洗,罐吃空后停振动筛。

(14)反吹淤浆流量计到进料泵之间的管线。

(15)关闭真空过滤机滤布冲洗水阀、真空过滤机滤饼冲洗水。

(16)停中和碱泵,关阀中和碱阀门。

(17)停 ABS 淤浆进料罐泵,修改浆液回收罐液位高限数据以保证泵不启动为宜。

(三)注意事项

(1)当凝聚罐搅拌器没有运行时,不要转动速度控制手轮,因为这将对内部零件产生非均匀的力并引起圆盘或其他零件的破裂。

(2)如果临时停车时间在1h内,则凝聚罐熟化罐温度各降至80℃、85℃,如果停车时间超过1h则凝聚罐熟化罐温度各降至75℃、80℃。 `ZBD004 凝聚系统降温`

(3)降低凝聚罐、熟化罐温度时,蒸汽加热阀门会自动"关闭",AP空气会自动加入蒸汽管线,以防止蒸汽管线堵塞。

项目三 SAN 1号反应器退料

一、相关知识

SAN聚合压力控制采用分程调节系统。分程调节系统的特点是一个调节器控制两个或更多个工作范围不同的调节阀。每个调节阀根据工艺要求在调节器输出的一段信号范围内动作。 `ZBD005 分程调节系统相关知识`

分程控制可用于以下三种情况:一是用于需要几种根本不同的调节手段,例如反应釜用蒸汽升温和用冷水降温的分程控制。二是用于在某种调节手段达到极限后需要用另一种调节手段补充,例如氮封氮气压力的分程控制。三是扩大调节阀的可调范围。

二、技能要求

(一)准备工作

(1)工具设备:防爆阀门扳手、防爆手电、防爆对讲机。

(2)人员穿戴劳保着装:工作服、工作鞋、安全帽、手套。

(二)操作规程

(1)1号反应器液位降至10%时,停搅拌器,停搅拌器油泵。

(2)1号反应器液位降至6%时,手动关闭液位调节阀门、反应器底部泵打循环。 `ZBD006 SAN 1号反应器退料操作`

(3)手动打开循环溶剂加料阀向1号反应器加入循环溶剂。

(4)1号反应器液位高于10%时,启动搅拌器油泵,启动搅拌器。

(5)加料完成后,关闭循环溶剂加料阀。

(6)当2号反应器液位低至20%时,手动打开液位调节阀阀门。

(7)调节阀门开度及底泵转数,将1号反应器中的物料全部送入2号反应器中。

(8)1号反应器液位降至10%时,停搅拌器,停搅拌器油泵。

(9)1号反应器排空后,停底泵。

(10)关闭底泵入口阀门,关闭液位调节阀。

(11)1号反应器压力设定为氮封系统压力。

(12)排空1号反应器中部和底部夹套。

(三)注意事项

(1)1号反应器液位降至6%时,2号反应器液位应在一定范围。

(2)检查确认 1 号反应器物料退净。

项目四　ABS 聚合反应釜蒸煮置换

一、相关知识

ABS 聚合反应釜在检修或异常停车后,应对聚合反应釜进行处理。

ZBD007　ABS 聚合反应釜停车原因

(一)ABS 聚合反应釜异常停车原因

从加热到卸料的反应过程中出现下述情况之一时均能导致 ABS 反应釜停车。

(1)按动 ABS 反应釜停车开关。

(2)电源故障。

(3)反应釜压力高。

(4)反应釜温度高。

ZBD008　ABS 反应釜停车时发生的动作

(二)ABS 反应釜停车时发生的动作

(1)夹套蒸汽控制阀关闭。

(2)夹套冷却水控制阀开。

(3)反应釜气体吹扫控制阀开。

(4)下列阀关:活化剂加载阀、单体混合物加载阀、增量单体混合物等加载阀关。

(5)下列泵停车:活化剂加载泵、PB 加载泵、丙烯腈加载泵、苯乙烯加载泵、乳化剂加载泵、增量单体混合物加载泵等停车。

二、技能要求

(一)准备工作

(1)工具设备:防爆阀门扳手、防爆手电、防爆对讲机。

(2)人员穿戴劳保着装:工作服、工作鞋、安全帽、手套。

ZBD009　ABS 聚合反应釜停车后的处理

(二)操作规程

(1)向每台反应釜中加入工业水。

(2)打开反应釜上人孔。

(3)向每台反应釜中加入多功能溶解剂。

(4)利用夹套给反应釜升温、蒸煮。

(5)将反应釜中蒸煮用的水排掉。

(6)打开反应釜下人孔,通压缩空气进行置换 4h 以上。

(7)对反应釜进行氧含量、有毒有害气体含量分析。分析合格后交出检修,如果不合格,通入蒸汽和压缩空气继续进行置换,直至分析合格交出检修。

(三)注意事项

如果反应釜氧含量、有毒有害气体含量分析不合格,应通入蒸汽和压缩空气继续进行置换,直至分析合格交出检修。

项目五　丁二烯管线的停车吹扫

一、相关知识

(一)管线吹扫的顺序
管线吹扫一般顺序是总管、主管、支管和疏排管。

(二)丁二烯管线吹扫的目的
丁二烯管线吹扫的目的是在停车时,将系统中丁二烯清除干净,以防止在检修拆卸管线过程中发生爆炸危险。

> ZBD010　丁二烯管线吹扫的目的

二、技能要求

(一)准备工作
(1)工具设备:防爆阀门扳手、F扳手、防爆手电、防爆对讲机、螺丝刀、可燃气体报警仪、空气呼吸器。

(2)人员穿戴劳保着装:工作服、工作鞋、安全帽、手套。

(二)操作规程

> ZBD011　丁二烯管线的停车吹扫

(1)接到工艺指令,聚合停止投料,关闭丁二烯接料阀接前后手动阀,接临时氮气胶管,打开氮气阀门,打开排凝阀,缓慢打开丁二烯加料泵回流阀,用氮气吹扫回流管线后关闭丁二烯加料泵回流阀,关闭氮气阀停止吹扫。

(2)联系生产调度,准备丁二烯罐泄压至火炬管网。接调度指令可以排向火炬后,打开丁二烯罐顶部和底部的放空阀,将丁二烯罐放压至火炬气管网。当丁二烯罐压力降至0.07MPa以下,打开丁二烯罐顶部氮气阀,用氮气置换丁二烯罐,吹扫,丁二烯罐及接料管线系统吹扫完毕,关闭丁二烯罐顶部氮气阀。

(3)将回丁罐中的回丁全部返送到界外后,关闭回丁泵入口阀,回丁泵出口排凝阀接氮气胶管,打开氮气阀门、打开排凝阀,吹扫完毕关闭泵出口阀门、氮气阀门及排凝阀。

(4)设定回收系统氮气调节阀的流量,用氮气吹扫1h,将氨冷器、回丁罐中的丁二烯吹至火炬气。关闭氮气调节阀,设定气液分离器、压缩机入口冷却器等管线,打开气液分离器上的氮气阀门,用氮气吹扫上述流程2h,将系统内剩余的丁二烯吹至火炬气,吹扫完毕后,关闭火炬气总阀。

(三)注意事项
丁二烯是有毒有害物质,在作业过程中一定要戴好个人防护用品,防毒式过滤面具、面罩等。

项目六　ABS掺混系统停车操作

一、相关知识

(一)常见掺混方法
混合器就是均化器,作用是使不同批次聚合的产品(产品性能有一定差异)进行掺

> ZBD012　常见的掺混方法

混,得到性能相对均匀稳定的产品。掺混的方式常见的有:

(1)重力掺混。在料仓中心放置一束空心管道,在管道的不同位置开有不同口径的小孔。出料时,从料仓不同的位置流出少量的物料,达到混合的目的。特点是结构简单,能耗很小,均化效果较好。

(2)流化料仓。在料仓底部设置流化板,空气通过罗茨风机加压,从盘管均匀地进入流化板,物料在气流的作用下不断上升与坍塌,形成混合。特点是结构复杂,能耗高,均化效果最好,还能起到干燥地脱出残留单体的作用。

(3)机械搅拌。目前很少使用。

(4)内插均化管。在料仓中心内插一条输送管,不停地将底部的物料输送到料仓顶,经过分散后,循环混合。

二、技能要求

(一)准备工作

(1)工具设备:防爆阀门扳手、F扳手、螺丝刀、防爆手电、防爆对讲机。

(2)人员穿戴劳保着装:工作服、工作鞋、安全帽、手套。

(二)操作规程 [ZBD013 ABS掺混系统停车操作]

(1)关闭旋转阀,停风机;关闭风机出入口阀,确认管线畅通。

(2)将料仓内物料排空,排料阀关闭。

(3)掺混器排料阀关闭,大盖盖严。

(4)将空气气源关闭,检查袋滤器是否正常。

(5)将程序打至停止状态。

(三)注意事项

(1)停车时将所有设备的操作开关打到 OFF 位置。

(2)程序由自动状态切至手动状态。

项目七　包装线停车操作

一、相关知识 [ZBD014 包装生产线相关知识]

包装生产线是一个系统的总称,一般是由几种不同的包装机以及传输带组成,生产中的产品或者已经加工完成的产品被运送到包装生产线上进行包装加工,完工后被送出,形成完整的便于运输的产品。包装生产线的包装过程包括充填、裹包、封口等主要工序。

二、技能要求

(一)准备工作

(1)工具准备:DCS 操作台、防爆 F 扳手、螺丝刀、防爆手电、防爆对讲机。

(2)人员穿戴劳保着装:工作服、工作鞋、安全帽、手套。

(二)操作规程

(1)关料仓闸板阀。

(2)停自动称量机。

(3)停缝包机。

(4)停重量检测器。

(5)停金属检测器停皮带运输机。

(6)停码垛机。

ZBD015 包装线停车操作

(三)注意事项

(1)在停车时要及时关闭真空管线并清理出已经碳化的物料,否则物料在挤出机筒体高温的长期作用下易着火。

(2)检修切粒机,把软连接断口用袋子接上,检修结束后再运转5~10s后合口,防止有色料进入料仓。

ZBD016 包装线停车操作的注意事项

模块五　设备使用与维护

项目一　液环真空泵开车

一、相关知识

(一)液环真空泵的工作原理

叶轮被偏心地安装在泵体中,当叶轮旋转时,进入液环真空泵泵体的水被叶轮抛向四周,由于离心力的作用,水形成一个与泵腔形状相似的等厚度的封闭水环。水环的上部内表面恰好与叶轮轮毂相切,水环的下部内表面刚好与叶片顶端接触。此时,叶轮轮毂与水环之间形成了一个月牙形空间,而这一空间又被叶轮分成与叶片数目相等的若干个小腔。如果以叶轮的上部0℃为起点,那么叶轮在旋转前180℃时,小腔的容积逐渐由小变大,压强不断地降低,且与吸排气盘上的吸气口相通。当小腔空间内压强低于被抽容器内的压强,根据气体压强平衡的原理,被抽的气体不断地被抽进小腔,此时正处于吸气过程。当吸气完成时与吸气口隔绝,小腔的容积正逐渐减小,压力不断增大,此时正处于压缩过程。当压缩的气体提前达到排气压力时,从辅助排气阀提前排气。与排气口相通的小腔的容积进一步减少,压强进一步升高,当气体的压强大于排气压强时,被压缩的气体从排气口被排出,在泵的连续运转过程中,不断地进行着吸气、压缩、排气过程,从而达到连续抽气的目的。

(二)液环真空泵结构特点

液环真空泵结构简单,制造精度要求不高,容易加工;压缩气体基本上是等温的,即压缩气体过程温度变化很小;由于泵腔内没有金属摩擦表面,无须对泵内进行润滑,而且磨损很小;吸气均匀,工作平稳可靠,操作简单,维修方便。

(三)液环真空泵入口真空度降低的影响因素

(1)液环真空泵入口气体温度过高,气体体积扩大,会导致入口真空度下降。

(2)真空泵叶轮脱落,入口气量过大,超过泵的负荷,电动机缺相,电压不足都会使液环真空泵入口真空度降低。

二、技能要求

(一)准备工作

(1)工具设备:防爆阀门扳手、防爆手电、防爆对讲机。

(2)人员穿戴劳保着装:工作服、工作鞋、安全帽、手套。

(二)操作规程

1.液环真空泵开泵准备

(1)确认压力表安装好。

(2)投用压力表。
(3)投用冷却水。
(4)打开冷却水给水阀和回水阀。
(5)确认回水畅通。

2. 液环真空泵灌泵

ZBE005 液环真空泵的罐泵

(1)确认所有排凝阀、氮气置换线阀关闭。
(2)确认所有密排线阀、放火炬阀关闭。
(3)微开工作液入口阀门。
(4)确认无漏点。
(5)全开工作液入口阀门。
(6)打开气液分离器放空阀排气。
(7)确认真空泵和气液分离器内工作液液位符合要求。
(8)盘车。

3. 液环真空泵开泵

ZBE006 液环真空泵的开泵操作

(1)确认电动机送电,具备开机条件。
(2)与相关岗位操作员联系。
(3)确认泵出口阀关闭。
(4)高速泵要微开出口阀。
(5)确认泵不转。
(6)盘车均匀灵活。
(7)启动电动机。
(8)确认泵出口达到启动压力且稳定。
(9)确认出口压力、电动机电流在正常范围内。
(10)与相关岗位操作员联系。
(11)调整泵出口阀开度,调整排量。

(三)注意事项

如果出现下列情况立即停泵:异常泄漏;振动异常;异味;异常声响;火花;烟气;电流持续超高。

项目二 换热器日常检查与维护

一、相关知识

(一)换热器

1. 换热器流动介质

ZBE007 换热器的相关知识

换热器流动介质为:冷却水、液氨、乙二醇水溶液。

2. 换热器的初始状态确认

(1)换热器检修验收合格。

(2)压力表、温度计安装合格。
(3)换热器周围环境整洁。

3. 换热器停用
(1)如检修换热器则关闭换热器出入口阀门。
(2)不检修则关小冷却水的进出口阀门。
(3)检修前需要先卸压。
(4)进行吹扫置换,然后拆检或堵漏。
(5)按检修作业票安全规定交付检修。

二、技能要求

(一)准备工作
(1)工具设备:防爆阀门扳手、防爆手电、防爆对讲机。
(2)人员穿戴劳保着装:工作服、工作鞋、安全帽、手套。

ZBE008 换热器日常检查与维护
(二)操作规程
(1)检查换热器浮头大盖、法兰、焊口有无泄漏。
(2)检查换热器冷介质入口和出口温度、压力。
(3)检查换热器热介质入口和出口温度、压力。
(4)检查换热器保温是否完好。
(5)对于低温换热器,为防止换热器冻凝,需要在巡检时勤调整冷冻盐水的进出口阀门。

ZBE009 列管式换热器的注意事项
(三)注意事项
列管式换热器注意以下几点:
(1)列管结疤或堵塞。
(2)管路或阀门堵塞。
(3)壳体内不凝气体或冷凝液增多,使传热效率下降。

项目三　屏蔽泵的日常操作与维护

一、相关知识

ZBE010 屏蔽泵的相关知识
(一)屏蔽泵
屏蔽泵是由屏蔽电动机和泵组成一体的无泄漏泵,主要是由泵体、叶轮、定子、转子、前后轴承及推力盘等零部件组成。定子和转子分别用非磁性耐腐蚀薄壁套隔离起来,转子由前后轴承支撑浸在输送介质中,因而不需要任何形式的动密封来防止被输送介质向外泄漏。

(二)屏蔽泵的初始状态
(1)泵入口阀全开。
(2)泵出口阀开。
(3)反向环流配管针形阀开(如果有)。
(4)单向阀的旁路阀关闭。

(5)放空阀关闭。

二、技能要求

(一)准备工作

(1)工具设备:防爆阀门扳手、防爆手电、防爆对讲机。

(2)人员穿戴劳保着装:工作服、工作鞋、安全帽、手套。

(二)操作规程

(1)在日常巡检时,要注意以下几点:

① 检查出口压力表指针有无异常。

② 检查电流值是否过载、是否异常。

③ 检查各部密封点有无跑、冒、滴、漏现象。

④ 检查轴承监视器指针是否在红色指示带范围内。

⑤ 检查有无异常声音和振动。日常巡检除了观察表指示外,还要测轴向振动和轴承温度,防止因轴向窜量而磨损叶轮、推力盘和轴承。因为表对轴的轴向窜量无法反映,必须通过听针听、测轴承温度、测轴向振动等手段来判断。

⑥ 检查屏蔽泵各部件的温度,尤其是夹套温度。

在启动屏蔽泵时,应特别注意并严格遵守出口阀门和入口阀门的开启顺序;启泵时,注意灌液排气防止干转。不得逆向持续运转。当泵检修后,启动发现"TRG"表指示红区,出口压力偏低,特别是流量很小,调节无效时,可判断为机泵反转,应立即停泵。联系电工重新接线。停泵时应先将出口阀关小;当泵运转停止后,应先关闭入口阀门再关闭出口阀。

(2)遇有以下情况之一应立即停车:

① 当"TRG"表指向红区时。

② 当屏蔽泵有异常响声时。

③ 当屏蔽泵冷却水套温度过高或突然断水时。

④ 当屏蔽泵入口断液时。

(三)注意事项

(1)在屏蔽泵的日常运行当中,操作工要严格按照屏蔽泵操作规程进行操作。

(2)泵在实际运行中应注意泵的实际流量必须大于最小流量。

(3)屏蔽泵入口前加装过滤器,保证通流面积。滤网每两个月至少清一次,系统停车检修开工前必须清理。

(4)过滤网出现问题及时更换。

项目四 氨冰机检查与维护

一、相关知识

丁二烯聚合釜冷却方式有氨冷却和水冷却两种形式。在氨冷工艺中,通过控制反应釜夹套内氨液位的方法来控制 PB 聚合反应釜的温度和压力。循环使用的液氨来自于冰机,一般采用螺杆式压缩机。考虑冰机的安全,控制好其液位就显得尤为重要。冰机能否稳定运行,是丁二烯聚合温度和压力控制的关键环节,因此,日常需要对氨冰机进行检查与维护。

ZBE013 串级调节系统的相关知识

丁二烯聚合反应的控制过程主要是通过以温度为主控目标,温度-氨液位串级调节,同时对压力进行监控的自动控制程序来实现的。串级调节系统具有主、副两个互相串级的调节器,其中副调节器的给定值由主参数通过主调节器自动加以校正。串级调节系统为主、副两个调节回路,副回路的作用是把一些主要干扰在没有进入主调节器对象以前,就立即加以克服,而其余的干扰,则根据被调参数的偏差,由主回路加以克服。

二、技能要求

(一)准备工作

(1)工具设备:防爆阀门扳手、防爆手电、防爆对讲机。
(2)人员穿戴劳保着装:工作服、工作鞋、安全帽、手套。

ZBE014 氨冰机检查与维护操作

(二)操作规程

(1)检查冰机出入口压力是否在正常范围内。
(2)检查润滑油滤油器差压。
(3)检查各润滑点上油、回油是否顺畅,回油温度。
(4)定期化验检查润滑油油质是否合格。
(5)检查油箱液位下视镜1/2以上。
(6)检查润滑油泵是否完好。
(7)检查机组有无异常声响。
(8)检查机组有无泄漏。
(9)检查电动机温度是否正常。
(10)检查冰机转速是否稳定正常。
(11)冬季做好机组的防冻凝检查。

(三)注意事项

在丁二烯聚合反应控制系统中,在实际操作时要求操作人员要随时注意反应釜的温度、压力和夹套氨液位及搅拌电流的变化,根据实际情况对工艺过程进行调整和控制,以确保生产的平稳安全。

项目五 包装机启动后的检查确认

一、相关知识

包装机在启动后,进入正常包装状态。需要定期检查包装机组的运行状态,以保证产品包装质量合格,设备平稳,实现连续安全运行。

ZBE015 包装岗位系统检查

(一)包装岗位系统检查

(1)检查有关转动设备的油位、操作杂音、振动、齿轮发热轴承、皮带等情况。
(2)确认包装袋、线绳、热熔胶带等材料、确保供应充足。

(3)检查要用的去粒子料仓的管道,确认三通阀工作是否正常。
(4)检查包装机、皮带输送机、码垛机等工作是否正常。
(5)确认包装机机头显示的袋数及码垛机显示的袋数,检查是否吻合。
(6)检查包装机组一次称、二次称、金属检测器运行情况。
(7)检查热合机温度。

二、技能要求

(一)准备工作
(1)工具设备:防爆阀门扳手、防爆手电、防爆对讲机。
(2)人员穿戴劳保着装:工作服、工作鞋、安全帽、手套。

(二)操作规程
包装机启动后的检查确认:
(1)确认真空系统正常。
(2)确认气源管无泄漏,保证系统压力。
(3)确认喷码器投用。
(4)确认喷码器运行正常。
(5)确认机械系统无异常振动、杂音(撞击、破裂声)。
(6)确认机组皮带运行正常。
(7)检查确认前后端轴承箱润滑油液位正常无泄漏,轴瓦温度正常。
(8)确认仪表、电气系统正常。

(三)注意事项
在打开包装机头时,必须停电,防止机械伤害。

项目六 润滑油更换操作

一、相关知识

(一)润滑油的黏温性能
润滑油的黏温性能是指润滑油的黏度随着温度的升高而变小,随着温度的降低而变大。黏温性能对润滑油的使用有重要意义。如发动机润滑油的黏温性能不好,当温度低时,黏度过大,就会造成启动困难。而且启动后润滑油不易流到摩擦面上,造成机械零件的磨损。温度高时,黏度变小,则不易在摩擦面上形成适当厚度的油膜,失去润滑作用,易使摩擦面产生擦伤或胶合。因此要求润滑油的黏温性能要好,即油品黏度随着工作温度的变化越小越好。我国采用的黏度表示方法一般是运动黏度。

(二)润滑油的选用原则
润滑油的选用要根据摩擦副的运动性质、材质组成、工作负荷、工作温度、配合间隙、润滑方式、工作介质等实际因素来具体分析并确定,但主要应考虑润滑油的黏度指标。比如在负荷高、轴瓦间隙大、轴承正常运转时,温度高的情况下,应选用黏度大的润滑油。

轴的旋转速度高的情况下,应选用黏度小的润滑油。

二、技能要求

(一)准备工作

(1)工具设备:防爆阀门扳手、防爆手电、防爆对讲机、接油盘、加油漏斗、油壶、测温仪、测振仪。

(2)人员穿戴劳保着装:工作服、工作鞋、安全帽、手套。

(二)操作规程

(1)在更换润滑油之前,现场操作人员应先根据设备性能、适用环境选择合适的润滑油。

> ZBE019 润滑油的更换操作方法

(2)检查待添加润滑油的质量。

(3)检查待加油泵油位、油质、密封情况。

(4)现场操作人员打开放油丝堵,放净轴承箱内润滑油,回收旧润滑油。

(5)用清洗液清洗干净轴承箱。

(6)确认轴承箱内无残留润滑油后,用漏斗加入新润滑油冲洗一次,回装放油丝堵。

(7)将适量经过三级过滤的、质量符合标准的新润滑油添加入轴承箱内。

(8)更换完润滑油后,现场操作人员确认油位处于1/2~2/3范围内。

(9)检查注油孔丝堵、放油丝堵是否回装、泄漏。

(10)确认换油后轴承箱温度、振动是否正常。

(11)设备加注润滑油完成后,现场操作人员将油壶和漏斗放回指定位置,清洁油壶、油站。

(三)注意事项

(1)将废油倒至指定回收处。

(2)将润滑油壶内油补满。

(3)在加注过程中,要缓慢加注,防止满溢,造成浪费,污染设备。

(4)每次加油前必须清洁擦拭油壶、过滤网等容器和工具。

项目七 离心泵日常维护

一、相关知识

> ZBE020 离心泵的巡检内容

(一)离心泵的日常巡检内容

(1)离心泵的运行声音是否异常。

(2)电动机的温度、振动、电流是否在正常范围内。

(3)泵出口压力是否在正常范围内。

(4)检查冷却水是否畅通,填料泵、机械密封是否泄漏,如泄漏是否在允许范围内。

(5)检查连接部位是否严密,地脚螺栓是否松动。

(6)检查润滑油是否良好,油位是否正常。

(7)检查热油泵预热状态。

(8)检查二级密封(双端面)系统运行正常。

(二)润滑油的质量对泵轴承的影响

影响油膜的因素很多,如润滑油的黏度、轴瓦的间隙、油膜单位面积上承受的压力等,但对一台轴承结构已定的机组来说,最主要的因素是油的黏度。为了保证机泵在高温下有良好的润滑状态,润滑油的黏度比(油品在50℃下的运动黏度与其100℃下的运动黏度之比)越小越好。对于滑动轴承,在高转速下为了保证油膜的必要厚度,应选用黏度较低的润滑油,在高负荷下则应选用黏度较高的润滑油。

ZBE021 润滑油的质量对泵轴承的影响

二、技能要求

(一)准备工作

(1)工具设备:防爆阀门扳手、防爆手电、防爆对讲机。

(2)人员穿戴劳保着装:工作服、工作鞋、安全帽、手套。

(二)操作规程

离心泵的日常维护的内容有:

(1)轴承壳体上最高温度为80℃,一般轴承温度在60℃。

(2)润滑油的补充和更换:

① 经常检查轴承箱油位,如油位达到油位下限以下,及时补充润滑油。

② 开始运转时,每2周检查一次润滑油的质量,连续检查2~3次。如润滑油变质,及时更换润滑油,以后每3个月检查一次润滑油的质量,若变质,则及时更换润滑油。

(3)润滑脂补充和更换:

① 每6个月补充一次润滑脂。

② 每年更换一次润滑脂。

③ 机械密封泄漏量超过3mL/h需要更换或修理机械密封。

④ 清理泵进口堵塞的过滤网。

ZBE022 离心泵的日常维护

(三)注意事项

离心泵在出口阀长时间全关的工况下运行时,大部分功率转变为热能,使泵内的液体温度上升,发生汽化,这会导致离心泵损坏。

模块六　事故判断与处理

项目一　丁二烯聚合釜温度、压力超高

一、相关知识

在丁二烯聚合失去控制发生爆聚时，会发生聚合釜温度、压力急剧上升，如不及时处理，将会导致发生爆炸的严重事故。为防止丁二烯聚合釜超温超压，在设计时通常设置温度和压力联锁，在反应失控时起到保护设备、确保安全的作用。

聚合系统联锁有温度联锁和压力联锁。三个温度检测点中的任意两个达到99℃或者压力检测点中的任意两个达到1.4MPa，聚合釜将紧急停车。也可以在DCS按下紧急停车按钮进行停车。

ZBF001　PB聚合系统如何进行联锁调试

二、技能要求

(一)准备工作

(1)材料、工具：防爆F扳手、防爆手电、防爆对讲机。

(2)人员穿戴劳保着装：工作服、工作鞋、安全帽、手套。

(二)操作规程

1. 事故现象

ZBF002　PB反应釜温度和压力升高的现象及原因

(1)温度三个检测点有任意两个检测到温度达到99℃，丁二烯聚合釜紧急停车，自动加入紧急终止剂，同时温度设定值自动降低10℃。

(2)压力三个监测点有任意两个检测到压力达到1.4MPa，丁二烯聚合釜紧急停车，自动加入紧急终止剂，同时温度设定值自动降低10℃。

2. 事故原因

(1)反应釜上批料卸料不彻底。

(2)反应釜加料量不准确。

(3)操作失误，氨液位不足，反应釜不能及时散热。

(4)冰机停车。

(5)搅拌器停。

3. 事故处理

ZBF003　PB反应釜温度和压力升高的处理方法

(1)向班长和车间相关人员汇报。

(2)查找原因进行分析，确认紧急停车原因。

(3)对加入紧急终止剂的料要单独回收，分析后按小于10%的比例与合格物料掺混使用。对于反应初期且加入大量终止剂的物料，单独回收后加$CaCl_2$凝聚捞胶处理，不能进入

系统下道工序。

(三)注意事项

(1)在事故情况下,不能依赖调节阀停车,如果时间允许,应关闭调节阀的前、后阀。

(2)如温度和压力快速上涨,要提前进行预判,提前加入紧急终止剂,以防超压导致胶乳泄放至火炬线。

项目二　PB装置停循环水的处理

一、相关知识

ZBF004 循环水的概念

工业循环水主要用在冷却水系统中,也叫循环冷却水。工业冷却水占总用水量的90%以上。

循环冷却水分为封闭式(密闭式)和敞开式两种。封闭式冷却水系统中,冷却水不暴露于空气中,水量损失很少,水中各种矿物质和离子含量一般不发生变化。敞开式循环水系统中,水的再冷却是通过冷却塔进行的,因此冷却水再循环过程中要与空气接触,部分水在通过冷却塔时还会不断被蒸发损失掉,因而水中各种矿物质和离子含量也不断被浓缩增加。

在工业生产中循环水对高温液体冷却,或将高温气体冷凝,一旦停循环水,系统中物料冷却不下来,会导致超温超压等事故的发生。

二、技能要求

(一)准备工作

(1)材料、工具:防爆F扳手、防爆手电、防爆对讲机。

(2)人员穿戴劳保着装:工作服、工作鞋、安全帽、手套。

(二)操作规程

ZBF005 PB装置停循环水造成的影响

1. 事故现象

(1)冰机单元:换热器无冷却水,冰机出口压力上升,油温上升,冰机会导致联锁停车。

(2)聚合单元:停WCS导致冰机系统停车,不能向反应釜提供液氨,致使反应釜温度、压力可能快速上升,而且搅拌油泵无冷却水,会达到超温超压被迫停车。

(3)回收单元:换热器无冷却水,回收系统压力上升,脱气塔真空度下降,进料量迅速减少。

2. 事故原因

ZBF006 PB装置停循环水的原因

(1)供水车间故障停循环水。

(2)循环水泵停。

(3)人为关闭水阀。

3. 事故处理

(1)立即查清原因。

(2)确认如果是发生全装置的停循环水事故,立即联系调度,询问停循环水的原因,如果不能马上送水,通知各单元做好停车准备。

(3)冰机单元:卸载,停冰机单元,关油冷却器冷却水阀,密切注视油温及冰机出口压力,待来循环水以后,确认油温在下限以上后,启动冰机,慢慢加载,并开油冷却器水阀,待运行正常后,开始向聚合系统送氨。

ZBF007 PB装置停循环水的后如何处理

(4)聚合单元:①停聚合釜搅拌器的油泵及搅拌器;②如果聚合釜温度、压力上升较快,反应又处于6~10h应按紧急停车处理,及时加入紧急终止剂后,温度、压力仍得不到控制,采用火炬旁路泄压。启动终止剂加料泵加入终止剂,直至压力和温度得到控制不再上升。如果处于批加料阶段,加完料后,停止程序运行,暂不加入引发剂反应。③对加入紧急终止剂的胶乳应单独卸料,对于处于加料状态的聚合釜,待冰机正常供氨后恢复程序,加入引发剂,继续反应。

(5)回收单元:应按停车程序尽快停回收系统,停真空泵和压缩机。待循环水恢复后按开车程序开回收系统。对加入紧急终止剂的料要单独回收,分析后按小于10%的比例与合格物料掺混使用。对于反应初期且加入大量终止剂的物料单独回收后加 $CaCl_2$ 凝聚捞胶处理,不能进入系统下道工序。

(三)注意事项

(1)尽量减少与事故无直接关系的设备的操作。

(2)如出现停循环水,不能存侥幸心理,一定要退守到安全状态。

(3)事故发生后,各岗位人员要坚守岗位,听从统一指挥。

项目三 PB 装置停氮气

ZBF008 氮气的性质

一、相关知识

氮气通常被称为惰性气体,不燃,无毒,可令人窒息。用于某些惰性气氛中以进行金属处理,并用于灯泡中以防止产生电弧,但它不是化学惰性的。它是动植物生命中必不可少的元素,并且是许多有用化合物的组成部分。氮与许多金属结合形成硬氮化物,可用作耐磨金属。

在 PB 装置中主要用氮气部位,一是原料罐区丙烯腈和苯乙烯储罐用氮封,二是回收工序真空泵和压缩机密封用氮封。

二、技能要求

(一)准备工作

(1)材料、工具:防爆F扳手、防爆手电、防爆对讲机。

(2)人员穿戴劳保着装:工作服、工作鞋、安全帽、手套。

(二)操作规程

ZBF009 PB装置停氮气的原因

1. 事故现象

(1)原料罐区:苯乙烯、丙烯腈罐的氮封压力下降。

(2)回收单元:真空泵和压缩机密封氮气无流量。

2. 事故确认

多处氮气使用处和接口无氮气。

3. 事故原因
(1)供气车间设备故障。
(2)人为停氮气。

4. 事故处理
(1)立即查清原因。
(2)向班长或车间汇报。
(3)立即联系生产调度确定恢复时间。
(4)原料罐区:立即关闭氮封调节阀前后手动阀。
(5)回收单元:立即停真空泵和压缩机,关闭真空泵入口阀,停回收进料。

ZBF010 PB装置停氮气的事故处理

5. 事故得到控制,恢复生产处理方法
(1)原料罐区:开氮封系统前后手动阀投用氮封。
(2)回收单元:开真空泵和压缩机入口阀,待脱气塔真空度达到规定值开始进料。

6. 事故得不到控制处理方法
压力或温度异常升高应放空泄压,系统中丁二烯装车倒空。

(三)注意事项
(1)尽量减少与事故无直接关系的设备的操作。
(2)在事故情况下,应关闭调节阀的前、后阀。
(3)处理事故时,应避免火灾,跑油冒罐及爆炸事故发生。
(4)事故发生后,各岗位人员要坚守岗位,听从统一指挥。

项目四 丁二烯泄漏或着火爆炸

一、相关知识

(一)健康危害

ZBF011 丁二烯的理化性质

丁二烯具有麻醉和刺激作用。急性中毒时,轻者有头痛、头晕、恶心、咽痛、耳鸣、全身乏力、嗜睡等状况;重者出现酒醉状态、呼吸困难、脉速等,后转入意识丧失和抽搐,有时也可有烦躁不安、到处乱跑等精神症状。脱离接触后,迅速恢复。头痛和嗜睡有时可持续一段时间。皮肤直接接触丁二烯可发生灼伤或冻伤。

慢性影响:长期接触一定浓度的丁二烯可出现头痛、头晕、全身乏力、失眠、多梦、记忆力减退、恶心、心悸等症状,偶见皮炎和多发性神经炎。

环境危害:对环境有危害,对水体、土壤和大气可造成污染。

燃爆危险:丁二烯易燃,具有刺激性。

(二)丁二烯急救措施

ZBF012 丁二烯的急救措施

皮肤接触:立即脱去污染的衣物,用大量流动清水冲洗至少15min,就医。
眼睛接触:提起眼睑,用流动清水或生理盐水冲洗,就医。
吸入:迅速脱离现场至空气新鲜处;保持呼吸道通畅,如呼吸困难,输氧,如呼吸停止,立即进行人工呼吸,就医。

(三)丁二烯消防措施

危险特性:丁二烯易燃,与空气混合能形成爆炸性混合物。接触热、火星、火焰或氧化剂易燃烧爆炸。若遇高热,可发生聚合反应,放出大量热量而引起容器破裂和爆炸事故。气体比空气重,能在较低处扩散到相当远的地方,遇火源会着火回燃。

有害燃烧产物:一氧化碳、二氧化碳。

灭火方法:切断气源;若不能切断气源,则不允许熄灭泄漏处的火焰;喷水冷却容器,可能的话将容器从火场移至空旷处。

灭火剂:雾状水、泡沫、二氧化碳、干粉。

(四)丁二烯泄漏应急处理

迅速撤离泄漏污染区人员至上风处,并进行隔离,严格限制出入。切断火源。建议应急处理人员戴自给正压式呼吸器,穿防静电工作服。尽可能切断泄漏源。用工业覆盖层或吸附/吸收剂盖住泄漏点附近的下水道等地方,防止气体进入。合理通风,加速扩散。喷雾状水稀释、溶解。构筑围堤或挖坑收容产生的大量废水。如有可能,将漏出气用排风机送至空旷地方或装设适当喷头烧掉。漏气容器要妥善处理,修复、检验后再用。

二、技能要求

(一)准备工作

(1)材料、工具:防爆F扳手、防爆手电、防爆对讲机。

(2)人员穿戴劳保着装:工作服、工作鞋、安全帽、手套。

(二)操作规程

1. 事故现象

(1)装置内有丁二烯气味。

(2)现场人员出现不适,头晕、恶心。

2. 事故原因

(1)阀门填料、法兰不严。

(2)仪表控制阀泄漏。

(3)丁二烯球罐发生泄漏或爆炸。

3. 事故处理

1)丁二烯泄漏

(1)及时发现泄漏情况,积极处理,并上报值班长及各级领导。

(2)若球罐正在接收物料、打循环或碱洗操作,通知DCS人员停止操作。

(3)若有伤员,应立即组织抢救,并送往医院医治。

(4)及时通知在罐区附近工作、活动人员立即撤离。

(5)关闭罐区雨排水阀,防止物料进入10号线。

(6)禁止一切车辆进入泄漏区。

(7)在确定泄漏点后,戴好防护器具,切断泄漏点前后手阀,防止泄漏进一步扩大,操作过程中注意防中毒、防冻伤。

(8)通知泄漏区一定范围内禁止使用明火。

(9)注意风向,在泄漏区上风口组织、观察或处理。

(10)从软管站接来氮气、压缩空气待用。

2)原料罐区着火

(1)立即通知相关责任人,视火情拨打119电话。

(2)立即切断与该球罐相连的管线。

(3)采用现场的消火栓、水炮、泡沫消火栓等对与泄漏罐相邻或相近的原料罐进行有效隔离或降温。

(4)灭火人员使用适当的消防器材,如干粉灭火器、泡沫消火栓等成功控制住火情或消灭火情后,戴好防护用具方可消除漏点。如果漏点不可以用关阀等常规操作消除,应根据罐内所存丁二烯的量,一方面通过相应的管线予以导出,另一方面应拉好安全警戒线,待丁二烯排净为止。

(5)待丁二烯排净并现场分析合格,方可进行切割、补焊等动火作业,消除漏点。

3)丁二烯球罐超压爆炸

(1)一旦发生爆炸事故,应立即通知上级主要安全负责人,拨打119报警电话。

(2)组织人员动用一切可供使用的消防设施对球罐及其他原料罐进行隔离并降温。

(3)补救措施可定于使危害不超过罐区的范围。在确保达到上述目标后,进一步缩小危害区域。

(4)消防队及消防专家到来后,积极配合其工作。

4)聚合岗位发生物料泄漏事故

一旦发生物料泄漏事故,立即对事故聚合釜进行紧急停车处理,将事故聚合釜与系统隔开,打开事故聚合釜火炬副线向火炬泄压,立即封堵地沟去废水池出口,防止物料进入废水池,加强现场通风。若处于加料阶段,停止加料。若处于反应阶段,对已反应的物料用氯化钙凝聚装袋处理。

(三)注意事项

(1)尽量减少与事故无直接关系的设备的操作。

(2)在事故情况下,应关闭调节阀的前、后阀。

(3)处理事故时,应避免火灾爆炸事故发生。

(4)事故发生后,各岗位人员要坚守岗位,听从统一指挥。

项目五　干燥器温度异常紧急事故处理

一、相关知识

ABS粉料采用流化床干燥器进行干燥,此类干燥器的主要特点是:(1)热气流和固体直接接触,热量以对流传热方式由热气流传给湿固体,所产生的水汽由气流带走;(2)气流的湿度对干燥速率和产品的最终含水量有影响;(3)使用低温气流时,通常需对气流先作减湿处理;(4)汽化单位质量水分的能耗较传导式干燥器高,最终产品含水量较低时尤甚;(5)需要大量热气流以保证水分汽化所需的热量,如果被干燥物料的粒径很小,则除尘装置庞大而耗资较多。

二、技能要求

(一)准备工作

(1)材料、工具:防爆F扳手、防爆手电、防爆对讲机。
(2)人员穿戴劳保着装:工作服、工作鞋、安全帽、手套。

(二)操作规程

> ZBF015 干燥器温度异常的事故现象

1. 事故现象

干燥器各点温度和出口温度等温度点异常上升或现场发现烟雾、异味等。

2. 事故原因

干燥器粉料爆燃。

3. 事故确认

干燥器各温度点异常上升或现场发现烟雾、异味等。

4. 事故处理

1)联系

(1)联系值班人员及事故应急小组成员。
(2)联系检修人员现场就位。

2)干燥器系统紧急事故处理程序

(1)启动干燥系统的紧急停车系统。

> ZBF016 干燥器温度异常的应急处理

(2)停粉料输送风机。
(3)如果联锁不动作或停得不完全,要进行手动停车,动作要快。
(4)在手动停车同时要求现场打开去干燥器消防水线所有手阀。
(5)联锁停车之后,打开消防水阀门向干燥器内加消防水灭火。
(6)现场打开去干燥器的消防蒸汽的手阀向干燥器内通蒸汽灭火。如果火势较大也可采用墙壁消防栓灭火。
(7)干燥器系统清理现场,检查系统状况,待火势得到控制并熄灭后进行系统处理。

(三)注意事项

(1)对于干燥器内温度的任何异常,一定要提高警惕,防止物料长时间高温自燃。
(2)在灭火过程中应佩戴空气呼吸器,以防毒烟窒息伤人。

项目六 冰机停车异常处理

一、相关知识

> ZBF017 冰机制冷的基本原理

(一)基本原理

气体变为液体的过程称为液化。气氨的液化包括气氨的压缩和冷凝,气氨在常压下冷凝温度为-33.35℃。因此,在常压常温下,气氨不能用常温水使其冷凝成液氨。氨的冷凝温度随压强的提高而升高,当压强提高1.6MPa时,冷凝温度为40℃,高于一般冷却水温度,因此可以用25~35℃的常温水冷却,使之液化。

(二)工艺流程

气氨冷凝为液氨,是靠冷冻循环来完成的,冷冻循环主要由压缩、冷却冷凝、节流膨胀、蒸发四个过程组成。

气氨经冰机压缩提压后,进入冷凝器,由冷却水把气氨冷凝为液氨,由冷却水将气氨放出的热量带走,冷凝后的液氨通过节流阀(加氨阀)由冷凝压力降至蒸发压力。节流膨胀后的氨,在蒸发器中蒸发吸收,此时液氨又变为气氨送入冰机进口。如此构成一个循环,这个循环周而复始地进行,被冷却的物质的温度便于降低,达到工艺要求。

氨因为潜热大、价格低,原料易得而在冷冻循环中作为中间介质,通过冰机对其做功,达到了从低温物质吸收热量传到高温物质的目的。

二、技能要求

(一)准备工作

(1)材料、工具:防爆F扳手、防爆手电、防爆对讲机。
(2)人员穿戴劳保着装:工作服、工作鞋、安全帽、手套。

(二)操作规程

1. 原因分析

(1)人为按下停车按钮。
(2)冰机联锁紧急停车。
(3)停电。
(4)电动机过载。
(5)设备损坏。
(6)仪表或设备故障

2. 处理方法

(1)发现冰机停车后,现场及时检查确认,无异常后重新启动冰机。
(2)如不能立即启动,分析原因,通知相关人员到现场处理。
(3)必要时可根据另一台冰机的运转情况,用另一台冰机带所有聚合釜,要注意运转冰机的负荷、电流和入口压力。
(4)当反应釜超温超压时紧急停车,加入紧急终止剂。

(三)注意事项

(1)停冰机后,DCS人员应密切观察反应釜温度和压力,出现异常及时加入紧急终止剂。
(2)冰机停车后,要确认无异常后再进行启动操作。

项目七　凝聚干燥硫酸卸车发生泄漏

一、相关知识

(一)物理性质

纯硫酸一般为无色油状液体,密度1.84g/cm³,沸点337℃,能与水以任意比例互溶,同时放出大量的热,使水沸腾。加热到290℃时开始释放出三氧化硫,最终变为98.54%的水溶液,在317℃时沸腾而成为共沸混合物。硫酸的熔点是10.371℃,加水或加三氧化硫均会使凝点下降。

(二)化学性质

1. 腐蚀性

纯硫酸加热至290℃分解放出部分三氧化硫,直至酸的浓度降到98.3%为止,这时硫酸为恒沸溶液,沸点为338℃。无水硫酸体现酸性是给出质子的能力,纯硫酸具有很强的酸性,98%硫酸与纯硫酸的酸性基本上没有差别。

2. 脱水性

脱水指浓硫酸脱去非游离态水分子或按照水的氢氧原子组成比脱去有机物中氢氧元素的过程。就硫酸而言,脱水性是浓硫酸的性质,而非稀硫酸的性质,浓硫酸有脱水性且脱水性很强,脱水时按水的组成比脱去。可被浓硫酸脱水的物质一般为含氢、氧元素的有机物,其中蔗糖、木屑、纸屑和棉花等物质中的有机物,被脱水后生成了黑色的炭,这种过程称作碳化。

3. 强氧化性

浓硫酸由于还原剂的量、种类的不同可能被还原为SO_2、S或H_2S。

(三)急救措施

[ZBF021 硫酸的急救措施]

硫酸与皮肤接触需要用大量水冲洗,再涂上3%~5%碳酸氢钠溶液,迅速就医。溅入眼睛后应立即提起眼睑,用大量流动清水或生理盐水彻底冲洗至少15min,迅速就医。吸入蒸气后应迅速脱离现场至空气新鲜处。保持呼吸道通畅,如呼吸困难,给输氧;如呼吸停止,立即进行人工呼吸,迅速就医。误服后应用水漱口,饮牛奶或蛋清,迅速就医。

(四)储存方法

储存于阴凉、通风的库房,库温不超过35℃,相对湿度不超过85%。保持容器密封,远离火种、热源,工作场所严禁吸烟,远离易燃、可燃物。防止蒸气泄漏到工作场所空气中,避免与还原剂、碱类、碱金属接触。搬运时要轻装轻卸,防止包装及容器损坏。配备相应品种和数量的消防器材及泄漏应急处理设备。

二、技能要求

(一)准备工作

(1)材料、工具:防爆F扳手、防爆手电、防爆对讲机。

(2)人员穿戴劳保着装:工作服、工作鞋、安全帽、手套。

(二)操作规程

1. 原因

硫酸槽车、阀门以及硫酸管线有泄漏。

[ZBF022 硫酸泄漏的处理方法]

2. 处理方法

(1)立即停止硫酸卸车作业,查明泄漏原因,并向车间和相关职能处室汇报,同时根据物料泄漏情况,设立警戒线,佩戴好相应的劳动防护用品,组织相关人员对泄漏点进行抢修处理,防止泄漏硫酸流入废水。班长及车间管理人员,接到报告后,在佩戴好防护用具的前提下,确认具体泄漏点。如:管线泄漏,停卸料泵,关硫酸槽车阀门与入罐的阀门,对相应管线进行氮气置换后,打盲板进行补焊;阀门泄漏,可更换相应的阀门;出现罐体泄漏,可对泄漏的罐通过平衡管线及泵进行倒罐处理。

(2)在硫酸系统发生泄漏时,必须上报调度室以便协调相关区域采取相应的应急措施。

(3)硫酸卸车过程设有固定监护人的同时,当班班长或者负责硫酸卸车的装置职能人员,要进行流动监护,避免意外事故发生。

(4)非本岗位人员,严格禁止进入装置区和卸车现场进行作业或者进行其他活动。

(三)注意事项

(1)在处理异常时注意,禁止将硫酸直排进入废水系统。

(2)对在处理过程中排出的硫酸必须用大量废碱中和,直至呈中性,同时用大量水冲洗。

项目八 柱塞泵启动后流量不足的异常处理

一、相关知识

(一)柱塞泵机械原理

柱塞泵柱塞往复运动总行程是不变的,由凸轮的行程决定。柱塞每次循环供油量的大小取决于供油行程,供油行程不受凸轮轴控制是可变的。供油开始时刻不随供油行程的变化而变化。转动柱塞可改变供油终了时刻,从而改变供油量。柱塞泵工作时,在喷油泵凸轮轴上的凸轮与柱塞弹簧的作用下,迫使柱塞作上、下往复运动,从而完成泵油任务。

ZBF023 柱塞泵的工作原理

(二)柱塞泵的分类

柱塞泵一般分为单柱塞泵、卧式柱塞泵、轴向柱塞泵和径向柱塞泵。

(1)单柱塞泵结构组成主要有偏心轮、柱塞、弹簧、缸体、两个单向阀。柱塞与缸体孔之间形成密闭容积。偏心轮旋转一转,柱塞上下往复运动一次,向下运动吸油,向上运动排油。泵每转一转排出的油液体积称为排量,排量只与泵的结构参数有关。

ZBF024 柱塞泵的分类

(2)卧式柱塞泵是由几个柱塞(一般为3个或6个)并列安装,用1根曲轴通过连杆滑块或由偏心轴直接推动柱塞做往复运动,实现吸、排液体的液压泵。它们也都采用阀式配流装置,而且大多为定量泵。

(3)轴向柱塞泵是活塞或柱塞的往复运动方向与缸体中心轴平行的柱塞泵。轴向柱塞泵利用与传动轴平行的柱塞在柱塞孔内往复运动所产生的容积变化来进行工作的。由于柱塞和柱塞孔都是圆形零件,可以达到很高的精度配合,因此容积效率高。

(4)径向柱塞泵可分为阀配流与轴配流两大类。阀配流径向柱塞泵存在故障率高、效率低等缺点。轴配流径向柱塞泵克服了阀配流径向柱塞泵的不足。

(三)机械维护

ZBF025 柱塞泵的日常维护 采用补油泵供油的柱塞泵,使用3000h后,操作人员每日需对柱塞泵检查1~2次,检查液压泵运转声响是否正常。如发现液压缸速度下降或闷车时,就应该对补油泵解体检查,检查叶轮边沿是否有刮伤现象,内齿轮泵间隙是否过大。对于自吸油型柱塞泵,液压油箱内的油液不得低于油标下限,要保持足够数量的液压油。液压油的清洁度越高,液压泵的使用寿命越长。柱塞泵最重要的部件是轴承,如果轴承出现游隙,则不能保证液压泵内部三对摩擦副的正常间隙,同时也会破坏各摩擦副的静液压支承油膜厚度,降低柱塞泵轴承的使用寿命。据液压泵制造厂提供的资料,轴承的平均使用寿命为10000h,超过此值就需要更换。拆卸下来的轴承,没有专业检测仪器是无法检测出轴承的游隙的,只能采用目测,如发现滚柱表面有划痕或变色,就必须更换。

二、技能要求

(一)准备工作

(1)材料、工具:防爆F扳手、防爆手电、防爆对讲机。

(2)人员穿戴劳保着装:工作服、工作鞋、安全帽、手套。

(二)操作规程

ZBF026 柱塞泵的启动后排量不足的原因 1. 柱塞泵启动后排量不足的原因

(1)泵吸入管线漏气。

(2)入口管线、过滤器堵塞或阀门开度小。

(3)入口压头不够。

(4)单向阀不严。

(5)排出管泄漏。

(6)柱塞填料环磨损。

(7)密封填料泄漏。

(8)液压油系统不正常或排气不充分。

(9)隔膜变形或损坏。

ZBF027 柱塞泵的启动后排量不足的异常处理 2. 柱塞泵启动后排量不足的异常处理

(1)排净机泵内的气体,重新灌泵。

(2)开大入口阀、疏通入口管线或拆检入口过滤器。

(3)提高入口压头。

(4)检查排出管路并进行处理。

(5)液压系统重新加油排气。

(6)上述方法处理无效,找钳工拆检。

(三)注意事项

(1)尽量减少与事故无直接关系的设备的操作。

(2)处理事故时,应关闭调节阀的前、后阀。

(3)处理事故时,应避免火灾爆炸事故发生。

(4)事故发生后,各岗位人员要坚守岗位,听从统一指挥。

项目九　往复泵产生冲击声的异常处理

一、相关知识

(一)往复泵的工作原理

活塞自左向右移动时,泵缸内形成负压,则储槽内液体经吸入阀进入泵缸内。当活塞自右向左移动时,缸内液体受挤压,压力增大,由排出阀排出。活塞往复一次,各吸入和排出一次液体,称为一个工作循环,这种泵称为单动泵。若活塞往返一次,各吸入和排出两次液体,称为双动泵。活塞由一端移至另一端,称为一个冲程。

(二)往复泵优缺点

1. 往复泵优点

(1)可获得很高的排压,且流量与压力无关,吸入性能好,效率较高,其中蒸汽往复泵效率可达 80%~95%。

(2)原则上可输送任何介质,几乎不受介质的物理或化学性质的限制。

(3)泵的性能不随压力和输送介质黏度的变化而变化。

2. 往复泵缺点

往复泵的缺点为:流量不是很稳定,同流量下比离心泵庞大;机构复杂;资金用量大;不易维修等。

(三)往复泵的特点

(1)自吸能力强。
(2)理论流量与工作压力无关,只取决于转速、泵缸尺寸及作用数。
(3)额定排出压力与泵的尺寸和转速无关。
(4)流量不均匀。
(5)转速不宜太快。
(6)对液体污染度不是很敏感。
(7)结构较复杂,易损件较多。

二、技能要求

(一)准备工作

(1)材料、工具:防爆F扳手、防爆手电、防爆对讲机。
(2)人员穿戴劳保着装:工作服、工作鞋、安全帽、手套。

(二)操作规程

1. 原因

(1)泵体内进入气体。
(2)吸入管阻力大。
(3)调节或传动机构间隙大。
(4)缸内进入异物。

| ZBF032 往复泵的产生冲击声的异常处理 |

2. 处理方法

(1)采取措施清除空气。

(2)检查入口管线、过滤器是否堵塞或阀门开度是否过小,并进行处理。

(3)联系钳工处理。

(三)注意事项

(1)尽量减少与事故无直接关系的设备的操作。

(2)处理事故时应关闭调节阀的前、后阀。

(3)处理事故时,应避免火灾爆炸事故发生。

(4)事故发生后,各岗位人员要坚守岗位,听从统一指挥。

理论知识练习题

初级工理论知识练习题及答案

一、单项选择题(每题有4个选项,只有一个是正确的,将正确的选项填入括号内)

1. AA001　相对原子质量是由质子数和(　　)之和构成。
   A. 中子数　　　　B. 原子数　　　　C. 分子数　　　　D. 离子数
2. AA001　在标准状况下,2g 氢气的体积比 16g 氧气的体积(　　)。(原子量:H-1,O-16)。
   A. 相等　　　　　B. 小　　　　　　C. 大　　　　　　D. 不确定
3. AA001　在标准状况下,1mol 理想气体所占的体积都是(　　)。
   A. 20.4mL　　　　B. 22.4mL　　　　C. 22.4L　　　　 D. 20.4L
4. AA002　$Y_2+2(　　)=4XY$
   A. X_2Y_2　　　B. X_2Y　　　　 C. X_3Y_4　　　D. XY_2
5. AA002　根据反应 $3NO_2+H_2O=2HNO_3+X$,推断 X 的化学式为(　　)。
   A. N_2　　　　 B. NO　　　　　　C. N_2O_3　　　D. N_2O_5
6. AA002　根据质量守恒定律判断,铁丝在氧气中完全燃烧,生成物的质量(　　)。
   A. 一定大于铁丝的质量　　　　　　B. 一定小于铁丝的质量
   C. 一定等于铁丝的质量　　　　　　D. 不能确定
7. AA003　物质的量的单位是(　　)。
   A. 摩尔　　　　　B. 千克　　　　　C. 立方米　　　　D. 克
8. AA003　$2molH_2SO_4$ 含有(　　)个原子。
   A. 7　　　　　　 B. 14　　　　　　C. $7×6.02×10^{23}$　　　D. $14×6.02×10^{23}$
9. AA003　32g 氧气含(　　)氧原子。
   A. 0.5mol　　　　B. 1mol　　　　　C. 1.5mol　　　　D. 2mol
10. AA004　气体只有在临界温度以下,才能被(　　)。
    A. 汽化　　　　　B. 液化　　　　　C. 升华　　　　　D. 凝固
11. AA004　混合气体的平均相对分子质量和(　　)在数值上相同,但相对分子质量没有单位。
    A. 相对原子质量　　　　　　　　　B. 相对分子质量
    C. 平均摩尔质量　　　　　　　　　D. 摩尔质量
12. AA004　临界温度是表示纯物质能保持(　　)相平衡的最低温度。
    A. 汽、液　　　　B. 液、液　　　　C. 汽、固　　　　D. 固、液
13. AA005　在某温度下,不能再继续溶解某物质的溶液叫作该溶质的(　　)。
    A. 悬浮液　　　　B. 溶液　　　　　C. 不饱和溶液　　D. 饱和溶液
14. AA005　液体的饱和蒸气压与(　　)有关。
    A. 质量　　　　　B. 体积　　　　　C. 温度　　　　　D. 面积

15. AA005　在100℃时,水的饱和蒸气压为(　　)。
    A. $1.01×10^3Pa$　　B. $1.01×10^4Pa$　　C. $1.01×10^5Pa$　　D. $1.01×10^6Pa$

16. AA006　某储罐中有液体$10m^3$,若其质量为8t,则该液体的密度为(　　)。
    A. $700kg/m^3$　　B. $800kg/m^3$　　C. $900kg/m^3$　　D. $1000kg/m^3$

17. AA006　对于放热反应,温度升高,下列说法正确的是(　　)。
    A. 平衡向正反应方向进行　　B. 平衡向逆反应方向进行
    C. 平衡不发生移动　　D. 正反应速度增大,逆反应速度减小

18. AA006　单位体积物体的质量称为(　　)。
    A. 密度　　B. 比容　　C. 比重　　D. 比热容

19. AA007　在单质中,元素的化合价为(　　)。
    A. 0　　B. 1　　C. 2　　D. 3

20. AA007　化学反应过程中吸收热量的反应叫作吸热反应。对于吸热反应,温度(　　),有利于化学平衡向吸热方向进行。
    A. 降低　　B. 不变　　C. 升高　　D. 变化

21. AA007　元素的化合价是原子参加反应时,失去或得到的(　　)。
    A. 质子数　　B. 中子数　　C. 原子数　　D. 电子数

22. AA008　在H_2O中,O原子的化合价为(　　)。
    A. 1　　B. -2　　C. -1　　D. 0

23. AA008　用元素符号和(　　)表示化学反应的式子叫作化学方程式。
    A. 相对分子质量　　B. 分子式　　C. 分子　　D. 原子

24. AA008　在化学方程式前后,可能发生变化的是(　　)。
    A. 元素的种类　　B. 原子的个数　　C. 原子的种类　　D. 分子的个数

25. AA009　卤素能与(　　)直接化合,生成无色、有刺激性的气体,但不能与金属反应生成盐。
    A. 氢　　B. 氧　　C. 氮　　D. 氯

26. AA009　"硬水"是指水中所溶的(　　)离子较多的水。
    A. 钙和钠　　B. 镁和铁　　C. 钙和镁　　D. 钙和铁

27. AA009　卤族元素包括氟、氯、(　　)、碘、砹。
    A. 氧　　B. 溴　　C. 氢　　D. 氮

28. AA010　有机化合物不具有的特点是(　　)。
    A. 一般热稳定性较差　　B. 绝大多数是非电解质
    C. 绝大多数易于燃烧　　D. 大部分易溶于水

29. AA010　有机物都含有(　　)元素。
    A. 氧　　B. 氮　　C. 碳　　D. 氯

30. AA010　研究有机化合物就是研究碳氢化合物及其(　　)的化学。
    A. 衍生物　　B. 卤化物　　C. 氧化物　　D. 硫化物

31. AA011　聚合物是由许多重复单元组成的,这种重复单元叫作(　　)。
    A. 单体　　B. 单体单元　　C. 链节　　D. 结构单元

32. AA011　高分子聚合物的相对分子质量通常在(　　)。
    A. $10^2 \sim 10^4$　　B. $10^4 \sim 10^6$　　C. $10^6 \sim 10^8$　　D. $10^8 \sim 10^{10}$

33. AA011　高分子化合物简称高分子,通常指相对分子质量在(　　)以上的化合物。
    A. 100　　　　B. 1000　　　　C. 10000　　　　D. 100000

34. AB001　单位面积上所受的压力,称为流体的(　　)。
    A. 压力　　　　B. 密度　　　　C. 压强　　　　D. 以上都不对

35. AB001　压强表上的读数表示被测流体的(　　)比大气压强大的数值。
    A. 绝对压强　　B. 相对压强　　C. 绝对压力　　D. 相对压力

36. AB001　真空表上的读数表示被测流体的(　　)比大气压强小的数值。
    A. 绝对压强　　B. 相对压强　　C. 绝对压力　　D. 相对压力

37. AB002　单位时间内流体所流过管道任一截面的质量称为(　　)。
    A. 平均流速　　B. 质量流速　　C. 体积流量　　D. 质量流量

38. AB002　水在管道中的流量为$10m^3/h$,则其质量流量为(　　)kg/h。
    A. 10　　　　B. 100　　　　C. 1000　　　　D. 10000

39. AB002　单位时间里流过管道的液体体积越大,流速(　　)。
    A. 越大　　　　B. 越小　　　　C. 没有变化　　D. 与液体体积无关

40. AB003　单位时间内流经管道单位截面积的流体质量称为(　　)。
    A. 体积流速　　B. 体积流量　　C. 质量流速　　D. 质量流量

41. AB003　已知某流体的体积流速为$20m^3/s$,若该流体的密度为$1000kg/m^3$,则其质量流速为(　　)kg/s。
    A. 20000　　　B. 50　　　　C. 0.02　　　　D. 2000

42. BA003　单位体积物质所具有的质量称为(　　)。
    A. 密度　　　　B. 压强　　　　C. 黏度　　　　D. 比容

43. AB004　物体各部分之间不发生相对位移,由于分子、原子和自由电子等微观粒子的热运动而引起的热量传递为(　　)。
    A. 热对流　　　B. 热辐射　　　C. 热传导　　　D. 热转移

44. AB004　热量传递是一种复杂的现象,常把它分成三种基本方式,即(　　)。
    A. 热辐射　　　B. 导热　　　　C. 热对流　　　D. 以上都是

45. AB004　通常自然对流的传热速率(　　)强制对流。
    A. 高于　　　　B. 低于　　　　C. 等于　　　　D. 不确定

46. AB005　对流传热系数的影响因素有(　　)。
    A. 流体的种类及相变化情况　　　B. 流体的物性不同
    C. 流体的温度不同　　　　　　　D. 以上都对

47. AB005　下列关于对流传热的说法,不正确的是(　　)。
    A. 只能发生在流体中　　　　　　B. 流体质点有明显位移
    C. 分为自然对流和强制对流　　　D. 不需要介质就能进行

48. AB005　在化工生产中,换热器的热量传递以(　　)为主。
    A. 热传导　　　B. 对流传热　　C. 辐射传热　　D. 其他传热方式

49. AB006 在精馏塔正常运行时,一般从塔顶到塔底压力(　　)。
   A. 逐渐升高　　B. 逐渐降低　　C. 不变　　D. 变化情况不确定

50. AB006 在精馏塔中每一块塔板上,(　　)。
   A. 只进行传热过程
   B. 只进行传质过程
   C. 有时进行传热过程,有时进行传质过程
   D. 同时进行传热和传质过程

51. AB006 精馏操作的依据是利用各物质的(　　)。
   A. 溶解度的差异　　B. 相对挥发度的不同
   C. 沸点的差异　　D. 密度的差异

52. AB007 某精馏塔塔顶回流量为150kg/h,塔顶馏出液量为50kg/h,则该塔的回流比为(　　)。
   A. 3　　B. 4　　C. 2　　D. 1

53. AB007 在精馏操作中,回流比的极限是指最小回流比和(　　)回流比。
   A. 操作　　B. 适宜　　C. 全回流时的　　D. 塔顶全采出时的

54. AB007 精馏操作中,若回流比增加,则(　　)。
   A. 塔顶轻组分含量升高、塔顶温度上升
   B. 塔顶组分变重、塔压升高
   C. 塔顶轻组分含量升高、塔压升高
   D. 塔顶温度上升、塔压升高

55. AB008 混合物的泡点与混合液中各组分的浓度有关,轻组分浓度越高,泡点(　　)。
   A. 越高　　B. 越低　　C. 不变　　D. 与此无关

56. AB008 一定压力下空气中水蒸气达到饱和时的温度称为空气的(　　)。
   A. 冰点　　B. 露点　　C. 泡点　　D. 滴点

57. AB008 将混合液体在一定压力下升高温度,使其气化,当其混合液体中出现第一个气泡,且气相和液相保持在平衡的状况下开始沸腾,这时的温度叫(　　)。
   A. 冰点　　B. 露点　　C. 泡点　　D. 滴点

58. AC001 结构较简单,体积较小,流量大,压头不高,可输送腐蚀性、悬浮液的泵为(　　)。
   A. 往复泵　　B. 离心泵　　C. 旋转泵　　D. 真空泵

59. AC001 要求输液量十分准确,又便于调整的场合,应选用(　　)。
   A. 离心泵　　B. 往复泵　　C. 计量泵　　D. 螺旋泵

60. AC001 往复泵通常采用(　　)的方法来调节流量。
   A. 调节电压　　B. 调节转速　　C. 调节回流　　D. 调节出口压力

61. AC002 下列泵型中,不属于叶片泵的是(　　)。
   A. 离心泵　　B. 轴流泵　　C. 旋涡泵　　D. 柱塞泵

62. AC002 下列选项中,属于容积泵的是(　　)。
   A. 离心泵　　B. 喷射泵　　C. 齿轮泵　　D. 旋涡泵

63. AC002 化工生产中应用最多的是( ),它大约占化工用泵的80%~90%。
    A. 齿轮泵　　　B. 离心泵　　　C. 喷射泵　　　D. 螺杆泵

64. AC003 离心式压缩机级间密封最基本的形式是( )。
    A. 填料函　　　B. 浮环　　　C. 迷宫　　　D. 螺旋干气密封

65. AC003 螺杆式压缩机的工作过程由( )过程组成。
    A. 吸气、排气　　　　　　　　B. 吸气、排气、压缩
    C. 吸气、膨胀、排气　　　　　D. 吸气、压缩、膨胀、排气

66. AC003 常用压缩机的种类有( )和往复式压缩机。
    A. 离心式　　　B. 位移式　　　C. 偏心式　　　D. 以上都不对

67. AC004 气体的压送机械往往是按其终压或压缩比来分类,按此分类方法,压缩比在4以上或终压在300kPa以上的气体压送机械称为( )。
    A. 压缩机　　　B. 鼓风机　　　C. 通风机　　　D. 真空泵

68. AC004 化工生产中,许多单元通常需要在低于大气压情况下进行,能够获得低于大气压强的机械设备是( )。
    A. 往复式压缩机　B. 喷射式真空泵　C. 离心式通风机　D. 罗茨鼓风机

69. AC004 真空泵分干式和湿式两大类。干式真空泵产生的真空度比湿式真空泵产生的真空度( )。
    A. 大小不一定　　B. 小　　　C. 大　　　D. 相等

70. AC005 法兰按结构形式分为整体法兰、活套法兰和( )。
    A. 对焊法兰　　B. 平焊法兰　　C. 螺纹法兰　　D. 带颈平焊法兰

71. AC005 在化工生产中,管子与阀门连接一般都采用( )连接。
    A. 法兰　　　B. 焊接　　　C. 承插式　　　D. 螺纹

72. AC005 常用法兰密封面的形式有平面型、凹凸型、( )三种。
    A. 槽型　　　B. 梯型　　　C. 垫片型　　　D. 螺纹型

73. AC006 稳态传热的特点是传热速率在任何时刻都为( )。
    A. 常数　　　B. 负数　　　C. 0　　　D. 1

74. AC006 常用垫片按结构不同可分为板材裁制垫片、金属包垫片、( )和金属垫片。
    A. 平板垫片　　B. 缠绕式垫片　　C. 非金属垫片　　D. 其他垫片

75. AC006 石棉橡胶垫片属于( )。
    A. 板材裁制垫片　B. 金属包垫片　C. 缠绕式垫片　D. 金属垫片

76. AD001 调节器"正"作用的定义是( )。
    A. 调节器的输出值随着测量值的增加而增加
    B. 调节器的输出值随着正偏差值的增加而增加
    C. 调节器的输出值随着测量值的减少而增加
    D. 调节器的输出值随着正偏差值的减少而增加

77. AD001 构成一个自动调节对象应具备的条件之一是,调节对象中的被调参数是( )。
    A. 连续可测量　B. 不断变化　C. 不可测量　D. 可以估算

78. AD001　生产中要求保持的工艺指标称为(　　)。
　　A. 测量值　　　　　　　　　　B. 给定值
　　C. 输出值　　　　　　　　　　D. 偏差值
79. AD002　某测压仪表的测量范围是 0~15MPa,校验该表时得到的最大绝对误差为 +0.3MPa,则该表的相对百分误差为(　　)。
　　A. 2　　　　B. 2%　　　　C. +2%　　　　D. 2.0
80. AD002　已知某台测量仪表的相对百分误差为 0.3%,则该表的精确度等级为(　　)。
　　A. 0.1　　　B. 0.3　　　C. 0.4　　　D. 0.5
81. AD002　测量的(　　)关系到工艺操作的平稳和正确,因此,总是希望测量的结构能够准确无误。
　　A. 准确性　　B. 稳定性　　C. 固定性　　D. 一致性
82. AD003　仪表的精度等级是以(　　)来表示的。
　　A. 绝对误差　　　　　　　　　B. 最大相对百分误差
　　C. 仪表量程　　　　　　　　　D. 回差
83. AD003　工艺上选表要求:测量范围为 0~300℃,最大绝对误差不能大于 4℃,则仪表应选用(　　)。
　　A. 1.3级　　B. 1.5级　　C. 1.0级　　D. 2.5级
84. AD003　下面说法正确的是(　　)。
　　A. 仪表 $\delta_{允}$ 越大,准确度越低　　B. 仪表 $\delta_{允}$ 越大,准确度越高
　　C. 仪表 $\delta_{允}$ 越小,准确度不变　　D. 仪表 $\delta_{允}$ 越小,准确度越低
85. AD004　摄氏温标与华氏温标的关系为(　　)。
　　A. $n℃=(1.6n+32)℉$　　　　B. $n℃=(1.8n+32)℉$
　　C. $n℃=(1.6n+28)℉$　　　　D. $n℃=(1.8n+28)℉$
86. AD004　华氏温标指在标准大气压下,冰的熔点为 32℉,水的沸点为 212℉,中间有(　　)等份,每等份为 1℉。
　　A. 180　　　B. 150　　　C. 120　　　D. 90
87. AD004　摄氏温标指在标准大气压下,水(冰)的熔点为 0℃,水的沸点为 100℃,中间划分为(　　)等份,每等份为 1℃。
　　A. 80　　　B. 90　　　C. 100　　　D. 110
88. AD005　在一个简单调节系统中有(　　)条由输出端引向输入端的反馈线路。
　　A. 一　　　B. 两　　　C. 三　　　D. 四
89. AD005　在一个简单反馈调节系统中有(　　)个被控对象、(　　)个控制阀、(　　)个测量机构、(　　)个调节器。
　　A. 1、2、1、1　　B. 2、1、1、2　　C. 1、1、1、1　　D. 1、1、1、2
90. AD005　所谓简单控制系统,通常是指由一个测量元件、一个变送器、一个控制器、一个控制阀和一个调节对象所构成的(　　)控制系统。
　　A. 单开环　　　　　　　　　　B. 单闭环
　　C. 双开环　　　　　　　　　　D. 双闭环

91. AD006　关于串级控制系统,下列说法不正确的是(　　)。
　　A. 是由主、副两个调节器串接工作
　　B. 主调节器的输出作为副调节器的给定值
　　C. 目的是实现对副变量的定值控制
　　D. 副调节器的输出去操纵调节阀

92. AD006　在由炉温与燃料油流量构成的串级调节系统中,下列说法正确的是(　　)。
　　A. 炉温是主变量　　　　　　　B. 燃料油流量是主变量
　　C. 炉温和燃料油流量都是主变量　D. 炉温和燃料油流量都是副变量

93. AD006　属于串级调节系统的参数整定方法有(　　)。
　　A. 两步整定法　　　　　　B. 经验法
　　C. 临界比例度法　　　　　D. 衰减曲线法

94. AD007　关于分程控制系统,下列说法不正确的是(　　)。
　　A. 是由一个调节器同时控制两个或两个以上的调节阀
　　B. 每一个调节阀根据工艺的要求在调节器输出的一段信号范围内动作
　　C. 主要目的是扩大可调范围
　　D. 主要目的是减小可调范围

95. AD007　用一个调节器的输出信号,通过阀门定位器的配合,分段控制两个以上调节阀是(　　)调节系统。
　　A. 多冲量控制　B. 分程控制　C. 串级控制　D. 选择控制

96. AD007　下列选项中,可以满足开停车时小流量和正常生产时大流量的要求,使之都能有较好的调节质量的控制方案是(　　)。
　　A. 简单　　　B. 串级　　　C. 分程　　　D. 比值

97. AD008　关键工艺参数的检测元件常按(　　)联锁方案配置。
　　A. 四取二　　B. 三取二　　C. 二取一　　D. 三取一

98. AD008　联锁保护装置处于解除位置时,联锁保护系统则(　　)保护状态。
　　A. 失去　　　B. 处于　　　C. 备用　　　D. 等待

99. AD008　当联锁动作后,必须进行(　　)才能重新投运。
　　A. 自动解除　B. 手动解除　C. 自动复位　D. 手动复位

100. AD009　在操作 DCS 系统时,不允许操作工改变的是(　　)。
　　A. PID 参数　B. 阀位值　　C. 给定值　　D. 以上都是

101. AD009　以下不属于 DCS 系统的组成部分的是(　　)。
　　A. I/O 板　　B. 控制器　　C. 分散器　　D. 人机接口

102. AD009　在 DCS 系统中进入(　　)可查看工艺参数的历史数据。
　　A. 流程图画面　B. 报警画面　C. 趋势画面　D. 控制组

103. AE001　化工管路图中,表示冷保温管道的规定线型是(　　)。

104. AE001　化工管路图中,表示蒸汽伴热管道的规定线型是(　　)。

105. AE001　化工管路图中,表示电伴热管道的规定线型是(　　)。
　　A. [符号]　　B. [符号]　　C. [符号]　　D. [符号]

106. AE002　在工艺流程图中,表示闸阀的符号是(　　)。
　　A. [符号]　　B. [符号]　　C. [符号]　　D. [符号]

107. AE002　在工艺流程图中,表示隔膜阀的符号是(　　)。
　　A. [符号]　　B. [符号]　　C. [符号]　　D. [符号]

108. AE002　在工艺流程图中,表示球阀的符号是(　　)。
　　A. [符号]　　B. [符号]　　C. [符号]　　D. [符号]

109. AE003　在工艺流程图中,下列符号表示活接头的是(　　)。
　　A. [符号]　　B. [符号]　　C. [符号]　　D. [符号]

110. AE003　在工艺流程图中,下列符号表示管堵的是(　　)。
　　A. [符号]　　B. [符号]　　C. [符号]　　D. [符号]

111. AE003　在工艺流程图中,表示法兰连接符号的是(　　)。
　　A. [符号]　　B. [符号]　　C. [符号]　　D. [符号]

112. AE004　带控制点的工艺流程图中,仪表控制点以(　　)在相应的管路上用代号、符号画出。
　　A. 细实线　　B. 粗实线　　C. 虚线　　D. 点画线

113. AE004　带控制点的工艺流程图中,表示浓度参量的是(　　)。
　　A. T　　B. P　　C. H　　D. C

114. AE004　带控制点的工艺流程图中,表示指示功能代号的是(　　)。
　　A. T　　B. I　　C. Z　　D. X

115. AF001　清洁生产是指在生产过程、产品寿命和(　　)领域持续地应用整体预防的环境保护战略,增加生态效率,减少对人类和环境的危害。
　　A. 服务　　B. 能源　　C. 资源　　D. 管理

116. AF001　清洁生产是指在生产过程、(　　)和服务领域持续地应用整体预防的环境保护战略,增加生态效率,减少对人类和环境的危害。
　　A. 能源　　B. 产品寿命　　C. 资源　　D. 管理

117. AF001　在 HSE 管理体系中,(　　)是指任何与工作标准、惯例、程序、法规、管理体系绩效等的偏离,其结果能够直接或间接导致伤害或疾病、财产损失、工作环境破坏等情况的组合。
　　A. 目标　　B. 事件　　C. 不合格　　D. 不符合

118. AF002　清洁生产的目的不包括(　　)。
　　A. 减少污染物的产生　　B. 降低资源利用效率
　　C. 保障人体健康　　D. 保护和改善环境

119. AF002　清洁生产的内容包括清洁的能源、(　　)、清洁的产品、清洁的服务。
　　A. 清洁的原材料　　B. 清洁的资源
　　C. 清洁的工艺　　D. 清洁的生产过程

120. AF002 以下不属于清洁生产措施的是( )。
    A. 采用无毒、无害或者低毒、低害的原料,替代毒性大、危害严重的原料
    B. 通过技术改造和工艺改良,能耗较往年降低
    C. 加热炉使用新型高效燃烧器喷嘴
    D. 换热器更换泄漏的管束

121. AF003 一般不会造成环境污染的是( )。
    A. 化学反应不完全   B. 化学反应完全
    C. 装置的泄漏   D. 化学反应中的副反应

122. AF003 通常所说的三废不包括( )。
    A. 固体废弃物   B. 废液   C. 废气   D. 废料

123. AF003 石油化工行业的污染物主要以( )和固体废弃物的形式进入环境,进而对环境产生污染。
    A. 废水   B. 废气   C. 噪声   D. 以上都是

124. AF004 不是石化行业污染主要途径的是( )。
    A. 工艺过程的排放   B. 设备和管线的滴漏
    C. 成品运输   D. 催化剂、助剂等的弃用

125. AF004 与化工生产密切相关的职业病是( )。
    A. 耳聋   B. 职业性皮肤病
    C. 关节炎   D. 眼炎

126. AF004 石油化工行业的废气主要来自( )和工艺过程。
    A. 大功率的机械设备   B. 燃料燃烧
    C. 物料的反应和输送   D. 生产异常

127. AF005 炼化企业一次造成3套及以上装置停车,影响日产量的( )及以上为一般事故。
    A. 30%   B. 40%   C. 50%   D. 60%

128. AF005 不属于石化行业污染特点的是( )。
    A. 毒性大   B. 毒性小   C. 有刺激性   D. 有腐蚀性

129. AF005 ( )的情况不属于一般事故。
    A. 一次造成1~9人重伤
    B. 一次造成1~2人死亡
    C. 一次造成直接经济损失10万~100万元
    D. 一次造成10人及以上重伤

130. AF006 下列不是毒物侵入人体途径的有( )。
    A. 消化道   B. 呼吸道   C. 眼睛   D. 皮肤

131. AF006 引起慢性中毒的毒物绝大部分具有( )。
    A. 蓄积作用   B. 强毒性   C. 弱毒性   D. 中强毒性

132. AF006 以下不是决定职业中毒三要素的是( )。
    A. 空气   B. 毒物   C. 机体   D. 环境

133. AF007　急性中毒患者心搏骤停应立即做胸外挤压术,每分钟(　　)次。
　　　A. 30~40　　　　　B. 40~50　　　　　C. 50~60　　　　　D. 60~70

134. AF007　急性中毒现场抢救的第一步是(　　)。
　　　A. 迅速报警　　　　　　　　　　　B. 迅速拨打120急救
　　　C. 迅速将患者转移到空气新鲜处　　D. 迅速做人工呼吸

135. AF007　酸烧伤时,应用(　　)溶液冲洗。
　　　A. 5%碳酸钠　　B. 5%碳酸氢钠　　C. 清水　　D. 5%硼酸

136. AF008　HSE 中的 S(　　)是指在劳动生产过程中,努力改善劳动条件、克服不安全因素,使劳动生产在保证劳动者健康、企业财产不受损失、人民生命安全的前提下顺利进行。
　　　A. 生命　　　　　B. 疾病　　　　　C. 健康　　　　　D. 安全

137. AF008　HSE 管理体系是指实施安全、环境与(　　)管理的组织机构、职责、做法、程序、过程和资源等而构成的整体。
　　　A. 生命　　　　　B. 过程　　　　　C. 健康　　　　　D. 资源

138. AF008　HSE 中的 H(健康)是指人身体上没有(　　),在心理上保持一种完好的状态。
　　　A. 生命　　　　　B. 疾病　　　　　C. 健康　　　　　D. 安全

139. AF009　"三级安全教育"即厂级教育、车间级教育、(　　)级教育。
　　　A. 班组　　　　　B. 分厂　　　　　C. 处　　　　　D. 工段

140. AF009　厂级安全教育对象不包括(　　)。
　　　A. 新调入人员　　B. 临时工　　　　C. 厂内调动人员　　D. 外用工

141. AF009　工人的日常安全教育应以"周安全活动"为主要阵地进行,并对其进行(　　)的安全教育考核。
　　　A. 每季一次　　　B. 每月一次　　　C. 每半年一次　　　D. 一年一度

142. AG001　关于电流强度的概念,下列说法正确的是(　　)。
　　　A. 通过导线横截面的电量越多,电流强度越大
　　　B. 电子运动的速率越大,电流强度越大
　　　C. 单位时间内通过导体横截面的电量越多,导体中的电流强度越大
　　　D. 因为电流有方向,所以电流强度是矢量

143. AG001　关于电流强度的概念,下列叙述正确的是(　　)。
　　　A. 导体中电荷的运动就形成电流
　　　B. 电流强度是矢量,其方向就是负电荷定向运动的方向
　　　C. 在国际单位制中,电流强度是一个基本物理量,其单位 mA 是基本单位
　　　D. 对于导体,只要其两端电势差为零,电流强度必为零

144. AG001　关于电压,下列说法错误的是(　　)。
　　　A. 电路中两点间的电势差,叫作电压
　　　B. 电流是产生电压的条件
　　　C. 电压可视为描述电场力做功大小的物理量
　　　D. 电压越高,移动单位电荷做功越多

145. AG002　已知 $R_1=5\Omega, R_2=10\Omega$,把 R_1 和 R_2 串联后接入 220V 电源,R_1 上的分压应为（　　）。
　　A. $U_1=73.3V$　　B. $U_1=60.3V$　　C. $U_1=110V$　　D. $U_1=30.3V$
146. AG002　已知 $R_1=28\Omega, R_2=30\Omega$,如果把这两个电阻串联起来,其总电阻为（　　）。
　　A. $R=28\Omega$　　B. $R=30\Omega$　　C. $R=2\Omega$　　D. $R=58\Omega$
147. AG002　在国际单位制中,电阻的单位是（　　）。
　　A. 欧姆　　B. 安培　　C. 伏特　　D. 瓦特
148. AG003　已知某并联电路 $R_1=8\Omega, R_2=8\Omega$,并联电路的总电流 $I=18A$,流经 R_2 的电流 I_2 是（　　）。
　　A. 5.4A　　B. 9A　　C. 4.8A　　D. 1.8A
149. AG003　已知 $R_1=4\Omega, R_2=4\Omega$,如果把这两个电阻并联起来,其总电阻为（　　）。
　　A. $R=2\Omega$　　B. $R=4\Omega$　　C. $R=6\Omega$　　D. $R=8\Omega$
150. AG003　已知 $R_1=10\Omega, R_2=10\Omega$,把两个电阻并联起来,其总电阻为（　　）。
　　A. $R=10\Omega$　　B. $R=20\Omega$　　C. $R=15\Omega$　　D. $R=5\Omega$
151. AG004　在恒定的匀强磁场中有一圆形闭合导体线圈,线圈平面垂直于磁场方向,要使线圈在此磁场中能产生感应电流,应使（　　）。
　　A. 线圈沿自身所在平面做匀速运动　　B. 线圈沿自身所在平面做加速运动
　　C. 线圈绕任意一条直径做匀速转动　　D. 以上都对
152. AG004　下面属于电磁感应现象的是（　　）。
　　A. 通电导体周围产生磁场
　　B. 磁场对感应电流发生作用,阻碍导体运动
　　C. 由于导体自身电流发生变化,导体周围磁场发生变化
　　D. 穿过闭合线圈的磁感应线条数发生变化,一定能产生感应电流
153. AG004　电磁感应现象的产生条件是（　　）。
　　A. 闭合电路
　　B. 开路
　　C. 穿过闭合电路的磁通量发生变化
　　D. 闭合电路且穿过闭合电路的磁通量发生变化
154. AG005　关于交流电的概念,以下说法正确的是（　　）。
　　A. 方向不随时间而改变的电流　　B. 方向随时间而非周期性改变的电流
　　C. 强度和方向不随时间改变的电流　　D. 强度和方向随时间而周期性改变的电流
155. AG005　交流电的基本计算不正确的是（　　）。
　　A. $Q=UI\sin\varphi$　　B. $S=UI$　　C. $p=I^2RT$　　D. $P=UI\cos\varphi$
156. AG005　交流电的有效值是根据（　　）来规定的。
　　A. 电流的数值大小　　B. 电流的热效应
　　C. 电阻的数值大小　　D. 电压的数值大小
157. AG006　不可以直接作为直流负载电源的装置和设备的是（　　）。
　　A. 电池　　B. 硅整流装置　　C. 直流发电机　　D. 交流发电机

158. AG006　关于直流电的概念,下面叙述中正确的是(　　)。
　　A. 方向和强弱都不随时间改变的电流
　　B. 方向随时间改变的电流
　　C. 强弱随时间改变的电流
　　D. 方向和强弱随时间而改变的电流

159. AG006　下列电器中,不使用直流电的是(　　)。
　　A. 电池　　　　　　　　　　　B. 热电偶
　　C. 交流发电机　　　　　　　　D. 太阳能电池

160. AG007　关于正弦交流电,下列说法中不正确的是(　　)。
　　A. 如果正弦电流的最大值为5A,那么它的最小值为-5A
　　B. 用交流电流表或电压表测量正弦电流的电流和电压时,指针来回摆动
　　C. 我国正弦交流电频率为50Hz,故电流变化的周期为0.02s
　　D. 正弦交变电流的有效值为220V,它的最大值是311V

161. AG007　正弦交流电的三要素指的是(　　)。
　　A. 频率、有效值、相位角　　　B. 幅值、周期、初相角
　　C. 幅值、角频率、初相角　　　D. 有效值、幅值、相位角

162. AG007　正弦电流的有效值等于最大值的(　　)。
　　A. 0.637　　B. 0.707　　C. 0.9　　D. 1.414

163. AG008　下述公式中,属于欧姆定律公式的是(　　)。
　　A. $U=IR$　　B. $U=I+R$　　C. $I=UR$　　D. $R=UI$

164. AG008　以下关于欧姆定律的说法,正确的是(　　)。
　　A. 在直流电路中,欧姆定律是阐明电阻上电压和电流的关系的定律
　　B. 在欧姆定律中,电压与电流成反比
　　C. 在欧姆定律中,电流与电阻成正比
　　D. 在欧姆定律中,电压与电阻成反比

165. AG008　因为导体的电阻是它本身的一种性质,取决于(　　)。
　　A. 电流　　　　　　　　　　　B. 电压
　　C. 导体的长度、横截面积、材料　　D. 以上都是

166. AG009　电气设备金属外壳应有(　　)。
　　A. 防雷接地保护　　　　　　　B. 防静电接地保护
　　C. 防过电压保护　　　　　　　D. 可靠的接地或接零保护

167. AG009　关于设备接地线的说法,不正确的有(　　)。
　　A. 油罐的接地线主要用于防雷防静电保护
　　B. 电机的接地线主要用于防过电压保护
　　C. 管线的接地线主要用于防静电保护
　　D. 独立避雷针的接地线主要用于接闪器和接地体之间的连接

168. AG009　电气设备的接地线的截面积,一般不得小于(　　)。
　　A. $1.5mm^2$　　B. $2.5mm^2$　　C. $4mm^2$　　D. $6mm^2$

169. BA001　自燃点是指(　　)在没有火焰、电火花等火源直接作用下,在空气或氧气中被加热而引起燃烧的最高温度。
　　A. 点火源　　　　B. 可燃性物质　　C. 阻燃性物质　　D. 助燃性物质
170. BA001　不属于燃烧三要素的是(　　)。
　　A. 点火源　　　　B. 可燃性物质　　C. 阻燃性物质　　D. 助燃性物质
171. BA001　气体测爆仪测定的是可燃气体的(　　)。
　　A. 爆炸下限　　　　　　　　B. 爆炸上限
　　C. 爆炸极限范围　　　　　　D. 浓度
172. BA002　把清洁水或带添加剂的水(泡沫)作为灭火剂的灭火器为(　　)。
　　A. 干粉灭火器　　　　　　　B. 二氧化碳灭火器
　　C. 洁净气体灭火器　　　　　D. 水基型灭火器
173. BA002　充装二氧化碳灭火剂的灭火器为(　　)。
　　A. 干粉灭火器　　　　　　　B. 二氧化碳灭火器
　　C. 洁净气体灭火器　　　　　D. 水基型灭火器
174. BA002　干粉灭火器型一般分为(　　)类和 ABC 类干粉灭火剂两类。
　　A. AB　　　　　　B. BC　　　　　　C. AC　　　　　　D. A
175. BA003　金属火灾专用灭火器应在(　　)场所使用。
　　A. 一类火灾　　　B. 二类火灾　　　C. 三类火灾　　　D. 四类火灾
176. BA003　扑灭固体物质火灾,应选用(　　)、泡沫、硫酸铵盐干粉、卤代烷型灭火器。
　　A. 水型　　　　　B. 二氧化碳型　　C. 粉状石墨　　　D. 干沙
177. BA003　扑灭气体火灾应选用干粉灭火器、水基型(水雾)灭火器、(　　)、二氧化碳灭火器。
　　A. 泡沫　　　　　　　　　　B. 洁净气体灭火器
　　C. 粉状石墨　　　　　　　　D. 水型
178. BA004　火警电话号码是(　　)。
　　A. 110　　　　　B. 114　　　　　C. 122　　　　　D. 119
179. BA004　拨打火警电话,以下选项正确的是(　　)。
　　A. 报警人要讲清自己的姓名、工作单位,不必说电话号码
　　B. 报警人要讲清工作单位、电话号码,不必说自己的姓名
　　C. 报警人不必说自己的姓名、工作单位和电话号码
　　D. 报警人要讲清自己的姓名、工作单位和电话号码
180. BA004　以下关于拨打火警电话,错误的说法是(　　)。
　　A. 发现火灾第一应该想到的是拨打火警电话
　　B. 火警电话打通后,应讲清着火单位
　　C. 要讲清什么物质着火、起火部位、燃烧物质和燃烧情况、火势怎样
　　D. 报警后就只等候消防车到来,无须接车
181. BA005　当现场施工因动火引起火灾,应立即使用(　　)将火苗扑灭。
　　A. 消防栓　　　　B. 消防炮　　　　C. 干粉灭火器　　D. 消防蒸汽

182. BA005　化工装置通常设有的消防设备,以下不正确的是(　　)。
　　　A. 消防栓　　　B. 消防炮　　　C. 干粉灭火器　　　D. 消防蒸汽
183. BA005　使用消防水带灭火时需要(　　)人握紧水枪,对准火场。
　　　A. 1　　　B. 2　　　C. 3　　　D. 4
184. BA006　干粉灭火器灭火时靠加压的(　　)将干粉从喷嘴射出,形成雾状粉流,射向燃烧物。
　　　A. 氮气　　　B. 氦气　　　C. 空气　　　D. 二氧化碳
185. BA006　手提式干粉灭火器灭火时要平射,由(　　),快速推进。
　　　A. 上及下　　　B. 远及近　　　C. 近及远　　　D. 下及上
186. BA006　手提式干粉灭火器在使用时,首先拔去保险销,手握喷筒,压下压把,对准火源(　　)平射。
　　　A. 根部　　　B. 顶部　　　C. 边缘　　　D. 四周
187. BA007　隔绝式防毒面具由面具本身提供(　　)。
　　　A. 空气　　　B. 氧气　　　C. 氮气　　　D. 水分
188. BA007　防毒面具过滤罐里盛放的物质是(　　)
　　　A. 石墨　　　B. 生石灰　　　C. 活性炭　　　D. 焦炭
189. BA007　按防护原理,可分为(　　)防毒面具和隔绝式防毒面具。
　　　A. 干燥　　　B. 吸入　　　C. 过滤　　　D. 通风
190. BA008　过滤式防毒面具的滤毒罐,其质量超过出厂质量的(　　)时,这个滤毒罐就不能正常使用了。
　　　A. 5%　　　B. 10%　　　C. 15%　　　D. 20%
191. BA008　滤毒罐使用前用手捂住滤毒罐底的空气入口,然后吸气检查(　　)。
　　　A. 是否有气味　　　B. 是否呼吸畅通
　　　C. 有效期　　　D. 气密性
192. BA008　如果含氧量低于(　　),滤毒罐是不可以使用的,以免人员窒息。
　　　A. 16%　　　B. 17%　　　C. 19%　　　D. 20%
193. BA009　空气呼吸器的工作时间一般为(　　)min。
　　　A. 10~20　　　B. 20~30　　　C. 30~40　　　D. 40~60
194. BA009　空气呼吸器适用于(　　)毒性场所。
　　　A. 高浓度　　　B. 中等浓度　　　C. 低浓度　　　D. 任何浓度
195. BA009　当进入高浓度丁二烯环境中,最有效的防护措施是佩戴(　　)。
　　　A. 口罩　　　B. 活性炭防毒面具
　　　C. 空气呼吸器　　　D. 防毒面具
196. BA010　使用空气呼吸器前应检查(　　)。
　　　A. 空气氧含量　　　B. 气瓶压力　　　C. 气瓶体积　　　D. 瓶内气体含量
197. BA010　当空气呼吸器的压力降到(　　)MPa时空气呼吸器会报警,这时应该撤离现场。
　　　A. 5~6　　　B. 6~7　　　C. 7~8　　　D. 8~9

198. BA010 空气呼吸器的压力要在( )MPa 以上,才可以使用。
  A. 10   B. 15   C. 20   D. 25
199. BA011 空气呼吸器使用时的注意事项,描述错误的是( )。
  A. 空气呼吸器及其零部件应避免阳光直射,以免橡胶老化
  B. 空气呼吸器严禁接触油脂
  C. 空气瓶压力不能低于 20MPa
  D. 空气瓶可充装氧气
200. BA011 空气呼吸器低压报警后,能够使用( )min,以便人员撤离。
  A. 1~2   B. 3~5   C. 5~10   D. 10~20
201. BA011 正压式空气呼吸器压力表应每( )进行一次校正。
  A. 季度   B. 半年   C. 年   D. 三年
202. BA012 物料经挤出机挤压切粒需要经过( )后,才能挤出成条来,然后再由切刀切粒。
  A. 挤压   B. 混合   C. 混炼   D. 加热熔融
203. BA012 混合好的原料变成熔融条束,经过挤出机各部分的顺序是( )。
  A. 熔融段→加料段→挤出段   B. 加料段→熔融段→挤出段
  C. 挤出段→熔融段→加料段   D. 熔融段→挤出段→加料段
204. BA012 ABS 常温下为( )态。
  A. 玻璃   B. 高弹   C. 黏流   D. 树脂
205. BA013 挤压机组的主齿轮箱上安装有一套辅助( )用来帮助启动挤压机组。
  A. 加料系统   B. 驱动系统   C. 挤压系统   D. 产品成型加工系统
206. BA013 挤出机设有抽真空系统,因为( )。
  A. 附属设备没有用
  B. 需要抽出挤出机没有熔融的粉料
  C. 需要抽出挤出机没有熔融的 ABS 颗粒
  D. 需要抽出高温下原料产生的残单
207. BA013 挤出机都有保护联锁,切刀应与( )联锁在一起。
  A. 振动筛   B. 挤出机加热器   C. 喂料器   D. 主电机
208. BA014 对于挤出机保护部分,下列不能保护挤出机的是( )。
  A. 换网器压力联锁   B. 挤出机筒体温度报警
  C. 挤出机电流过载联锁   D. 挤出机料斗料位联锁
209. BA014 挤出机筒体使用循环水冷却,若冷却水停止,挤出机筒体将会( )。
  A. 无变化   B. 温度降低   C. 温度升高   D. 不再加热
210. BA014 挤压机控制系统可实现的主要功能有( )。
  ①显示工艺数据;②控制工艺数据;③其他可用功能
  A. ①   B. ①②   C. ①②③   D. ②③
211. BA015 挤出机开车前检查润滑系统是否工作正常,油温在( )℃之间。
  A. 20~40   B. 30~50   C. 40~60   D. 40~70

212. BA015 挤出机开车前把含有( )的抗焦化剂涂在螺栓及模头上。
    A. EBA　　　　　B. 硬脂酸镁　　C. 二硫化钼　　D. SPEP
213. BA015 挤出机开车前应确认( )水位在正常范围。
    A. 筒体冷却水箱　B. 水浴槽　　　C. 冷却水　　　D. 废水
214. BA016 当振动筛停车时可直接导致( )停车。
    A. 颗粒输送风机　B. 切粒机　　　C. 喂料器　　　D. 风刷
215. BA016 对于切粒机水道的说法,错误的是( )。
    A. 水温要适中　　　　　　　　　B. 水道中间可以有低点
    C. 水道内要光滑　　　　　　　　D. 水道不可拐弯
216. BA016 切粒机操作时,不要使金属等硬的异物掉入切刀室,以免造成( )损坏。
    A. 齿轮　　　　　B. 切刀　　　　C. 离心泵　　　D. 转轮
217. BA017 切粒机水系统温度过高,则物料易产生( )。
    A. 空心料　　　　B. 干料　　　　C. 湿料　　　　D. 落地料
218. BA017 当挤出机负荷为 5.5t/h 时,切粒机转速应为( )r/min。
    A. 70　　　　　　B. 80　　　　　C. 90　　　　　D. 100
219. BA017 切粒机开车前,盘车后试运转( )min。
    A. 1　　　　　　B. 2　　　　　C. 3　　　　　D. 5
220. BB001 离心泵效率是离心泵的重要性能参数,随着泵出口流量的增加,其效率( )。
    A. 先增大然后开始下降　　　　　B. 增大
    C. 下降　　　　　　　　　　　　D. 不随流量而变化
221. BB001 扬程是离心泵的重要性能参数之一,随着离心泵出口流量的增加其扬程( )。
    A. 增加　　　　　　　　　　　　B. 增加到某一值以后开始下降
    C. 下降　　　　　　　　　　　　D. 不随流量而变化
222. BB001 运行中的电动离心泵,不变的是( )。
    A. 轴功率　　　　B. 效率　　　　C. 流量　　　　D. 转速
223. BB002 下列选项中,不属于离心泵流量调节方法的是( )。
    A. 节流调节　　　B. 固定调节　　C. 旁路返回调节　D. 变速调节
224. BB002 同样压头情况下,离心泵并联的出口流量为单台机泵的( )倍。
    A. 0.5　　　　　B. 1　　　　　C. 2　　　　　D. 3
225. BB002 离心泵的有效流量小于理论流量,主要是由于( )损失造成的。
    A. 摩擦　　　　　B. 容积　　　　C. 水力　　　　D. 机械
226. BB003 离心泵的有效扬程小于理论扬程,主要是由于( )损失造成的。
    A. 摩擦　　　　　B. 水力　　　　C. 容积　　　　D. 机械
227. BB003 离心泵扬程常用符号( )表示。
    A. *Ge*　　　　　B. *Ne*　　　　C. *He*　　　　D. *Na*
228. BB003 离心泵扬程与( )无关。
    A. 泵的结构尺寸　B. 转速　　　　C. 流量　　　　D. 密度

229. BB004 离心泵的有效功率可由泵的实际流量、实际扬程和(　　)计算得出。
　　A. 输送温度下液体的密度　　　　B. 标准状态下液体的密度
　　C. 输送温度下水的密度　　　　　D. 标准状态下水的密度

230. BB004 离心泵的有效功率用符号(　　)表示。
　　A. *Ge*　　　　B. *Ne*　　　　C. *He*　　　　D. *Na*

231. BB004 离心泵的轴功率用符号(　　)表示。
　　A. *Ge*　　　　B. *Ne*　　　　C. *He*　　　　D. *Na*

232. BB005 所有流道内流体的摩擦损失,均由(　　)表示。
　　A. 机械效率　　B. 容积效率　　C. 水力效率　　D. 总效率

233. BB005 轴承、密封填料箱及所有盘面摩擦损失,均由(　　)表示。
　　A. 机械效率　　B. 容积效率　　C. 水力效率　　D. 总效率

234. BB005 通过口环、级间密封、平衡设施和填料压盖的泄漏,均由(　　)表示。
　　A. 机械效率　　B. 容积效率　　C. 水力效率　　D. 总效率

235. BB006 不属于离心泵在启动前需要检查内容的是(　　)。
　　A. 防护罩完好　　　　　　　　B. 盘车均匀灵活
　　C. 冷却水系统畅通　　　　　　D. 泵出口压力

236. BB006 离心泵在启动之前需要检查地脚螺栓,如果地脚螺栓没有紧固,机泵运转时会发生(　　)超标。
　　A. 出口压力　　B. 电动机温度　　C. 轴承温度　　D. 振动

237. BB006 离心泵在启动之前需要检查润滑油,如果机泵缺润滑油,会发生(　　)超标。
　　A. 轴承振动　　B. 电动机温度　　C. 轴承温度　　D. 电动机振动

238. BB007 离心泵启动后,全面检查机泵的运转情况时不包括(　　)。
　　A. 出口流量　　B. 出口压力　　C. 轴承温度及声音　　D. 振动情况

239. BB007 开机后,检查电动机的电流是否在额定值内,若泵在额定流量运转而电动机超负荷,应(　　)。
　　A. 停泵检查　　　　　　　　　B. 适当关小出口阀
　　C. 适当关小进口阀　　　　　　D. 只要机泵振动不超标,就维持现状

240. BB007 离心泵启动前,进出口阀门的正确开度是(　　)。
　　A. 入口阀和出口阀均全开　　　B. 入口阀全关,出口阀全开
　　C. 入口阀全开,出口阀全关　　D. 入口阀和出口阀均全关

241. BB008 热油泵在启动前,要缓慢预热,使泵体与输送介质的温差在(　　)℃以下。
　　A. 30　　　　B. 40　　　　C. 50　　　　D. 60

242. BB008 热油泵打入的封油压力高于泵体压力(　　)MPa 以上。
　　A. 0.1　　　B. 0.2　　　C. 0.3　　　D. 0.4

243. BB008 启动离心泵时,应将泵出口阀关闭,否则容易发生(　　)现象。
　　A. 抽空　　　B. 剧烈振动　　C. 汽蚀　　　D. 电动机跳闸

244. BB009 以下选项中,不属于蒸汽往复泵结构的是(　　)。
　　A. 叶轮　　　B. 曲轴　　　C. 连杆　　　D. 十字头

245. BB009 蒸汽往复泵的部件不包括(　　)。
   A. 泵缸　　　　　B. 泵体　　　　　C. 活塞杆、活塞　　　D. 吸入、排出阀

246. BB009 以下选项中,不属于往复泵的是(　　)。
   A. 活塞泵　　　　B. 柱塞泵　　　　C. 离心泵　　　　D. 隔膜泵

247. BB010 计量泵启动时,将泵的冲程调为零的目的是(　　)。
   A. 防止电机超电流
   B. 防止电机超电流、防止出口超压
   C. 防止泵出口流量突然增大造成其他系统波动
   D. 防止泵的出口超压

248. BB010 计量泵出口流量是用(　　)来进行调节的。
   A. 泵出口阀门开度　　　　　B. 泵进口阀门开度
   C. 泵的冲程　　　　　　　　D. 泵旁路阀的开度

249. BB010 往复泵起动前,泵缸内(　　)。
   A. 需充液　　　　B. 不需充液　　　C. 需排气　　　　D. 不需排气

250. BB011 工艺设计水冷器进、出口水的温差是(　　)℃。
   A. 15　　　　　　B. 10　　　　　　C. 12　　　　　　D. 18

251. BB011 要求退入罐区的二甲苯装置物料温度应(　　)。
   A. ≤40℃　　　　B. ≥40℃　　　　C. <40℃　　　　D. >40℃

252. BB011 要求进入罐区的某轻质油品温度≤40℃的目的是(　　)。
   A. 减少油品的挥发损失
   B. 减少油品的挥发损失、减少环境污染
   C. 防止油品温度高产生的饱和蒸气压危及油罐的安全
   D. 减少油品的挥发及环境污染,保证储罐安全

253. BB012 某一台水冷却器进水和回水管线上的压力均与其他正常水冷却器进口压力相同,则(　　)。
   A. 该水冷却器已经堵塞
   B. 装置回水管线上的总阀门被关闭
   C. 该水冷却器的回水阀门没有打开或者阀门已在关闭状态下损坏或者回水管线发生了堵塞
   D. 该水冷却器的回水阀门没有打开或者阀门已在关闭状态下损坏

254. BB012 水冷却器进出口管线上加装压力表的目的是(　　)。
   A. 便于看到水冷却器进水和回水的压力
   B. 便于判断水冷却器的堵塞及循环水压力是否正常
   C. 便于利用水冷却器进口和出口的压降判断出水冷却器的内漏情况
   D. 便于利用水冷却器进口和出口的压力判断出水冷却器内是否充满水

255. BB012 判断水冷却器管程堵塞的方法为(　　)。
   A. 利用水冷却器进口和出口的压降　　B. 利用水冷却器的进口压力
   C. 利用水冷却器出口水的温度　　　　D. 利用水冷却器出口物料的温度

256. BB013 管壳式换热器内部有列管,在使用前应用换热液体将列管内的( )排净。
   A. 空气   B. 水   C. 油   D. N_2
257. BB013 为保证管壳式换热器好用,在使用前应对管壳式换热器( ),防止内部列管泄漏。
   A. 加热试验   B. 加压试漏   C. 换热试验   D. 流程检验
258. BB013 使用蒸汽加热的换热器,投用前应( )保证换热效果。
   A. 排水   B. 排气   C. 排凝液   D. 排风
259. BB014 水冷却器进行充液排气时,应( )。
   A. 先开排气阀,后开进水阀   B. 先开进水阀,后开排气阀
   C. 先开回水阀,后开排气阀   D. 先开排气阀,后开回水阀
260. BB014 下列选项中,水冷却器投用时,下列描述正确的是( )。
   A. 冷却器先充满水再充满热流体后,慢慢打开冷却器回水管线上的阀门,同时慢慢打开热液体管线上的阀门
   B. 没有明确要求
   C. 先投用热流体,后投用冷却水回路
   D. 冷却器先充满热液体后再充满水,慢慢打开冷却器回水管线上的阀门同时慢慢打开热液
261. BB014 水冷器的投用原则是( )。
   A. 先充热流体,后充冷却水   B. 先充冷却水,后充热流体
   C. 热流体和冷却水同时充入   D. 不必考虑热流体和冷却水的充入顺序
262. BB015 以下是乳液聚合中乳化剂的作用的是( )。
   A. 加快反应   B. 减慢反应   C. 利于传热   D. 分散单体
263. BB015 下列各种物质是乳化剂的是( )。
   A. 硫酸镁   B. 歧化松香酸钾皂
   C. 硫酸   D. 过硫酸钾
264. BB015 乳化剂可以( ),因此便于将油分散成细小的液滴。
   A. 降低界面张力 B. 降低液体密度 C. 提高界面张力 D. 提高液体密度
265. BB016 下列物质不能用作乳化剂的是( )。
   A. 硬脂酸钾   B. 油酸钾   C. SDS   D. TDDM
266. BB016 乳化剂固含量低于控制范围时,处理方法是( )。
   A. 加入经计算的适量的乳化剂   B. 放掉重配
   C. 加入适量水   D. 增加搅拌时间
267. BB016 乳化剂用量增大,胶乳黏度( ),张力降低。
   A. 减少   B. 减小   C. 增大   D. 降低
268. BB017 引发剂的( )能影响聚合反应速率。
   A. 质量   B. 体积   C. 密度   D. 浓度
269. BB017 乳液聚合反应之所以开始,是因为( )能降低化学反应的活化能,增加活化分子的百分率。
   A. 乳化剂   B. 终止剂   C. 引发剂   D. 相对分子质量调节剂

270. BB017 乳液聚合中增加引发剂,聚合度( )。
 A. 增加　　　　　B. 减少　　　　　C. 不变　　　　　D. 不一定

271. BB018 下列药剂能使聚合物分子链形成自由基的是( )。
 A. 催化剂　　　　B. 润滑剂　　　　C. 引发剂　　　　D. 终止剂

272. BB018 PB聚合引发剂过硫酸钾配制温度要求在( )℃。
 A. 0~10　　　　　B. 10~20　　　　C. 20~30　　　　D. 30~40

273. BB018 ABS生产使用的引发剂有过氧化氢异丙苯、偶氮二异丁腈和( )等。
 A. 油酸钾　　　　B. 氢氧化钾　　　C. 硫代硫酸钠　　D. 过硫酸钾

274. BB019 凝聚需要填充的管线有( )。
 A. 凝聚剂、胶乳、抗氧剂　　　　　　B. 凝聚剂、胶乳、热水
 C. 胶乳、水、蒸汽　　　　　　　　　D. 胶乳、抗氧剂、水

275. BB019 凝聚单元的凝聚釜一般采用( )。
 A. 小体积连续凝聚　　　　　　　　　B. 大体积一次凝聚
 C. 大体积连续凝聚　　　　　　　　　D. 小体积一次凝聚

276. BB019 凝聚系统在开车前应检查( )药剂是否配制合格。
 A. 抗氧剂　　　　B. 颜色稳定剂　　C. 乳化剂　　　　D. 凝聚剂

277. BB020 SAN聚合反应,其反应过程的基元反应的循序是( )。
 ①链引发;②链增长;③链转移;④链终止
 A. ①②③④　　　B. ②①③④　　　C. ①③④②　　　D. ③①②④

278. BB020 A,B两种单体进行共聚时,共聚物中两种单体排列的顺序不可能的是( )。
 A. 无规共聚物　　B. 嵌段共聚物　　C. 接枝共聚物　　D. 均聚物

279. BB020 SAN聚合反应,其反应过程的关键是( )。
 A. 链引发　　　　B. 链增长　　　　C. 链转移　　　　D. 链终止

280. BB021 对于SAN聚合反应的工艺流程,下列叙述正确的是( )。
 ①反应器反应;②脱挥;③原料进料;④生产造粒
 A. ①②③④　　　B. ②①③④　　　C. ①③④②　　　D. ③①②④

281. BB021 甲苯在SAN聚合过程中起的作用是( )。
 A. 加速反应　　　　　　　　　　　　B. 阻聚
 C. 相对分子质量调节　　　　　　　　D. 溶剂

282. BB021 下列药剂不是SAN聚合过程使用的是( )。
 A. TDDM　　　　B. 乳化剂　　　　C. 溶剂　　　　　D. 清洗剂

283. BB022 SAN聚合过程中聚合反应温度下降的原因是( )。
 A. 单体带水　　　　　　　　　　　　B. 聚合釜夹套温度低
 C. 单体配比错误　　　　　　　　　　D. 回流量太低

284. BB022 SAN聚合反应温度高,易造成分子键( )。
 A. 增长　　　　　B. 支化　　　　　C. 活化　　　　　D. 断裂

285. BB022 SAN聚合反应对产品内在质量的主要影响因素为( )。
 A. 加料比例　　　　　　　　　　　　B. 反应中的温度控制
 C. 搅拌器的转速　　　　　　　　　　D. 反应器压力

286. BB023　输送ABS粉料使用的风机是(　　)。
　　 A. 罗茨风机　　　B. 离心风机　　　C. 轴流风机　　　D. 涡流风机
287. BB023　处理风送系统堵线时,应首先(　　)。
　　 A. 停凝聚进料　　　　　　　　　B. 停脱水机下料
　　 C. 停风送系统　　　　　　　　　D. 停下料转阀
288. BB023　粉料风送压力应控制在(　　)。
　　 A. 大于60kPa　　B. 小于50kPa　　C. 等于50kPa　　D. 等于60kPa
289. BB024　以下选项中可能造成输送ABS粉料风压偏高的是(　　)。
　　 A. 输送旋转阀转速慢　　　　　　B. 干燥挡板开度小
　　 C. 袋式过滤器干净　　　　　　　D. 粉料水含量高
290. BB024　粉料停送时,输送风机和旋转阀的停运顺序是(　　)。
　　 A. 先停旋转阀,再停输送风机　　B. 先停输送风机,再停旋转阀
　　 C. 同时停　　　　　　　　　　　D. 可都不停
291. BB024　风送系统开始运行顺序正确的是(　　)。
　　 A. 下料转阀先运行,送料风机后运行　　B. 下料转阀后运行,送料风机先运行
　　 C. 风机与转阀同时运行　　　　　　　　D. 风机与转阀没有顺序
292. BC001　属于交接班"十交"内容的是(　　)。
　　 A. 交产品　　　B. 交任务　　　C. 交操作　　　D. 交人员
293. BC001　交接班的"五不接"内容中有:出现(　　)异常情况不接。
　　 A. 设备　　　　B. 仪表　　　　C. 电气　　　　D. 公用工程
294. BC001　交接班的"五不接"内容,不包括(　　)。
　　 A. 设备不好不接　　　　　　　　B. 工具不全不接
　　 C. 操作情况不明不接　　　　　　D. 质量不合格不接
295. BC002　下面关于巡回检查说法不正确的是(　　)。
　　 A. 根据生产需要,对生产重点部位进行定时、定点检查
　　 B. 巡回检查中发现问题应及时处理,处理完毕可不必汇报
　　 C. 巡回检查时应携带检查工具
　　 D. 巡回检查应检查工艺指标、现场卫生等
296. BC002　岗位工人在巡检中,应随身携带(　　)和抹布,定路线、定点、定内容、定时间进行检查。
　　 A. 听诊器　　　B. 测振仪　　　C. 手电　　　D. 测温仪
297. BC002　在设备运行中要求对设备运行状态监测,使用工具不正确的是(　　)。
　　 A. 测温枪　　　B. 手电　　　　C. 测振仪　　　D. 听诊器
298. BC003　正常出现空项或因计量表故障(需注明原因)出现空项,应(　　)。
　　 A. 空着　　　　　　　　　　　　B. 画横线"—"
　　 C. 画斜线"/"　　　　　　　　　D. 画斜线"\"
299. BC003　内操人员在记录点前后(　　)min内填写岗位操作记录,30min内完成。
　　 A. 1　　　　　B. 3　　　　　C. 5　　　　　D. 10

300. BC003　岗位记录的笔体是(　　)。
　　A. 宋体　　　　　B. 仿宋体　　　　C. 隶书　　　　　D. 楷体
301. BC004　现场记录读数,以计量最(　　)刻度或另外估算(　　)位数字为准。
　　A. 小,1　　　　 B. 小,2　　　　　C. 大,1　　　　　D. 大,2
302. BC004　交班(　　)、接班(　　),岗位操作记录要按时签名。
　　A. 前,前　　　　B. 后,后,　　　　C. 前,后　　　　 D. 后,前
303. BC004　交接班日记(　　)不签名,交班人不离岗。
　　A. 主操　　　　 B. 班长　　　　　C. 接班人　　　　D. 值班人
304. BC005　电磁阀有交流电磁阀和(　　)电磁阀两种。
　　A. 直流　　　　 B. 交流　　　　　C. 对流　　　　　D. 正压
305. BC005　电动阀的使用场所是(　　)。
　　A. 需要对阀门经常进行开关的场所
　　B. 需要对阀门经常进行开关及阀门开关动作要求快的场所
　　C. 高、远点及环境恶劣的场所
　　D. 阀门直径比较大的场所
306. BC005　电动阀的类型有(　　)。
　　A. 蝶阀　　　　 B. 闸阀　　　　　C. 截止阀　　　　D. 闸阀、蝶阀
307. BC006　电磁阀安装位置很重要,通常是(　　)安装。
　　A. 垂直　　　　 B. 水平　　　　　C. 反向　　　　　D. 正向
308. BC006　电磁阀广泛应用于化工装置的(　　)保护系统中。
　　A. 联锁　　　　 B. 正向　　　　　C. 反向　　　　　D. 安全
309. BC006　下列选项中,描述电磁阀常用功能的是(　　)。
　　A. 调节工艺介质流量　　　　　　　B. 调节空气气源量
　　C. 电/气转换　　　　　　　　　　 D. 改善调节阀的流量特性
310. BC007　检修后的流量调节阀从旁路阀切入需要注意的是(　　)。
　　A. 流量不要波动太大　　　　　　　B. 注意切入前导淋已关闭
　　C. 调节阀已确认好用　　　　　　　D. 以上全是
311. BC007　调节阀故障以后的处理方法是(　　)。
　　A. 切到旁路控制　　　　　　　　　B. 停工检修
　　C. 在线维修　　　　　　　　　　　D. 不需切出修理
312. BC007　回流调节阀采用的是(　　)。
　　A. 分程控制　　 B. 气开阀　　　　C. 气关阀　　　　D. 气开或气关
313. BC008　当调节阀无法动作,实际流量低于正常流量时正确的切出步骤是(　　)。
　　A. 先关闭调节阀的一次或者二次阀,再开大调节阀的旁路阀
　　B. 开大调节阀的旁路到正常流量的同时关小调节阀的一次、二次阀
　　C. 开大调节阀的旁路到正常流量,同步进行调节阀的旁路开大及一次阀关小
　　D. 开大调节阀的旁路到正常流量,同步进行调节阀的旁路阀开大及一次阀关小,并注意不要使流量偏离正常值10%

314. BC008　调节阀因故障需切到旁路阀,在进行切出操作时应(　　)。

   A. 先关闭调节阀的一次阀,然后再关闭其二次阀

   B. 同时关闭调节阀的一次、二次阀

   C. 先关闭调节阀的一次阀,视情况开大其旁路阀,保持其控制参数的相对稳定,再关闭其二次阀

   D. 同时关闭调节阀的一次、二次阀且视情况开大其旁路阀,保持其控制参数的相对稳定

315. BC008　调节阀阀位与调节器的输出应(　　)。

   A. 保持一致

   B. 与输出信号特性曲线保持一致

   C. 与输出信号特性曲线保持一致,但低信号时可能不一致

   D. 与输出信号特性曲线保持一致,但高信号时可能不一致

316. BC009　控制调节阀的测量仪表安装在调节阀附近的目的是(　　)。

   A. 便于操作人员巡检

   B. 调节阀故障时,方便操作人员利用变送仪表的数据进行调节

   C. 便于仪表人员进行维护

   D. 节省仪表安装费用,同时方便仪表人员对仪表进行维护

317. BC009　下列选项中,调节阀旁路的主要作用是(　　)。

   A. 当流量太大,调节阀无法满足要求时可通过旁路来进行分流

   B. 调节阀故障时用于调节流体流量

   C. 管线进行冲洗时避免脏物料经过调节阀

   D. 调节阀故障时用于调节液体流量

318. BC009　调节阀旁路阀采用的是(　　)。

   A. 截止阀

   B. 球阀

   C. 闸阀

   D. 广泛使用截止阀,大直径管线使用闸阀或蝶阀

319. BC010　对于要求输送流量较大的离心泵,应采用的离心泵类型是(　　)。

   A. 双吸式　　　　B. 单吸式　　　　C. 单级　　　　D. 多级

320. BC010　离心泵的级数越多,离心泵的(　　)。

   A. 流量越大　　　B. 扬程越大　　　C. 流量越小　　　D. 扬程越小

321. BC010　在多级且叶轮个数为偶数的离心泵中,叶轮一般采用对称布置,其目的是(　　)。

   A. 平衡轴向力

   B. 便于安装

   C. 减少泵的制造尺寸

   D. 增加泵的出口压力

322. BC011　电动机过电流保护的作用是(　　)。

   A. 确保电动机在安全的电流下工作,防止电动机超电流

   B. 防止电动机超负荷,防止不正确使用电动机

   C. 电动机超电流达到一定时间或者短路后自动切断电源

   D. 电动机超电流以后切断电源,防止损坏电动机

323. BC011　工业上为防止电动机超负荷损坏采取的措施是(　　)。
　　A. 短路保护　　　　　　　　　　B. 接地保护
　　C. 泵启动时关闭泵出口阀保护　　D. 电动机超电流保护

324. BC011　空冷器的电流偏小通常是由(　　)造成的。
　　A. 皮带太紧　　B. 皮带太松　　C. 润滑不好　　D. 叶片安装角不一致

325. BC012　首次启动离心泵驱动电动机前,应查看(　　)转向是否正确。
　　A. 电动机　　　B. 电流　　　　C. 压力　　　　D. 温度

326. BC012　电动机温度跳闸保护报警,但电动机未跳可先启动(　　)后再停电动机。
　　A. 电流　　　　B. 备机　　　　C. 离心泵　　　D. 齿轮泵

327. BC012　规定高压电动机离心泵启动时间、间隔的目的是防止(　　)或者使电动机跳电。
　　A. 烧坏齿轮泵　B. 烧坏离心泵　C. 烧坏搅拌器　D. 烧坏电动机

328. BC013　听棒主要用于检查机泵(　　)。
　　A. 振动　　　　　　　　　　　　B. 温度
　　C. 异常声音　　　　　　　　　　D. 轴承的异常声音

329. BC013　使用听棒时不要与(　　)接触。
　　A. 泵过滤器　　B. 泵壳　　　　C. 机封　　　　D. 转动部件

330. BC013　用手固定听棒的力约为(　　)kg。
　　A. 0.5~1　　　B. 2~5　　　　C. 5　　　　　D. >10

331. BC014　离心泵过滤器发生堵塞的特征是(　　)。
　　A. 流量、压力明显下降
　　B. 泵内有明显的响声
　　C. 泵内有明显的响声并伴有振动
　　D. 出口压力或者流量开始下降,泵内有明显的响声并伴有振动

332. BC014　离心泵巡检时,对其冷却系统的要求是(　　)。
　　A. 所有冷却水支管畅通
　　B. 所有冷却水阀门都是全开的
　　C. 机械密封冲洗液温度符合要求(≤泵出口液体温度60℃或者更低)
　　D. 所有冷却水支管畅通且机械密封冲洗液温度符合要求(≤泵出口液体温度60℃或者更低)

333. BC014　运行离心泵对滚动轴承温度的要求是(　　)。
　　A. 轴承温度≤65℃　　　　　　　B. 轴承温升≤65℃
　　C. 轴承温度≤70℃　　　　　　　D. 轴承温升≤70℃

334. BC015　丁二烯大量泄漏时的处理方法不正确的是(　　)。
　　A. 用大量蒸汽稀释　　　　　　　B. 切断物料来源
　　C. 允许车辆通过泄漏区　　　　　D. 通知周围装置,停止有可能产生火花的操作

335. BC015　丁二烯着火后不可以使用的灭火物质是(　　)。
　　A. 水　　　　　B. 二氧化碳　　C. 泡沫　　　　D. 雾状水

336. BC015 丁二烯聚合投料后,达到规定( )后,进入反应控制阶段。
   A. 压力　　　　B. 流量　　　　C. 温度　　　　D. 液位

337. BC016 ABS生产过程中,硫酸的作用是( )剂。
   A. 乳化　　　　B. 引发　　　　C. 凝聚　　　　D. 氧化

338. BC016 硫酸的相对分子质量是( )。
   A. 58　　　　　B. 78　　　　　C. 98　　　　　D. 108

339. BC016 硫酸的相对密度是( )。
   A. 1.38　　　　B. 1.57　　　　C. 1.75　　　　D. 1.83

340. BC017 硫酸溅到裸露的皮肤或进入眼睛的处理方法:立即用大量( )冲洗。
   A. 清水　　　　B. 浓碱水　　　C. 稀酸水　　　D. 弱碱水

341. BC017 硫酸大量泄漏的处理方法是用( )中和。
   A. 清水　　　　B. 碱　　　　　C. 稀酸水　　　D. 硫酸镁

342. BC017 处理硫酸大量泄漏时要佩戴( )色滤毒罐。
   A. 红　　　　　B. 蓝　　　　　C. 黄　　　　　D. 绿

343. BC018 卸硫酸操作必须由( )个有实际操作经验的人员进行。
   A. 1　　　　　B. 2　　　　　C. 3　　　　　D. 4

344. BC018 操作经验不满( )年的员工不准作为卸酸主操。
   A. 1　　　　　B. 2　　　　　C. 3　　　　　D. 4

345. BC018 为保证硫酸罐车稳定,将防倒垫板垫在酸车的( )轮上,防止酸车滑行造成危险。
   A. 前　　　　　B. 后　　　　　C. 左　　　　　D. 右

346. BC019 卸酸操作人员必须穿好( )工作服,戴好防酸面罩和防酸手套,穿好防酸胶靴。
   A. 防酸　　　　B. 防静电　　　C. 棉质　　　　D. 化纤

347. BC019 卸酸时将( )与酸车阀门连接好。
   A. 胶管　　　　B. 增强塑料管　C. 加料管　　　D. 金属软管

348. BC019 确认接酸管线设定好后,打开酸车阀门,开阀时要面部向( )侧后方躲开法兰口处。
   A. 离心　　　　B. 气动　　　　C. 计量　　　　D. 往复

349. BC020 聚合釜开车或开车生产中,事故管线总阀是( )的。
   A. 操作压力高时常开　　　　　B. 关闭
   C. 常开　　　　　　　　　　　D. 操作压力高时常关

350. BC020 甲苯在SAN生产过程中的作用,下列说法错误的是( )。
   A. 循环溶剂　　B. 事故溶剂　　C. 清洗溶剂　　D. 相对分子质量调节剂

351. BC020 下列能够在SAN装置的生产过程中起到溶剂作用的是( )。
   A. 甲苯　　　　B. 丙烯腈　　　C. 苯　　　　　D. 苯乙烯

352. BC021 SAN聚合超温时,首先检查( )情况,排除调节阀故障后,适当降低反应釜压力设定值,压力不降的可手动泄压。
   A. 压力变送表　B. 反应釜液位　C. 分程调节系统　D. 反应釜压力

353. BC021　SAN 聚合釜压力控制阀失灵,会造成 SAN 生产影响的是(　　)。
　　A. 产品黄度偏高　　　　　　　B. 反应物料超温
　　C. 反应物料低温　　　　　　　D. 没有影响

354. BC021　SAN 聚合反应物料超温的原因,下列说法不正确的是(　　)。
　　A. 聚合釜压力控制阀失灵　　　B. 真空系统故障,真空度下降
　　C. 冷却水系统故障　　　　　　D. 聚合釜中的甲苯含量高

355. BC022　正常生产中,聚合反应温度下降,要缓慢逐步提高聚合反应釜(　　)。
　　A. 出料量　　B. 进料量　　C. 液位　　D. 压力

356. BC022　正常生产中,聚合反应温度下降,要加强(　　)的排水。
　　A. 反应釜　　B. 闪蒸罐　　C. 循环溶剂罐　　D. 新鲜溶剂罐

357. BC022　如 SAN 聚合釜温度持续降低,应向底部夹套通(　　),将聚合反应温度升至正常温度。
　　A. 循环水　　B. 热油　　C. 蒸汽　　D. 清洗溶剂

358. BC023　以苯乙烯、丙烯腈为反应单体,甲苯作为稀释剂,采取热引发连续(　　)方法生产 SAN 树脂。
　　A. 溶液聚合　　B. 本体聚合　　C. 乳液聚合　　D. 悬浮聚合

359. BC023　本体法因不使用溶剂和介质,仅靠热引发产生自由基进行聚合反应,生产的 SAN 树脂相对分子质量较高、聚合物(　　)、生产效率高、后处理简单。
　　A. 纯净　　B. 浑浊　　C. 通明　　D. 光滑

360. BC023　下列不是甲苯在 SAN 树脂生产过程中作用的是(　　)。
　　A. 循环溶剂　　B. 事故溶剂　　C. 清洗溶剂　　D. 相对分子质量调节剂

361. BC024　挤出机是转动设备,检查时不要触碰转动部位,防止(　　)伤害。
　　A. 电流　　B. 压力　　C. 人为　　D. 机械

362. BC024　挤出机应检查筒体各段(　　)是否正常。
　　A. 流量　　B. 液位　　C. 压力　　D. 温度

363. BC024　挤压机应检查润滑油(　　)是否在规定范围内。
　　A. 流量　　B. 液位　　C. 压力　　D. 体积

364. BC025　变频调速的优点有无附加滑差损耗,效率高,调速范围(　　)。
　　A. 窄　　B. 宽　　C. 变化　　D. 不变

365. BC025　变频调速的优点是产品品种较多,选择的余地(　　)。
　　A. 受影响　　B. 不受影响　　C. 小　　D. 大

366. BC025　变频调速适用于低流量运行时间(　　)或启动频繁的机泵。
　　A. 较短　　B. 固定　　C. 较长　　D. 不确定

367. BC026　变频机泵切换至工频机泵时,先开工频泵,缓慢打开工频泵出口,同时主操室操作人员将变频机泵电流相应(　　),直至为零。
　　A. 调大　　B. 不变　　C. 调小　　D. 调强

368. BC026　变频机泵切换至工频机泵时,先用工频机泵(　　)与变频机泵电动机电流进行流量切换。
　　A. 出口阀　　B. 入口阀　　C. 进口阀　　D. 出入口阀

369. BC026　工频机泵切换至变频机泵时,可以先切换机泵,再将流量控制切换至(　　)电动机电流控制。
　　A. 备用泵　　　B. 离心泵　　　C. 往复泵　　　D. 变频机泵

370. BC027　机泵切换时,先开备用泵,缓慢开大出口阀门,同时相应关小主泵(　　)阀门,直至关闭,停主泵电动机。
　　A. 进口　　　B. 出口　　　C. 旁路　　　D. 放空

371. BC027　机泵切换时,若没有对讲机与内操联系,外操用(　　)判断流量。
　　A. 机泵电流　　　B. 控制阀开度　　　C. 泵出口压力　　　D. 现场一次表

372. BC027　机泵切换完成后,检查内容不包括(　　)。
　　A. 电动机电流　　　　　　B. 出口压力
　　C. 辅助密封参数　　　　　D. 机泵振动情况

373. BC028　离心泵启动时关闭出口阀的目的是(　　)。
　　A. 确认泵的机械性能,一旦发现问题能在最短的时间内停车处理
　　B. 防止电动机过电流
　　C. 防止电动机长时间过电流造成电动机跳电或者烧毁电动机
　　D. 防止电动机长时间超负荷

374. BC028　离心泵启动时关闭泵的出口阀门,保护电动机的原理是(　　)。
　　A. 缩短电动机启动时间,降低电动机的启动电流
　　B. 电动机的轴功率最低,电动机不发生超电流
　　C. 电动机的轴功率为零,电动机的启动电流最低
　　D. 缩短了电动机达到额定转速的时间

375. BC028　离心泵切换至备用泵不需检查(　　)。
　　A. 备用泵油杯是否有油　　　B. 备用泵是否备用
　　C. 备用泵出入口阀门状态　　D. 切换顺序

376. BC029　过滤器的工作原理是借流体压力或自身压力,利用过滤单元表面,收集(　　)。
　　A. 流体中的固体颗粒
　　B. 流体中直径大于过滤单元表面孔径的固体颗粒
　　C. 液体中直径小于过滤单元表面孔径的固体颗粒
　　D. 液体中的各种杂质

377. BC029　过滤器使用到一定时间以后,其压降增大的原因是(　　)。
　　A. 固体颗粒堵塞了过滤单元表面的孔　　B. 固体颗粒层厚度增加
　　C. 过滤单元表面的孔径太小　　　　　　D. 流体中的杂质含量太高

378. BC029　一般过滤器的组成中不包括(　　)。
　　A. 滤芯　　　B. 滤腔　　　C. 辅助系统　　　D. 滤纸

379. BC030　安全阀的作用是(　　)。
　　A. 防止设备流量超高　　　B. 防止设备液位超高
　　C. 防止设备压力超高　　　D. 防止设备温度超高

380. BC030　安全阀用于排放容器或系统内高出设定压力的(　　)介质,在压力降至正常值后,容器或系统(　　)。
A. 部分,仍可继续运行　　　　B. 全部,仍可继续运行
C. 全部,必须停止运行　　　　D. 部分,必须停止运行

381. BC030　安全阀与爆破膜相比,优点是(　　)。
A. 不会中断生产　　　　B. 密封性好
C. 灵敏度高　　　　D. 适用于黏性大、毒性大、腐蚀性强的介质

382. BC031　不属于按气体排放方式进行分类的安全阀是(　　)。
A. 全封闭式安全阀　　　　B. 脉冲式安全阀
C. 半封闭式安全阀　　　　D. 开放式安全阀

383. BC031　安全阀按阀瓣开启高度分为全启式和(　　)。
A. 全关式　　B. 半开式　　C. 微启式　　D. 部分开启式

384. BC031　弹簧式安全阀是一种利用弹簧的压缩预紧力及加载于阀瓣上的作用力来调节阀门的开关,起到(　　)保护作用的安全阀。
A. 降低电流　　B. 升高温度　　C. 泄压　　D. 升压

385. BC032　弹簧式安全阀当弹簧力(　　)介质作用于阀瓣的正常压力时,阀瓣处于关闭状态。
A. 小于　　B. 等于　　C. 大于　　D. 没有要求

386. BC032　杠杆式安全阀结构简单,调整容易而又比较准确,适用于(　　)的场合。
A. 温度较高　　B. 压力较高　　C. 温度较低　　D. 压力较低

387. BC032　安全阀的流道面积指的是(　　)。
A. 管线的横截面积
B. 安全阀的进口横截面积
C. 阀进口端至关闭件密封面间流道的最小横截面积
D. 安全阀的出口横截面积

388. BC033　在日常巡检中,安全阀副线阀门应该是(　　)。
A. 全关　　B. 全开　　C. 半开　　D. 微开

389. BC033　正常投用以后的安全阀前的截止阀开度为(　　),并进行铅封。
A. 全关　　B. 微关　　C. 微开　　D. 全开

390. BC033　安全阀巡检检查外部调节机构的(　　)是否完好。
A. 密封　　B. 铭牌　　C. 铅封　　D. 手轮

391. BC034　不属于加热炉鼓(引)风机的正常运行维护包括(　　)。
A. 检查冷却水系统运行情况　　B. 每一年更换一次润滑油
C. 检查密封泄漏情况　　　　D. 经常检查轴承温度

392. BC034　对停鼓(引)风机步骤排序正确的是(　　)。
①切断电源②鼓(引)风机停车③将鼓(引)风机的入口挡板徐徐关闭④关闭出口阀
A. ①③②④　　B. ③①④②　　C. ①③④②　　D. ③①②④

393. BC034 热风系统中控制引风机进口温度为（　　）。
    A. ≤120℃　　　B. 140℃　　　C. 140~160℃　　　D. ≥225℃
394. BC035 压力表量程一般为所属压力容器最高工作压力的（　　）倍，并留有余量。
    A. 1.5~3　　　B. 1.5~2　　　C. 2~3　　　D. 2.5~3
395. BC035 压力表负荷冲击较大的，建议用到满量程的（　　）。
    A. 1/2　　　B. 1/3　　　C. 1/4　　　D. 1/5
396. BC035 压力表表盘上刻画的红线，是指出工作时的（　　）工作压力。
    A. 最低　　　B. 平均　　　C. 最高　　　D. 正常
397. BC036 为了保证压力表测量精度，一般被测压力的最小值不低于仪表满量程的（　　）为宜。
    A. 1/2　　　B. 1/3　　　C. 1/4　　　D. 1/5
398. BC036 测量有一定腐蚀性的介质时选用（　　）型的压力表。
    A. 碳钢　　　B. 不锈钢　　　C. 塑料　　　D. 铸铁
399. BC036 精度等级为4.0压力表的，可用于外壳公称直径为（　　）mm的管道。
    A. 40　　　B. 100　　　C. 150　　　D. 200
400. BC037 压力表尽可能安装在室温、相对湿度小于（　　）的空间中。
    A. 60%　　　B. 70%　　　C. 80%　　　D. 90%
401. BC037 压力表校验合格后方可安装，安装压力表方向应（　　）。
    A. 水平　　　B. 倾斜　　　C. 任意位置　　　D. 垂直
402. BC037 压力表的表盘分度标尺是均匀分布的，所包的中心角一般为（　　）。
    A. 90°　　　B. 270°　　　C. 360°　　　D. 180°
403. BC038 压力表投用后，压力表指示应与DCS画面显示（　　）。
    A. 略高　　　B. 略低　　　C. 不同　　　D. 一致
404. BC038 压力表使用前检查压力表（　　）是否畅通，以保持内外压力平衡，同时防止内漏泄压。
    A. 平衡孔　　　B. 泄压孔　　　C. 导管　　　D. 表盘
405. BC038 按规定中压以上容器装设的压力表精度应（　　）级。
    A. 不小于2.5　　　B. 不大于2.5
    C. 不大于1.5　　　D. 不小于1.5
406. BD001 换热器日常检查冷、热介质入口和出口温度、（　　）。
    A. 电流　　　B. 泄漏情况　　　C. 结构　　　D. 压力
407. BD001 不属于换热器巡检内容的是（　　）。
    A. 保温情况　　　　　　　B. 支座及支撑结构、基础情况
    C. 根据生产情况判断是否泄漏　　D. 换热器进出口温差
408. BD001 换热器巡检应检查（　　）、管路与壳体法兰连接、阀门与管路法兰连接、阀门大盖等密封处的泄漏。
    A. 壳体与头盖法兰连接　　　B. 壳体与阀门连接
    C. 壳体本身　　　　　　　D. 头盖法兰本身

409. BD002 停换热器时的顺序应该是（　　）。
　　A. 先停热流再停冷流　　　　　　B. 先停冷流再停热流
　　C. 热流和冷流同时停　　　　　　D. 没有要求

410. BD002 换热器停用时,应（　　）。
　　A. 先开冷流副线阀　　　　　　　B. 先开热流副线阀
　　C. 先关冷流进出口阀　　　　　　D. 先关热流进出口阀

411. BD002 换热器停用后,应该（　　）以防止憋压。
　　A. 马上吹扫　　　　　　　　　　B. 放净冷却器内的存水
　　C. 略微给蒸汽加热　　　　　　　D. 放置一段时间

412. BD003 换热器停用过程中,降温速度要（　　）,以免发生泄漏。
　　A. 匀速　　　　　　　　　　　　B. 缓慢
　　C. 缓慢且匀速　　　　　　　　　D. 没有要求

413. BD003 停用的换热器吹扫时,换热器（　　）是"死角",需要反复憋压吹扫。
　　A. 管束　　　　　　　　　　　　B. 副线
　　C. 出口至回流罐管线　　　　　　D. 塔至进口管线

414. BD003 换热器停用时,严禁（　　）随地排放,冬季应注意防冻凝。
　　A. 有毒有害介质　　　　　　　　B. 高黏度介质
　　C. 高压介质　　　　　　　　　　D. 高密度介质

415. BD004 装置部分物料管线进行伴热的作用是（　　）。
　　A. 充分利用工厂余热,提高热量利用率
　　B. 防止管线内的物料冻结、冷凝
　　C. 保持管道内的流体有合适的黏度
　　D. 防止管线内的物料冻结、冷凝或者减慢管道内的物料温度下降

416. BD004 若管线使用蒸汽伴热,在蒸汽线上必须有的设备是（　　）。
　　A. 电磁阀　　　B. 安全阀　　　C. 导淋阀　　　D. 疏水器

417. BD004 冬季寒冷地区室外管线为防止管线内物料上冻通常加伴热,以下伴热的方式不正确的是（　　）。
　　A. 电伴热　　　B. 热水伴热　　　C. 蒸汽伴热　　　D. 热气伴热

418. BD005 离心泵切换后进行停车时,应确认（　　）。
　　A. 备用泵运行状况及流量正常,待停泵出口阀已完全关闭
　　B. 待停泵出口阀已完全关闭
　　C. 备用泵出口压力、流量、声音正常
　　D. 备用泵出口阀全开,待停泵出口阀全关

419. BD005 离心泵停车顺序是（　　）。
　　A. 关出口阀、关进口阀、停电机　　　B. 关进口阀、关出口阀、停电机
　　C. 停电机、关出口阀、关进口阀　　　D. 关出口阀、停电机、关进口阀

420. BD005 在停离心泵前,应先缓慢关闭待停离心泵的（　　）出口。
　　A. 出口阀　　　B. 进口阀　　　C. 放空阀　　　D. 导淋

421. BD006　热油离心泵需停车检修时,在离心泵停车以后,(　　)停冷却水。
    A. 立即　　　　　　　　　　B. 泵内液体排尽,且冷却到常温后
    C. 离心泵冷却过程中　　　　D. 泵内液体排尽后

422. BD006　离心泵(　　)将损坏离心泵内的密封环和机械密封甚至产生抱轴。
    A. 过载　　　　B. 低载　　　　C. 抽空　　　　D. 发热

423. BD006　离心泵停车时应注意(　　)。
    A. 出口阀关闭过程要缓慢,保证其工艺流量平稳过渡
    B. 停车结束后,关闭其循环水
    C. 停车结束后,关闭其机械密封冲洗液
    D. 停车结束后应当立刻把物料倒空

424. BD007　以下为速度式流量仪表的是(　　)。
    A. 椭圆齿轮流量计　　　　　B. 往复式计量泵
    C. 转子流量计　　　　　　　D. 质量流量计

425. BD007　以下为容积式流量仪表的是(　　)。
    A. 靶式流量计　　　　　　　B. 往复式计量泵
    C. 转子流量计　　　　　　　D. 质量流量计

426. BD007　ABS掺混系统停车后,计量称处理下列叙述正确的是(　　)。
    A. 排空计量称内物料　　　　B. 长时间停车计量称反吹系统可以运行
    C. 每次计量称停车更换滤袋　D. 检查计量称下游掺混系统

427. BD008　关于加装盲板的说法,正确的是(　　)。
    A. 盲板只要尺寸合适就可以加装　　B. 系统泄压后就可以加装盲板
    C. 物料倒空泄至常压后可以加装盲板　D. 盲板的压力等级合适就可以加装

428. BD008　下列选项中不属于加装盲板注意事项的是(　　)。
    A. 选用恰当压力等级的盲板　　B. 系统物料已倒空
    C. 系统已泄压　　　　　　　　D. 分析已合格

429. BD008　8字盲板调向时,下列应具备条件中表述不正确的是(　　)。
    A. 系统检修结束
    B. 盲板两侧都已进行氮气置换合格且微正压
    C. 盲板两侧没有压力或者微正压
    D. 盲板两侧原则上不会有大量油溢出

430. BD009　8字盲板调向开通以后,要确认的内容是(　　)。
    A. 垫片的压力等级符合要求
    B. 垫片的材质,压力等级符合要求
    C. 所有螺栓把满扣且材质、大小符合规范
    D. B,C都正确

431. BD009　盲板加装操作时确认系统已与外界隔离,系统内物料已经(　　),系统已经泄至常压。
    A. 升温　　　　B. 退尽　　　　C. 反应　　　　D. 冷却

432. BD009　管道进行冲洗或者吹扫的目的是(　　)。
　　A. 清除管道内的固体杂质
　　B. 确认系统流程畅通并清除管道内的固体杂质
　　C. 确认系统流程畅通,以便发现问题及时处理
　　D. 发现漏点便于及时消除,确保装置开车时不泄漏

433. BE001　机泵正常运行期间,在(　　)情况下应添加润滑油。
　　A. 恒油位器无油　　　　　　　B. 恒油位器充满油
　　C. 恒油位器油位低于1/3　　　D. 恒油位器油位低于2/3

434. BE001　在运转中的滚动轴承上涂抹润滑油主要是为了(　　)。
　　A. 减摩　　　　B. 防腐　　　　C. 密封　　　　D. 加温

435. BE001　润滑油进行过滤的目的是(　　)。
　　A. 滤去油中水分　　　　　　　B. 滤去油中机械杂质
　　C. 滤去油中有毒有害物质　　　D. 滤去油中多余添加剂

436. BE002　润滑脂加注时,应从(　　)加汽。
　　A. 挤压面的上部缝隙　　　　　B. 挤压面的下部缝隙
　　C. 挤压面的侧面缝隙　　　　　D. 润滑脂的加油孔注入孔

437. BE002　润滑脂加注时,加注量达到要求的标准是(　　)。
　　A. 有油脂进入挤压面即可
　　B. 加注时有油脂从挤压面渗出即可
　　C. 加注时有新鲜油脂从挤压面渗出即可
　　D. 加注时所有挤压面均有新鲜油脂渗出

438. BE002　下列指标中,不是润滑脂的质量指标的是(　　)。
　　A. 滴点　　　　B. 运动黏度　　C. 针入度　　　D. 相似黏度

439. BE003　大多数润滑油的牌号表示的是该油品的(　　)。
　　A. 动力黏度　　B. 运动黏度　　C. 凝固点　　　D. 闪点

440. BE003　机泵更换润滑油应以(　　)为准。
　　A. 定期　　　　B. 分析报告　　C. 目测　　　　D. 经验判断

441. BE003　当发现运行泵的润滑油杯无油时应该(　　)。
　　A. 停泵加油　　B. 不停泵加油　C. 停泵检修　　D. 降低流量

442. BE004　下列选项中,不属于润滑油"五定"的是(　　)。
　　A. 定点　　　　B. 定人　　　　C. 定温　　　　D. 定质

443. BE004　离心泵润滑油"五定"中,定点表示(　　)。
　　A. 堆放点　　　B. 加油点　　　C. 采样点　　　D. 排污点

444. BE004　离心泵润滑油"五定"中,定量为油杯液位的(　　)。
　　A. 1/3~2/3　　　　　　　　　B. 1/2~3/4
　　C. 1/2~2/3　　　　　　　　　D. 1/3~3/4

445. BE005　润滑油进入各润滑点前应严格遵循(　　)原则。
　　A. 五级过滤　　B. 四级过滤　　C. 三级过滤　　D. 二级过滤

446. BE005　设备管理规定中规定存放（　　）以上的润滑油(脂)需经分析合格后方可使用。
　　A. 1个月　　　B. 3个月　　　C. 6个月　　　D. 1年

447. BE005　下列润滑油选用方法中错误的是（　　）。
　　A. 按通常惯例选用　　　　　　　B. 应按设备说明书要求选用
　　C. 可按各厂设备润滑油手册规定选用　D. 按国家润滑标准选用

448. BE006　机泵盘车的目的是（　　）。
　　A. 防止冻结　　　　　　　B. 防止润滑油变质
　　C. 防止轴变形　　　　　　D. 防止腐蚀

449. BE006　备用离心泵盘车每次至少应转动（　　）圈。
　　A. 1　　　B. 1.5　　　C. 2　　　D. 2.5

450. BE006　定期设备盘车的目的是（　　）。
　　A. 保证设备轴承运装
　　B. 维护设备轴承
　　C. 保证备用设备运行良好,处于备用状态
　　D. 防止润滑油缺少

451. BE007　当离心泵手动盘车时,如果无法盘动,下列描述中正确的是（　　）。
　　A. 强制点动　　　　　　　B. 停止热备用
　　C. 通知相关职能人员　　　D. 退料以后,通知相关职能人员

452. BE007　离心泵盘不动车的可能原因是（　　）。
　　A. 轴承损坏抱轴　　　　　B. 机械密封损坏
　　C. 泵内灌满液体　　　　　D. 轴承箱油太满

453. BE007　不会引起机泵盘车困难的原因是（　　）。
　　A. 泵入口压力高　　B. 油品凝固　　C. 轴挠曲严重　　D. 叶轮卡住

454. BE008　机泵盘车时与机泵正常转动方向一致转动对轮,（　　）用力,保证轴承无卡涩现象,盘车过程中一边转动对轮一边观察端面。
　　A. 过大　　　B. 均匀　　　C. 间断　　　D. 较小

455. BE008　备用离心泵盘车时,具体要求是（　　）。
　　A. 至少盘车三圈　　　　　　　B. 至少盘车三圈,轴的位置与原来相差360°
　　C. 将轴的位置转动到与原来相差90°　D. 只要将泵轴转动即可

456. BE008　在日常生产中,若机泵盘车盘不动,不是由于（　　）造成的。
　　A. 润滑油加注过多　　　　B. 部件损坏或卡住
　　C. 轴弯曲严重　　　　　　D. 油品凝固

457. BE009　下列选项中,不会导致机泵电动机温度偏高的原因是（　　）。
　　A. 泵超负荷　　B. 润滑油不足　　C. 冷却水不足　　D. 电源电流超负荷

458. BE009　绝缘不良,潮湿会引起机泵（　　）。
　　A. 电动机温度偏高　　　　B. 电动机振动偏高
　　C. 轴承温度偏高　　　　　D. 轴承振动偏高

459. BE009 机泵长期不清扫、通风散热不好,会造成( )。
A. 轴承温度高　　　　　　　　B. 机泵振动大
C. 电动机温度高　　　　　　　D. 压力波动大

460. BE010 机泵轴承温度偏高的原因有( )。
A. 出口阀开度过小　　　　　　B. 泵轴与电动机轴不同心
C. 封油量不足　　　　　　　　D. 填料过松

461. BE010 冷却水不通或水量不够会引起( )。
A. 机泵有杂音　　　　　　　　B. 机泵电动机温度偏高
C. 机泵振动偏大　　　　　　　D. 机泵轴承温度偏高

462. BE010 润滑油变质、乳化会造成( )。
A. 轴承温度高　　　　　　　　B. 电动机温度高
C. 密封泄漏　　　　　　　　　D. 压力波动大

463. BE011 在润滑油及冷却水均正常的情况下,机泵轴承温度超标应( )。
A. 降负荷　　B. 观察使用　　C. 切换机泵　　D. 关小出口阀

464. BE011 机泵轴承温度偏高,检查润滑油变质,应( )。
A. 加润滑油　　B. 置换润滑油　　C. 切换机泵　　D. 联系钳工检查

465. BE011 机泵轴承温度偏高的处理方法中,错误的一项是( )。
A. 降负荷　　B. 切换备用泵　　C. 更换润滑油　　D. 保证冷却水量

466. BE012 以下设备不属于三类压力容器的是( )。
A. 丁二烯聚合釜　　　　　　　B. ABS 聚合釜
C. SAN 聚合釜　　　　　　　　D. ABS 胶乳储罐

467. BE012 压力容器规定内直径(非圆形截面指其最大尺寸)( ),且容积≥0.025m³。
A. ≥0.10m　　B. ≥0.15m　　C. ≥0.20m　　D. ≥0.25m

468. BE012 压力容器条件之一是盛装介质为气体、液化气体以及介质最高工作温度高于或者等于其( )的液体。
A. 干点　　B. 初馏点　　C. 标准沸点　　D. 闪点

469. BE013 当前工程上,压力容器破裂事故主要形式不包括( )。
A. 韧性破裂　　B. 脆性破裂　　C. 疲劳破裂　　D. 应力腐蚀

470. BE013 在正常压力范围内,无塑性变形的情况下,突然发生的爆炸称为( )。
A. 塑性破裂　　B. 蠕变破裂　　C. 疲劳断裂　　D. 脆性破裂

471. BE013 ( )是金属材料在应力和腐蚀的共同作用下,以裂纹形式出现的一种腐蚀破坏。
A. 韧性破裂　　B. 应力腐蚀　　C. 疲劳破裂　　D. 脆性破裂

472. BE014 断裂型安全泄压装置一般只被用于超压可能性( )而且不宜装设阀型泄压装置的容器上。
A. 较小　　B. 较大　　C. 最大　　D. 没有要求

473. BE014 下列不属于压力容器的安全泄压装置类型的是( )。
A. 阀型　　B. 圆形　　C. 断裂型　　D. 熔化型

474. BE014 组合型安全泄压装置可以在排放( )的压力以后使容器继续运行。
   A. 过低　　　　　B. 不变　　　　　C. 过高　　　　　D. 没有要求
475. BE015 工作压力是指压力容器在正常工作情况下,其顶部可能达到的( )。
   A. 最高压力　　　B. 最低压力　　　C. 正常压力　　　D. 设计压力
476. BE015 安全阀起跳压力为压力容器工作压力的( )倍。
   A. 1.0~1.1　　　B. 1.2~1.3　　　C. 1.05~1.1　　　D. 0.9~1.0
477. BE015 压力容器进行气压试验过程中,保压时间应不少于( )min。
   A. 20　　　　　　B. 30　　　　　　C. 45　　　　　　D. 60
478. BE016 下列选项中,关于热油泵不预热所产生的后果,错误的是( )。
   A. 导致启动时发生汽蚀
   B. 造成启动时流量小
   C. 导致泵内零件因热胀系数不同而胀死
   D. 造成启动时产生振动
479. BE016 冷热油泵是按照介质温度以( )℃划分的。
   A. 100　　　　　B. 150　　　　　C. 200　　　　　D. 250
480. BE016 下列选项中,关于热油泵预热操作,错误的是( )。
   A. 通入冷却水　　B. 关闭进口阀　　C. 必要时打上封油　D. 加强盘车
481. BE017 不会造成重油泵密封泄漏的是( )。
   A. 摩擦副严重磨损　　　　　　　B. 动静环吻合不均
   C. O形圈损坏　　　　　　　　　D. 润滑油温高
482. BE017 在防止热油泵机械密封抽空破坏的方法中,错误的一项是( )。
   A. 保持稳定操作,减少抽空现象
   B. 在泵抽空时不让防转销脱出防转槽
   C. 不必限制动环轴向位移
   D. 增加补偿环的质量,减弱抽空时发生自激振动的倾向
483. BE017 摩擦副过大,( )破裂,是热油泵密封泄漏的原因。
   A. 静环　　　　　B. 动环　　　　　C. 内环　　　　　D. 外环
484. BE018 一般单级泵的封油压力,和机泵压力相比( )。
   A. 略低　　　　　B. 一样　　　　　C. 略高　　　　　D. 无法确定
485. BE018 以下一般采用自行封油系统的机泵是( )。
   A. 油浆泵　　　　　　　　　　　B. 回炼油泵
   C. 粗汽油泵　　　　　　　　　　D. 分馏一中段泵
486. BE018 下列选项中,关于封油作用说法错误的是( )。
   A. 密封作用　　　B. 润滑作用　　　C. 保温作用　　　D. 冲洗作用
487. BE019 导热油泵启泵之前必须对泵进行( )。
   A. 预热　　　　　B. 放热　　　　　C. 制冷　　　　　D. 灌水
488. BE019 切换热油泵首先要进行( )。
   A. 管线预热　　　B. 开出口阀　　　C. 开入口阀　　　D. 开压力表阀

489. BE019　在热油泵预热中,每隔15~20min盘车(　　),防止轴因预热温度不匀而造成弯曲。
　　　A. 90°　　　　B. 180°　　　　C. 270°　　　　D. 360°

490. BE020　单向阀一般安装在(　　)。
　　　A. 调节阀前后　　　　　　　　B. 离心泵出口
　　　C. 离心泵入口　　　　　　　　D. 水管线中

491. BE020　判断单向阀方向的根据是(　　)。
　　　A. 单向阀上的箭头标记　　　　B. 工艺介质的温度
　　　C. 工艺介质的特性　　　　　　D. 工艺管线的规格

492. BE020　单向阀的作用是(　　)。
　　　A. 通流和断流　　B. 调节流量　　C. 安全泄压　　D. 防止物料倒流

493. BE021　单向阀按其阀盘的动作情况分类,主要可分为(　　)式单向阀与(　　)式单向阀。
　　　A. 升降,旋启　　B. 上升,下降　　C. 截止,球　　D. 重力,磁力

494. BE021　旋启式单向阀的阀瓣绕转轴作(　　)运动。
　　　A. 直线　　　　B. 曲线　　　　C. 旋转　　　　D. 升降

495. BE021　旋启式单向阀流体阻力一般(　　)于升降式单向阀,它适用于较(　　)口径的场合。
　　　A. 大,大　　　　B. 小,小　　　　C. 大,小　　　　D. 小,大

496. BE022　若主风机出口单向阀关闭缓慢,会造成(　　)倒流进主风机。
　　　A. 高温烟气　　　　　　　　　B. 高温催化剂
　　　C. 高温油气　　　　　　　　　D. 高温烟气夹带高温催化剂

497. BE022　主风机出口单向阀正常状态必须要求在(　　)状态。
　　　A. 自动　　　　B. 手动　　　　C. 就地手动　　　D. 就地液动

498. BE022　正常生产时,主风机出口单向阀处于(　　)状态。
　　　A. 全关　　　　B. 微关　　　　C. 全开　　　　D. 微开

499. BE023　主风机出口单向阀的安装方向应与主风(　　)。
　　　A. 同向　　　　B. 反向　　　　C. 侧向　　　　D. 没有要求

500. BE023　不属于主风机出口单向阀检查内容的是(　　)。
　　　A. 检查单向阀的安装方向是否正确　　B. 检查阀体外表面腐蚀情况
　　　C. 检查紧固件是否均匀坚固　　　　　D. 检查单向阀温度情况

501. BE023　属于主风机出口单向阀检查内容的是(　　)。
　　　A. 检查阀体的温度　　　　　　B. 检查单向阀的流量
　　　C. 检查阀体外表面腐蚀情况　　D. 检查单向阀材质

502. BE024　在日常巡检中,检查安全阀有无(　　),外表有无腐蚀情况。
　　　A. 泄漏　　　　B. 升温　　　　C. 升压　　　　D. 降压

503. BE024　日常维护安全阀时要保持安全阀的(　　),做好防锈、防黏、防堵和防冻。
　　　A. 大小　　　　B. 压力　　　　C. 体积　　　　D. 清洁

504. BE024　为保证安全阀整定压力和密封性能,对使用中的安全阀要做定期检查,每年至少(　　)一次。
　　A. 密封　　　　　B. 维护　　　　　C. 校验　　　　　D. 更换
505. BE025　液态烃安全阀泄漏时,安全阀阀体温度会(　　)。
　　A. 升高　　　　　B. 不变　　　　　C. 降低　　　　　D. 无影响
506. BE025　以液态烃安全阀为例,当安全阀出现泄漏时,冬季安全阀阀体上会出现有(　　)。
　　A. 漏水　　　　　B. 结霜　　　　　C. 气体　　　　　D. 结冰
507. BE025　以燃料气分液罐为例,若安全阀出现泄漏,安全阀出口管线温度要(　　)。
　　A. 升高　　　　　B. 不变　　　　　C. 降低　　　　　D. 无影响
508. BE026　安全阀起跳后(　　)时的气流声也起到自动报警作用。
　　A. 进气　　　　　B. 排气　　　　　C. 关闭　　　　　D. 损坏
509. BE026　安全阀起跳后,相应容器或管线压力会(　　)。
　　A. 升高　　　　　B. 不变　　　　　C. 降低　　　　　D. 无法确定
510. BE026　安全阀的开启压力不得超过容器设计压力,一般按设备的操作压力再增加(　　)来进行调整。
　　A. 5%~10%　　　B. 5%~15%　　　C. 5%~20%　　　D. 5%~25%
511. BE027　为保持安全阀灵敏可靠,每(　　)至少做一次定期校验。
　　A. 季度　　　　　B. 半年　　　　　C. 1年　　　　　D. 3年
512. BE027　要经常保持安全阀的清洁,防止阀体弹簧等被油垢脏物填满或被腐蚀,防止安全阀(　　)被油污或其他异物堵塞。
　　A. 排放管　　　　B. 导料管　　　　C. 进口管　　　　D. 出口管
513. BE027　经常检查安全阀的铅封是否完好,防止杠杆式安全阀的重锤松动或被移动,防止弹簧式安全阀的(　　)被随意拧动。
　　A. 阀门　　　　　B. 调节螺丝　　　C. 出口阀　　　　D. 入口阀
514. BE028　弯管式膨胀节的优点是(　　)。
　　A. 强度大　　　　B. 占用空间大　　C. 消耗钢材多　　D. 摩擦阻力大
515. BE028　膨胀节随(　　)变化而自由伸缩。
　　A. 压力　　　　　B. 温度　　　　　C. 流量　　　　　D. 压力降
516. BE028　膨胀节习惯上称为补偿器、伸缩节,是为了补偿因温度差与机械振动引起的(　　),而设置在容器壳体或管道上的一种挠性结构。
　　A. 附加温度　　　B. 体积　　　　　C. 附加应力　　　D. 电流
517. BE029　保温层应做在膨胀节外保护套上,不得直接做在(　　)上,不得采用含氯的保温材料。
　　A. 波纹管　　　　B. 外管　　　　　C. 内管　　　　　D. 内部
518. BE029　装有膨胀节的管道在运行操作中,阀门的开启和关闭要(　　)进行,以免管道内温度和压力急剧变化,造成支架或膨胀节损坏。
　　A. 快速　　　　　B. 逐渐　　　　　C. 慢速　　　　　D. 间断

519. BE029　对于有拉杆的膨胀节,应检查其(　　)是否在正确的位置。
   A. 阀门　　　　　B. 液位　　　　　C. 拉杆限位　　　D. 刻度
520. BE030　下面对搅拌器的分类不对的为(　　)。
   A. 浆式　　　　　B. 翅片式　　　　C. 锚式　　　　　D. 涡轮式
521. BE030　在釜式反应器中,对于物料黏稠性很大的液体混合,应选择搅拌器是(　　)。
   A. 锚式　　　　　B. 浆式　　　　　C. 框式　　　　　D. 磁力式
522. BE030　关于选择搅拌器的原则叙述不正确的是(　　)。
   A. 根据被搅拌液体的黏度选择　　　B. 根据被搅拌液体的溶剂进行选择
   C. 根据被搅拌液体密度和比热选择　D. 根据工艺要求搅拌速度选择
523. BE031　反应釜加强搅拌的目的是(　　)。
   A. 强化传热和传质　　　　　　　　B. 强化传热
   C. 提高反应物料温度　　　　　　　D. 提高反应速度
524. BE031　搅拌器的主要作用是(　　)。
   A. 使物料混合均匀和增加传热效果　B. 控制物料返混程度
   C. 移出反应热　　　　　　　　　　D. 提高反应速度
525. BE031　反应釜搅拌器密封水单元 AX-301 出口压力控制范围是(　　)MPa。
   A. 1.5~2.0　　　B. 1.5~2.1　　　C. 1.6~2.1　　　D. 1.6~2.0
526. BE032　PB 聚合中,搅拌器转数越高,产品粒径(　　)。
   A. 越大　　　　　B. 越小　　　　　C. 无影响　　　　D. 不一定
527. BE032　检查搅拌器时,发现搅拌器震动应使用(　　)检测。
   A. 测温仪　　　　B. 听诊器　　　　C. 测震仪　　　　D. 听筒
528. BE032　PB 聚合釜搅拌器密封油罐压力应保持在(　　)MPa。
   A. 0.8　　　　　B. 1.0　　　　　C. 1.2　　　　　D. 1.4
529. BE033　进行搅拌器机封保压,先冲压至(　　)MPa 以上,然后关闭回水阀,再关闭进水阀,每分钟压降小于等于(　　)MPa,视为保压合格。
   A. 2.0,0.1　　　B. 1.8,0.1　　　C. 1.6,0.1　　　D. 1.6,0.01
530. BE033　用垂直于轴的两个密封元件的平面相互贴合(依靠介质压力或弹簧力)并作相互运动达到密封,称为(　　)。
   A. 机械密封　　　B. 迷宫密封　　　C. 填料密封　　　D. 动静环密封
531. BE033　PB 反应釜机械密封系统在日常检查中如果搅拌器声音异常则说明(　　)。
   A. 搅拌器损坏　　　　　　　　　　B. 聚合釜爆聚
   C. 搅拌器缺少密封油　　　　　　　D. 没有问题
532. BF001　加热炉辐射段传热占整个系统传热的(　　)。
   A. 40%~50%　　　　　　　　　　　B. 50%~60%
   C. 60%~70%　　　　　　　　　　　D. 70%~80%
533. BF001　下列选项中,不会造成加热炉引风机进口温度升高的因素是(　　)。
   A. 热管换热器失效　　　　　　　　B. 烟道气温度过高
   C. 鼓风机供风出口压力低　　　　　D. 引风机进口挡板阀开度太大

534. BF001　下列选项中,会造成加热炉引风机进口温度过高的是(　　)。
　　A. 炉膛负压低　　　　　　　　B. 烟道气温度过高
　　C. 加热炉炉管流量低　　　　　D. 引风机工作效率低

535. BF002　下列选项中,引起机泵电流超高的原因是(　　)。
　　A. 进口阀关小　　　　　　　　B. 产生汽蚀
　　C. 润滑油变质　　　　　　　　D. 泵和电动机中心不对中

536. BF002　下列选项中,不会引起机泵电流超高的原因是(　　)。
　　A. 泵和电动机中心不对中　　　B. 介质相对密度变大
　　C. 叶轮损坏　　　　　　　　　D. 转动部分发生摩擦

537. BF002　下列选项中,会引起机泵电流超高的原因是(　　)。
　　A. 介质相对密度较小　　　　　B. 转动部分发生摩擦
　　C. 管路有杂物堵塞　　　　　　D. 叶轮损坏

538. BF003　下列情况,不是机泵耗功增大的原因的是(　　)。
　　A. 轴弯曲　　　　　　　　　　B. 泵内零件膨胀不均
　　C. 轴封压盖过紧　　　　　　　D. 润滑油量过大

539. BF003　下列造成泵耗功增大的因素中,描述错误的是(　　)。
　　A. 管路阻力超出预定值　　　　B. 泵和驱动机同心
　　C. 填料规格不对　　　　　　　D. 轴承润滑不当

540. BF003　下列引起泵耗功增大的选项为(　　)。
　　A. 介质流量减小　　B. 介质压力变小　　C. 介质密度增大　　D. 介质温度增高

541. BF004　机泵振动大时往往伴随有噪声,轴瓦温度(　　),轴承箱温度(　　)。
　　A. 升高,降低　　B. 降低,升高　　C. 降低,降低　　D. 升高,升高

542. BF004　机泵振动的现象是(　　)。
　　A. 泵不上量　　B. 泵有噪声　　C. 泵抽空　　D. 泵扬程不够

543. BF004　机泵振动大时电流会(　　),流量降低。
　　A. 下降　　B. 不变　　C. 上升　　D. 无法确定

544. BF005　下列选项中,不会造成机泵振动的是(　　)。
　　A. 泵发生汽蚀　　　　　　　　B. 泵在小流量区工作
　　C. 泵内介质流动不均匀　　　　D. 泵扬程不够

545. BF005　机泵安装时垫铁及调正垫片选用不当,垫铁与基础面的平面未精加工或铲平,垫铁间未点焊定位,调正垫片数量过多,造成机泵运行一个阶段后中心位置发生(　　)。
　　A. 压力变化　　B. 不变化　　C. 振动　　D. 偏移

546. BF005　泵体振动的原因是(　　)。
　　A. 润滑油不足　　　　　　　　B. 泵轴和电动机轴不同心
　　C. 填料压得太紧　　　　　　　D. 叶轮对称磨损

547. BF006　运行中的离心泵出口压力突然大幅度下降并激烈地波动,这种现象称为(　　)。
　　A. 汽蚀　　B. 气缚　　C. 喘振　　D. 抽空

548. BF006 不属于离心泵抽空的原因的有( )。
 A. 启动前未灌泵 B. 进空气
 C. 介质大量汽化 D. 压力过高

549. BF006 塔底泵开车时要注意防止( )。
 A. 炉管低流量 B. 塔底高液位
 C. 塔超压 D. 塔底抽空和塔底泵出口管线发生液击

550. BF007 下列不属于输水离心泵运行时不上量的原因的是( )。
 A. 泵内或流体介质内有空气 B. 吸入容器液位高
 C. 吸入压头不够 D. 叶轮中有异物

551. BF007 下列不属于离心泵运行时不上量的原因有( )。
 A. 口环磨损或间隙过大 B. 原动机转速不够
 C. 出、入口管路堵塞 D. 介质大量汽化

552. BF007 离心泵由于泵内或液体介质内有空气引起抽空时,应打开( )排气。
 A. 导淋阀 B. 截止阀 C. 方向阀 D. 止逆阀

553. BF008 离心泵抽空是通过( )来判断。
 A. 电流发生波动 B. 泵发出异常声音
 C. 压力表波动大 D. 流量计波动大

554. BF008 不是离心泵抽空出现的现象的是( )。
 A. 电流波动 B. 泵发出异常声音
 C. 出口压力表波动大 D. 泵温度升高

555. BF008 当离心泵出口压力表波动大,泵体发出异常声音说明( )。
 A. 离心泵轴承损坏 B. 离心泵电机损坏
 C. 离心泵抽空 D. 出口压力表损坏

556. BF009 机泵出入口阀开度引起泵抽空时,正确的做法是( )。
 A. 开大入口阀,关小出口阀 B. 开大入口阀,开大出口阀
 C. 关小入口阀,关小出口阀 D. 关小入口阀,开大出口阀

557. BF009 当油品温度变化,引起泵抽空时,应适当( )油品温度。
 A. 提高 B. 不变 C. 降低 D. 无法确定

558. BF009 下列( )情况下会引起机泵抽空。
 A. 入口阀开度过大 B. 出口阀开度过小
 C. 输送油品温度低 D. 泵入口扫线蒸汽阀漏

559. BF010 管壳式换热器是以( )作为传热面的间壁式换热器。
 A. 壳体的内壁面 B. 管束的内壁面
 C. 封闭在壳体中管束的壁面 D. 封闭在壳体内部的壁面

560. BF010 不属于管壳式换热器优点的是( )。
 A. 生产成本低 B. 选材范围广 C. 清洗方便 D. 金属消耗量大

561. BF010 与板式和板翅式换热器相比,管壳式换热器在( )方面有所缺陷。
 A. 传热程度 B. 选材范围 C. 清洗方便 D. 处理量

562. BF011　离心泵设立自循环管线(最小流量线)的作用是(　　)。
　　A. 防止离心泵启动以后出口流量中断
　　B. 防止低流量时泵内液体温度升高造成抱轴或者汽蚀
　　C. 防止低流量时离心泵出口超压,损坏泵和设备
　　D. 方便开停车

563. BF011　关于离心泵的汽蚀,下面说法错误的是(　　)。
　　A. 如果叶轮进口处压力达到输送液体的饱和蒸气压,液体就会汽化
　　B. 体积骤然膨胀,扰乱叶轮出口处液体的流动
　　C. 大量气泡随液体进入高压区后又被压缩,突然凝结消失
　　D. 在气泡凝结的一瞬间,周围液体以极大的速度冲向气泡中心的空间

564. BF011　如果叶轮进口处压力(　　)输送液体的饱和蒸气压,液体就会汽化。
　　A. 高于　　　　B. 达到　　　　C. 低于　　　　D. 无法确定

565. BF012　离心泵产生气缚时的现象是(　　)。
　　A. 泵出流量比正常小　　　　　　B. 泵不出液体
　　C. 损坏叶轮　　　　　　　　　　D. 泵出液体

566. BF012　离心泵产生汽蚀时的现象是(　　)。
　　A. 其流量上升,扬程上升,效率提高　　B. 其流量下降,扬程上升,效率提高
　　C. 其流量上升,扬程上升,效率下降　　D. 其流量下降,扬程下降,效率下降

567. BF012　要使泵运转时不发生汽蚀现象必须使液体在泵吸入口处的能量(　　)液体的汽化压强。
　　A. 低于　　　　B. 等于　　　　C. 超过　　　　D. 小于

568. BF013　离心泵发生汽蚀时,在气泡的中心点上产生(　　)的局部压力,不断打击叶轮表面,使叶轮很快损坏。
　　A. 很低　　　　B. 不变　　　　C. 很高　　　　D. 无法确定

569. BF013　离心泵发生汽蚀时,最主要是对(　　)造成损坏。
　　A. 泵体　　　　B. 轮毂　　　　C. 叶片　　　　D. 叶槽

570. BF013　离心泵发生汽蚀时,泵的流量(　　)、扬程(　　)和效率(　　)。
　　A. 上升,上升,上升　　　　　　B. 上升,下降,下降
　　C. 下降,下降,下降　　　　　　D. 下降,下降,上升

571. BF014　离心泵启动以后,必须迅速打开其出口阀门的目的是(　　)。
　　A. 满足工艺要求　　　　　　　　B. 防止与其相关的设备满液位
　　C. 防止发生汽蚀　　　　　　　　D. 防止发生气缚

572. BF014　离心泵启动后,为防止发生汽蚀,正常情况下打开出口阀门的时间为(　　)min。
　　A. 3　　　　　B. 10　　　　　C. 15　　　　　D. 20

573. BF014　离心泵汽蚀的处理增加物料(　　)或者减少泵出口流量。
　　A. 进罐压力　　　　　　　　　　B. 进罐温度
　　C. 进罐流量　　　　　　　　　　D. 出罐流量

574. BF015 不是机械密封冲洗的目的是(　　)。
　　A. 带走摩擦副产生的热量　　　　B. 防止杂质沉积
　　C. 排除泵内的不凝性气体　　　　D. 润滑摩擦副

575. BF015 夏季生产时,为防止发生运行离心泵机械密封冲洗液、轴承温度超高,下列措施中正确的是(　　)。
　　A. 及时切换清洗泵用冷却水管路及换热器
　　B. 从公用站接临时水管进行冲洗
　　C. 降低相应装置及泵的负荷
　　D. 降低离心泵输送物料的温度

576. BF015 离心泵机械密封周期性漏损的原因是转子轴向窜动,动环来不及补偿位移,操作不稳,密封箱内(　　)经常变动及转子周期性振动等。
　　A. 温度　　　B. 压力　　　C. 弹簧　　　D. 体积

577. BF016 机械密封设置是为了(　　)。
　　A. 防止工艺物料沿着轴泄漏　　　B. 防止工艺物料沿着泵壳泄漏
　　C. 防止工艺物料沿着连轴结泄漏　D. 防止工艺物料沿着叶轮泄漏

578. BF016 发现机械密封泄漏,则应该(　　)。
　　A. 开大机械密封冲洗液流量　　　B. 降低机械密封冲洗液流量
　　C. 停泵检修　　　　　　　　　　D. 降低流量

579. BF016 下列选项中,不属于机械密封冲洗的注意事项的是(　　)。
　　A. 检查循环水是否畅通　　　　　B. 机械密封冲洗液管线是否畅通
　　C. 工艺物料是否经过水冷器漏入水中　D. 循环水浊度是否太高

580. BF017 离心泵在启动前,若泵体内存在(　　),将产生气缚现象。
　　A. 空气或不凝气　B. 杂质　　C. 腐蚀性物质　D. 蒸汽

581. BF017 离心泵在启动前,若排气不净,由于空气的密度远远(　　)液体的密度,泵内产生的离心力就很小,液体难以流入泵内,进而不能输送正常流量的扬程。
　　A. 大于　　　B. 小于　　　C. 等于　　　D. 大于等于

582. BF017 以下是离心泵产生气缚时的现象的是(　　)。
　　A. 电机电流过小,入口管线有液体　B. 电机电流过小,入口管线有不凝气
　　C. 电机电流过大,入口管线有液体　D. 电机电流过大,入口管线有不凝气

583. BF018 正常运行过程中发生气缚,首先检查泵吸入口塔、釜、罐液位,如果液位(　　),可关小调节阀,恢复液位。若泵依旧气缚,可在运行过程中排气或是切泵。
　　A. 高　　　B. 不变　　　C. 过低　　　D. 超上限

584. BF018 为防止离心泵产生气缚现象,必须保证吸入管路和泵壳内都充满(　　)。
　　A. 空气　　　B. 蒸汽　　　C. 液体　　　D. 氮气

585. BF018 如果是开车过程中离心泵发生了气缚,则打开(　　)、退料阀,排出其中气体。
　　A. 排气阀　　　B. 进料阀　　　C. 入口导淋　　　D. 出料阀

586. BF019 苯乙烯在聚合过程中可因(　　)升高而引起爆炸。
　　A. 温度　　　B. 压力　　　C. 浓度　　　D. 液位

587. BF019 苯乙烯是低毒类化学品,不可通过( )吸收。
A. 皮肤 B. 呼吸道 C. 胃肠 D. 眼睛

588. BF019 苯乙烯该单体比水( ),( )于水。
A. 轻,溶 B. 轻,不溶 C. 重,溶 D. 重,不溶

589. BF020 丙烯腈的爆炸极限是( )。
A. 3.0%~17% B. 2.4%~18% C. 0.4%~8% D. 5%~30%

590. BF020 生产作业场所内要求丙烯腈的最高允许浓度为( )mg/L。
A. 4 B. 3 C. 2 D. 1

591. BF020 丙烯腈属于( )类物质。
A. 低毒 B. 无毒 C. 高毒 D. 不确定

592. BF021 丁二烯的爆炸极限为( )。
A. 1.4%~16.3% B. 2.4%~18% C. 0.4%~8% D. 10%~30%

593. BF021 丁二烯沸点( )℃。
A. -3 B. -4 C. -4.5 D. -1

594. BF021 丁二烯的闪点是( )℃。
A. -55 B. -78 C. -102 D. 0

595. BF022 如果发生苯乙烯失火,用( )救火无效。
A. 泡沫 B. 二氧化碳 C. 水 D. 砂土

596. BF022 下列物质不能用于扑灭丙烯腈火灾的是( )。
A. 泡沫 B. 水 C. 干粉 D. 砂土

597. BF022 如果丙烯腈大量泄漏应( )。
A. 用惰性材料吸收 B. 围堤收容处理
C. 用水稀释 D. 直接清扫

598. BF023 当系统压力超高,高于安全阀的设计压力时,则可引起丁二烯( )。
A. 泄漏 B. 结冰 C. 中毒 D. 反应

599. BF023 当法兰微泄漏丁二烯时,看到法兰上结有的白霜是丁二烯( )的结果。
A. 融化 B. 冻结 C. 反应 D. 聚合

600. BF023 下列不能引起丁二烯泄漏的是( )。
A. 液位计手阀开 B. 丁二烯系统压力高于设计压力
C. 法兰垫片密封面磨损 D. 环境温度超高

二、判断题(对的画"√",错的画"×")

( )1. AA001 任何原子的原子核都是由质子和中子构成。
( )2. AA002 质量是量度物体惯性大小的物理量。
( )3. AA003 使用摩尔时,基本单元可以是分子、原子、离子、电子及其他粒子,或这些粒子的特定组合。
( )4. AA004 在任何温度下,使气体液化所需的最低压力称为临界压力。
( )5. AA005 气液两相平衡时,液面上方蒸气产生的压力称为液体的饱和蒸气压。

(　　) 6. AA006　化学反应过程中不管放出还是吸收的热量,都属于反应热。
(　　) 7. AA007　化学反应过程中吸收热量的反应叫吸热反应。
(　　) 8. AA008　用元素符号和分子式表示化学反应的式子叫作化学方程式。
(　　) 9. AA009　硬水中含有钙、镁离子,而软水中则没有。
(　　) 10. AA010　含有 C 元素的化合物称为有机化合物。
(　　) 11. AA011　许多结构单元连接成线形大分子,类似一条链子,因此结构单元俗称作链节。
(　　) 12. AB001　没有一定形状可流动的物质称为流体,如气体和液体均为流体。
(　　) 13. AB002　流体的体积流量应等于质量流量与密度的乘积。
(　　) 14. AB003　单位时间内流体在流动方向上流过的距离,称为流速,用符号 u 表示,单位为 m/s。
(　　) 15. AB004　辐射传热不需要任何物质做媒介就可以传递热量。
(　　) 16. AB005　在传热过程中,热对流总是伴随着热传导,两者很难分开。
(　　) 17. AB006　精馏适用于分离要求高、需将混合物分离为接近于纯物质的物系。
(　　) 18. AB007　精馏塔的回流比是指塔顶采出量与回流量之比。
(　　) 19. AB008　在一定外压的条件下,混合物蒸气出现第一滴液滴时的温度称为泡点。
(　　) 20. AC001　按吸入方式的不同,离心泵可分单吸式和双吸式。
(　　) 21. AC002　输送液体的机械通常称为泵。
(　　) 22. AC003　常用压缩机的种类有离心式和往复式压缩机。
(　　) 23. AC004　隔膜泵是用来输送气体的。
(　　) 24. AC005　活套法兰不是将法兰焊接在接管上,而是活套在设备接口管和接管的边缘或卷边上。
(　　) 25. AC006　垫片是密封元件,要具备耐温、耐高压能力以及适宜的变形和回弹能力。
(　　) 26. AD001　自动调节属于定量控制,它不一定是闭环控制。
(　　) 27. AD002　石油化工生产过程中的各种参数和变量,需要各种检测仪器仪表测量,并以此有效地进行工艺操作和稳定生产。
(　　) 28. AD003　仪表精度等级数值越小,表示仪表的精确度越低。
(　　) 29. AD004　温度是表征物体冷热程度的物理量。
(　　) 30. AD005　在简单反馈调节系统中有测量单元。
(　　) 31. AD006　在串级控制中,一般情况下主回路常选择 PI 或 PID 调节器,副回路常选择 P 或 PI 调节器。
(　　) 32. AD007　分程控制是一个调节器的输出同时控制两个以上工作范围不同的调节阀。
(　　) 33. AD008　联锁保护系统是按装置的工艺过程要求和设备要求,使相应的执行机构动作或自动启动备用系统或实现安全停车。
(　　) 34. AD009　操作工在操作 DCS 系统时,发现流程图中测量值在闪烁,一般情况下这表示仪表失灵或系统故障。
(　　) 35. AE001　工艺流程图中,主要物料(介质)的流程线用细实线表示。

( )36. AE002　在工艺流程图中,符号——▷◁——表示的是闸阀。

( )37. AE003　在工艺流程图中,表示法兰堵盖的符号是‖———。

( )38. AE004　在工艺管道及仪表流程图中,符号包括图形符号和字母代号,它们组合起来表示工业仪表所处理的被测变量和功能,或者表示仪表、设备、元件、管线的名称。

( )39. AF001　清洁生产的核心是源头治理。

( )40. AF002　清洁的服务不属于清洁生产的内容。

( )41. AF003　化工污染是指化学工业生产过程中产生的废气、污染物等。

( )42. AF004　在生产和运输过程中设备和管线的泄漏是石化行业污染的途径之一。

( )43. AF005　石化行业污染的特点之一是污染物种类多、危害大。

( )44. AF006　职业中毒是指在生产过程中使用的有毒物质或有毒产品,以及生产中产生的有毒废气、废液、废渣引起的中毒。

( )45. AF007　急性中毒患者心搏骤停应立即做胸外挤压术,同时做人工呼吸、输氧等工作。

( )46. AF008　HSE 管理体系是指实施安全、环境与健康管理的组织机构、职责、做法、程序、过程和资源等而构成的整体。

( )47. AF009　安全检查的任务是发现和查明各种危险和隐患,督促整改;监督各项安全管理规章制度的实施,制止违章指挥、违章作业。

( )48. AG001　已知 a 点的电位 $U_a=5V$,b 点的电位 $U_b=3V$,则电压 $U_{ab}=2V$。

( )49. AG002　已知 $R_1=R_2=R_3$,这三个电阻串联接入 220V 的电源,则这三个电阻上的分压 $U_1=U_2=U_3$。

( )50. AG003　把"220V,40W"的白炽灯和"220V,60W"的白炽灯并联接到直流 220V 的电源上,"220V,40W"的白炽灯流过的电流大。

( )51. AG004　用磁来发电,用磁产生电的现象就是电磁感应现象。

( )52. AG005　我国的交流电频率是 60Hz。

( )53. AG006　通常所说的直流电是指恒定电流。

( )54. AG007　用交流电流表或电压表测量正弦电流的电流和电压时,指针来回摆动。

( )55. AG008　根据欧姆定律,当电阻是常数时,则流经该电阻的电流越大,该电阻两端的电压就越低。

( )56. AG009　电气设备外壳接地一般通过接地支线连接到接地干线,再通过接地干线连接到接地体。

( )57. BA001　引起闪燃的最高温度称为闪点。

( )58. BA002　充装干粉灭火剂的灭火器为干粉灭火器,一般分为 BC 类和 ABC 类干粉灭火剂两类,主要有磷酸铵盐、碳酸氢钠、氯化钠、氯化钾等。

( )59. BA003　在仪表控制室、计算机房、信息站、化验室等场所,应选用二氧化碳灭火器。

( )60. BA004　拨打完火警电话后要派专人在路口等候消防车到来,指引消防车去往火场,以便迅速、准确地到达起火地点。

( )61. BA005　消防水使用的是循环水灭火。

( )62. BA006　使用手提式干粉灭火器灭火时要平射,由远及近,快速推进。

( )63. BA007　防毒面具可用于雾霾、光化学烟雾较严重的城市的个人防护。

( )64. BA008　过滤式防毒面具可以用来预防与其相适应有毒介质,也可以用在预防其他有毒介质和各种窒息性气体。

( )65. BA009　空气呼吸器背带采用双侧可调结构,使重量均匀落于双肩。

( )66. BA010　为了方便检查,空气呼吸器储风罐一般挂在背后。

( )67. BA011　正压式空气呼吸器及其零部件应避免阳光直射,以免橡胶件老化。

( )68. BA012　经计量后的 ABS 各原料物料通过加料料斗进入挤出机混炼段。

( )69. BA013　挤出机筒体一般是由加料段、混合段、排气段和挤压段组成。

( )70. BA014　挤出机筒体温度设定值和实际测温值发生很大偏差,挤出机会联锁跳车。

( )71. BA015　挤出机开车前要用 SAN 颗粒对挤出机螺杆清洗,防止挤出机停车后螺杆有糊料或杂质影响产品质量。

( )72. BA016　每天清除切粒机方槽和水道盖板杂质和废料。

( )73. BA017　为了切割同等规格粒料,减少长条料及物料粉末,转刀、花辊和光辊速度要匹配。

( )74. BB001　离心泵的主要工作性能参数包括泵的流量 Q_e、扬程 H_e、轴功率 N_a 和效率 η。

( )75. BB002　泵的流量是指泵在单位时间内输送的液体体积,常用符号 Q_e 表示。

( )76. BB003　泵施加给单位质量液体的能量称为泵的扬程或泵的压头。

( )77. BB004　由原动机械传给离心泵轴的功率称为泵的有效功率。

( )78. BB005　离心泵的轴功率与有效功率的比值称为泵的效率。

( )79. BB006　离心泵在启动前检查机泵出口阀,确保其处于全开状态。

( )80. BB007　离心泵启动时的电流最大,远大于正常运行时的电流。

( )81. BB008　离心泵在任何情况下都不允许无液体空转,以免零件损坏。

( )82. BB009　往复泵是依靠泵内工作容积周期性变化来提高液体压力的泵。

( )83. BB010　往复泵启动前全开泵的进出口阀门的目的是为了防止泵启动以后超压。

( )84. BB011　工艺设计水冷器进、出口水的温差是 10℃,但进、出口水的温差达到或者超过 10℃不能说明水冷却器的冷却能力达到或者超过了设计能力。

( )85. BB012　循环水冷却器进水和回水管线上的压力表指示相同,说明该水冷却器的循环水不通或者基本不通。

( )86. BB013　管壳式换热器投用时将出入口阀门打开,即可投用。

( )87. BB014　水冷器投用时,若不排气,会造成循环水侧出现沟流和短路。

( )88. BB015　乳液聚合中乳化剂量增大,胶乳粒子增大。

( )89. BB016　乳化剂是能改善乳化体系中各相之间的表面张力,形成均匀分散体或乳化体的物质。

( )90. BB017　在一定的反应温度下,聚合反应速率主要取决于引发速率。

( )91. BB018 PBL引发剂配制过程中要对加入量进行严格校对,确保加入的助剂和数据准确。

( )92. BB019 凝聚系统填充操作时应两人或多人进行,相互联系,避免误操作或遗漏。

( )93. BB020 SAN聚合反应,其反应过程中链转移可以控制聚合物的相对分子质量。

( )94. BB021 SAN聚合反应,脱挥操作是在常压下进行的。

( )95. BB022 SAN聚合使用甲苯可以撤出聚合反应所产生的热量。

( )96. BB023 ABS风送系统输送SAN颗粒和ABS颗粒都可以使用空气输送,ABS粉料则不可以。

( )97. BB024 干燥后的粉料输送主要参考输送风压,并根据风压调整旋转阀的转速。

( )98. BC001 交接班的"五不接"的内容中有记录不全不接。

( )99. BC002 对巡检中发现的问题,要有明确的汇报和处理程序。

( )100. BC003 岗位记录书写错误,可以用刀片刮掉重写。

( )101. BC004 交接班日记应该记录工整,内容详细。

( )102. BC005 用电源驱动的阀门称为电动阀。

( )103. BC006 电磁阀是用电磁控制的工业设备,用来控制流体的自动化基础元件。

( )104. BC007 检修后的流量调节阀从旁路阀切入需要注意流量变化不要太大。

( )105. BC008 典型的调节阀组是由一次阀、旁路阀、二次阀、放空阀及排污阀组成的。

( )106. BC009 所有调节阀均装有旁路阀,以便调节阀故障时能切到旁路进行控制。

( )107. BC010 离心泵按照使用要求不同,有不同的类型。

( )108. BC011 空冷器电机电流高,不能说明风扇向空冷器提供的风量就大。

( )109. BC012 以6000V电动机作为离心泵动力时,宜选用异步电动机。

( )110. BC013 每次用听棒时,都应把听棒点放在固定的位置。

( )111. BC014 巡检时,如果发现离心泵循环水支管中有不通或者不畅通的情况,应立即切向备用泵。

( )112. BC015 ABS装置所用丁二烯管线应做保温处理。

( )113. BC016 硫酸易溶于水,与水混合过程中不发生温度变化。

( )114. BC017 硫酸具有强烈的腐蚀性和还原性。

( )115. BC018 为保证装置硫酸连续供应,可以边检验分析边卸料。

( )116. BC019 卸酸时附近可以有明火作业。

( )117. BC020 SAN树脂是一种共聚物。

( )118. BC021 冷却水系统故障,不会造成SAN聚合反应物料超温。

( )119. BC022 SAN升温操作过程中,调整幅度不能过大,以防止发生爆聚或急速降温的问题。

( )120. BC023 SAN聚合中由于甲苯自身不参加反应,装置开车时配制高浓度含量的间断聚合液,减少反应热的产生,便于开车工艺过程的稳定和调整。

( )121. BC024 挤出机上部的喂料器负荷提高时,挤出机负荷要相应减小,二者成反比关系。

( )122. BC025 变频调速的缺点有技术复杂,投资大。

(　)123. BC026　变频机泵切换至工频机泵后,主控室操作人员用工频机泵出口流量调节阀控制流量。

(　)124. BC027　切换离心泵时,备用离心泵达到规定转速后,即可停运在用泵。

(　)125. BC028　离心泵启动时关闭出口阀是为了防止电机长时间超电流而损坏。

(　)126. BC029　过滤的原理是流体利用压力或自身压力流过过滤单元表面,固体颗粒被拦截在过滤单元表面,从而使流过过滤器的液体变得清洁。

(　)127. BC030　压力容器超压时安全阀会自动进行泄放压力。

(　)128. BC031　安全阀按作用原理有杠杆式和弹簧式两种类型。

(　)129. BC032　弹簧式安全阀对振动敏感性高,适用于高温、高压的场合。

(　)130. BC033　正常投用以后的安全阀前的截止阀全关是出于安全考虑。

(　)131. BC034　如需长期停车,则鼓(引)风机停车后,继续供应冷却水 30~60min 后,关闭冷却水系统,将冷却水排尽。

(　)132. BC035　根据被测介质的物理化学性能是否对测量仪表提出特殊要求,是压力表选择的一项重要条件。

(　)133. BC036　如果压力表误差值超过工艺要求准确度,则需更换精确度高一级的压力仪表。

(　)134. BC037　压力表校验合格后方可安装,压力表应水平安装。

(　)135. BC038　压力表安装前要确认压力表量程合适,压力表完好。

(　)136. BD001　换热器的日常巡回检查中,对保温、保冷层的检查主要看是否牢固,保温是否脱落。

(　)137. BD002　停用换热器时,先停冷流会造成正线受热憋压。

(　)138. BD003　停换热器时应先停冷流体再停热流体。

(　)139. BD004　停用伴热后导淋阀没有打开进空气,可以不用把水放出来。

(　)140. BD005　离心泵停车时,直接把电机关掉即可。

(　)141. BD006　停泵注意轴的减速情况,如时间过短,要检查泵内是否有磨、卡等现象。

(　)142. BD007　停车后计量称检查是为了再次使用时保证计量准确。

(　)143. BD008　检修系统,物料倒空以后就可以加装盲板。

(　)144. BD009　8字盲板调向时,要求盲板的两边都加装相同压力等级及材质的垫片。

(　)145. BE001　选用润滑油的一般原则是转速越高,选用润滑油黏度越大。

(　)146. BE002　润滑脂在常温下呈固体状。

(　)147. BE003　润滑油变质会造成离心泵的轴承温度高。

(　)148. BE004　定时就是设备的加油部位,按照规定间隔时间进行加油、清洗或更换新油。

(　)149. BE005　在添加润滑油之前,现场操作人员应先根据设备性能、适用环境选择合适的润滑油。

(　)150. BE006　对于带联锁自启动的机泵,必须在保证生产和人身安全的前提下进行盘车操作。

(　)151. BE007　备用离心泵需要确认该泵开车前的准备工作全部完成。

(   )152. BE008   由于大型机泵的对轮沉重,一般难以转动,需借助其他工具辅助作业,此时应使用合适盘车工具,均匀用力,慢慢转动对轮。

(   )153. BE009   泵超负荷会导致电动机温度偏高。

(   )154. BE010   机械密封安装不当,会引起机泵轴承温度超高。

(   )155. BE011   在润滑油及冷却水均正常的情况下,机泵轴承温度超标应切换机泵,请钳工检查。

(   )156. BE012   工业生产中具有特定的工艺功能并承受一定压力的设备,为压力容器。

(   )157. BE013   压力容器发生韧性破裂的原因,是容器本身材料或结构存在缺陷造成。

(   )158. BE014   安全泄压装置有很多类型,按结构形式分类可分为四种:阀型、断裂型、熔化型和组合型。

(   )159. BE015   安全阀在安装前进行试验,试验压力一般为压力容器最高工作压力的1.05~1.1倍。

(   )160. BE016   热油泵的介质黏度大,常温下会凝固,甚至把泵体管线凝死,若不预热,会造成启动时不上量,因此热油泵必须预热。

(   )161. BE017   摩擦副严重磨损,动、静环吻合不均(或静环破裂),密封圈损坏,轴有槽沟、表面有腐蚀,会造成热油泵机械密封泄漏。

(   )162. BE018   热油泵封油中断,机泵仍可安全运行2h。

(   )163. BE019   在预热时,若运转泵抽空,应停止预热。

(   )164. BE020   安装单向阀的目的是防止工艺介质倒流损坏设备或者防止事故恶化。

(   )165. BE021   升降式单向阀适用于较大口径的场合。

(   )166. BE022   主风机出口单向阀按阀体结构可分为旋启式和蝶型两种形式。

(   )167. BE023   单向阀闭锁状态下的泄漏量非常小甚至为零。

(   )168. BE024   安全阀巡检需要检查安全阀相关附件完整无损并且正常。

(   )169. BE025   液态烃安全阀出现泄漏时,安全阀阀体温度升高。

(   )170. BE026   安全阀起跳后排气时的气流声也起到了自动报警作用。

(   )171. BE027   安全阀定期校验的内容一般包括动态检查和解体检查。

(   )172. BE028   膨胀节按照材质可分为金属膨胀节、非金属膨胀节两种。

(   )173. BE029   膨胀节检查操作时要检查固定支架是否有倾斜、松动现象,滑动导向支架是否有卡涩现象。

(   )174. BE030   大直径、低转速的搅拌器,有利于微观混合。

(   )175. BE031   PBL聚合装置反应釜主要构成部分有电动机、联轴器、减速箱、机械密封、搅拌轴。

(   )176. BE032   密封水单元运行中密封水泵突然停车所有运行釜的搅拌器联锁停车。

(   )177. BE033   聚合釜保压之前先做搅拌器机械密封保压,然后关闭机械密封水阀门,开始进行聚合釜保压。

(   )178. BF001   风门开度过大可能造成加热炉火焰脱火。

(   )179. BF002   泵出口阻力变低,使泵的运行点偏向大流量处,是引起机泵电流超高的原因之一。

(　　)180. BF003　叶轮尺寸增大,机泵耗功减小。
(　　)181. BF004　机泵振动大时往往伴随有噪声。
(　　)182. BF005　机泵在安装和检修质量上存在问题会引起振动。
(　　)183. BF006　离心泵防止抽空的方法之一是在工艺上温度宜取上限,压力宜取下限,塔底液面不可过低,泵的流量要适中。
(　　)184. BF007　离心泵因吸入压头不够而引起抽空时,要提高吸力压力并关闭导淋阀。
(　　)185. BF008　离心泵抽空,应立即停止泵运行,并检查清理泵入口过滤器。
(　　)186. BF009　离心泵抽空如果因为塔、罐、容器液面低或空时,应关小泵出口阀或停泵,待液面上升后再开泵。
(　　)187. BF010　管壳式换热器不适用于高温高压的场合。
(　　)188. BF011　离心泵过滤器发生堵塞是离心泵汽蚀的原因之一。
(　　)189. BF012　离心泵出现汽蚀现象即是液体汽化、气体凝结、冲击空穴、叶片剥蚀的过程。
(　　)190. BF013　离心泵发生汽蚀时,会导致叶轮疲劳损坏,但不会影响泵的运行。
(　　)191. BF014　要使泵运转时不发生汽蚀现象必须使液体在泵吸入口处的能量低于液体的汽化压强。
(　　)192. BF015　机械振动具有周期性。
(　　)193. BF016　机械密封冲洗液中断会造成机械密封泄漏。
(　　)194. BF017　由于泵内存在气体而不能输送液体的现象称为气缚。
(　　)195. BF018　如果是正常运行过程中发生了气缚,则要首先检查泵吸入口容器液位是否过低。
(　　)196. BF019　苯乙烯别名乙烯苯,闪点为34.4℃,属于高毒类物质。
(　　)197. BF020　丙烯腈为无色易流动的液体。
(　　)198. BF021　丁二烯是具有共轭双键的最简单的二烯烃。
(　　)199. BF022　如果丙烯腈少量泄漏,用砂土等惰性材料吸收,收集处理。大量泄漏,围堤收容处理。
(　　)200. BF023　当法兰微泄漏丁二烯时,可看到法兰上结有白霜。

答 案

一、单项选择题

1. A	2. C	3. C	4. B	5. B	6. A	7. A	8. D	9. D	10. B
11. C	12. A	13. D	14. C	15. C	16. B	17. B	18. A	19. A	20. C
21. D	22. B	23. B	24. D	25. A	26. C	27. B	28. D	29. C	30. A
31. C	32. B	33. C	34. C	35. A	36. A	37. D	38. D	39. A	40. C
41. A	42. A	43. C	44. D	45. B	46. D	47. D	48. B	49. A	50. D
51. B	52. A	53. C	54. A	55. B	56. B	57. C	58. B	59. C	60. C
61. D	62. C	63. B	64. C	65. D	66. A	67. A	68. B	69. C	70. C
71. A	72. A	73. A	74. B	75. A	76. B	77. A	78. B	79. C	80. C
81. A	82. B	83. C	84. A	85. B	86. A	87. C	88. B	89. C	90. B
91. C	92. A	93. A	94. D	95. B	96. C	97. B	98. A	99. D	100. A
101. C	102. C	103. B	104. C	105. D	106. B	107. C	108. B	109. C	110. A
111. D	112. A	113. D	114. C	115. A	116. B	117. D	118. A	119. D	120. D
121. B	122. D	123. D	124. C	125. B	126. A	127. C	128. B	129. D	130. C
131. A	132. A	133. D	134. C	135. B	136. D	137. C	138. B	139. A	140. C
141. B	142. C	143. D	144. B	145. A	146. D	147. A	148. B	149. A	150. D
151. C	152. D	153. D	154. D	155. C	156. B	157. D	158. A	159. C	160. A
161. C	162. B	163. A	164. A	165. C	166. D	167. A	168. D	169. B	170. D
171. D	172. D	173. B	174. B	175. D	176. A	177. B	178. D	179. D	180. B
181. C	182. D	183. B	184. D	185. D	186. A	187. B	188. C	189. C	190. A
191. D	192. C	193. B	194. A	195. C	196. B	197. A	198. C	199. D	200. C
201. C	202. D	203. B	204. A	205. B	206. D	207. D	208. D	209. C	210. C
211. C	212. C	213. A	214. B	215. B	216. B	217. A	218. B	219. B	220. A
221. D	222. D	223. B	224. C	225. C	226. B	227. C	228. D	229. A	230. B
231. D	232. C	233. A	234. B	235. D	236. D	237. C	238. A	239. A	240. C
241. C	242. A	243. D	244. A	245. B	246. C	247. B	248. C	249. C	250. B
251. A	252. D	253. C	254. B	255. A	256. A	257. B	258. C	259. A	260. A
261. B	262. D	263. B	264. A	265. D	266. A	267. C	268. D	269. C	270. B
271. C	272. C	273. D	274. B	275. A	276. D	277. A	278. D	279. A	280. D
281. D	282. B	283. A	284. D	285. D	286. A	287. D	288. B	289. D	290. A
291. B	292. C	293. A	294. D	295. B	296. A	297. B	298. D	299. C	300. B
301. A	302. C	303. C	304. A	305. B	306. D	307. B	308. A	309. C	310. D

311. A	312. C	313. D	314. C	315. C	316. B	317. B	318. D	319. A	320. B
321. A	322. C	323. D	324. B	325. A	326. B	327. D	328. D	329. D	330. A
331. D	332. D	333. C	334. C	335. A	336. C	337. C	338. C	339. D	340. A
341. B	342. C	343. B	344. A	345. B	346. D	347. D	348. B	349. A	350. D
351. A	352. C	353. C	354. D	355. D	356. C	357. C	358. B	359. A	360. D
361. D	362. C	363. C	364. B	365. D	366. C	367. C	368. A	369. D	370. B
371. D	372. C	373. C	374. A	375. D	376. B	377. B	378. D	379. C	380. A
381. A	382. B	383. C	384. C	385. C	386. A	387. B	388. D	389. D	390. C
391. B	392. D	393. C	394. A	395. A	396. C	397. B	398. B	399. A	400. A
401. A	402. C	403. D	404. B	405. A	406. D	407. D	408. A	409. A	410. B
411. B	412. C	413. C	414. A	415. D	416. D	417. D	418. A	419. D	420. A
421. B	422. C	423. A	424. C	425. B	426. A	427. C	428. B	429. C	430. D
431. B	432. B	433. D	434. A	435. B	436. D	437. C	438. B	439. C	440. C
441. C	442. C	443. B	444. C	445. C	446. B	447. A	448. C	449. C	450. C
451. C	452. B	453. C	454. B	455. C	456. A	457. B	458. A	459. C	460. B
461. D	462. C	463. C	464. B	465. A	466. D	467. B	468. C	469. A	470. D
471. B	472. A	473. C	474. C	475. D	476. C	477. C	478. C	479. C	480. C
481. D	482. C	483. A	484. C	485. C	486. C	487. A	488. A	489. B	490. B
491. A	492. D	493. C	494. C	495. D	496. C	497. A	498. C	499. A	500. D
501. C	502. A	503. D	504. C	505. C	506. B	507. C	508. B	509. C	510. A
511. C	512. A	513. C	514. A	515. B	516. C	517. A	518. B	519. C	520. B
521. A	522. C	523. A	524. C	525. C	526. A	527. C	528. B	529. C	530. C
531. A	532. B	533. C	534. B	535. D	536. C	537. B	538. C	539. B	540. C
541. D	542. B	543. C	544. D	545. D	546. B	547. D	548. B	549. D	550. B
551. D	552. B	553. C	554. B	555. C	556. A	557. B	558. C	559. C	560. D
561. A	562. B	563. C	564. B	565. B	566. B	567. C	568. C	569. C	570. C
571. C	572. C	573. C	574. C	575. A	576. B	577. A	578. C	579. C	580. A
581. B	582. B	583. C	584. C	585. A	586. B	587. D	588. B	589. A	590. C
591. C	592. A	593. C	594. B	595. C	596. B	597. B	598. A	599. B	600. D

二、判断题

1. ×　正确答案:原子的原子核一般是由质子和中子构成,但是有的原子无中子,如氢的一种同位素氕,它的原子核只有1个质子。　2. √　3. √　4. ×　正确答案:在临界温度时使气体液化所需要的最小压力称为临界压力。　5. √　6. √　7. √　8. √　9. ×　正确答案:硬水中含有较多的钙、镁离子,而软水可能含有较少的钙、镁离子。　10. ×　正确答案:含有C元素的化合物不都是有机化合物,例如碳酸钠(Na_2CO_3)。　11. √　12. √　13. ×　正确答案:流体的体积流量应等于质量流量与密度的比值。　14. √　15. √　16. √　17. √　18. ×　正确答案:精馏塔的回流比是指塔顶回流量与采出量之比。　19. ×　正确答案:将混合液体在一定压力下升高温度,使其汽化,当其混合液体中出现第一个气泡,且气相和液相保持在平衡的状况下开始沸腾,这时的温度叫泡点。 20. √ 21. √ 22. √ 23. × 正确答案:隔膜泵是用来输送液体的。柱塞泵属于叶片泵,隔膜泵实际上就是柱塞泵。 24. √ 25. √ 26. √ 27. √ 28. × 正确答案:仪表精度等级数值越小,表示仪表的精确度越高。 29. √ 30. √ 31. √ 32. √ 33. √ 34. × 正确答案:操作工在操作 DCS 系统时,发现流程图中测量值在闪烁,这不表示仪表失灵或系统故障,而是过程报警。 35. × 正确答案:工艺流程图中,主要物料(介质)的流程线用粗实线表示。 36. √ 37. √ 38. √ 39. √ 40. × 正确答案:清洁的服务属于清洁生产的内容之一。 41. √ 42. √ 43. √ 44. √ 45. √ 46. √ 47. √ 48. √ 49. √ 50. × 正确答案:把"220V,40W"的白炽灯和"220V,60W"的白炽灯并联接到直流 220V 的电源上,"220V,60W"的白炽灯流过的电流大。 51. √ 52. × 正确答案:我国的交流电频率是 50Hz。 53. √ 54. √ 55. × 正确答案:根据欧姆定律,当电阻是常数时,则流经该电阻的电流越大,该电阻两端的电压就越高。 56. √ 57. × 正确答案:引起闪燃的最低温度称为闪点。 58. √ 59. √ 60. √ 61. × 正确答案:消防水通常使用的是生活饮用水、中水、循环冷却水、雨水等灭火。 62. × 正确答案:使用手提式干粉灭火器灭火时要平射,由近及远,快速推进。 63. √ 64. × 正确答案:过滤式防毒面具只能用来预防与其相适应的有毒介质,禁止用来预防其他有毒介质和各种窒息性气体。 65. × 正确答案:空气呼吸器背带采用双侧可调结构,使重量落于腰胯部位,减轻肩带对胸部的压迫,使呼吸顺畅。 66. √ 67. √ 68. × 正确答案:经计量后的 ABS 各原料物料通过加料料斗进入挤出机加料段。 69. √ 70. × 正确答案:挤出机筒体温度设定值低于实际值很大,挤出机扭矩增大,会造成联锁跳车。 71. √ 72. × 正确答案:每班清除切粒机方槽和水道盖板杂质和废料。 73. √ 74. √ 75. √ 76. √ 77. × 正确答案:单位时间内液体从泵得到的实际机械能称为泵的有效功率。 78. × 正确答案:离心泵的有效功率与轴功率的比值称为泵的效率。 79. × 正确答案:离心泵在启动前检查机泵出口阀,确保其处于全关状态。 80. √ 81. √ 82. √ 83. √ 84. √ 85. × 正确答案:循环水冷却器进水和回水管线上的压力均与其他正常水冷却器进口压力相同,则该水冷却器的回水阀门没有打开或者阀门已在关闭状态下损坏或者回水管线发生了堵塞。 86. × 正确答案:管壳式换热器投用时应缓慢打开出入口阀门。 87. √ 88. × 正确答案:乳液聚合中乳化剂量增大,胶乳粒子减小。 89. √ 90. √ 91. √ 92. √ 93. √ 94. × 正确答案:SAN 聚合反应,脱挥操作是在负压下进行的。 95. √ 96. × 正确答案:ABS 风送系统可以输送 SAN 颗粒、ABS 粉料和 ABS 颗粒。 97. √ 98. √ 99. √ 100. × 正确答案:岗位记录不得涂改和刮改,保证记录纸整洁、无污点、不得损坏。 101. √ 102. × 正确答案:电动阀是指用电动执行器控制阀门。 103. √ 104. √ 105. √ 106. × 正确答案:如果调节阀控制的流量呈周期律的变化,就没有旁路阀。 107. √ 108. √ 109. √ 110. √ 111. √ 112. × 正确答案:ABS 装置所用丁二烯管线应做保冷处理。 113. × 正确答案:硫酸与水混合时,亦会放出大量热能。 114. × 正确答案:硫酸具有强烈的腐蚀性和氧化性。 115. × 正确答案:见分析报告单合格后方可卸酸。 116. × 正确答案:卸酸时如附近有明火作业,不准接收硫酸。 117. √ 118. × 正确答案:冷却水系统故障,会造成 SAN 聚合反应物料超温。　119. √　120. √　121. ×　正确答案:挤出机上部的喂料器负荷提高时,挤出机负荷要相应提高,二者成正比关系。　122. √　123. √　124. ×　正确答案:备用离心泵达到规定流量及压力且运行正常后,方可停运在用泵。　125. √　126. √　127. √　128. ×　正确答案:安全阀按作用原理有弹簧式安全阀、杠杆重锤式安全阀、脉冲式安全阀三种。　129. ×　正确答案:弹簧式安全阀灵敏度较高,对振动的敏感性低,可用于移动式的压力容器上。　130. ×　正确答案:正常投用以后的安全阀前的截止阀全开是出于安全考虑。　131. √　132. √　133. √　134. ×　正确答案:压力表校验合格后方可安装,压力表应垂直安装。　135. √　136. √　137. √　138. ×　正确答案:停换热器时应先停热流体再停冷流体。　139. √　140. ×　正确答案:离心泵停车,应遵循一定的顺序即关出口阀、停电机、关进口阀。　141. √　142. √　143. ×　正确答案:物料虽倒空,但如果系统进行了冲氮操作,还需要泄压。　144. ×　正确答案:8字盲板调向时,盲板两边加装相同压力等级及材质的垫片,且材质与压力等级应符合规范。　145. ×　正确答案:选用润滑油的一般原则是转速越高,选用润滑油黏度越小。　146. ×　正确答案:润滑脂在常温下呈半固体状。　147. √　148. √　149. √　150. √　151. ×　正确答案:备用离心泵需要定期进行盘车。　152. √　153. √　154. √　155. √　156. √　157. ×　正确答案:容器承受的压力超过材料的屈服极限,材料发生屈服或全面屈服(即变形),当压力超过材料的强度极限时,则发生断裂。　158. √　159. ×　正确答案:安全阀在安装前进行试验,试验压力一般为压力容器最高工作压力的1.0~1.05倍。　160. √　161. √　162. ×　正确答案:由于热油泵温度太高,封油不能中断,否则会导致机封温度过高,机泵造成损坏。　163. √　164. √　165. ×　正确答案:升降式单向阀适用于较小口径的场合。　166. √　167. √　168. √　169. ×液态烃安全阀出现泄漏时,安全阀阀体温度降低。　170. √　171. √　172. √　173. √　174. ×　正确答案:小直径、高转速的搅拌器,功率主要消耗于湍流脉动,有利于微观混合。　175. √　176. √　177. √　178. √　179. √　180. ×　正确答案:叶轮尺寸增大,机泵耗功增大。　181. √　182. √　183. ×　正确答案:离心泵防止抽空的方法之一是在工艺上温度宜取下限,压力宜取上限,塔底液面不可过低,泵的流量要适中。　184. ×　正确答案:离心泵因吸入压头不够而引起抽空时,应改善吸入口压头。　185. √　186. √　187. ×　正确答案:管壳式换热器适用于高温高压的场合。　188. √　189. √　190. ×　正确答案:离心泵发生汽蚀时,会导致叶轮疲劳损坏,影响泵的运行。　191. ×　正确答案:要使泵运转时不发生汽蚀现象必须使液体在泵吸入口处的能量超过液体的汽化压强。　192. ×　正确答案:机械振动分为周期和非周期振动。　193. √　194. √　195. √　196. √　197. √　198. √　199. √　200. √

中级工理论知识练习题及答案

一、单项选择题(每题有4个选项,只有一个是正确的,将正确的选项填入括号内)

1. ZAA001 理想气体状态方程实际上概括了三个实验定律,它们是(　　)。
   A. 波义耳定律、分压定律和分体积定律
   B. 波义耳定律、盖吕萨克定律和阿伏伽德罗定律
   C. 波义耳定律、盖吕萨克定律和分压定律
   D. 波义耳定律、分体积定律和阿伏伽德罗定律

2. ZAA001 由一个原子单方提供一对电子形成的共价键叫(　　)。
   A. 共价键　　　B. 离子键　　　C. 配位键　　　D. 金属键

3. ZAA001 若50gA物质和50gB物质混合在一起,则A物质在该混合物中的质量分数为(　　)。
   A. 1　　　　　B. 0.5　　　　C. 1.5　　　　D. 2

4. ZAA002 在温度、压强一定时,气体的体积与气体的(　　)成正比。
   A. 质量　　　　B. 密度　　　　C. 物质的量　　D. 容积

5. ZAA002 等体积的任何气体都含有相同数目的(　　)。
   A. 分子　　　　B. 离子　　　　C. 电子　　　　D. 物质的量

6. ZAA002 氮原子最外层共有(　　)个电子,自旋方向不完全相同。
   A. 3　　　　　B. 4　　　　　C. 5　　　　　D. 6

7. ZAA003 在海平面一标准大气压下,水的沸点为(　　)。
   A. 100℃　　　B. 120℃　　　C. 130℃　　　D. 90℃

8. ZAA003 当液体在有限的密闭空间中蒸发时,液体分子通过液面进入(　　)空间,成为蒸气分子。
   A. 下面　　　　B. 上面　　　　C. 中部　　　　D. 底部

9. ZAA003 饱和蒸汽的温度是(　　)℃。
   A. 100℃　　　B. 120℃　　　C. 150℃　　　D. 200℃

10. ZAA004 氧化还原反应配平原则为(　　)。
    A. 反应中氧化剂和还原剂的氧化数升高和降低的总数必须相等
    B. 反应前后各元素的化合价必须相等
    C. 反应前后各元素的原子总数可以不相等
    D. 反应中氧化剂和还原剂的氧化数升高和降低的总数不相等

11. ZAA004 化学反应进行的快慢程度是以(　　)来表示的。
    A. 反应物浓度变化　　　　　　B. 产物浓度变化
    C. 反应速率　　　　　　　　　D. 反应物与产物的质量变化

12. ZAA004　关于化学反应速率,下列说法不正确的是(　　)。
    A. 表示了反应进行的程度
    B. 表示了反应速度的快慢
    C. 其值等于正、逆反应方向推动力之比
    D. 常以某物质单位时间内浓度的变化来表示

13. ZAA005　当可逆反应达到平衡时,改变温度,则(　　)。
    A. 只影响正反应速率　　　　　　　B. 只影响逆反应速率
    C. 对正逆反应速率都有影响　　　　D. 对正逆反应速率都没有影响

14. ZAA005　温度(　　)会使可逆反应的化学平衡向吸热反应的方向移动。
    A. 降低　　　　B. 升高　　　　C. 不变　　　　D. 先升后降

15. ZAA005　当可逆反应达到平衡以后,下列(　　)因素改变后,不会使化学平衡发生改变。
    A. 温度　　　　B. 压力　　　　C. 浓度　　　　D. 催化剂

16. ZAA006　气液两相平衡时,液面上方蒸气产生的压力称为(　　)的饱和蒸气压。
    A. 气体　　　　B. 液体　　　　C. 固体　　　　D. 混合体

17. ZAA006　在化学反应达到平衡时,下列选项正确的是(　　)。
    A. 反应速率始终在变化　　　　　　B. 反应速率不再发生变化
    C. 反应不再进行　　　　　　　　　D. 无法确定

18. ZAA006　化学平衡常数 K 越大,表示反应进行的程度(　　)。
    A. 越大　　　　　　　　　　　　　B. 越小
    C. 不变　　　　　　　　　　　　　D. K 与反应进行程度无关

19. ZAA007　化学平衡发生移动的根本原因是(　　)。
    A. 正逆反应速率相等　　　　　　　B. 正逆反应速率不相等
    C. 正逆反应时间相等　　　　　　　D. 正逆反应时间不相等

20. ZAA007　反应速率的常数 K 随温度的升高而(　　)。
    A. 增大　　　　B. 减少　　　　C. 不变　　　　D. 无法确定

21. ZAA007　化学平衡的影响因素有(　　)。
    A. 浓度、压力、温度　　　　　　　B. 浓度、压力、催化剂的种类
    C. 浓度、压力、温度、催化剂的种类　D. 压力、温度、催化剂

22. ZAA008　原子间通过共用电子对所形成的化学键叫(　　)。
    A. 离子键　　　B. 共价键　　　C. 氢键　　　　D. 金属键

23. ZAA008　下列物质以共价键结合的是(　　)。
    A. NaCl　　　　B. KBr　　　　C. Cl_2　　　　D. $MgCl_2$

24. ZAA008　共价键具有(　　)。
    A. 饱和性　　　　　　　　　　　　B. 方向性
    C. 不饱和性　　　　　　　　　　　D. 局限性

25. ZAA009　相对分子质量较小的环烷烃由于张力关系,分子不稳定,易发生(　　)反应。
    A. 化合　　　　B. 置换　　　　C. 复分解　　　D. 开环

26. ZAA009　电离常数 K_i 越大,表示电离程度(　　)。
    A. 越大　　　　B. 越小　　　　C. 不变　　　　D. 无关

27. ZAA009　R-CH══CH-CH₃ 和 HI 反应,生成(　　)。
    A. R-CHI-CH₂-CH₃　　　　　　　B. R-CH₂-CH₂-CH₂I
    C. RI-CH₂-CH₂-CH₃　　　　　　 D. R-CI-CH₃

28. ZAA010　由两种或多种单体共同参加的聚合反应称为(　　),其产物称为共聚物。
    A. 均聚反应　　B. 化合反应　　C. 分解反应　　D. 共聚反应

29. ZAA010　聚氯乙烯是(　　)。
    A. 共聚物　　　B. 均聚物　　　C. 纯净物　　　D. 化合物

30. ZAA010　氯乙烯—乙酸乙烯酯是(　　)。
    A. 共聚物　　　B. 均聚物　　　C. 纯净物　　　D. 化合物

31. ZAA011　液晶态呈各向异性,形成兼有晶体和(　　)双重性质的过渡状态。
    A. 液体　　　　B. 气体　　　　C. 固体　　　　D. 流体

32. ZAA011　天然橡胶和有机硅橡胶分子中含有双键或醚键,分子链柔顺,在室温下处于(　　)的高弹状态。
    A. 无定型　　　B. 定型　　　　C. 直链型　　　D. 支链型

33. ZAA011　线形聚乙烯分子结构简单规整,易紧密排列成结晶,结晶度可高达(　　)以上。
    A. 60%　　　　B. 70%　　　　C. 80%　　　　D. 90%

34. ZAA012　力学性能是聚合物成型制品的(　　)指标。
    A. 体积　　　　B. 热量　　　　C. 质量　　　　D. 浓度

35. ZAA012　一般极性、结晶度、玻璃化温度越高,则机械强度越(　　)。
    A. 大　　　　　B. 小　　　　　C. 相同　　　　D. 无法计算

36. ZAA012　一般极性、结晶度、玻璃化温度越高,则伸长率越(　　)。
    A. 大　　　　　B. 小　　　　　C. 相同　　　　D. 无法计算

37. ZAB001　流体在圆管内作湍流流动时,一般层流内层随雷诺数的增大而(　　)。
    A. 减薄　　　　B. 加厚　　　　C. 不变　　　　D. 不确定

38. ZAB001　属于滞流流动状态的雷诺数是(　　)。
    A. $Re = 8000$　　　　　　　　　B. $Re = 5000$
    C. $Re = 30000$　　　　　　　　 D. $Re = 2000$

39. ZAB001　在一个圆直管内,通过计算得出雷诺数等于6000,则流体为(　　)。
    A. 滞流　　　　B. 过渡流　　　C. 湍流　　　　D. 无法确定

40. ZAB002　发生在流体中的扩散方式有(　　)。
    A. 分子扩散　　　　　　　　　　B. 涡流扩散
    C. 分子扩散和湍流扩散　　　　　D. 对流扩散

41. ZAB002　管道内流体作湍流流动时,对其内部质点的运动方式描述正确的是(　　)。
    A. 做无规则运动　　　　　　　　B. 轴向向前运动、径向无序
    C. 轴向主体向前运动　　　　　　D. 轴向主体向前运动、径向无序

42. ZAB002　流动流体的层流边界层厚度会影响(　　)的效果。
　　A. 流体的流动　　B. 传质和传热　　C. 流体的密度　　D. 流体的黏度

43. ZAB003　列管换热器不具有的优点是(　　)。
　　A. 简单坚固　　　　　　　　B. 用材广泛,适用性强
　　C. 清洗方便　　　　　　　　D. 结构紧凑

44. ZAB003　下列选项中,属于板式换热器的是(　　)。
　　A. 浮头式换热器　　　　　　B. 套管式换热器
　　C. 夹套式换热器　　　　　　D. 热管

45. ZAB003　对管束和壳体温差不大,壳程物料较干净的场合可选用(　　)换热器。
　　A. 浮头式　　　B. 固定管板式　　C. U形管式　　D. 套管式

46. ZAB004　对特定的换热器来说,影响其热负荷的因素是(　　)。
　　A. 传热面积　　　　　　　　B. 传热的平均温差
　　C. 传热系数　　　　　　　　D. 传热的平均温差及传热系数

47. ZAB004　工艺生产中,提高蒸汽加热器热负荷的有效方法是(　　)。
　　A. 提高工艺物料流量　　　　B. 增加传热面积
　　C. 提高蒸汽管网压力　　　　D. 提高工艺物料压力

48. ZAB004　不能提高精馏塔顶冷凝器传热系数的措施是(　　)。
　　A. 提高冷剂的流量　　　　　B. 定期对冷凝器的管程进行清洗
　　C. 定期对冷凝器的壳程进行清洗　　D. 改变塔的操作压力

49. ZAB005　挥发度表示(　　)。
　　A. 物质挥发的难易程度　　　B. 物质从混合物中分离的难易程度
　　C. 表示物料汽化的难易程度　D. 表示物质挥发的程度

50. ZAB005　理想溶液中两组分的相对挥发度等于(　　)。
　　A. 两纯组分的饱和蒸气压之和　　B. 两纯组分的饱和蒸气压之差
　　C. 两纯组分的饱和蒸气压之比　　D. 两纯组分的饱和蒸气压之积

51. ZAB005　理想溶液中两组分的相对挥发度越接近,说明该两组分溶液(　　)。
　　A. 无法通过精馏方法进行分离　　B. 通过普通精馏方法分离将更加困难
　　C. 只能通过萃取进行分离　　　　D. 只能通过吸附分离的方法进行分离

52. ZAB006　精馏塔操作弹性指的是(　　)。
　　A. 装置最高负荷与最低负荷之比
　　B. 精馏塔最大设计负荷与最小设计负荷之比
　　C. 精馏塔雾沫夹带板效率下降15%时的负荷与漏液时板效率下降15%时的负荷之比
　　D. 精馏塔雾沫夹带板效率下降5%时的负荷与漏液时板效率下降5%时的负荷之比

53. ZAB006　在稳定流动时,流体的流速与导管的截面积成(　　)关系。
　　A. 正比　　　B. 反比　　　C. 倒数　　　D. 无关系

54. ZAB006　对于不可压缩的液体,在稳定流动时,如果体积流量一定,流速与管径的平方(　　)。
　　A. 无关　　　B. 成正比　　C. 成反比　　D. 不变

55. ZAB007 对于结构确定的塔板,与分离效果密切相关的因素是(　　)。
    A. 气相的负荷　　　　　　　　B. 液相的负荷
    C. 塔压　　　　　　　　　　　D. 气相、液相的负荷及塔压
56. ZAB007 下列不是筛板塔的主要优点的是(　　)。
    A. 结构简单　　　　　　　　　B. 气液相之间的接触比较充分
    C. 生产能力大　　　　　　　　D. 塔板效率低
57. ZAB007 下列不是筛板塔的主要缺点的是(　　)。
    A. 筛孔孔径小　　　　　　　　B. 不易堵塞
    C. 不宜处理易结焦的物料　　　D. 不宜处理黏度大的物料
58. ZAB008 如果液体分布不均匀,会减少填料的有效润湿表面,会促使液体发生(　　),从而使得传质效果降低。
    A. 沟流　　　B. 逆流　　　C. 顺流　　　D. 反流
59. ZAB008 (　　)分布装置的种类有管式分布器、喷头式分布器、盘式分布器等。
    A. 气体　　　B. 液体　　　C. 固体　　　D. 熔融体
60. ZAB008 (　　)常用的填料有拉西环、鲍尔环、弧鞍形填料、矩鞍形填料、阶梯环、波纹板填料等。
    A. 浮阀塔　　B. 填料塔　　C. 筛板塔　　D. 泡罩塔
61. ZAC001 离心泵具有结构简单、(　　)和运转可靠等优点,因而得到广泛的运用。
    A. 价格低廉　B. 使用范围广　C. 运作简单　D. 绿色环保
62. ZAC001 泵体既作为泵的外壳汇集流体,它本身又是一个能量转换装置,将液体的大部分动能在泵壳中转化为(　　)。
    A. 静压能　　B. 位能　　　C. 机械能　　D. 电能
63. ZAC001 离心泵轴承温度升高会产生(　　)温度偏高的现象。
    A. 轴承箱　　B. 压出室　　C. 电机　　　D. 压力表
64. ZAC002 离心泵的常规检查内容有(　　)。
    A. 离心泵运行时,不用注意压力表和电流表的指针摆动情况
    B. 备用泵每年盘车一次
    C. 离心泵运行时,不用检查泵内有无杂音和振动现象
    D. 检查轴承温度和电机温度在正常范围内
65. ZAC002 离心泵的工作过程从(　　)转换成流体动能。
    A. 静压能　　B. 位能　　　C. 机械能　　D. 电能
66. ZAC002 运行中的离心泵出口压力突然大幅度下降并激烈地波动,这种现象称为(　　)。
    A. 抽空　　　B. 汽蚀　　　C. 波动　　　D. 搅拌
67. ZAC003 避免离心式压缩机喘振的措施是(　　)。
    A. 提高压力时,适当提高压缩机进口流量
    B. 提高出口流量时,必须提高其进口压力
    C. 提高压力时,应保持出口流量的相对稳定
    D. 降低压力时,应提高压缩机转速

68. ZAC003　防止离心式压缩机喘振的方法之一是要坚持在开、停车过程中,升、降速度不可太快,并且要(　　)。
　　A. 先升压,后升速　　　　　　　B. 先升速,后升压
　　C. 先降速,后降压　　　　　　　D. 没有一定的升降顺序
69. ZAC003　下列选项中,不是离心式压缩机发生喘振原因的是(　　)。
　　A. 吸入流量不足　B. 负荷过大　C. 升速、升压过快　D. 降速未先降压
70. ZAC004　壳体与管束温差较大,冷热流体压差不大或壳程流体容易结垢时宜选用(　　)。
　　A. 固定管板式换热器　　　　　　B. 浮头式换热器
　　C. 热管式换热器　　　　　　　　D. U形管式换热器
71. ZAC004　(　　)换热器适用于管壳两程温差较大或壳程介质易结垢而管程介质不易结垢的场合。
　　A. 固定管板式　B. U形管式　C. 浮头式　D. 填料函式
72. ZAC004　能降低由于两种流体温差较大而造成的壳体和管子中的轴向应力的换热器是(　　)。
　　A. 浮头式换热器　　　　　　　　B. 填料函换热器
　　C. U形管式换热器　　　　　　　D. 带膨胀节的固定管板式换热器
73. ZAC005　浮阀塔广泛用于(　　)、吸收以及解吸等传质过程中。
　　A. 萃取　B. 蒸煮　C. 精馏　D. 烘干
74. ZAC005　下列塔型中,气体不是以鼓泡的方式通过液层的是(　　)。
　　A. 浮阀塔　B. 填料塔　C. 筛板塔　D. 泡罩塔
75. ZAC005　浮阀塔的特点不包括(　　)。
　　A. 处理能力大　B. 操作弹性大　C. 制造安装复杂　D. 塔板压力降小
76. ZAC006　筛板塔的塔板由开有大量小孔(筛孔)、溢流堰、(　　)及无孔区等几部分组成。
　　A. 人孔　B. 除沫器　C. 筛孔　D. 降液管
77. ZAC006　下列不是筛板塔的主要优点的是(　　)。
　　A. 结构简单　　　　　　　　　　B. 气相之间的接触比较充分
　　C. 生产能力大　　　　　　　　　D. 塔板效率低
78. ZAC006　筛板塔的结构与浮阀塔相类似,不同之处是塔板上不是开设装置浮阀的阀孔,而只是在塔板上开设许多直径3-5mm的(　　),因此结构非常简单。
　　A. 筛网　B. 筛孔　C. 小洞　D. 阀孔
79. ZAC007　液体分布装置的种类有管式分布器、喷头式分布器、盘式分布器等,作用是把来自进液管的液体均匀地分布到(　　)的表面上,使填料层表面能够全部被润湿。
　　A. 上层　B. 填料层　C. 中间层　D. 下层
80. ZAC007　填料润湿表面越小,(　　)接触面积越小。
　　A. 气气　B. 气液　C. 液液　D. 气固

81. ZAC007　填料塔对填料的要求不包括(　　)。
　　A. 传质效率高　　B. 强度高　　C. 比表面积大　　D. 取材容易,价格便宜
82. ZAC008　板式塔的主要部件包括塔体、塔体支座、(　　)、接管、人孔和手孔以及塔内件。
　　A. 填料　　B. 栅板　　C. 除沫器　　D. 再分布器
83. ZAC008　下列不属于工业上常见的板式塔的是(　　)。
　　A. 泡罩塔　　B. 填料塔　　C. 筛板塔　　D. 浮阀塔
84. ZAC008　板式塔的操作特点是气液(　　)逐级接触。
　　A. 逆流　　B. 错流　　C. 折流　　D. 并流
85. ZAD001　按仪表所使用的能源分类的是(　　)。
　　A. 模拟仪表和数字仪表
　　B. 现场仪表、盘装仪表和架装仪表
　　C. 基地式仪表、单元组合仪表和综合控制装置
　　D. 气动仪表、电动仪表和液动仪表
86. ZAD001　仪表按安装形式分类的是(　　)。
　　A. 模拟仪表和数字仪表
　　B. 现场仪表、盘装仪表和架装仪表
　　C. 基地式仪表、单元组合仪表和综合控制装置
　　D. 气动仪表、电动仪表和液动仪表
87. ZAD001　工业中应用较多的氧含量分析仪器有(　　)。
　　A. 红外线气体分析仪　　B. 磁氧式分析仪
　　C. 含量分析仪　　D. 气相色谱仪
88. ZAD002　下列叙述中,正确的是(　　)。
　　A. 阀门定位器的输出信号大小与输入信号大小成正比
　　B. 阀杆的行程与阀门定位器输入信号大小成正比
　　C. 阀杆的行程与阀门定位器输出信号大小成正比
　　D. 阀杆的行程与阀门定位器输入信号和输出信号大小都无关
89. ZAD002　下列不是气动调节阀的手轮机构的用途是(　　)。
　　A. 改变阀门的正反作用
　　B. 限定阀门开度
　　C. 有时可以省去调节阀的副线,如大口径及贵金属管路中
　　D. 开停车或事故状态下可以用手轮机构进行手动操作
90. ZAD002　不需要进行流向选择的是(　　)调节阀。
　　A. 球阀　　B. 单座阀　　C. 高压阀　　D. 套筒阀
91. ZAD003　关于双金属温度计说法不正确是(　　)。
　　A. 由两片膨胀系数不同的金属牢固地粘在一起
　　B. 可将温度变化直接转换成机械量变化
　　C. 是一种固体膨胀式温度计
　　D. 长期使用后其精度更高

92. ZAD003　下列关于热电阻温度计的叙述中,不恰当的是(　　)。
　　A. 电阻温度计的工作原理,是利用金属线(例如铂线)的电阻随温度作几乎线性的变化
　　B. 电阻温度计在温度检测时,有时间延迟的缺点
　　C. 与电阻温度计相比,热电偶温度计能测更高的温度
　　D. 因为电阻体的电阻丝是用较粗的线做成的,所以有较强的耐振性能

93. ZAD003　铜热电阻测温范围是(　　)。
　　A. $-200 \sim 700℃$　　B. $-200 \sim 750℃$　　C. $-200 \sim 800℃$　　D. $-200 \sim 850℃$

94. ZAD004　在一定的温度范围之内,压电性质一直存在,但温度超过这个范围之后,压电性质(　　)。
　　A. 完全消失　　B. 减弱一半　　C. 不变　　D. 无法估计

95. ZAD004　液柱式压力计是基于(　　)原理工作的。
　　A. 液体静力学　　B. 静力平衡　　C. 霍尔效应　　D. 力平衡

96. ZAD004　下列单位换算等式不正确的是(　　)。
　　A. $1Pa = 1N/m^2$
　　B. $1mmH_2O = 0.980665 \times 10Pa$
　　C. $1bar = 0.980665Pa$
　　D. $1kgf/cm^2 = 0.980665 \times 10^5 Pa$

97. ZAD005　电磁流量计是应用电磁感应原理,根据导电流体通过外加磁场时感生的(　　)来测量导电流体流量的一种仪器。
　　A. 电流　　B. 电阻　　C. 电动势　　D. 电压差

98. ZAD005　涡轮流量计是一种(　　)流量计。
　　A. 速度式　　B. 质量式　　C. 差压式　　D. 容积式

99. ZAD005　转子流量计中的流体流动方向是(　　)。
　　A. 自上而下
　　B. 自下而上
　　C. 自上而下或自下而上都可以
　　D. 水平流动

100. ZAD006　用差压法测量容器液位时,液位的高低取决于(　　)。
　　A. 容器上、下两点的压力差和容器截面
　　B. 压力差、容器截面和介质密度
　　C. 压力差、介质密度和取压位置
　　D. 容器高度和介质密度

101. ZAD006　浮力式液位计一般适用于(　　)的密闭容器内的液位测量。
　　A. 温度较高、黏度较低
　　B. 温度较低、黏度较高
　　C. 温度、黏度较高
　　D. 温度、黏度较低

102. ZAD006　浮筒式液位计测量液位的最大测量范围就是(　　)长度。
　　A. 浮筒
　　B. 玻璃液位计
　　C. 浮筒正负引压阀垂直距离
　　D. 玻璃液位计正负引压阀垂直距离

103. ZAD007　不常用的DCS操作画面有(　　)。
　　A. 操作组(控制组)
　　B. 流程图
　　C. 趋势图
　　D. 组态画面

104. ZAD007 DCS概括的几大功能不正确的是(　　)。
    A. 集中管理　　　　　　　　　B. 分散监视控制
    C. 通信　　　　　　　　　　　D. 电缆
105. ZAD007 DCS的集中管理部分不包括(　　)。
    A. 操作站　　　B. 工程师站　　　C. 上位计算机　　　D. 现场控制站
106. ZAE001 投影线都通过中心的投影称为(　　)投影法。
    A. 中心　　　　B. 平行　　　　　C. 斜　　　　　　D. 正
107. ZAE001 在工程制图中应用较多的投影法是(　　)投影法。
    A. 中心　　　　B. 平行　　　　　C. 斜　　　　　　D. 正
108. ZAE001 投影线或投影方向垂直于投影面的投影称为(　　)投影法。
    A. 中心　　　　B. 正　　　　　　C. 斜　　　　　　D. 平行
109. ZAE002 在三视图中,反映物体上下、左右位置关系的视图为(　　)。
    A. 主视图　　　　　　　　　　B. 俯视图
    C. 左视图　　　　　　　　　　D. 在三个视图中都有可能
110. ZAE002 在三视图中,反映物体前后、左右位置关系的视图为(　　)。
    A. 主视图　　　　　　　　　　B. 俯视图
    C. 左视图　　　　　　　　　　D. 在三个视图中都有可能
111. ZAE002 在三视图中,反映物体前后、上下位置关系的视图为(　　)。
    A. 主视图　　　　　　　　　　B. 俯视图
    C. 左视图　　　　　　　　　　D. 在三个视图中都有可能
112. ZAE003 画三视图时,主视图和俯视图的关系是(　　)。
    A. 长对正　　　B. 高平齐　　　　C. 宽相等　　　　D. 无关系
113. ZAE003 画三视图时,主视图和左视图的关系是(　　)。
    A. 长对正　　　B. 高平齐　　　　C. 宽相等　　　　D. 无关系
114. ZAE003 画三视图时,左视图和俯视图的关系是(　　)。
    A. 长对正　　　B. 高平齐　　　　C. 宽相等　　　　D. 无关系
115. ZAE004 (　　)是直接指导制造零件和检验零件的图样。
    A. 零件图　　　B. 附件图　　　　C. 指标图　　　　D. 工程图
116. ZAE004 下列有关零件图的主要作用,说法正确的是(　　)。
    A. 指导读零件的结构　　　　　B. 直接指导制造零件
    C. 读零件图与装配图关系　　　D. 读零件之间的配合情况
117. ZAE004 一台机器或部件,都是由许多零件按一定的装配关系和(　　)装配而成的。
    A. 大小　　　　B. 材料　　　　　C. 技术要求　　　D. 作用
118. ZAF001 目前清洁生产审计中应用的理论主要是(　　)和能量守恒原理。
    A. 物质平衡　　B. 电子平衡　　　C. 能量平衡　　　D. 物料平衡
119. ZAF001 (　　)谋求达到的目标之一是通过资源的综合利用,短缺资源的代用,二次能源的利用,以及节能、降耗、节水,合理利用自然资源,减缓资源的耗竭。
    A. 绿色环保　　B. 清洁生产　　　C. 环保生产　　　D. 绿色清洁

120. ZAF001 (　　)体现了污染预防为主的方针,实现经济、环境效益统一,对产品生产过程采用预防污染,减少废物产生。
　　A. 绿色环保　　　B. 绿色生产　　　C. 清洁生产　　　D. 绿色清洁

121. ZAF002 (　　)审核的目的是:通过清洁生产审计判定生产过程中不合理的废物流和物、能耗部位,进而分析其原因,提出削减它的可行方案并组织实施,从而减少废弃物的产生和排放,达到实现本轮清洁生产目标。
　　A. 绿色环保　　　B. 绿色生产　　　C. 清洁生产　　　D. 绿色清洁

122. ZAF002 清洁生产审核是实施清洁生产的(　　)。
　　A. 操作方法　　　B. 工艺流程　　　C. 技术指标　　　D. 技术方法

123. ZAF002 清洁生产审计人员主要工作内容之一是核实清洁生产主要技术(　　)的完成情况及其影响因素。
　　A. 经济指标　　　B. 质量指标　　　C. 成本指标　　　D. 进度指标

124. ZAF003 一般粉尘粒径在(　　)以上可选用离心集尘装置。
　　A. 5μm　　　　　B. 10μm　　　　　C. 15μm　　　　　D. 20μm

125. ZAF003 作为吸收剂不能用于吸收有机气体的是(　　)。
　　A. 苯　　　　　　B. 甲醇　　　　　C. 水　　　　　　D. 乙醚

126. ZAF003 对气态污染物的治理主要采取(　　)法。
　　A. 蒸馏　　　　　B. 解析　　　　　C. 吸收　　　　　D. 过滤

127. ZAF004 废渣处理首先考虑(　　)的途径。
　　A. 综合利用　　　B. 综合治理　　　C. 单一利用　　　D. 单一治理

128. ZAF004 废渣的处理大致采用(　　)、固化、陆地填筑等方法。
　　A. 溶解　　　　　B. 吸收　　　　　C. 粉碎　　　　　D. 焚烧

129. ZAF004 属于废渣处理方法的是(　　)。
　　A. 吸收　　　　　B. 陆地填筑　　　C. 溶解　　　　　D. 粉碎

130. ZAF005 在职业病中类别中,(　　)及其化合物中毒不包括四乙基铅。
　　A. 铜　　　　　　B. 铅　　　　　　C. 汞　　　　　　D. 铁

131. ZAF005 属于石化行业职业病的是(　　)。
　　A. 近视　　　　　B. 尘肺病　　　　C. 肩周炎　　　　D. 哮喘

132. ZAF005 不属于石化行业职业病的是(　　)。
　　A. 佝偻　　　　　　　　　　　　　B. 尘肺病
　　C. 刺激性物质引起的皮炎　　　　　D. 电光性眼炎

133. ZAF006 在劳动过程中,由于劳动组织和(　　)的不合理从而影响从业人员健康,这也是职业病危害因素之一。
　　A. 作息制度　　　B. 时间安排　　　C. 人员调动　　　D. 突发状况

134. ZAF006 不是职业病危害因素来源的有(　　)。
　　A. 劳动过程　　　B. 作业环境　　　C. 生产工艺过程　　D. 作业工具

135. ZAF006 在职业病危害因素来源中,不属于环境因素的是(　　)。
　　A. 可见光　　　　B. 工业毒物　　　C. 高温　　　　　D. 夜班作业

136. ZAF007 毒物的沸点是( )。
   A. 越低毒性越小　　　　　　　B. 越高毒性越大
   C. 越低毒性越大　　　　　　　D. 与毒性无关
137. ZAF007 脂肪烃化合物同系物中,一般随碳原子数增加,其毒性( )。
   A. 增大　　B. 减小　　C. 不变　　D. 与碳原子数无关
138. ZAF007 碳氢化合物中,直链化合物的毒性比支链化合物的毒性( )。
   A. 小　　B. 大　　C. 无可比性　　D. 相同
139. ZAF008 高毒作业场所应当设置( )区域警示线、警示标识和中文警示说明,并设置通信报警设备。
   A. 红色　　B. 橙色　　C. 黄色　　D. 绿色
140. ZAF008 皮肤被氢氟酸污染后,应立即用大量清水冲洗,然后用5%( )水溶液中和洗涤,再涂以悬浮剂,消毒包扎。
   A. 盐酸　　B. 碳酸钠　　C. 碳酸氢钠　　D. 氢氧化钠
141. ZAF008 有毒物品作业场所,除应当符合职业病防治法规定的职业卫生要求,不正确的是( )。
   A. 作业场所与生活场所在同一区域,作业场所可以住人
   B. 有害作业与无害作业分开,高毒作业场所与其他作业场所隔离
   C. 设置有效的通风装置;可能突然泄漏大量有毒物品或者易造成急性中毒的作业场所,设置自动报警装置和事故通风设施
   D. 高毒作业场所设置应急撤离通道和必要的泄险区
142. ZAG001 关于电动机的类型,以下说法错误的是( )。
   A. 按照使用能源分类可分为直流电动机和交流电动机
   B. 按照电源电压的分类可分为同步电动机和异步电动机
   C. 按照电源相数分类可分为单相电动机和三相电动机
   D. 按照是否在含有爆炸性气体场所使用,分为防爆电机和非防爆电机
143. ZAG001 关于异步电动机和同步电动机的转速,下列说法正确的是( )。
   A. 异步电动机的转速大于定子转速磁场的转速
   B. 同步电动机的转速小于定子旋转磁场的转速
   C. 同步电动机和异步电动机的转数不是由极对数决定的
   D. 同步电动机的转速等于定子旋转磁场的转速,异步电动机的转速小于定子旋转磁场的转速
144. ZAG001 几个电路元件沿着单一路径互相连接,每个节点最多只连接两个元件,此种连接方式称为串联。以串联方式连接的电路称为( )。
   A. 串联电路　　　　　　　B. 并联电路
   C. 单联电路　　　　　　　D. 双联电路
145. ZAG002 电动机的型号主要表示( )的特性。
   A. 电动机的容量　　　　　　B. 电动机的电压
   C. 电动机的电流　　　　　　D. 电动机的类型、用途和技术特征

146. ZAG002 每台直流电动机的基座上都有一块铭牌,铭牌上标明的数据称( ),是正确使用电动机的依据。

  A. 额定值   B. 设定值   C. 最大值   D. 最小值

147. ZAG002 已知一台型号为 YB-250S-4 的电动机,下列对型号表述错误的是( )。

  A. Y 表示节能型三相交流异步电动机   B. B 表示增安型防爆电动机

  C. 250 表示该电动机中心高为 250mm   D. 4 表示该电动机为 4 极电动机

148. ZAG003 在一串联电路中,一个电阻的阻值为 6Ω,另一个为 4Ω,当电路两端加上 20V 直流电时,电路中电流强度为( )。

  A. 1A   B. 2A   C. 3A   D. 4A

149. ZAG003 有一个 1kW、220V 的电炉,若不考虑温度对电阻的影响,把它接在 110V 的电压上,它的功率将是( )。

  A. 200W   B. 250W   C. 300W   D. 350W

150. ZAG003 全电路欧姆定律的表达式:$I=($ $)/(R+r)$。

  A. P B. W C. F D. E

151. ZAG004 对于一些复杂的混联电路,求电路的等效电阻时,可以通过确定各( )两端的位置来进行图形变换,从而得到比较直观的电路连接形式。

  A. 电压   B. 电阻   C. 电流   D. 压强

152. ZAG004 直流电路中效率:$\eta=P_{有用}/P_{总}=R/R+r$。当 $R=r$ 时,电源有最大输出功率,此时电源的效率为( )。

  A. 25%   B. 50%   C. 75%   D. 100%

153. ZAG004 计算下列电路的等效电阻(各电阻均为 100Ω)为( )。

  A. 250Ω   B. 350Ω   C. 375Ω   D. 475Ω

154. ZBA001 聚丁二烯是丁二烯的聚合物,按照结构不同可分为顺-1,4-聚丁二烯(又称顺丁橡胶,CBR)、反-1,4-聚丁二烯以及( )。

  A. 1,3-聚丁二烯   B. 1,2-聚丁二烯

  C. 1,5-聚丁二烯   D. 聚丁二烯

155. ZBA001 不同结构的聚丁二烯的性能差别很大,顺丁橡胶有( )和低滞后性,高抗拉强度和耐磨性,拉伸时可结晶。

  A. 低弹性   B. 高弹性

  C. 耐酸性   D. 耐碱性

156. ZBA001 丁二烯在储运过程中会产生二聚体,实质它是( )。

  A. 丁二烯混合物   B. 丁二烯单体

  C. 丁二烯的一种   D. 丁二烯的二元聚合物

157. ZBA002　PB聚合釜开车投料前,对本岗位的阀门、管线、(　　)、安全阀、呼吸阀、防爆片、压力表、液面计、仪表、机泵、蒸汽伴热线、上下水管道进行全面检查,有问题应在试压前及时解决。
　　A. 法兰、盲板　　B. 温度计、盲板　　C. 液位计、盲板　　D. 法兰、温度计

158. ZBA002　PB聚合釜开车投料前检查确认水、电、(　　)随时可进入装置。
　　A. 脱盐水、风　　B. 汽、风　　C. 过滤水、汽　　D. 风、过滤水

159. ZBA002　PB聚合釜抽真空,压力降不下来的原因不可能的是(　　)。
　　A. 流程打通不正确　　　　　　B. 压力变送表有问题
　　C. 系统存在泄漏点　　　　　　D. 冲氮阀开

160. ZBA003　凝聚系统开车前工艺管线检查确认所有容器、换热器列管和(　　)无粉料和其他杂物。
　　A. 干燥器　　B. 凝聚罐　　C. 管线内部　　D. 反应器内部

161. ZBA003　凝聚系统开车前工艺管线检查电气设备和(　　)的电源及仪表空气已送上,并能满足操作需要。
　　A. 控制系统　　B. 仪表系统　　C. 机械系统　　D. 电气系统

162. ZBA003　凝聚系统开车前第一凝聚罐要先(　　)之后再连续进料。
　　A. 加凝聚剂　　B. 陈化40min　　C. 加胶乳　　D. 加水

163. ZBA004　凝聚系统开车前公用工程系统检查确认(　　)引入。
　　A. 过滤水　　B. 脱盐水　　C. 纯净水　　D. 新鲜水

164. ZBA004　凝聚系统开车前公用工程系统检查确认蒸汽控制阀下(　　)见汽。
　　A. 排凝阀　　B. 蒸汽阀　　C. 排水阀　　D. 排液阀

165. ZBA004　凝聚系统停蒸汽的处理不包括(　　)。
　　A. 脱水机进料正常　　　　　　B. 停止凝聚剂、胶乳、热水进料
　　C. 关脱水机下料阀　　　　　　D. 关粉料洗涤水手阀

166. ZBA005　凝聚系统开车前设备检查包括酸、碱和(　　)、废水系统、化学品等。
　　A. 进料系统　　B. 废料系统　　C. 胶乳系统　　D. 出料系统

167. ZBA005　凝聚系统开车前设备检查对WC管线、(　　)进行填充,空气加热系统排液。
　　A. 胶乳管线　　B. 废料管线　　C. 进料管线　　D. 出料管线

168. ZBA005　凝聚系统开车前设备检查(　　)及循环管线投用,淋洗塔加水循环。
　　A. 冷水罐　　B. 热水罐　　C. 溶剂罐　　D. 凝聚罐

169. ZBA006　聚合反应中应设置(　　),一旦发现设备、管道有可燃气体泄漏,将自动停止。
　　A. 可燃气体检测报警器　　　　B. 报警器
　　C. 安全阀　　　　　　　　　　D. 泄压阀

170. ZBA006　聚合反应中高压分离系统应设置爆破片、导爆管,并有良好的(　　),一旦出现异常,及时泄压。
　　A. 可燃气体检测报警器　　　　B. 静电接地系统
　　C. 安全阀　　　　　　　　　　D. 泄压阀

171. ZBA006　聚合反应中注意防止( )现象的发生。
　　A. 爆聚　　　　　B. 共聚　　　　　C. 聚合　　　　　D. 缩聚
172. ZBA007　SAN 聚合开工前确认( )、换热器、齿轮泵及密封油站具备开工条件。
　　A. 反应器　　　B. 搅拌器　　　　C. 加热炉　　　　D. 冰机
173. ZBA007　SAN 聚合开工前确认( )系统投入使用,安全环保设施齐全好用。
　　A. 溶液　　　　B. 溶剂　　　　　C. 加热　　　　　D. 冷却
174. ZBA007　SAN 装置中,原料苯乙烯、丙烯腈中需有一定含量的阻聚剂,阻聚剂含量太高则会影响聚合反应的( )。
　　A. 压力　　　　B. 浓度　　　　　C. 温度　　　　　D. 转化率
175. ZBA008　振动筛取样点突然冒出大量水汽,原因是( )。
　　A. 风机故障　　　　　　　　　　B. 干燥箱出口管线堵塞
　　C. 干燥箱故障　　　　　　　　　D. 振动筛故障
176. ZBA008　挤出机都设有保护联锁,切刀应与( )联锁在一起。
　　A. 振动筛　　　　　　　　　　　B. 挤出机加热器
　　C. 喂料器　　　　　　　　　　　D. 主电机
177. ZBA008　当振动筛停车时可直接导致( )停车。
　　A. 颗粒输送风机　B. 切粒机　　　C. 喂料器　　　　D. 风刷
178. ZBA009　振动筛开车前检查振动筛内部,把( )及杂质都清理出去。
　　A. 粒子　　　　B. 原料　　　　　C. 物料　　　　　D. 聚合物
179. ZBA009　振动筛开车前检查软连接是否有破损的部分,( )是否有松动。
　　A. 螺丝　　　　B. 螺栓　　　　　C. 电动机　　　　D. 机泵
180. ZBA009　振动筛开车前检查( )的位置,试动,观察振动筛情况,如果振幅不合格,要调整偏心轮。
　　A. 齿轮　　　　B. 电动机　　　　C. 偏心轮　　　　D. 轴承
181. ZBB001　掺混器的循环水作用是( )。
　　A. 带走掺混器运行时产生的热量　　B. 提供掺混器运行时的热量
　　C. 给掺混器润滑　　　　　　　　　D. 给掺混器密封
182. ZBB001　聚合釜中的夹套与盘管循环水量比率设为( )。
　　A. 55∶45　　　B. 45∶55　　　　C. 50∶50　　　　D. 40∶60
183. ZBB001　循环水进装置温度一般不会低于( )。
　　A. 20℃　　　　B. 30℃　　　　　C. 40℃　　　　　D. 气温
184. ZBB002　引循环水进装置时循环水压力不得低于( )。
　　A. 0.2MPa　　　B. 0.3MPa　　　　C. 0.4MPa　　　　D. 0.5MPa
185. ZBB002　引循环水进装置时需要关闭的阀门是( )。
　　A. 上水总阀　　B. 回水总阀　　　C. 冷却器出入口阀　D. 排凝阀
186. ZBB002　引循环水进装置,下列操作错误的是( )。
　　A. 打开上水总阀　　　　　　　　B. 打开机组冷却器跨线阀
　　C. 打开回水总阀　　　　　　　　D. 关闭放空阀

187. ZBB003　关于水蒸气特性,以下选项正确的是(　　)。
　　A. 蒸汽分为不饱和蒸汽和饱和蒸汽　　B. 蒸汽分为不饱和蒸汽和过热蒸汽
　　C. 蒸汽分为饱和蒸汽和过热蒸汽　　D. 蒸汽就是指饱和蒸汽

188. ZBB003　水蒸气,现场简称水汽或(　　),是水的气体形式。
　　A. 气体　　　　　B. 液体　　　　　C. 水　　　　　D. 蒸汽

189. ZBB003　在标准大气压下,水的沸点为(　　)。
　　A. 100℃　　　　　　　　　　　　B. 105℃
　　C. 110℃　　　　　　　　　　　　D. 120℃

190. ZBB004　1MPa饱和蒸汽温度是(　　)。
　　A. 120℃　　　　　　　　　　　　B. 200℃
　　C. 300℃　　　　　　　　　　　　D. 350℃

191. ZBB004　一定量的蒸汽随着压力增大,(　　)。
　　A. 饱和温度提高,体积缩小　　　　B. 饱和温度提高,体积增大
　　C. 饱和温度降低,体积缩小　　　　D. 饱和温度降低,体积增大

192. ZBB004　蒸汽管线投用前应该进行的操作是(　　)。
　　A. 直接打通流程投用　　　　　　　B. 将蒸汽排凝
　　C. 将管线排气　　　　　　　　　　D. 将控制阀门打开

193. ZBB005　三阀组经判断放空阀关不死,正确的操作是(　　)。
　　A. 关闭介质阀和蒸汽阀,开放空阀,看是否有介质漏出
　　B. 介质阀关闭,开蒸汽阀和放空阀,看是否有蒸汽漏出
　　C. 关闭介质阀和放空阀,开蒸汽阀
　　D. 放空阀关闭,开介质阀和蒸汽阀看是否有蒸汽漏出

194. ZBB005　三阀组经判断蒸汽阀关不死,正确的操作是(　　)。
　　A. 蒸汽阀关闭,开介质阀、放空阀,看是否有蒸汽漏出
　　B. 介质阀、放空阀关闭,开蒸汽阀,看是否有蒸汽漏出
　　C. 介质阀关闭,开蒸汽阀和放空阀,看是否有蒸汽漏出
　　D. 介质阀和蒸汽阀关闭,开放空阀看是否有蒸汽漏出

195. ZBB005　三阀组经判断介质阀关不死,正确的操作是(　　)。
　　A. 蒸汽阀关闭,开介质阀和放空阀,看是否有介质漏出
　　B. 介质阀和蒸汽阀关闭,开放空阀,看是否有介质漏出
　　C. 介质阀和放空阀关闭,开蒸汽阀,看是否有介质漏出
　　D. 放空阀关闭,开介质阀和蒸汽阀看是否有介质漏出

196. ZBB006　冬季仪表导压管线伴热的目的是(　　)。
　　A. 防止油品结冰　　　　　　　　　B. 防止物料低温度时测量误差大
　　C. 防止导压管内的物料结冰　　　　D. 防止导压管中的气体冷凝

197. ZBB006　在冬季,防止结冰冻坏设备或者管道的措施是(　　)。
　　A. 打开燃料气管线的伴热　　　　　B. 排净闲置水冷却器内的水
　　C. 排除循环泵备用泵内的液体　　　D. 蒸汽管线低点排凝

198. ZBB006　伴热管线在使用过程中应注意(　　)。
　　A. 开通期间要确认其畅通并定期进行检查确认
　　B. 开通时要确认其畅通
　　C. 夏季应关闭所有伴热
　　D. 蒸汽伴热管线应一直开通并确认其畅通，除非装置进行了停车

199. ZBB007　装置引入蒸汽时，进行充分排凝、排气的目的是(　　)。
　　A. 防止管道升温速度太快，损坏焊缝
　　B. 防止管道升温速度超过管道材质的要求
　　C. 防止管道在蒸汽引入过程中发生液击
　　D. 防止蒸汽管网发生大的波动

200. ZBB007　为防止发生液击，装置引入蒸汽时应先进行(　　)。
　　A. 排除管道内的积水、排除管道内的空气
　　B. 排除管道内的积水
　　C. 逐步开大蒸汽主阀，对管道进行充分排凝
　　D. 打开管道的所有低点导淋阀

201. ZBB007　装置管网引入蒸汽前，打开蒸汽管道的所有低点导淋的目的是(　　)。
　　A. 排除管道内的积水
　　B. 便于排除蒸汽在管道内冷凝产生的凝水
　　C. 便于对蒸汽管道进行吹扫
　　D. 防止蒸汽引入过程中，管道内的杂质堵塞导淋阀

202. ZBB008　引蒸汽前蒸汽管线阀门的状态是(　　)。
　　A. 导淋全开　　　　　　　　B. 入装置阀全开
　　C. 入装置副线阀全开　　　　D. 系统管线蒸汽阀全开

203. ZBB008　装置引蒸汽时，在蒸汽管线末端和低点处(　　)导淋阀(　　)蒸汽阀。
　　A. 先开、后开　　　　　　　B. 先关、再开
　　C. 先开、再关　　　　　　　D. 后开、先开

204. ZBB008　对大直径蒸汽管线引蒸汽时，阀门开启要(　　)。
　　A. 快速　　　B. 缓慢　　　C. 均可　　　D. 无要求

205. ZBB009　聚丁二烯的聚合方法是自由基(　　)。
　　A. 本体聚合　　　　　　　　B. 乳液聚合
　　C. 悬浮聚合　　　　　　　　D. 溶液聚合

206. ZBB009　丁二烯的外观，下列说法正确的是(　　)。
　　A. 无悬浮物　　　　　　　　B. 无色透明
　　C. 无色透明无悬浮物　　　　D. 白色透明

207. ZBB009　丁二烯储罐系统的气相氧含量应小于(　　)。
　　A. 0.1%　　　B. 0.2%　　　C. 0.3%　　　D. 0.5%

208. ZBB010　原料丁二烯纯度是(　　)。
　　A. <50%　　　B. >50%　　　C. >80%　　　D. ≥99%

209. ZBB010 原料丁二烯二聚物的含量正确的是(　　)mg/kg。
　　A. 10月~次年5月≤1000,6~9月≤2000
　　B. ≤1000
　　C. ≤1500
　　D. ≤2000

210. ZBB010 丁二烯通常与苯乙烯、丙烯腈等其他的单体(　　),形成各种橡胶或塑料共聚物。
　　A. 中和　　　　B. 反应　　　　C. 缩聚　　　　D. 共聚

211. ZBB011 聚合釜出现爆聚倾向于通过观察(　　)可以判断出来。
　　A. 聚合釜压力突升　　　　B. 聚合釜搅拌器电流超高
　　C. 原料进料量降低　　　　D. 聚合釜温度升高

212. ZBB011 PBL聚合系统投料开车确认加料管线填充完毕,数据分析合格,各(　　)阀门开关正确。
　　A. 加料管线　　B. 离心泵　　　C. 冰机　　　　D. 反应釜

213. ZBB011 PBL聚合系统投料开车确认要投料的反应釜气相(　　)分析合格,现场确认釜内无液相。
　　A. 丁二烯含量　B. 苯乙烯含量　C. 氮氧含量　　D. 丙烯腈含量

214. ZBB012 ABS树脂是复杂的多元单体接枝共聚物,以(　　)为主链,树脂为支链。
　　A. 橡胶　　　　B. 树脂　　　　C. 塑料　　　　D. 烯烃

215. ZBB012 目前ABS树脂工业生产上主要采用聚丁二烯(或丁苯橡胶)橡胶为主链,接枝丙烯腈和(　　),制成含有三种组分的接枝共聚物。
　　A. 丙烯腈　　　B. 苯乙烯　　　C. 丁二烯　　　D. 甲苯

216. ZBB012 为使ABS产品在加工中有良好的脱模性,应加入(　　)剂。
　　A. 润滑剂　　　B. 抗氧剂　　　C. 凝聚剂　　　D. 催化剂

217. ZBB013 ABS聚合反应釜预热确认(　　)系统已准备好,程序控制启动反应釜水循环泵,并将水温设定好,开始自动加热。
　　A. 温度控制　　B. 体积控制　　C. 液位控制　　D. 压力控制

218. ZBB013 ABS聚合当釜内温度达到初次反应温度后,程序控制向反应釜加入规定量的活化剂和(　　),开始引发一次反应。
　　A. 活化剂　　　B. 引发剂　　　C. 催化剂　　　D. 阻聚剂

219. ZBB013 ABS聚合反应结束后,胶乳应单独存放,评价后,根据物性情况,与好的胶乳按一定的比例进行(　　)。
　　A. 混合　　　　B. 反应　　　　C. 掺混　　　　D. 搅拌

220. ZBB014 ABS生产过程中,凝聚过程的目的是(　　)。
　　A. 使胶乳凝聚　B. 使胶乳沉淀　C. 使胶乳稀释　D. 调节胶乳的pH值

221. ZBB014 ABS生产过程中,凝聚剂的作用(　　)。
　　A. 破乳,使胶乳快速凝沉　　　B. 调节胶乳的pH值
　　C. 稀释作用　　　　　　　　　D. 增加胶乳相对密度

222. ZBB014 ABS生产过程中,凝聚过程使胶乳沉淀使用的添加剂叫作( )。
    A. 凝聚剂　　　　B. 乳化剂　　　　C. 混凝剂　　　　D. 抗凝剂
223. ZBB015 凝聚罐开始升温时呈梯度分布进行,注意凝聚罐温度要保持( )。
    A. 平稳上升　　　B. 缓慢上升　　　C. 快速上升　　　D. 持续上升
224. ZBB015 凝聚罐升温操作时凝聚罐温度达到规定温度后,开始( )进料。
    A. 缓慢　　　　　B. 连续　　　　　C. 快速　　　　　D. 间歇
225. ZBB015 凝聚剂的pH值减小,凝聚后粒子粒径将( )。
    A. 变小　　　　　B. 变大　　　　　C. 不变　　　　　D. 不一定
226. ZBB016 干燥器的选型应考虑保证物料的( ),干燥均匀,不发生变质,保持晶形完整,不发生龟裂变形。
    A. 干燥质量　　　B. 凝聚质量　　　C. 聚合质量　　　D. 脱水质量
227. ZBB016 干燥器的选型应考虑干燥速率快,干燥时间短,单位体积干燥器汽化( ),能做到小设备大生产。
    A. 水分量小　　　B. 水分量大　　　C. 盐分量大　　　D. 酸分量大
228. ZBB016 干燥器的选型应考虑( )低,热效率高,动力消耗低。
    A. 水量消耗　　　B. 热量消耗　　　C. 能量消耗　　　D. 风量消耗
229. ZBB017 按照操作过程,干燥器分为间歇式(分批操作)和( )两类。
    A. 连续式　　　　B. 持续式　　　　C. 间断式　　　　D. 恒温式
230. ZBB017 按照操作压力,干燥器分为常压干燥器和( )干燥器两类。
    A. 低压　　　　　B. 真空　　　　　C. 高压　　　　　D. 非真空
231. ZBB017 按照加热方式,干燥器分为对流式、传导式、( )、介电式等类型。
    A. 辐射式　　　　B. 加热式　　　　C. 降温式　　　　D. 升温式
232. ZBB018 干燥器的升温操作启动干燥器各风机,调节风门开度,控制( )流量在规定范围内。
    A. 空气　　　　　B. 气体　　　　　C. 氮气　　　　　D. 氧气
233. ZBB018 干燥器的升温操作时将热水罐加水至95%,关闭干燥器热水( ),打开去干燥器的热水阀。
    A. 旋转阀　　　　B. 循环阀　　　　C. 止逆阀　　　　D. 回流阀
234. ZBB018 干燥器排料阀门使用气动控制的气缸阀,当仪表风停止时阀门应( )。
    A. 关闭　　　　　B. 打开　　　　　C. 不动作　　　　D. 没影响
235. ZBB019 工业上常用的聚合方法有本体聚合、悬浮聚合、( )和溶液聚合4种。
    A. 乳液聚合　　　B. 烯烃聚合　　　C. 炔烃聚合　　　D. 烷烃聚合
236. ZBB019 在聚合温度和压力下为气态或固态的单体也能聚合,分别称为气相聚合和( )。
    A. 液相聚合　　　　　　　　　　　B. 单体聚合
    C. 固相聚合　　　　　　　　　　　D. 加成聚合
237. ZBB019 气相、固相和熔融聚合均可归于( )范畴。
    A. 本体聚合　　　B. 悬浮聚合　　　C. 乳液聚合　　　D. 溶液聚合

238. ZBB020 本体聚合最大特点是在聚合过程中,除引发剂外不需要加入分散剂、乳化剂等聚合助剂或溶剂,组分简单,所以产品的(　　)高。
A. 纯度　　　　B. 浊度　　　　C. 亮度　　　　D. 透明度

239. ZBB020 SAN聚合采用的是热引发聚合,混合单体经加热后,首先由(　　)单体生成自由基。
A. 丙烯腈　　　B. 乙苯　　　　C. 苯乙烯　　　D. 乳化剂

240. ZBB020 本体聚合与其他聚合方法相比,工艺过程简单,(　　)低,成本低,对环境污染小。
A. 物耗　　　　B. 能耗　　　　C. 化学品消耗　D. 水蒸气消耗

241. ZBB021 悬浮聚合是把单体分散成液滴悬浮于水中进行聚合,(　　)问题就容易解决,但设备的生产能力相应减小。
A. 传热　　　　B. 散热　　　　C. 放热　　　　D. 吸热

242. ZBB021 悬浮聚合产品的(　　)高,工艺过程的简单程度仅次于本体聚合。
A. 白度　　　　B. 纯度　　　　C. 亮度　　　　D. 热度

243. ZBB021 悬浮聚合最常用的反应器为(　　)。
A. 反应釜　　　B. 聚合釜　　　C. 搅拌釜　　　D. 大釜

244. ZBB022 乳液聚合在胶粒中进行反应,反应速率高,产物(　　)高。
A. 聚合度　　　B. 饱和度　　　C. 反应度　　　D. 热度

245. ZBB022 乳液聚合是用(　　)作连续相,所以传热易于解决。
A. 蒸汽　　　　B. 水　　　　　C. 风　　　　　D. 电

246. ZBB022 为了稳定乳液,必须在聚合体系中加入多种配合剂,有些配合剂很难从产物中去除,乳液聚合的产品使用于制品(　　)要求不高的场合。
A. 白度　　　　B. 浊度　　　　C. 纯度　　　　D. 透明度

247. ZBB023 溶液聚合的主要缺点是由于使用溶剂,增加(　　)的回收与处理设备。
A. 溶液　　　　B. 溶剂　　　　C. 溶质　　　　D. 水

248. ZBB023 溶液聚合中的溶剂有时会发生(　　)反应,产品的相对分子质量较低。
A. 链转移　　　B. 链增长　　　C. 链终止　　　D. 链引发

249. ZBB023 溶液聚合的通用性较大,易于实现大型化、(　　)。
A. 持续化　　　B. 间断化　　　C. 连续化　　　D. 间歇化

250. ZBB024 SAN聚合工序开工前准备,反应系统气密完毕,(　　)置换完毕,聚合工序具备开工条件。
A. 氧气　　　　B. 氮气　　　　C. 一氧化碳　　D. 二氧化碳

251. ZBB024 SAN聚合工序间歇聚合,聚合温度达到要求,系统(　　)聚合反应,脱挥工序投料。
A. 连续　　　　B. 持续　　　　C. 间歇　　　　D. 一次

252. ZBB024 SAN聚合时,混合进料单体中的甲苯,其作用正确的是(　　)。
A. 起催化作用　　　　　　　　B. 起溶剂作用
C. 没有任何作用　　　　　　　D. 加速反应

253. ZBB025　落入脱挥器底部熔融状态的 SAN 树脂,在(　　)的作用下,经过静态混合器后由模头送入造粒单元进行切粒、脱水、干燥后送入包装进行包料出库。
　　　A. 高速泵　　　B. 低速泵　　　C. 低黏度泵　　　D. 高黏度泵
254. ZBB025　SAN 经闪蒸罐脱除未反应单体和溶剂后,在高温融熔状态下,经(　　)高压挤出,经模头口模形成束条流出,再经冷却、切粒后生成中间品 SAN 粒子。
　　　A. 高黏度泵　　　B. 往复泵　　　C. 离心泵　　　D. 齿轮泵
255. ZBB025　由于 SAN 树脂在低温下流动性变差,在脱挥器的夹套、静态混合器的夹套均通有高温热媒以维持 SAN 树脂的(　　)。
　　　A. 固体状态　　　B. 液体状态　　　C. 熔融状态　　　D. 以上都不对
256. ZBB026　脱挥器中的熔融 SAN 液面以控制低液位为宜,尽量(　　)。
　　　A. 减少停留时间　　　　　　B. 增加停留时间
　　　C. 停留时间不变　　　　　　D. 以上都不对
257. ZBB026　造粒单元根据原料加料量,通过匹配(　　)和切粒机的转速,实现脱挥器中低液位的控制标准。
　　　A. 高黏度泵　　　B. 低黏度泵　　　C. 高速泵　　　D. 低速泵
258. ZBB026　造粒模头各段设有电加热控制,通过控制(　　)维持熔融 SAN 物料的流动性。
　　　A. 压力　　　B. 流量　　　C. 温度　　　D. 流速
259. ZBB027　SAN 造粒系统开车确认造粒系统检修结束,试车正常,(　　)已就位。
　　　A. 离心机　　　B. 切粒机　　　C. 加热炉　　　D. 离心泵
260. ZBB027　SAN 造粒系统开车用(　　)将束条送进对应的导流槽内。
　　　A. 铁铲　　　B. 不锈钢铲　　　C. 铜铲　　　D. 铁钩
261. ZBB027　SAN 造粒系统开车以一定的速度提高齿轮泵转速,直到与(　　)液位达到平衡。
　　　A. 闪蒸罐　　　B. 反应器　　　C. 真空泵　　　D. 冰机
262. ZBB028　SAN 造粒系统切粒机开车时,先投用(　　),再投用溢流水。
　　　A. 输送水　　　B. 循环水　　　C. 脱盐水　　　D. 生活水
263. ZBB028　SAN 造粒系统切粒循环水流量低的原因,下列说法错误的是(　　)。
　　　A. 循环水泵故障　　　　　　B. 循环水泵出口堵塞
　　　C. 切粒水板式换热器堵塞　　D. 切粒机前小过滤器好用
264. ZBB028　SAN 造粒系统切粒水温度高的原因,下列说法错误的是(　　)。
　　　A. 冷却循环水流量低　　　　B. 冷却循环水温度高
　　　C. 板式换热器挂壁严重换热效果差　　D. 切粒水流量低
265. ZBB029　挤出机的辅助设备包括润滑油系统、抽真空系统和(　　)系统。
　　　A. 循环水　　　B. 过滤水　　　C. 脱盐水　　　D. 中间品
266. ZBB029　挤出机设有抽真空系统因为(　　)。
　　　A. 附属设备没有用　　　　　B. 抽出挤出机没有熔融的粉料
　　　C. 抽出挤出机没有熔融的 SAN 颗粒　　D. 抽出高温下原料产生的残单

267. ZBB029　真空系统主要包括真空罐、(　　)和吸收塔组成。
　　　A. 离心泵　　　　B. 齿轮泵　　　　C. 真空泵　　　　D. 真空机
268. ZBB030　挤出机开车启动真空系统调整真空度,启动(　　),检查振动筛振幅。
　　　A. 往复泵　　　　B. 振动筛　　　　C. 齿轮泵　　　　D. 真空机
269. ZBB030　挤出机开车调整好主机、(　　)、切粒机的匹配关系,挤压机开启之前要进行清洁。
　　　A. 喂料器　　　　B. 振动筛　　　　C. 齿轮泵　　　　D. 真空泵
270. ZBB030　挤出机开车选择对应料仓,启动(　　)。
　　　A. 离心泵　　　　B. 振动筛　　　　C. 往复泵　　　　D. 风机
271. ZBC001　碱洗是一种(　　)清洗方法。
　　　A. 化学　　　　　B. 物理　　　　　C. 生物　　　　　D. 化工
272. ZBC001　碱洗是用氢氧化钠、碳酸钠或磷酸三钠配制成的高强度(　　),以软化、松动、乳化及分散沉积物。
　　　A. 酸液　　　　　B. 碱液　　　　　C. 混合液　　　　D. 中和液
273. ZBC001　碱洗往往添加一些(　　)以增加清洗效果。
　　　A. 催化剂　　　　B. 乳化剂　　　　C. 表面活性剂　　D. 终止剂
274. ZBC002　丁二烯碱洗前要先确认丁二烯球罐液位在低限以上,足够一次碱洗用,确认丁二烯缓冲罐液位在(　　)以下。
　　　A. 低限　　　　　B. 高限　　　　　C. 50cm　　　　　D. 40cm
275. ZBC002　丁二烯碱洗时控制室人员通知现场操作人员,设定丁二烯球罐、丁二烯碱洗管线、丁二烯泵、碱液循环泵,打开球罐手动(　　)。
　　　A. 进料阀　　　　B. 出料阀　　　　C. 出口阀　　　　D. 入口阀
276. ZBC002　丁二烯碱洗具备条件后,控制室人员启动(　　)程序,开始碱洗。
　　　A. 酸洗　　　　　B. 水洗　　　　　C. 碱洗　　　　　D. 喷淋
277. ZBC003　丁二烯碱洗启动后,若碱量低于规定流量,联系现场操作人员,调节泵(　　)。
　　　A. 进料阀　　　　B. 出料阀　　　　C. 入口阀　　　　D. 出口阀
278. ZBC003　丁二烯碱洗启动后,丁二烯如果没有量,先停(　　)程序。
　　　A. 水洗　　　　　B. 碱洗　　　　　C. 酸洗　　　　　D. 盐洗
279. ZBC003　丁二烯碱洗启动后,若碱量低于规定流量,调节泵出口阀,如果仍无效,切泵,并且将切换下来的泵(　　)进行拆清,回装后备用。
　　　A. 入口过滤器　　B. 出口过滤器　　C. 进口过滤器　　D. 最近过滤器
280. ZBC004　氮气置换目的是置换出空气,避免可燃气体与空气中的氧气形成(　　),进而可能造成内燃或爆炸。
　　　A. 可燃性混合物　　　　　　　　　B. 爆炸性混合物
　　　C. 气液混合物　　　　　　　　　　D. 气固混合物
281. ZBC004　设备管线置换应做的工作是切断物料来源,打盲板;用蒸汽吹扫或用水煮,不能用蒸汽吹扫的设备、管线,要用(　　)置换。
　　　A. 气体　　　　　B. 氧气　　　　　C. 氮气　　　　　D. 空气

282. ZBC004 SAN 装置反应器氮气置换时,系统氧含量应( )为合格。
   A. <0.1%　　　　B. <0.3%　　　　C. <1.0%　　　　D. <3.0%

283. ZBC005 氮气置换工作原理是由于氮的化学性质( ),不容易与其他物质发生化学反应,以及氮气具有比液化石油气轻的特性,利用氮气瓶的压力进行置换。
   A. 活泼　　　　B. 不活泼　　　　C. 稳定　　　　D. 不稳定

284. ZBC005 沸腾床干燥器的加热介质是( )。
   A. 热水　　　　B. 热氮气　　　　C. 热水和热氮气　　　　D. 电加热

285. ZBC005 装置中氮气管线用( )表示。
   A. 红色　　　　B. 蓝色　　　　C. 黄色　　　　D. 绿色

286. ZBC006 ABS 聚合釜氮气抽空置换必须确认反应釜相关阀门处于( )状态。
   A. 关闭　　　　B. 打开　　　　C. 半开　　　　D. 半关

287. ZBC006 ABS 聚合釜一次冲洗水加料结束后,启动真空泵,将反应釜抽真空至绝压,开始向反应釜充( )。
   A. 空气　　　　B. 氮气　　　　C. 氢气　　　　D. 氧气

288. ZBC006 ABS 聚合釜抽真空完成 5min 后再开始加料,以便检查,确认搅拌器的轴封、人孔、阀门等是否( )。
   A. 封闭　　　　B. 打开　　　　C. 泄漏　　　　D. 畅通

289. ZBC007 过滤器是通常安装在减压阀、泄压阀、定水位阀等其他设备的( )端设备。
   A. 进口　　　　B. 出口　　　　C. 进出口　　　　D. 出入口

290. ZBC007 过滤器由筒体、不锈钢滤网、排污部分、( )及电气控制部分组成。
   A. 转动装置　　　　B. 传动装置　　　　C. 运动装置　　　　D. 波动装置

291. ZBC007 过滤器按照获得过滤推动力的方法不同,分为重力过滤器、( )和加压过滤器三类。
   A. 正压过滤器　　　　B. 负压过滤器　　　　C. 真空过滤器　　　　D. 常压过滤器

292. ZBC008 安装过滤器时要注意其壳体上标明的( ),将其正确安装在液压系统中。
   A. 液流方向　　　　B. 气流方向　　　　C. 流体方向　　　　D. 液体方向

293. ZBC008 当过滤器压差指示器显示( )信号时,要及时清洗或更换滤芯。
   A. 绿色　　　　B. 红色　　　　C. 黄色　　　　D. 褐色

294. ZBC008 过滤器要定期对滤芯进行清洗或( ),而且在清洗和更换时要防止外界污染物侵入工作系统。
   A. 替换　　　　B. 拆除　　　　C. 更换　　　　D. 去除

295. ZBC009 PBL 胶乳过滤器的切换时停胶乳卸料泵,关闭泵密封水阀门,关闭运行过滤器的( )阀门。
   A. 出口　　　　B. 入口　　　　C. 出入口　　　　D. 端口

296. ZBC009 PBL 胶乳过滤器的切换时打开备用过滤器的进出口阀门,( )过滤器。
   A. 填充　　　　B. 充满　　　　C. 清理　　　　D. 更换

297. ZBC009 PBL 胶乳过滤器的切换泵启动后,观察过滤器的密封是否良好,是否漏料,如有,应重新把紧( )。
   A. 螺丝　　　　B. 阀门　　　　C. 螺栓　　　　D. 法兰

298. ZBC010 PBL 胶乳过滤器的清理关闭胶乳过滤器的( )阀门。
　　A. 进口　　　　B. 进出口　　　C. 出口　　　　D. 上端

299. ZBC010 PBL 胶乳过滤器的清理打开去( )管线上的阀门,将过滤器内胶乳尽量抽至脱气塔。
　　A. 脱气塔　　　B. 精馏塔　　　C. 反应器　　　D. 真空泵

300. ZBC010 PBL 胶乳过滤器清理时关闭去脱气塔管线上的阀门,将塑料桶放在( )的封盖下,拧开螺栓,打开封盖,将过滤器内胶乳倒进塑料桶内。
　　A. 真空泵　　　B. 反应器　　　C. 过滤器　　　D. 精馏塔

301. ZBC011 SAN 粒料输送根据混炼 SAN 料斗的( )情况定期向混炼工段输送 SAN 粒料。
　　A. 高报　　　　B. 低报　　　　C. 低低报　　　D. 高低报

302. ZBC011 SAN 粒料输送首先设定正确的( )管线,选择相应的 SAN 加料料斗。
　　A. 送料　　　　B. 卸料　　　　C. 输料　　　　D. 高低报

303. ZBC011 SAN 粒料输送打开送料料仓滑阀,再开( ),根据风机风压情况将旋转阀调节至相应的转数。
　　A. 止逆阀　　　B. 旋转阀　　　C. 蒸汽阀　　　D. 回流阀

304. ZBC012 SAN 料仓放空管有颗粒料吹出的原因,下列说法错误的是( )。
　　A. 料仓进 SAN 料太少
　　B. 料仓进 SAN 料太多
　　C. 旋转阀间隙大,造成风送管线向放空管吹风,直接将 SAN 料吹出
　　D. 放空管没加滤网,并且没和料仓连接好

305. ZBC012 SAN 粒料取样操作错误的是( )。
　　A. 操作人佩戴好手套
　　B. 从振动筛取样
　　C. 从切粒水槽取样
　　D. 不能切粒刚启动和刚换完网取样,保证样品具有代表性

306. ZBC012 SAN 装置造粒输送水流量变小原因,下列说法错误的是( )。
　　A. 过滤器堵
　　B. 泵正常工作
　　C. 过滤器漏造成切粒机后面的输送水管堵
　　D. 输送水流量计堵或阀门开度太小

307. ZBC013 凝聚就是破乳,破坏乳状液,使( )中的聚合物固体微粒聚集,凝结成团粒而沉降析出的过程。
　　A. 胶乳　　　　B. 乳液　　　　C. 溶液　　　　D. 溶剂

308. ZBC013 凝聚釜的作用为破乳、( )、熟化、固化。
　　A. 聚合　　　　B. 凝聚　　　　C. 氧化　　　　D. 干燥

309. ZBC013 $MgSO_4$ 可以作为凝聚剂是因为其能提供( )。
　　A. 正离子　　　B. 负离子　　　C. 正负离子　　D. 电子

310. ZBC014　凝聚岗位定期检查清洗清理流料槽,以防淤浆浓度高黏度大时,造成流料槽堵塞。如发现(　　)有大块时,检查抽气管线是否堵塞,如堵塞应及时清理。
　　A. 干燥器　　　B. 聚合罐　　　C. 凝聚罐　　　D. 反应罐

311. ZBC014　凝聚岗位定期检查记录凝聚罐、(　　)的温度。
　　A. 熟化罐　　　B. 聚合罐　　　C. 过滤罐　　　D. 反应罐

312. ZBC014　凝聚岗位定期对(　　)内淤浆取样分析并记录结果。
　　A. 干燥器　　　B. 熟化罐　　　C. 凝聚罐　　　D. 反应罐

313. ZBC015　挤出机主要由三大部分组成,分别是(　　)、液压部分、电气部分。
　　A. 工艺部分　　B. 机械部分　　C. 仪表部分　　D. 水汽部分

314. ZBC015　挤出机开车时挤出机主电机应启动在挤出机喂料器(　　)。
　　A. 之前　　　　B. 之后　　　　C. 同时　　　　D. 无固定顺序

315. ZBC015　下列不是挤出机筛网作用的是(　　)。
　　A. 用以滤去没有融熔好的块状物料
　　B. 用以除去物料中金属残渣及各种杂质
　　C. 用以滤去由于加热产生的焦料、糊料
　　D. 筛网没有作用可以删除

316. ZBC016　挤出机的升温操作在开车前(　　)启动挤出机筒体冷却水泵。
　　A. 1h　　　　　B. 2h　　　　　C. 3h　　　　　D. 4h

317. ZBC016　挤出机升温操作时打开温控器开关,根据(　　)设定各段温度。
　　A. 值班长　　　B. 生产指令　　C. 工艺工程师　D. 随心所欲

318. ZBC016　挤出机升温操作时准确调整(　　)的方向选择好料仓。
　　A. 进料阀　　　B. 角阀　　　　C. 三通阀　　　D. 止逆阀

319. ZBC017　串级控制是改善控制过程品质极为有效的方法,与简单的单回路控制系统相比,串级控制系统在其结构上形成了两个(　　)。
　　A. 闭环　　　　B. 回路　　　　C. 空间　　　　D. 路线

320. ZBC017　串级控制中一个闭环在里面,被称为内回路或者副回路;另一个闭环在外,被称为(　　)或者主回路。
　　A. 内回路　　　B. 外回路　　　C. 内外回路　　D. 副回路

321. ZBC017　串级控制就是通过(　　)的配合控制完成普通单回路控制系统很难达到的控制效果。
　　A. 单条回路　　B. 双回路　　　C. 三条回路　　D. 两条回路

322. ZBC018　聚合釜温度投串级控制需要聚合釜温度主控表投(　　)。
　　A. 自动　　　　B. 手动　　　　C. 转动　　　　D. 传动

323. ZBC018　聚合釜温度投串级控制需要聚合釜(　　)温度控制表投自动。
　　A. 上部　　　　B. 夹套　　　　C. 下部　　　　D. 中部

324. ZBC018　在聚合过程中夹套温度与聚合温度串级,冷却水、低压蒸气由(　　)进行控制。
　　A. 夹套温度　　　　　　　　　　B. 聚合温度
　　C. 夹套温度和聚合温度　　　　　D. 蒸气温度

325. ZBC019 凝聚方式正确的方法是(　　)。
    A. 将凝聚剂加入胶乳中　　　　B. 将胶乳加入凝聚剂中
    C. 将凝聚剂胶乳同时加入容器　D. 将凝聚剂胶乳分别加入容器
326. ZBC019 凝聚不充分颗粒小的原因,下列不正确的是(　　)。
    A. 硫酸加入量小　　　　　　　B. 凝聚熟化温度低
    C. 搅拌过度　　　　　　　　　D. 淤浆浓度太高
327. ZBC019 凝聚不充分颗粒小的处理方法,下列不正确的是(　　)。
    A. 降低硫酸加入量　　　　　　B. 提高凝聚熟化温度
    C. 降低搅拌速度　　　　　　　D. 降低胶乳进料量或降低WC的进料量
328. ZBC020 用低压蒸汽通过蒸汽管道进入,打开凝聚罐总管蒸汽手阀,通过各凝聚罐蒸汽调节阀进行(　　)升温操作。
    A. 手动　　　B. 自动　　　C. 半自动　　　D. 半手动
329. ZBC020 凝聚温度的调整依据升温趋势及时调整现场蒸汽手阀(　　)大小。
    A. 关度　　　B. 开度　　　C. 转动　　　D. 传动
330. ZBC020 凝聚温度的调整当温度升到工艺指标下限时,及时调整蒸汽阀门开度并切入(　　)状态,进入微调。
    A. 手动　　　B. 自动　　　C. 半自动　　　D. 半手动
331. ZBC021 脱水后的湿粉料采用流化床干燥,以(　　)为干燥介质。
    A. 冷空气　　B. 热空气　　C. 压缩空气　　D. 常压空气
332. ZBC021 热空气以一定的速度从流化床干燥器底部的多孔分布板进入干燥器,均匀地通过物料层,使颗粒在干燥器中呈(　　)。
    A. 流化态　　B. 黏流态　　C. 聚合态　　　D. 稳定态
333. ZBC021 物料在热气流中上下翻滚,(　　)中水分先从颗粒表面汽化,这样颗粒内部和表面的水分不同。
    A. 干粉料　　B. 粉料　　　C. 湿粉料　　　D. 粒料
334. ZBC022 ABS粉料干燥后的含水量是(　　)。
    A. >1.0%　　B. <1.0%　　C. >2%　　　　D. >3%
335. ZBC022 脱水系统开车时,开车方案是先开(　　),再开脱水系统。
    A. 干燥系统　B. 水处理系统　C. 风送系统　　D. 氮气系统
336. ZBC022 控制室人员将(　　)升温温度设定好,手动打开调节阀,打开蒸汽调节阀前后手动阀进行干燥升温。
    A. 反应器　　B. 干燥器　　C. 脱水器　　　D. 精馏塔
337. ZBC023 挤出是将塑料加热使之呈黏流状态,在加压的情况下,使之通过具有一定形状的口模而成为截面与口模相仿的连续体,然后通过(　　)使其具有一定的几何形状和尺寸的塑料。
    A. 加热　　　B. 升温　　　C. 冷却　　　　D. 降温
338. ZBC023 挤出机的抽真空系统不好用时,以下原因不可能的是(　　)。
    A. 真空泵　　　　　　　　　　B. 真空管线堵塞
    C. 真空罐已满,无法抽真空　　　D. 未投冷却水

339. ZBC023 挤出机筒体温度过高,会( )。
    A. 熔融效果好   B. 出现白荏料   C. 出现空心料   D. 出现糊料
340. ZBC024 挤出机正常检查调整喂料器运行、筒体各段温度、模头束条、( )、冷却水阀开度。
    A. 水槽温度   B. 挤出温度   C. 模头温度   D. 束条温度
341. ZBC024 挤出机正常调整需要检查切粒机切刀( )和电流。
    A. 转速   B. 流速   C. 速度   D. 方向
342. ZBC024 挤出机需要正常调整真空泵压力,检查更换( )。
    A. 振动筛   B. 换网器   C. 过滤网   D. 真空泵
343. ZBC025 还原剂是在氧化还原反应里,( )的物质。
    A. 得到电子   B. 失去电子   C. 失去中子   D. 得到中子
344. ZBC025 还原剂本身具有还原性,被氧化,其产物叫( )。
    A. 氧化产物   B. 还原产物   C. 中间产物   D. 最终产物
345. ZBC025 还原与氧化反应是同时进行的,( )在与被还原物进行氧化还原反应的同时,自身也被氧化,而成为氧化产物。
    A. 氧化剂   B. 制冷剂   C. 还原剂   D. 引发剂
346. ZBC026 氧化还原反应是在反应前后元素的化合价具有相应的( )变化的化学反应。
    A. 升高   B. 降低   C. 升降   D. 减小
347. ZBC026 氧化还原反应可以理解成由两个半反应构成,即( )反应和还原反应。
    A. 氧化   B. 气化   C. 氯化   D. 置换
348. ZBC026 氧化还原反应都遵守( )守恒。
    A. 化合价   B. 电荷   C. 电子   D. 质子
349. ZBC027 配制 ABS 接枝用还原剂时,要保持厂房局部通风,空气中粉尘浓度超标时,必须佩戴自吸过滤式( )。
    A. 防尘口罩   B. 防尘面具   C. 口罩   D. 呼吸器
350. ZBC027 配制 ABS 接枝用还原剂时,通过现场控制盘设定( )的加入量,并记录脱盐水加入前的表数。
    A. 过滤水   B. 脱盐水   C. 循环水   D. 生活水
351. ZBC027 配制 ABS 接枝用还原剂时,启动脱盐水泵,打开配制槽脱盐水加入的阀门,确认脱盐水加入( )中,计量仪表开始运行。
    A. 沉降池   B. 配制罐   C. 配制槽   D. 反应器
352. ZBC028 助剂的配制全过程,必须按照要求穿戴好( )用品。
    A. 工作服   B. 劳动保护   C. 防砸鞋   D. 防静电工作服
353. ZBC028 称取固体助剂时,注意去除包装物的( )。
    A. 商标   B. 外包装   C. 皮重   D. 生产日期
354. ZBC028 助剂必须待化验室分析结果,并确认( )后方可投入使用。
    A. 合格   B. 正确   C. 标准   D. 分析

355. ZBC029 气体的密度和它所处的温度和( )有关,一般考虑标准状况和常温两种情况。
   A. 应力　　　　　B. 压强　　　　　C. 压力　　　　　D. 体积

356. ZBC029 标准状态下,氮气密度是( )g/L,氧气密度是1.43g/L。
   A. 1.25　　　　　B. 1.35　　　　　C. 1.38　　　　　D. 1.41

357. ZBC029 常温状态下,氮气密度是( )g/L,氧气密度是1.56g/L。
   A. 1.35　　　　　B. 1.36　　　　　C. 1.40　　　　　D. 1.45

358. ZBC030 SAN装置1号反应器压力控制采用( )形式的控制。
   A. 氦气分程调节系统　　　　B. 氢气分程调节系统
   C. 氧气分程调节系统　　　　D. 氮气分程调节系统

359. ZBC030 SAN1号反应器系统氮气气密操作确认SAN 1号反应器系统流程( ),并与其他系统断开。
   A. 打通　　　　　B. 投用　　　　　C. 检查　　　　　D. 好用

360. ZBC030 如果SAN装置长期停氮气,聚合系统紧急停车,系统压力维持在( )MPa(G)左右。
   A. 0.02　　　　　B. 0.03　　　　　C. 0.05　　　　　D. 1.00

361. ZBC031 SAN 1号反应器系统氮气气密压力要严格按照规定的压力进行,不得( )。
   A. 超压　　　　　B. 超温　　　　　C. 低压　　　　　D. 低温

362. ZBC031 SAN 1号反应器系统氮气气密过程如发现泄漏立即停止,( )进行处理。
   A. 升压　　　　　B. 泄压　　　　　C. 降压　　　　　D. 降温

363. ZBC031 SAN 1号反应器系统氮气气密过程升压、降压要( )进行。
   A. 快速　　　　　B. 加速　　　　　C. 缓慢　　　　　D. 减速

364. ZBC032 叔十二碳硫醇(TDDM),是无色油状( )。
   A. 气体　　　　　B. 液体　　　　　C. 固体　　　　　D. 晶体

365. ZBC032 叔十二碳硫醇(TDDM)可溶于乙醇、乙醚、丙酮、苯、汽油和酯类等( )。
   A. 有机溶剂　　　B. 无机溶剂　　　C. 溶液　　　　　D. 乳液

366. ZBC032 以下有关叔十二碳硫醇(TDDM)的说法不正确的是( )。
   A. 具有特殊气味　　　　　B. 透明可燃液体
   C. 结构式 $CH_3(CH_2)_{11}SH$　　　D. 着火点180℃

367. ZBC033 ABS树脂合成中,叔十二碳硫醇是一种( )。
   A. 溶剂　　　　　　　　　B. 相对分子质量调节剂
   C. 阻聚剂　　　　　　　　D. 催化剂

368. ZBC033 叔十二碳硫醇(TDDM)主要用于( )、丁苯树脂、丁腈橡胶、高冲聚苯乙烯产品中。
   A. ABS树脂　　　B. 乙烯　　　　　C. 苯乙烯　　　　D. 丙烯腈

369. ZBC033 叔十二碳硫醇(TDDM)可以作为聚氯乙烯、聚乙烯等聚烯烃的( )和抗氧剂。
   A. 催化剂　　　　B. 阻聚剂　　　　C. 稳定剂　　　　D. 溶剂

370. ZBC034 TDDM 接收操作时从化学品库房领取需要量的 TDDM 桶,检查确认(　　)的内部无杂质,底部出口阀关闭,有足够的空间,具备接收条件。
　　A. 缓冲罐　　　　B. 溶剂罐　　　　C. 分离罐　　　　D. 储罐
371. ZBC034 TDDM 接收操作时打开接料阀,然后慢慢打开空气(　　),启动泵。
　　A. 止逆阀　　　　B. 截止阀　　　　C. 滑阀　　　　　D. 入口阀
372. ZBC034 TDDM 接收操作时将桶中的物料抽空,停泵,关(　　)。
　　A. 出口阀　　　　B. 入口阀　　　　C. 接料阀　　　　D. 止逆阀
373. ZBC035 反应釜的结构由釜体、传动装置、(　　)、加热装置、冷却装置、密封装置组成。
　　A. 搅拌装置　　　B. 反应装置　　　C. 氧化装置　　　D. 汽化装置
374. ZBC035 在接枝聚合过程中,不是经过静态混合器后加入反应器的物料是(　　)。
　　A. 乳化剂　　　　B. 苯乙烯　　　　C. 丙烯腈　　　　D. TDDM
375. ZBC035 聚合反应器中应安装(　　)防止物料粘壁。
　　A. 安全阀　　　　B. 搅拌　　　　　C. 温度检测仪　　D. 安全阀
376. ZBC036 PB 反应釜保压合格条件为(　　)。
　　A. 连续 4h 压力降不高于 0.04MPa　　B. 连续 4h 压力降不高于 0.05MPa
　　C. 连续 1h 压力降不高于 0.01MPa　　D. 连续 3h 压力降不高于 0.03MPa
377. ZBC036 PB 反应釜保压压力为(　　)MPa 左右
　　A. 1.35　　　　　B. 1.30　　　　　C. 1.40　　　　　D. 1.20
378. ZBC036 PB 反应釜搅拌器机械密封保压压力为(　　)MPa 左右
　　A. 1.50　　　　　B. 1.40　　　　　C. 1.60　　　　　D. 1.70
379. ZBC037 反应釜的加水工作与丁二烯置换要(　　)进行。
　　A. 一起　　　　　B. 同时　　　　　C. 逐个　　　　　D. 先后
380. ZBC037 丁二烯置换氧含量不大于(　　),氮含量不大于 3% 视为合格。
　　A. 0.3%　　　　　B. 0.2%　　　　　C. 0.1%　　　　　D. 0.4%
381. ZBC037 长期停车脱气釜应(　　)合格,以防止爆炸性气体存在釜中。
　　A. 气密　　　　　B. 试漏　　　　　C. 置换　　　　　D. 吹扫
382. ZBC038 监护人必须经过专业培训,经考核(　　),持证上岗。
　　A. 通过　　　　　B. 不合格　　　　C. 合格　　　　　D. 优秀
383. ZBC038 监护人对(　　)落实情况进行检查,监督消防设施到位情况,发现落实不好或安全措施不完善时,有权提出暂不进行作业。
　　A. 安全技能　　　B. 安全措施　　　C. 安全基础　　　D. 空气呼吸器
384. ZBC038 监护人必须有较强的(　　);了解动火区域岗位的生产过程,熟悉工艺操作和设备状况;能熟练使用消防器材及其他救护器具。
　　A. 责任心　　　　B. 事业心　　　　C. 粗心　　　　　D. 不认真
385. ZBC039 将动火设备内的可燃物料彻底清理干净,并用足够的(　　)对设备进行蒸汽吹扫、水洗或蒸煮,以达到动火条件。
　　A. 原因　　　　　B. 人员　　　　　C. 时间　　　　　D. 物料

386. ZBC039　塔、容器、储罐动火,应做可燃物含量分析,如进入设备内部动火还应做
（　　）和有毒物含量分析,合格后方可动火。
A. 氧含量　　　　B. 氮含量　　　　C. 氢含量　　　　D. 氦含量

387. ZBC039　动火点5m以内的可燃物料和杂物必须清理干净,周围（　　）以内的下水
井、地漏、地沟、电缆沟等应清除易燃物,并予封闭。
A. 5m　　　　　　B. 10m　　　　　C. 15m　　　　　D. 20m

388. ZBC040　凡在生产、储存、输送可燃物料的设备、容器及管道上动火,应首先切断物料
来源,加好（　　）,经彻底吹扫、清洗、置换后,打开人孔,通风换气,并经分析
合格,方可动火。
A. 盲板　　　　　B. 工具　　　　　C. 螺丝　　　　　D. 物料

389. ZBC040　动火作业分析合格后,如超过（　　）min才动火,必须再次进行动火分析。
A. 20　　　　　　B. 30　　　　　　C. 35　　　　　　D. 40

390. ZBC040　节假日非必需的用火,一律禁止。对节假日中必需的用火,按（　　）处理。
A. 一级用火　　　B. 升级用火　　　C. 特殊用火　　　D. 二级用火

391. ZBD001　聚合系统停车退料后,倾析槽加入硫酸亚铁蒸煮（　　）h。
A. 6　　　　　　B. 12　　　　　　C. 24　　　　　　D. 48

392. ZBD001　危化品物料管线设备吹扫置换时,应先将物料进行（　　）。
A. 密闭排放　　　B. 排放地沟　　　C. 随意排放　　　D. 排放大气

393. ZBD001　丁二烯反应釜最后一批料投料结束后,关闭回收丁二烯（　　）阀门。
A. 进料　　　　　B. 出料　　　　　C. 碱洗管线　　　D. 入口

394. ZBD002　将倾析槽中丁二烯用水顶至缓冲罐中,控制室人员要观察丁二烯缓冲罐（　　）。
A. 液位　　　　　B. 温度　　　　　C. 压力　　　　　D. 电流

395. ZBD002　在缓冲罐液位上涨42%左右时,从倾析槽（　　）分析取样点确认,直至见水
后,停泵,确认倾析槽返料置换结束。
A. 底部　　　　　B. 顶部　　　　　C. 中部　　　　　D. 上部

396. ZBD002　排碱时要用（　　）进行稀释,同时注意排碱速度不能过快,现场要有专人
监护。
A. 少量酸　　　　B. 少量水　　　　C. 大量水　　　　D. 大量酸

397. ZBD003　凝聚是破坏ABS胶乳的（　　）使其聚集成一定大小的颗粒。
A. 稳定性　　　　B. 氧化性　　　　C. 还原性　　　　D. 酸性

398. ZBD003　凝聚工艺采用（　　）作凝聚剂,去中和聚合物粒子表面的负电荷直至消失。
A. 盐酸　　　　　B. 硫酸　　　　　C. 氢氧化钾　　　D. 硫酸镁

399. ZBD003　通过加热提高粒子的动能,使粒子相互（　　）而形成大的颗粒析出,从而达
到凝聚目的。
A. 作用　　　　　B. 反应　　　　　C. 碰撞　　　　　D. 摩擦

400. ZBD004　凝聚系统降温操作停胶乳（　　）、硫酸泵,关闭入凝聚罐热水阀和过滤水阀,
关闭ABS胶乳掺混罐底阀。
A. 进料泵　　　　B. 出料泵　　　　C. 循环泵　　　　D. 离心泵

401. ZBD004　凝聚系统降温操作停止向淤浆进料罐加(　　),与 ABS 聚合现场操作人员联系,用压缩空气将碱管线吹空。
　　　A. 氢氧化镁　　　B. 氢氧化钾　　　C. 氢氧化钠　　　D. 硫酸镁
402. ZBD004　当凝聚罐内的物料向沉化罐倒料前,调整凝聚罐(　　)速度控制手轮,输出传动轴的转数从输出传动轴端看指示器自右向左方向运动减少其转数。
　　　A. 底泵　　　　　B. 离心泵　　　　C. 搅拌器　　　　D. 电流
403. ZBD005　分程调节系统的特点是一个调节器控制两个或多个工作范围不同的(　　),每个调节阀根据工艺要求在调节器输出的一段信号范围内动作。
　　　A. 调节阀　　　　B. 回流阀　　　　C. 转向阀　　　　D. 止逆阀
404. ZBD005　引起 SAN 聚合反应温度下降的原因,说法错误的是(　　)。
　　　A. 反应釜中进水多　　　　　　　　　B. 压力超高
　　　C. 进料组成变化　　　　　　　　　　D. 反应压力偏低
405. ZBD005　下列不是反应器温度、压力异常原因的是(　　)。
　　　A. 分程调节系统失灵　　　　　　　　B. 管线堵塞
　　　C. 夹套冷却效果差　　　　　　　　　D. 真空度异常
406. ZBD006　SAN1 号反应器退料操作时,当 1 号反应器液位降至 10%时,停(　　),停搅拌器油泵。
　　　A. 搅拌器　　　　B. 齿轮泵　　　　C. 底部泵　　　　D. 离心泵
407. ZBD006　SAN1 号反应器退料操作时,当 1 号反应器液位降至 6%时,手动关闭液位调节阀门、(　　),打循环。
　　　A. 往复泵　　　　B. 齿轮泵　　　　C. 底部泵　　　　D. 离心泵
408. ZBD006　SAN1 号反应器退料操作时,手动打开(　　)加料阀向 1 号反应器加入循环溶剂。
　　　A. 溶液　　　　　B. 溶剂　　　　　C. 氢氧化钾　　　D. 循环溶剂
409. ZBD007　从加热到卸料的反应过程中按动 ABS 反应釜(　　)能导致 ABS 反应釜停车。
　　　A. 停车开关　　　B. 开车开关　　　C. 底部泵开关　　D. 电流开关
410. ZBD007　从加热到卸料的反应过程中出现(　　)故障能导致 ABS 反应釜停车。
　　　A. 电流　　　　　B. 应力　　　　　C. 电源　　　　　D. 温度
411. ZBD007　从加热到卸料的反应过程中出现反应釜压力(　　)能导致 ABS 反应釜停车。
　　　A. 低　　　　　　B. 不变　　　　　C. 超低　　　　　D. 高
412. ZBD008　ABS 反应釜停车时夹套蒸汽(　　)关闭。
　　　A. 控制阀　　　　B. 底阀　　　　　C. 上部阀　　　　D. 中部阀
413. ZBD008　ABS 反应釜停车时夹套冷却水(　　)开。
　　　A. 止逆阀　　　　B. 上部阀　　　　C. 控制阀　　　　D. 下部阀
414. ZBD008　ABS 反应釜停车时反应釜气体(　　)控制阀开。
　　　A. 加压　　　　　B. 降压　　　　　C. 压力　　　　　D. 吹扫

415. ZBD009　ABS聚合反应釜停车后向每台反应釜中加入一定量(　　)。
    A. 水　　　　　B. 蒸汽　　　　C. 丙烯腈　　　D. 苯乙烯
416. ZBD009　ABS聚合反应釜停车后打开反应釜上人孔,向每台反应釜中加入(　　)。
    A. 乳化剂　　　B. 多功能溶解剂　C. 催化剂　　　D. 相对分子质量调节剂
417. ZBD009　ABS聚合反应釜停车后利用夹套给反应釜(　　),蒸煮到规定时间。
    A. 加压　　　　B. 降压　　　　C. 降温　　　　D. 升温
418. ZBD010　吹扫的目的是(　　)施工过程中残存在设备和管道中的焊渣、铁锈、泥沙等污物,确保开车顺利进行。
    A. 除去　　　　B. 不清理　　　C. 保留　　　　D. 留住
419. ZBD010　吹扫时特别注意对聚合釜至脱气釜(　　)管线、脱气釜至胶乳过滤器管线进行吹扫。
    A. 气相　　　　B. 液相　　　　C. 固相　　　　D. 黏流态
420. ZBD010　吹扫介质的走向是(　　)。
    A. 高处进,低处出　　　　　　　B. 低处进,高处出
    C. 高处进,高处出　　　　　　　D. 低处进,低处出
421. ZBD011　原始开工前管线的吹扫方法中(　　)最能将管线吹扫干净。
    A. 爆破吹扫　　B. 风线吹扫　　C. 提高风压吹扫　D. 水冲洗
422. ZBD011　以下有关胶乳管线堵的处理方法不正确的是(　　)。
    A. 冲氮气吹扫　　　　　　　　　B. 将管线法兰断开用高压水冲洗
    C. 开火票用火烧　　　　　　　　D. 用碱液冲洗
423. ZBD011　丁二烯聚合停止投料,关闭丁二烯(　　),接前后手动阀,接临时氮气胶管。
    A. 入口阀　　　B. 出口阀　　　C. 接料阀　　　D. 回流阀
424. ZBD012　掺混的方式常见的有(　　)、流化料仓、机械搅拌、内插均化管。
    A. 重力掺混　　B. 掺和　　　　C. 混合　　　　D. 水冲洗
425. ZBD012　重力掺混是在料仓中心放置一束空心管道,在管道的不同位置开有不同(　　)的小孔。
    A. 大小　　　　B. 结构　　　　C. 作用　　　　D. 口径
426. ZBD012　流化料仓是在料仓底部设置(　　),空气通过罗茨风机加压,从盘管均匀地进入流化板,物料在气流的作用下不断上升与坍塌形成混合。
    A. 精馏板　　　B. 分离板　　　C. 流化板　　　D. 对流板
427. ZBD013　ABS掺混系统停车操作关闭旋转阀停风机,关闭风机(　　)阀,确认管线畅通。
    A. 出入口　　　B. 出口　　　　C. 入口　　　　D. 排气口
428. ZBD013　若掺混器冷却水没有投用则(　　)。
    A. 掺混器升温　　　　　　　　　B. 掺混器降温
    C. 掺混器没有变化　　　　　　　D. 掺混器损坏
429. ZBD013　ABS胶乳掺混过程加入的药剂是(　　),这样能保证掺混过程均匀。
    A. 固体　　　　B. 液体　　　　C. 气体　　　　D. 气固混合物

430. ZBD014 包装生产线的包装过程包括充填、裹包、(　　)等主要工序。
    A. 封口　　　　B. 运输　　　　C. 拆包　　　　D. 码垛

431. ZBD014 下列不是包装机组运输带打滑原因的是(　　)
    A. 运输皮带松动　B. 料干　　　C. 三角带松动　D. 电器或机械故障

432. ZBD014 当喷码器的喷码不清楚时要(　　)
    A. 及时检查油墨是否充足,并检查喷码器是否堵塞
    B. 直接加油墨
    C. 拆下检查
    D. 等待

433. ZBD014 下列不是包装机组成部分的是(　　)。
    A. 压缩机　　　B. 封口机　　　C. 裹包机　　　D. 多功能包装机

434. ZBD015 包装称重允许误差为(　　)g。
    A. ±20　　　　B. ±30　　　　C. ±40　　　　D. ±50

435. ZBD015 包装满拍子料是(　　)袋。
    A. 20　　　　　B. 30　　　　　C. 40　　　　　D. 50

436. ZBD015 包装线停车操作停码垛机前一步骤是(　　)
    A. 关料仓闸板阀　　　　　　　B. 停自动称量机
    C. 开启仓闸板阀　　　　　　　D. 停金属检测器停皮带运输机

437. ZBD016 包装线停车操作检修切粒机,把软连接断口用袋子接上,检修结束后再运转(　　)s后合口,防止有色料进入料仓。
    A. 5~10　　　B. 10~15　　　C. 15~20　　　D. 20~25

438. ZBD016 挤出机停车后筒体温度从正常控制温度降到(　　),防止筒体内物料炭化,影响产品质量。
    A. 100℃　　　B. 150℃　　　C. 200℃　　　D. 250℃

439. ZBD016 包装料仓最多能装(　　)t。
    A. 200　　　　B. 300　　　　C. 400　　　　D. 500

440. ZBE001 水环的上部内表面恰好与叶轮轮毂相切,水环的下部(　　)刚好与叶片顶端接触。
    A. 内表面　　　B. 外表面　　　C. 涂层　　　　D. 缝隙

441. ZBE001 当小腔空间内压强低于被抽容器内的压强,根据气体压强平衡的原理,被抽的气体不断地被抽进小腔,此时正处于(　　)过程。
    A. 放气　　　　B. 吸气　　　　C. 排空　　　　D. 抽真空

442. ZBE001 当气体的压强(　　)排气压强时,被压缩的气体会从排气口被排出。
    A. 小于等于　　B. 等于　　　　C. 小于　　　　D. 大于

443. ZBE002 以下不是水环式真空泵的优点的是(　　)
    A. 结构简单,制造精度要求不高,容易加工
    B. 压缩气体基本上是等温的,即压缩气体过程温度变化很小
    C. 由于泵腔内没有金属摩擦表面,无须对泵内进行润滑,而且磨损很小
    D. 真空度高

444. ZBE002　水环式真空泵按照不同的结构可分为(　　)
　　　　①单级单作用水环泵②单级双作用水环泵③双级水环泵④大气水环泵
　　A. ①②③　　　　B. ②③④　　　　C. ①④　　　　D. ①②③④
445. ZBE002　水环式真空泵中间的转子安装形式是(　　)。
　　A. 中心安装转子　　　　　　B. 偏心安装转子
　　C. 球形安装转子　　　　　　D. 椭圆型中心安装转子
446. ZBE003　水环真空泵入口气体体积扩大,会导致入口真空度(　　)。
　　A. 下降　　　　B. 上升　　　　C. 不变　　　　D. 不确定
447. ZBE003　水环真空泵电压不足,会导致入口(　　)下降。
　　A. 温度　　　　B. 压强　　　　C. 真空度　　　　D. 电流
448. ZBE003　水环真空泵入口真空度降低的影响因素是(　　)。
　　A. 后部气量过大　　　　　　B. 入口气量过大,超过泵的负荷
　　C. 泵体内供水充足,能形成水环　　D. 气相出口无堵塞
449. ZBE004　液环真空泵开泵准备(　　)。
　　A. 确认压力表安装好　　　　B. 关闭压力表
　　C. 关闭冷却水　　　　　　　D. 关闭冷却水给水阀和回水阀
450. ZBE004　液环真空泵开泵准备投用(　　)。
　　A. 加热水　　　B. 功率表　　　C. 电流表　　　D. 压力表
451. ZBE004　液环真空泵开泵准备打开(　　)给水阀和回水阀。
　　A. 加热水　　　B. 冷却水　　　C. 蒸馏水　　　D. 地下水
452. ZBE005　液环真空泵灌泵(　　)。
　　A. 确认无漏点
　　B. 关闭工作液入口阀门
　　C. 确认所有密排线阀、放火炬阀打开
　　D. 确认所有排凝阀、氮气置换线阀打开
453. ZBE005　液环真空泵灌泵微开(　　)入口阀门。
　　A. 废液　　　　B. 工作液　　　C. 蒸馏液　　　D. 掺混液
454. ZBE005　液环真空泵灌泵确认无(　　)。
　　A. 漏点　　　　B. 渗透点　　　C. 排气点　　　D. 回流点
455. ZBE006　液环真空泵开泵需要(　　)。
　　A. 确认泵不转　　　　　　　B. 高速泵要微关出口阀
　　C. 确认泵出口阀打开　　　　D. 确认电动机断电
456. ZBE006　液环真空泵开泵需要确认泵(　　)关闭。
　　A. 入口阀　　　　　　　　　B. 出口阀
　　C. 截止阀　　　　　　　　　D. 放空阀
457. ZBE006　液环真空泵开泵高速泵要微开(　　)。
　　A. 入口阀　　　　　　　　　B. 出口阀
　　C. 截止阀　　　　　　　　　D. 放空阀

458. ZBE007 板式换热器换热效果不充分的原因是( )。
   A. 板内结垢量大   B. 垫片泄漏
   C. 换热面积大   D. 管程和壳程不易掺混

459. ZBE007 下列换热器中,换热面积最大的是( )。
   A. 盘管换热器   B. 板式换热器
   C. 列管式换热器   D. 夹套式换热器

460. ZBE007 板式换热器的优点是( )。
   A. 换热面积大   B. 换热快
   C. 换热充分   D. 管程和壳程不易掺混

461. ZBE007 换热器流动介质是( )。
   A. 冷却水   B. 汽油   C. 蒸馏水   D. 循环水

462. ZBE008 换热器日常检查换热器浮头大盖、法兰、焊口有无( )。
   A. 损坏   B. 报警   C. 泄漏   D. 掉落

463. ZBE008 换热器日常检查冷、热介质入口和出口( )、压力。
   A. 体积   B. 温度   C. 应力   D. 电流

464. ZBE008 换热器日常检查保温是否( )。
   A. 缺少   B. 换热   C. 完好   D. 放热

465. ZBE009 列管式换热器要注意列管结疤或( )。
   A. 堵塞   B. 泄漏   C. 换热   D. 掺混

466. ZBE009 列管式换热器要注意管路或( )堵塞。
   A. 系统   B. 阀门   C. 法兰   D. 壳层

467. ZBE009 列管式换热器要注意壳体内不凝气体或冷凝液增多使传热效率( )。
   A. 最高   B. 增高   C. 下降   D. 不变

468. ZBE010 屏蔽泵的初始状态是( )。
   A. 单向阀的旁路阀关闭   B. 反向环流配管针型阀关
   C. 泵出口阀关   D. 泵入口阀全关

469. ZBE010 屏蔽泵生产能力降低的原因,下列说法错误的是( )。
   A. 吸入管线内有气体或有堵塞   B. 泵入口压力高
   C. 吸入液体的黏度太大   D. 叶轮损坏,吸不上液体

470. ZBE010 屏蔽泵主要是由泵体、叶轮、定子、( )、前后轴承及推力盘等零部件组成。
   A. 齿轮   B. 转子   C. 风机   D. 阀门

471. ZBE011 屏蔽泵日常巡检检查出口压力表指针有无( )。
   A. 异常   B. 变大   C. 变小   D. 降低

472. ZBE011 屏蔽泵日常巡检检查电流值是否( )、是否异常。
   A. 降低   B. 过载   C. 大   D. 小

473. ZBE011 屏蔽泵日常巡检检查各部密封点有无跑、冒、滴、漏现象,检查有无异常声音和( )。
   A. 氧化   B. 还原   C. 振动   D. 泄漏

474. ZBE012 在启动屏蔽泵时,要特别注意并严格遵守出口阀和入口阀门的(　　)。
 A. 大小顺序　　B. 开启顺序　　C. 前后顺序　　D. 上下顺序

475. ZBE012 屏蔽泵启泵时,注意(　　)排气防止干转,不得逆向持续运转。
 A. 灌液　　　　B. 过载　　　　C. 启动　　　　D. 关闭

476. ZBE012 屏蔽泵停泵时应先将出口阀关小;当泵运转停止后,应先关闭入口阀门再关闭(　　)。
 A. 进口阀　　　B. 入口阀　　　C. 出口阀　　　D. 旋转阀

477. ZBE013 工艺上通过控制反应釜夹套内(　　)的方法来控制 PBL 聚合反应釜的温度和压力。
 A. 氨液位　　　B. 氨压力　　　C. 氨温度　　　D. 氮液位

478. ZBE013 PBL 聚合循环使用的(　　)来自冰机,考虑冰机的安全,控制好其液位就显得尤为重要。
 A. 氢气　　　　B. 液氨　　　　C. 氧气　　　　D. 空气

479. ZBE013 串级调节系统具有(　　)两个互相串级的调节器,其中副调节器的给定值由主参数通过主调节器自动加以校正。
 A. 大小　　　　B. 正反　　　　C. 主副　　　　D. 前后

480. ZBE014 冰机检查与维护需要检查(　　)压力是否在正常范围内。
 A. 出口　　　　B. 入口　　　　C. 端口　　　　D. 出入口

481. ZBE014 冰机检查与维护需要检查润滑油滤油器(　　),各润滑点上油、回油是否顺畅,回油温度。
 A. 压差　　　　B. 温度　　　　C. 电流　　　　D. 压强

482. ZBE014 冰机检查与维护需要定期(　　)检查润滑油油质是否合格。
 A. 上报　　　　B. 化验　　　　C. 回收　　　　D. 集体

483. ZBE015 包装岗位需要系统检查有关转动设备的(　　)、操作杂音、振动、齿轮发热轴承、皮带等情况。
 A. 油压　　　　B. 温度　　　　C. 油位　　　　D. 压强

484. ZBE015 包装岗位需要确认(　　)、线绳、热熔胶带等材料,确保供应充足。
 A. 电流　　　　B. 包装袋　　　C. 电机　　　　D. 离心泵

485. ZBE015 包装岗位需要系统检查要用的去料仓的管道,确认(　　)阀工作是否正常。
 A. 三通　　　　B. 旋转　　　　C. 出口　　　　D. 入口

486. ZBE016 包装机启动后检查确认真空系统(　　)。
 A. 异常　　　　B. 正常　　　　C. 正压　　　　D. 负压

487. ZBE016 包装机启动后的检查确认喷码器(　　)以及运行正常。
 A. 电流　　　　B. 温度　　　　C. 投用　　　　D. 压力

488. ZBE016 包装机启动后的检查确认气源管无泄漏,保证系统(　　)。
 A. 压力　　　　B. 温度　　　　C. 电流　　　　D. 压差

489. ZBE017 一般润滑油的黏度随温度上升而(　　)。
 A. 增大　　　　B. 不变　　　　C. 减小　　　　D. 无法确定

490. ZBE017 我国采用的润滑油黏度表示方法一般是(   )。
    A. 动力黏度   B. 运动黏度   C. 雷氏黏度   D. 赛氏黏度
491. ZBE017 润滑作用与润滑油的(   )和油性有密切关系。
    A. 酸值   B. 残炭   C. 闪点   D. 黏性
492. ZBE018 轴瓦间隙高,应选用(   )的润滑油。
    A. 黏度大   B. 黏度小   C. 相对密度大   D. 相对密度小
493. ZBE018 润滑油选用时,主要应考虑润滑油的(   )指标。
    A. 抗氧化性(安定性)   B. 闪点
    C. 酸碱度   D. 黏度
494. ZBE018 轴的旋转速度高,应选用(   )的润滑油。
    A. 黏度大   B. 黏度小   C. 相对密度大   D. 相对密度小
495. ZEB019 润滑油更换前不属于检查项目的是(   )。
    A. 待加油泵的油位   B. 待加油泵的油质
    C. 待加油泵的密封情况   D. 待加油泵的振动
496. ZBE019 现场操作人员打开放油丝堵,放净轴承箱内润滑油,旧润滑油(   )。
    A. 就地放掉   B. 排入地沟   C. 回收   D. 没有特殊要求
497. ZBE019 更换完润滑油后,现场操作人员检查看窗油位应处于(   )范围内。
    A. 1/2~1/3   B. 1/2~2/3   C. 1/2~3/4   D. 1/2~3/5
498. ZBE020 对机泵润滑油的检查不包括观测润滑油的(   )。
    A. 颜色   B. 油膜   C. 油位   D. 油温
499. ZBE020 机泵检查不包括检查泵的(   )。
    A. 电动机电流   B. 效率   C. 压力   D. 流量
500. ZBE020 机泵日常检查,现场操作人员不必携带(   )。
    A. 听针   B. 测温仪   C. 抹布   D. 空气呼吸器
501. ZBE021 为了保证机泵在高温下有良好的润滑状态,润滑油的黏度比越(   )越好。
    A. 小   B. 适中   C. 大   D. 没有要求
502. ZBE021 与水或蒸汽接触的润滑部位用油,要求具有良好的(   )。
    A. 黏度   B. 抗乳化度   C. 酸值   D. 抗氧安定性
503. ZBE021 在运转中的滚动轴承上涂抹润滑油主要是为了(   )。
    A. 防腐   B. 密封   C. 减少摩擦   D. 防止泄漏
504. ZBE022 离心泵的日常维护检查电动机振动是否正常,电动机(   )是否超出正常范围内,电动机电流是否超标。
    A. 压力   B. 温度   C. 转动   D. 应力
505. ZBE022 离心泵的日常维护检查泵的(   )是否在正常范围内,检查泵的温度是否超温。
    A. 振动   B. 旋转   C. 转动   D. 高低
506. ZBE022 离心泵的日常维护检查泵的密封是否(   ),检查泵的冷却水是否正常循环。
    A. 安装   B. 旋转   C. 泄漏   D. 齐全

507. ZBF001 PB 聚合每台反应釜有( )温度检测点。
A. 一个 B. 二个 C. 三个 D. 四个

508. ZBF001 PB 聚合每台反应釜有 3 个压力检测点,三中取( ),压力联锁试三次。
A. 一 B. 二 C. 三 D. 四

509. ZBF001 PB 聚合系统进行联锁调试时观察现场阀门实际动作与控制室是否( ),并且注意控制室上的紧急停车动作都正确。
A. 一致 B. 相反 C. 相同 D. 不一致

510. ZBF002 PB 聚合时可能造成反应压力偏高的原因是( )。
A. 乳化剂加量不够 B. 乳化剂加量过多
C. 引发剂加量过多 D. 分子调节剂加量过多

511. ZBF002 PB 聚合釜清胶后投第一釜料要求釜内氧含量为( )。
A. ≤0.5% B. ≤0.3% C. ≤3% D. ≤1%

512. ZBF002 如果聚合釜温度高报,冷冻水降不下温度应( )。
A. 开火炬线副线泄压 B. 向空釜倒料
C. 加入紧急终止剂 D. 向脱气釜倒料

513. ZBF003 PB 反应釜温度和压力升高要查找原因进行分析,确认紧急( )原因。
A. 开车 B. 跑料 C. 漏料 D. 停车

514. ZBF003 PB 聚合中,丁二烯进料压力要求在 7.5kg/cm² 以上是因为( )。
A. 防止丁二烯送料不畅 B. 管线堵塞高压输送
C. 防止低压丁二烯汽化 D. 聚合釜压力高低压无法送料

515. ZBF003 开工前,对脱气釜试压是因为( )。
A. 防止有害气体泄漏 B. 试验聚合釜压力
C. 试验脱气釜安全阀定压 D. 测试釜内最大压力

516. ZBF004 循环水由于循环水冷却器的防腐防垢要求,比新鲜水( )。
A. 要求高 B. 要求低 C. 要求一样 D. 没有要求

517. ZBF004 循环冷却水分为封闭式(密闭式)和( )两种。
A. 开放式 B. 敞开式 C. 半闭式 D. 全关式

518. ZBF004 封闭式冷却水系统中,冷却水不暴露于空气中,水量损失( ),水中各种矿物质和离子含量一般不发生变化。
A. 大 B. 小 C. 很少 D. 多

519. ZBF005 PB 装置停循环水造成冰机出口压力( ),油温上升,冰机会导致联锁停车。
A. 下降 B. 上升 C. 不变 D. 不一定

520. ZBF005 PB 装置停循环水导致冰机系统停车,不能向反应釜提供( )。
A. 液氨 B. 氧气 C. 氢气 D. 氮气

521. ZBF005 PB 装置停循环水导致反应釜温度压力可能快速上升而且搅拌油泵无( ),甚至达到超温超压被迫停车。
A. 脱盐水 B. 过滤水 C. 冷却水 D. 盐水

522. ZBF006　供水车间循环水故障会导致装置停（　　）。
　　A. 生活水　　　　B. 过滤水　　　　C. 脱盐水　　　　D. 循环水
523. ZBF006　在管壳式循环水冷却器中,换热最佳的液体物料与循环水走向为（　　）。
　　A. 并流,循环水高进低出,物料低进高出
　　B. 并流,循环水低进高出,物料高进低出
　　C. 逆流,循环水高进低出,物料低进高出
　　D. 逆流,循环水低进高出,物料高进低出
524. ZBF006　循环水泵停会导致装置停（　　）。
　　A. 循环水　　　　B. 过滤水　　　　C. 脱盐水　　　　D. 生活水
525. ZBF007　PB装置停循环水后确认发生全装置的停循环水事故,立即联系调度,询问停循环水的原因,如果不能马上送水,通知各单元做好（　　）准备。
　　A. 停车　　　　B. 开车　　　　C. 聚合　　　　D. 挤出
526. ZBF007　PB装置停循环水后停冰机单元,关油冷却器冷却水阀,密切注视油温及冰机（　　）压力。
　　A. 入口　　　　B. 端口　　　　C. 进出口　　　　D. 出口
527. ZBF007　PB装置停循环水,待来循环水以后,确认油温在下限以上,启动冰机,慢慢加载,并开油冷却器（　　）,待运行正常后,开始向聚合系统送氨。
　　A. 水阀　　　　B. 油阀　　　　C. 阀门　　　　D. 气阀
528. ZBF008　氮气通常被称为（　　）气体,不燃,无毒,可令人窒息。
　　A. 活性　　　　B. 可燃　　　　C. 惰性　　　　D. 有毒
529. ZBF008　氮与许多金属结合形成硬氮化物,可用作（　　）金属。
　　A. 耐磨　　　　B. 活性　　　　C. 惰性　　　　D. 刚性
530. ZBF008　钢中的少量氮会抑制高温下的晶粒生长,并且还会提高某些钢的（　　）。
　　A. 活性　　　　B. 强度　　　　C. 惰性　　　　D. 氧化性
531. ZBF009　PB装置停氮气时原料罐区的氮封压力（　　）。
　　A. 上升　　　　B. 不变　　　　C. 不确定　　　　D. 下降
532. ZBF009　PB装置停氮气时回收系统密封氮（　　）。
　　A. 无量　　　　B. 不变　　　　C. 不确定　　　　D. 升高
533. ZBF009　PB装置停氮气可能由于供气车间设备（　　）造成的。
　　A. 良好　　　　B. 故障　　　　C. 不确定　　　　D. 正常
534. ZBF010　PB装置停氮气得到控制恢复生产时,原料罐区需要开氮封系统（　　）投用氮封。
　　A. 前后手动阀　　　　　　　　B. 止逆阀
　　C. 后手动阀　　　　　　　　　D. 滑阀
535. ZBF010　PB装置停氮气时立即（　　）原料罐区的前后手动阀。
　　A. 打开　　　　B. 关闭　　　　C. 不处理　　　　D. 开大
536. ZBF010　PB装置停氮气时立即（　　）回收进料。
　　A. 开大　　　　B. 打开　　　　C. 停　　　　D. 不处理

537. ZBF011　长期接触一定浓度的丁二烯可出现头痛、头晕、全身乏力、失眠、多梦、（　　）、恶心、心悸等症状。
　　A. 昏迷　　　　　　　　　　B. 消化系统紊乱
　　C. 呼吸受影响　　　　　　　D. 记忆力减退

538. ZBF011　皮肤直接接触丁二烯可发生灼伤或（　　）。
　　A. 溃疡　　　B. 伤害　　　C. 氧化　　　D. 冻伤

539. ZBF011　丁二烯急性中毒，轻者有头痛、（　　）、恶心、咽痛、耳鸣、全身乏力、嗜睡等症状。
　　A. 刺激　　　B. 头晕　　　C. 胃疼　　　D. 胃酸

540. ZBF012　丁二烯急救皮肤接触后立即脱去污染的衣物，用大量（　　）冲洗至少15min，就医。
　　A. 脱盐水　　B. 过滤水　　C. 流动清水　D. 循环水

541. ZBF012　丁二烯急救眼睛接触时提起眼睑，用流动清水或（　　）冲洗，就医。
　　A. 生理盐水　B. 过滤水　　C. 脱盐水　　D. 循环水

542. ZBF012　丁二烯急救吸入时迅速脱离现场至（　　）处，保持呼吸道通畅。如呼吸困难，给输氧，如呼吸停止，立即进行人工呼吸，就医。
　　A. 室内　　　B. 空气新鲜　C. 干燥　　　D. 阴凉

543. ZBF013　丁二烯易燃，与空气混合能形成（　　）混合物。
　　A. 爆炸性　　B. 反应性　　C. 阻燃性　　D. 还原性

544. ZBF013　丁二烯遇高热，可发生（　　）反应，放出大量热量而引起容器破裂和爆炸事故。
　　A. 氧化　　　B. 聚合　　　C. 还原　　　D. 硫化

545. ZBF013　丁二烯气体比空气重，能在较低处扩散到相当远的地方，遇火源会（　　）回燃。
　　A. 氧化　　　B. 反应　　　C. 着火　　　D. 还原

546. ZBF014　丁二烯大量泄漏时的处理方法不正确的是（　　）。
　　A. 用大量蒸汽稀释
　　B. 切断物料来源
　　C. 允许车辆通过泄漏区
　　D. 通知周围装置，停止有可能产生火花的操作

547. ZBF014　丁二烯着火后不可以使用的灭火物质是（　　）。
　　A. 水　　　　B. 二氧化碳　C. 泡沫　　　D. 雾状水

548. ZBF014　丁二烯泄漏应关闭罐区（　　）阀，防止物料进入10号线。
　　A. 工业水　　B. 雨排水　　C. 循环水　　D. 过滤水

549. ZBF015　正常停车时，应将干燥器内物料排净，观察下列（　　）不能判断出物料是否排净。
　　A. 干燥器压差表　　　　　　B. 干燥器温度
　　C. 干燥风压力　　　　　　　D. 粉料输送管线压力

550. ZBF015 干燥器温度异常的事故现象是干燥器温度点异常(　　)或现场发现烟雾、异味等。

　　A. 上升　　　　　　B. 下降　　　　　　C. 不变　　　　　　D. 不确定

551. ZBF015 干燥器温度异常的事故原因是干燥器(　　)爆燃。

　　A. 胶乳　　　　　　B. 粒料　　　　　　C. 颗粒　　　　　　D. 粉料

552. ZBF016 当发现干燥器温度超高或失控时,当班操作人员做法不正确的是(　　)。

　　A. 停止蒸汽加热　　　　　　　　　　　B. 热水罐加冷水
　　C. 脱水机停止进料　　　　　　　　　　D. 启动灭火系统

553. ZBF016 当干燥器温度失控时,现场人员立即(　　)现场,控制室操作人员关脱水机停止进料。

　　A. 撤离　　　　　　B. 进入　　　　　　C. 奔赴　　　　　　D. 进出

554. ZBF016 当干燥器温度失控时,控制室操作人员手动启动(　　)。10min 后,温度继续上升,开灭火蒸汽手阀,投入消防蒸汽。

　　A. 进料系统　　　　B. 冷水系统　　　　C. 灭火系统　　　　D. 热水系统

555. ZBF017 气氨的液化包括气氨的压缩和(　　),气氨在常压下冷凝温度为-35℃。

　　A. 冷凝　　　　　　B. 加热　　　　　　C. 吸热　　　　　　D. 放热

556. ZBF017 在常压常温下,气氨不能用常温水使其冷凝成(　　)。

　　A. 氨气　　　　　　B. 液氨　　　　　　C. 固氨　　　　　　D. 固体

557. ZBF017 氨的冷凝温度随压强的提高而(　　)。

　　A. 降低　　　　　　B. 变小　　　　　　C. 升高　　　　　　D. 不变

558. ZBF018 冰机(　　)紧急停车可导致冰机异常停车。

　　A. 串联　　　　　　B. 并联　　　　　　C. 连续　　　　　　D. 联锁

559. ZBF018 冰机(　　)过载可导致冰机异常停车。

　　A. 电机　　　　　　B. 水汽　　　　　　C. 循环水　　　　　D. 脱盐水

560. ZBF018 冰机机组长期停工时,应每(　　)d 开动一次油泵,以保证机内各部位能有润滑油。

　　A. 8　　　　　　　B. 10　　　　　　　C. 15　　　　　　　D. 20

561. ZBF019 冰机异常停车,反应釜超温超压时紧急停车,加入(　　)。

　　A. 紧急终止剂　　　B. 乳化剂　　　　　C. 催化剂　　　　　D. 阻聚剂

562. ZBF019 关于冰机压缩机噪音过大的原因,下列说法错误的是(　　)。

　　A. 主喷油阀开度过小或过大　　　　　　B. 轴承损坏或过量磨损
　　C. 联轴器松动或损坏　　　　　　　　　D. 盐水泵压力低

563. ZBF019 目前冰机能量调节机构使用最为广泛的调节方式是(　　)调节。

　　A. 止逆阀　　　　　B. 滑阀　　　　　　C. 回流阀　　　　　D. 气相阀

564. ZBF020 纯硫酸一般为(　　)液体,密度 1.84g/cm^3,沸点 337℃,能与水以任意比例互溶,同时放出大量的热,使水沸腾。

　　A. 无色通明　　　　　　　　　　　　　B. 无色浑浊
　　C. 无色油状　　　　　　　　　　　　　D. 有色油状

565. ZBF020　硫酸的沸点及黏度(　　),是因为其分子内部的氢键较强的缘故。
　　　A. 较高　　　　　B. 较低　　　　　C. 较快　　　　　D. 较慢
566. ZBF020　无水硫酸体现酸性是给出质子的能力,纯硫酸仍然具有很强的(　　)。
　　　A. 碱性　　　　　B. 酸性　　　　　C. 中和性　　　　D. 盐性
567. ZBF021　硫酸与皮肤接触需要用(　　)冲洗,再涂上3%~5%碳酸氢钠溶液冲,迅速就医。
　　　A. 大量水　　　　B. 大量酸　　　　C. 少量水　　　　D. 大量碱
568. ZBF021　硫酸溅入眼睛后应立即提起眼睑,用(　　)或生理盐水彻底冲洗至少15min。迅速就医。
　　　A. 少量酸　　　　B. 大量流动清水　C. 少量水　　　　D. 大量碱
569. ZBF021　吸入硫酸蒸气后应迅速脱离现场至空气新鲜处。保持呼吸道通畅,如呼吸困难,给输氧。如呼吸停止,立即进行(　　)。迅速就医。
　　　A. 输氧　　　　　B. 施救　　　　　C. 人工呼吸　　　D. 打电话求救
570. ZBF022　硫酸泄漏时立即停止硫酸(　　)作业,查明泄漏原因,并向车间和相关职能处室汇报。
　　　A. 卸车　　　　　B. 装车　　　　　C. 混合　　　　　D. 氧化
571. ZBF022　硫酸泄漏时根据物料泄漏情况,设立警戒线,佩戴好相应的(　　)用品,组织相关人员对泄漏点进行抢修处理。
　　　A. 防化冻　　　　B. 劳动防护　　　C. 防静电　　　　D. 防火
572. ZBF022　硫酸泄漏处理时注意,禁止将硫酸直排入废水系统,对在处理过程中排出的硫酸必须用大量废碱中和,直至呈(　　),同时用大量水冲洗。
　　　A. 酸性　　　　　B. 碱性　　　　　C. 中性　　　　　D. 水性
573. ZBF023　柱塞泵工作时,在喷油泵凸轮轴上的凸轮与柱塞弹簧的作用下,迫使柱塞作上、下(　　)运动。
　　　A. 往复　　　　　B. 旋转　　　　　C. 来回　　　　　D. 自由
574. ZBF023　柱塞泵泵油过程可分为(　　)和回油过程两个阶段。
　　　A. 出油过程　　　B. 进油过程　　　C. 泄油过程　　　D. 混油过程
575. ZBF023　柱塞泵进油过程,当凸轮的凸起部分转过去后,在弹簧力的作用下,柱塞(　　)运动。
　　　A. 向上　　　　　B. 旋转　　　　　C. 向下　　　　　D. 不动
576. ZBF024　柱塞泵一般分为单柱塞泵、卧式柱塞泵、(　　)柱塞泵和径向柱塞泵。
　　　A. 纵向　　　　　B. 轴向　　　　　C. 正向　　　　　D. 反向
577. ZBF024　单柱塞泵结构组成主要有偏心轮、(　　)、弹簧、缸体、两个单向阀。
　　　A. 柱塞　　　　　B. 活塞　　　　　C. 法兰　　　　　D. 旋转阀
578. ZBF024　径向柱塞泵可分为阀配流与(　　)两大类。
　　　A. 纵配流　　　　B. 轴配流　　　　C. 横配流　　　　D. 上配流
579. ZBF025　操作人员每日需对柱塞泵检查1~2次,检查(　　)运转声响是否正常。
　　　A. 离心泵　　　　B. 液压泵　　　　C. 往复泵　　　　D. 高压泵

580. ZBF025 如发现柱塞泵液压缸速度下降或闷车时,应该对补油泵解体检查,检查叶轮边沿是否有刮伤现象,内(　　)间隙是否过大。
　　　A. 齿轮泵　　　　　　　B. 离心泵
　　　C. 往复泵　　　　　　　D. 常压泵

581. ZBF025 液压油的清洁度越高,液压泵的使用寿命(　　)。
　　　A. 越短　　B. 不变　　C. 不确定　　D. 越长

582. ZBF026 柱塞泵启动后排量不足的原因有泵吸入管线(　　)。
　　　A. 漏气　　B. 不变　　C. 不确定　　D. 夹气

583. ZBF026 柱塞泵启动后排量不足的原因有入口管线、过滤器堵塞或阀门(　　)。
　　　A. 开度大　　B. 开度小　　C. 不确定　　D. 打开

584. ZBF026 柱塞泵启动后排量不足的原因有入口压头(　　),单向阀不严。
　　　A. 足量　　B. 不变　　C. 不够　　D. 不确定

585. ZBF027 柱塞泵启动后排量不足的处理需要排净机泵内的气体,重新(　　)。
　　　A. 灌泵　　B. 洗泵　　C. 停泵　　D. 开泵

586. ZBF027 柱塞泵启动后排量不足的处理需要(　　)入口阀、疏通入口管线或拆检入口过滤器。
　　　A. 关小　　B. 不变　　C. 开大　　D. 关闭

587. ZBF027 柱塞泵启动后排量不足的处理需要(　　)入口压头。
　　　A. 降低　　B. 减小　　C. 不变　　D. 提高

588. ZBF028 下列哪种不是往复泵(　　)。
　　　A. 活塞泵　　B. 柱塞泵　　C. 隔膜泵　　D. 齿轮泵

589. ZBF028 往复泵活塞自左向右移动时,泵缸内形成(　　),则储槽内液体经吸入阀进入泵缸内。
　　　A. 负压　　B. 正压　　C. 常压　　D. 大气压

590. ZBF028 往复泵当活塞自右向左移动时,缸内液体受挤压,压力增大,由(　　)排出。
　　　A. 进口阀　　B. 排出阀　　C. 入口阀　　D. 进出阀

591. ZBF029 往复泵可获得很高的排压,且流量与压力(　　),吸入性能好,效率较高。
　　　A. 成正比　　B. 成反比　　C. 无关　　D. 相关

592. ZBF029 往复泵原则上可输送任何介质,几乎不受介质的物理或化学性质的(　　)。
　　　A. 限制　　B. 变快　　C. 无关　　D. 变化

593. ZBF029 往复泵的性能不随压力和输送介质黏度的变动而(　　)。
　　　A. 成正比　　B. 变动　　C. 变大　　D. 变小

594. ZBF030 往复泵具有自吸能力(　　)的特点。
　　　A. 弱　　B. 大　　C. 强　　D. 小

595. ZBF030 往复泵理论流量与工作压力无关,只取决于(　　)、泵缸尺寸及作用数。
　　　A. 转速　　B. 流速　　C. 压力　　D. 温度

596. ZBF030 往复泵额定排出压力与泵的(　　)和转速无关。
　　　A. 大小　　B. 尺寸　　C. 强弱　　D. 应力

597. ZBF031　泵体内进入(　　)可导致往复式泵产生冲击声。
　　　A. 固体　　　　B. 液体　　　　C. 废液　　　　D. 气体
598. ZBF031　吸入管阻力(　　)可导致往复式泵产生冲击声。
　　　A. 大　　　　　B. 小　　　　　C. 较小　　　　D. 较大
599. ZBF031　调节或传动机构(　　)可导致往复式泵产生冲击声。
　　　A. 间隙小　　　B. 间隙大　　　C. 稳定　　　　D. 不稳定
600. ZBF032　往复泵润滑油温太高时,造成的影响是(　　)。
　　　A. 润滑油黏度小　B. 承载能力高　C. 润滑油黏度大　D. 不影响轴承工作
601. ZBF032　往复泵产生冲击声的异常处理需要检查入口管线、过滤器是否(　　)或阀门开度是否过小,并进行处理。
　　　A. 良好　　　　B. 稳定　　　　C. 堵塞　　　　D. 不确定
602. ZBF032　往复泵的类型很多,按活塞结构形状可分为三类:盘状活塞式往复泵、(　　)往复泵和隔膜式往复泵。
　　　A. 润滑式　　　B. 柱塞式　　　C. 来回式　　　D. 回流式

二、判断题(对的画"√",错的画"×")

(　)1. ZAA001　一定质量的某理想气体在温度不变时,体积与其所受压力成正比。
(　)2. ZAA002　在同一电子轨道中,不可能有两个自旋方向相同的电子。
(　)3. ZAA003　在相同压力下,过热蒸汽的焓值比饱和蒸汽的高。
(　)4. ZAA004　化学配平是根据氧化剂得到电子的总数等于还原剂给出的电子总数来进行的。
(　)5. ZAA005　一个化合物中可能同时含有几种化学键。
(　)6. ZAA006　对于某一化学反应,当反应条件确定以后,其化学平衡常数为一定值。
(　)7. ZAA007　催化剂只能使平衡较快达到,而不能使平衡发生移动。
(　)8. ZAA008　无机物中的酸、碱、盐在固体状态时不能导电,因此它们不是电解质。
(　)9. ZAA009　当正、逆反应速度相等时,弱电解质在溶液中的电离就达到平衡状态,这种平衡称为电离平衡。
(　)10. ZAA010　共聚物是两种单体的均聚物的共混物。
(　)11. ZAA011　聚合物的结晶能力与大分子微结构有关,涉及规整性、分子链柔性、分子间力等。
(　)12. ZAA012　弹性模量:代表物质的刚性,对变形的阻力,以起始应力除以相对伸长率来表示。
(　)13. ZAB001　流体的流动类型有层流、过渡流和湍流。
(　)14. ZAB002　物质以分子运动的方式通过静止流体或层流流体的转移是湍流扩散。
(　)15. ZAB003　管内流体流量较小,而所需传热面积较大时宜选用单管程换热器。
(　)16. ZAB004　在其他条件一定时,换热器传热面积越大,传递的热量也越多。
(　)17. ZAB005　由于丙烯与丙烷的相对挥发度相当接近,故精馏时分离混合物所需要的塔板数也较多。

(　　)18. ZAB006　带有活动元件的塔设备,其操作弹性较大。

(　　)19. ZAB007　气液速度一定的条件下,筛板上液层的高度影响气液接触时间。

(　　)20. ZAB008　填料塔由塔体、液体分布装置、填料、再分布器、栅板(填料支承结构)以及气、液的进出口管等部件组成。

(　　)21. ZAC001　离心泵的主要部件有叶轮、泵体、气缸、轴、轴承、密封装置和平衡装置等。

(　　)22. ZAC002　运行中的离心泵出口压力突然大幅度下降并激烈地波动,这种现象称为抽空。

(　　)23. ZAC003　如果离心式压缩机出现喘振,首先应立即全部打开喘振阀,增加压缩机的流量,然后根据情况进行处理。

(　　)24. ZAC004　固定管板式换热器壳体上的膨胀节由于能承受较大内压,所以换热器壳程压力可以较高。

(　　)25. ZAC005　浮阀的结构特点是开启程度随气体负荷量的大小而自动调节。

(　　)26. ZAC006　板式塔除装设填料、降液管以及各种物料的进出口之外,还有很多附属装置,如除沫器、人孔(手孔)、裙座,有时外部还有扶梯和平台等。

(　　)27. ZAC007　填料塔由塔体、液体分布装置、填料、再分布器、栅板(填料支承结构)以及气、液的进出口管等部件组成。

(　　)28. ZAC008　板式塔根据塔盘结构的不同(塔板上气液接触元件的不同)主要可分为泡罩塔、筛板塔、浮阀塔等。

(　　)29. ZAD001　热磁氧分析仪属于磁学式分析仪。

(　　)30. ZAD002　大转矩蝶阀应选用气动长行程执行机构。

(　　)31. ZAD003　压力式温度计中的毛细管越长,则仪表的反应时间越快。

(　　)32. ZAD004　在使用弹性式压力计测量压力的过程中弹性元件可以无限制变形。

(　　)33. ZAD005　超声波流量计对上游侧的直管要求不严。

(　　)34. ZAD006　当被测轻介质充满浮筒界面计的浮筒室时,仪表应指示0%;当充满被测重介质时,仪表应指示100%。

(　　)35. ZAD007　在DCS的操作画面中,MAN表示手动操作模式。

(　　)36. ZAE001　投影线都相互平行的投影称为中心投影。

(　　)37. ZAE002　在三视图中,能够反映物体上下、左右位置关系的视图为俯视图。

(　　)38. ZAE003　画三视图时,左视图和俯视图的关系是长对正。

(　　)39. ZAE004　零件图的作用是指导读零件的结构。

(　　)40. ZAF001　清洁生产涵盖有深厚的理论基础,但其实质是测量学基本理论。

(　　)41. ZAF002　是否需要进行清洁生产审核由企业根据自己的实际需要决定。

(　　)42. ZAF003　可直接用碱液吸收处理的废气是二氧化硫。

(　　)43. ZAF004　含烷烃的废渣通常采用陆地填筑法。

(　　)44. ZAF005　职业中毒不属于职业病。

(　　)45. ZAF006　在生产工艺、劳动过程、作业环境中存在的危害从业人员健康的因素,称为职业病危害因素。

( )46. ZAF007   综合性季度检查中,安全生产不仅是重要内容,还实行一票否决权。
( )47. ZAF008   使用高毒物品作业的单位,必须配备专职的或者兼职的职业卫生医师和护士。
( )48. ZAG001   不管何种类型的电动机都有转子和定子这两大部件。
( )49. ZAG002   型号为YB-250S-4WTH的电动机,可在湿热带地区及户外使用。
( )50. ZAG003   闭合电路的电流,与电源电动势成正比,与整个电路的电阻成反比。
( )51. ZAG004   混联电路的总电流等于各电阻的电流之和。
( )52. ZBA001   聚丁二烯可用硫黄硫化,硫化时发生顺-反异构化反应。
( )53. ZBA002   PB聚合釜开车投料前检查确认检修项目全部完成,符合工艺要求,现场清理完毕。
( )54. ZBA003   凝聚系统开车前工艺管线检查各机泵单机试运正常,设备润滑正常,盘车结束。
( )55. ZBA004   凝聚系统开车前公用工程系统检查确认蒸汽分配器排凝阀见汽。
( )56. ZBA005   在传动设备的检修工作中,只需电气开关上挂有"有人作业,禁止合闸"的安全警告牌。
( )57. ZBA006   聚合反应中应对催化剂、引发剂等要加强储存、运输、调配、注入等工序的检查。
( )58. ZBA007   SAN聚合开工前确认聚合工序联锁试运正常并投用。
( )59. ZBA008   振动筛是利用振子激振所产生的往复旋型振动而工作的。
( )60. ZBA009   振动筛检查要全面、认真准确,多方确认,避免失误。
( )61. ZBB001   清洗过滤器可以用循环水进行冲洗。
( )62. ZBB002   引循环水之前要确认装置内各支线引出阀关闭。
( )63. ZBB003   过热蒸汽的压力等级越高,在此压力等级下的蒸汽温度越高。
( )64. ZBB004   蒸气管线设有膨胀节的作用是防止管线断裂或弯曲,对管线冷热引起的伸缩起缓冲作用。
( )65. ZBB005   三阀组经判断蒸汽阀关不死,正确的操作是介质阀关闭,开蒸汽阀和放空阀,看是否有蒸汽漏出。
( )66. ZBB006   冬季保证所有伴热系统好用,定期巡检,检查管线伴热情况。
( )67. ZBB007   装置管网引入蒸汽时动作要慢,因为蒸汽温度高。
( )68. ZBB008   装置引蒸汽时,如果总阀有副线,应先开副线阀,再开总阀。
( )69. ZBB009   丁二烯泵机封出现泄漏时首先要打开门窗加强现场通风。
( )70. ZBB010   丁二烯储存要严格控制其温度、压力。
( )71. ZBB011   PBL聚合系统投料开车确认要投料的聚合釜加料总阀开,其他釜加料总阀关闭。
( )72. ZBB012   ABS接枝胶乳的选择不同,表现出来的产品性能也不同。
( )73. ZBB013   为保证接枝聚合能够发生在接枝主干物的胶束内,因此在接枝聚合中采用油溶性的引发剂。
( )74. ZBB014   凝聚干燥单元现场可以随意使用个人移动电话。

(　　)75. ZBB015　凝聚罐升温时调节阀开度切勿过大,会造成温度上升过快,超过工艺控制指标。

(　　)76. ZBB016　凝聚干燥单元干燥器热水罐中的水源是过滤水。

(　　)77. ZBB017　凝聚干燥单元干燥器采用的是热风干燥。

(　　)78. ZBB018　干燥器升温时调节阀开度切勿过大,造成干燥器内温度过高。

(　　)79. ZBB019　聚合方法的选择除了要考虑单体的化学特性、传热方式、聚合物的特性、对产品质量要求外,能否实现大型化、连续化,聚合反应器结构与特性也要予以考虑。

(　　)80. ZBB020　控制聚合物溶液中溶剂及未反应单体气化的物质的量是控制聚合反应温度的最有效方式。

(　　)81. ZBB021　悬浮聚合只适用于特殊的单体引发剂体系。

(　　)82. ZBB022　乳液聚合的主要缺点是消除聚合过程中加入的各种配合剂,使后处理过程变得复杂,设备投资增加,成本提高;通用性不大;废水污染严重。

(　　)83. ZBB023　溶液聚合的应用越来越多,特别是在离子型聚合中。

(　　)84. ZBB024　SAN 聚合开车提高加料系数应缓慢进行,防止由于加料量增大,而使聚合反应温度下降。

(　　)85. ZBB025　SAN 聚合开车时要确认各台设备启动后运行状态正常。

(　　)86. ZBB026　造粒模头各段设有电加热控制,通过控制温度维持熔融 SAN 物料的流动性。

(　　)87. ZBB027　SAN 经闪蒸罐脱除未反应单体和溶剂后,在高温融熔状态下,经齿轮泵高压挤出,经模头口模形成束条流出,再经冷却、切粒后生成中间品 SAN 粒子。

(　　)88. ZBB028　SAN 切换料仓时,不用降低所对应的切粒机泵转数。

(　　)89. ZBB029　真空系统将生产过程中产生的废气吸收,真空泵抽至水洗塔吸收处理,其目的是减少有害气体排入大气,污染环境。

(　　)90. ZBB030　挤出机开车控制盘上设定各段温度,启动加热器加热。

(　　)91. ZBC001　碱洗的目的是清除有机物。

(　　)92. ZBC002　碱洗能除去硫化氢、酚、低分子馏、醇、环烷酸等非烃化合物。

(　　)93. ZBC003　清理过滤器后碱循环量达不到规定要求,切换另一台泵运行。

(　　)94. ZBC004　丙烯腈、苯乙烯管线吹扫干净后,应用氮气氮封管线。

(　　)95. ZBC005　甲苯储罐压力增加应该检查呼吸阀、氮气冲程调节及安全阀。

(　　)96. ZBC006　聚合釜抽真空的原因是防止有害气体反应,提高加料速度。

(　　)97. ZBC007　过滤器是输送介质管道上不可缺少的一种装置。

(　　)98. ZBC008　过滤器的故障一般是滤芯堵塞或滤芯变形、弯曲、凹陷吸偏及击穿等,修复的方法就是清洗或更换滤芯。

(　　)99. ZBC009　PBL 胶乳过滤器的切换时打开备用泵的密封水阀门,控制密封水流量,确认过滤器填充好后,联系 DCS 启动备用泵。

(　　)100. ZBC010　PB 胶乳反应每批次都要进行分析。

(   )101. ZBC011   SAN 粒料输送启动风机和风扇,确认送料管线畅通,风压正常。
(   )102. ZBC012   SAN 粒料输送操作时注意观察风压防止送冒料。
(   )103. ZBC013   凝聚工艺指标分别通过凝聚釜的温度、凝聚釜的搅拌、酸浓度及水胶比来进行控制。
(   )104. ZBC014   凝聚干燥单元脱水机油泵用循环水冷却。
(   )105. ZBC015   挤出机是轻合金(铝合金、铜合金和镁合金)管、棒、型材生产的主要设备。
(   )106. ZBC016   挤出机螺杆根据混炼要求,挤压熔融物料要求,螺杆的形势也不同。
(   )107. ZBC017   串级控制提高了系统的工作频率,改善了系统的控制质量。
(   )108. ZBC018   在串级调节系统中有2个调节器,1个调节阀,2个调节对象,2个测量机构。
(   )109. ZBC019   凝聚不充分颗粒小可以提高硫酸加入量来处理。
(   )110. ZBC020   如果蒸汽阀有内漏,可将调节阀前后手动阀进行调整。
(   )111. ZBC021   脱水机出料太湿或出料过多容易使干燥器温度降低。
(   )112. ZBC022   如果干燥器温度过高,通知现场人员进行检查,同时控制室人员将温度设定值降低。
(   )113. ZBC023   挤出机油泵的作用为给挤出机减速箱轴承强制润滑,给减速箱齿轮强制润滑。
(   )114. ZBC024   挤出机正常操作中注意电流、水槽温度和模头温度及出料状况。
(   )115. ZBC025   一般来说,所含的某种物质的化合价升高的反应物是还原剂。
(   )116. ZBC026   有机化学中也存在氧化还原反应。
(   )117. ZBC027   启动配制槽搅拌器,从人孔处投入称量好的还原剂,搅拌后,联系化验室分析人员对配制好的溶液进行分析。
(   )118. ZBC028   脱盐水加入前后确认加入量与配方量一致。
(   )119. ZBC029   装置内氮气、仪表空气管线每班检查一次,导淋阀要定期排放防止气体冷凝带水,造成仪表阀门不灵敏。
(   )120. ZBC030   SAN 装置反应器氮气置换时,系统氧含量应<0.3%为合格。
(   )121. ZBC031   在寒冷地区,为了防冻,管道用蒸汽或水吹扫后,还需用氮气吹扫以除去存水。
(   )122. ZBC032   叔十二碳硫醇(TDDM),有恶臭,凝固点是-7℃,沸点是200~235℃(常压)。
(   )123. ZBC033   叔十二碳硫醇(TDDM)储存过程中一定要严禁泄漏,保存在阴凉干燥、通风良好的不燃材料结构仓库中,少量产品可低温储存。
(   )124. ZBC034   TDDM 的接收缓冲罐彻底排空时,应排至专用的清洁容器内,不能使用塑料桶。
(   )125. ZBC035   反应器异常情况如果判断是夹套冷却效果差,应该开大循环水阀门开度。
(   )126. ZBC036   聚合釜保压之前先做搅拌器机械密封保压,然后关闭机械密封水阀门,开始进行聚合釜保压。

( ) 127. ZBC037　聚合停车后管线的处理应避免与运行的系统发生联系并清洗置换合格。
( ) 128. ZBC038　动火作业期间监护人员不得离开现场。
( ) 129. ZBC039　动火现场必须配备足够的、相应的消防器材。
( ) 130. ZBC040　动火票期限一般不超过一个班次,延期后总的作业期限原则上不超过24h,必要时可适当延长动火票期限。
( ) 131. ZBD001　倾析槽退料置换要确认倾析槽内碱液全部经废水池排净。
( ) 132. ZBD002　在拆装管线、法兰时要使用防爆工具。
( ) 133. ZBD003　ABS胶乳在凝聚前加入抗氧剂,由于抗氧剂黏度较大为防止管线堵塞,加完药剂后应用少量水冲洗管线。
( ) 134. ZBD004　凝聚干燥单元干燥器采用的是热风干燥。
( ) 135. ZBD005　分程调节泄压阀故障可导致SAN装置1号反应器温度上升过快。
( ) 136. ZBD006　SAN装置1号反应釜紧急停车时,TDDM进料泵停止运行。
( ) 137. ZBD007　停高压蒸汽对反应釜液位无影响。
( ) 138. ZBD008　ABS反应釜停车时活化剂加载泵、乳化剂加载泵、增量单体混合物等加载泵停车。
( ) 139. ZBD009　聚合停车后加料管线应返料至储罐,管线泄压后密闭。
( ) 140. ZBD010　风送管线吹扫时应注意将设备隔离,管线无漏点,吹扫管线长度适中。
( ) 141. ZBD011　打开氮气阀门,打开排凝阀,缓慢打开丁二烯加料泵回流阀,用氮气吹扫回流管线后关闭丁二烯加料泵回流阀,关闭氮气阀停止吹扫。
( ) 142. ZBD012　内插均化管是在料仓中心内插一条输送管,不停地将底部的物料输送到料仓顶,经过分散后,循环混合。
( ) 143. ZBD013　掺混器开车前应将掺混器冷却水投用,防止掺混时掺混器过热。
( ) 144. ZBD014　包装生产线是一个系统的总称,一般是由几种不同的包装机以及传输带组成。
( ) 145. ZBD015　包装线停车操作首先要关料仓球阀。
( ) 146. ZBD016　在停车时要及时关闭真空管线并清理出已经炭化的物料,否则物料在挤出机筒体高温的长期作用下易着火。
( ) 147. ZBE001　液环真空泵当小腔空间内压强低于被抽容器内的压强,根据气体压强平衡的原理,被抽的气体不断地被抽进小腔,此时正处于吸气过程。
( ) 148. ZBE002　水环真空泵属于固容式真空泵。
( ) 149. ZBE003　水环真空泵入口气体温度过高,不会导致入口真空度下降。
( ) 150. ZBE004　液环真空泵开泵准备首先要确认回水畅通。
( ) 151. ZBE005　液环真空泵灌泵需要微开工作液入口阀门。
( ) 152. ZBE008　液环真空泵开泵确认泵出口达到启动压力且稳定。
( ) 153. ZBE007　换热器停用检修前需要先卸压。
( ) 154. ZBE008　换热器的污垢越厚,换热器的总传热系数K越小。
( ) 155. ZBE009　换热器在检修后要进行水压试验,以检查是否泄漏。

(　)156. ZBE010　屏蔽泵是由屏蔽电动机和泵组成一体的无泄漏泵。

(　)157. ZBE011　屏蔽泵日常巡检除了观察表指示外,还要测轴向振动和轴承温度,防止因轴向窜量而磨损叶轮、推力盘和轴承。

(　)158. ZBE012　在屏蔽泵的日常运行当中,操作工要严格按照屏蔽泵操作规程进行操作。

(　)159. ZBE013　使用串级调节系统的是 PBL 反应釜温度和夹套液氨液位串级调节系统。

(　)160. ZBE014　冰机检查与维护需要检查润滑油泵是否完好。

(　)161. ZBE015　冰机检查与维护需要确认包装机机头显示的袋数及码垛机显示的袋数,检查是否吻合。

(　)162. ZBE016　包装机启动后的检查确认机械系统无异常振动、杂音(撞击、破裂声)。

(　)163. ZBE017　润滑油的黏温特性是指润滑油的黏度随着温度的升高而变大,随着温度的降低而变小。

(　)164. ZBE018　轴承正常温度高,应选用黏度大的润滑油。

(　)165. ZBE019　在更换润滑油之前,现场操作人员应先根据设备性能、适用环境选择合适的润滑油。

(　)166. ZBE020　泵的日常检查包括检查泵出口压力、流量及电动机电流,密封、润滑油、声音、振动等是否正常。

(　)167. ZBE021　影响油膜的因素很多,如润滑油的黏度、轴瓦的间隙、油膜单位面积上承受的压力等。

(　)168. ZBE022　离心泵的日常维护操作人员需对备用泵每班盘车一次,注意盘车方向。

(　)169. ZBF001　联锁的内容是当被调参数超过报警值继续上升或下降时达到对生产或设备构成危险前某一规定值时,引起仪表和设备自动动作。

(　)170. ZBF002　PB 反应釜温度和压力升高,原因可能是反应釜上批料卸料不彻底。

(　)171. ZBF003　聚合釜内两块温度计温度偏差超过 2℃,可能由于物料黏度过大。

(　)172. ZBF004　敞开式循环水系统中,水的再冷却是通过冷却塔进行的,要与空气接触,部分水在通过冷却塔时还会不断被蒸发损失掉,因而水中各种矿物质和离子含量也不断被浓缩增加。

(　)173. ZBF005　急冷水停,聚合反应放热剧烈,聚合釜内加入脱盐水,直至温度控制住。

(　)174. ZBF006　装置公用工程投用主要包括循环水、蒸汽、仪表风、压缩空气、氮气、过滤水、脱盐水等。

(　)175. ZBF007　PB 装置停循环水后待循环水恢复后按开车程序开回收系统。

(　)176. ZBF008　氮气是动植物生命中必不可少的元素,并且是许多有用化合物的组成部分。

(　)177. ZBF009　用水冲洗丙烯腈管线后必须再用氮气吹扫干净,因为丙烯腈在水相中倾向于聚合。

( )178. ZBF010　在进入 PB 聚合釜清理前,应在氮气线、加料总线和火炬线加盲板。
( )179. ZBF011　丁二烯对环境有危害,对水体、土壤和大气可造成污染。
( )180. ZBF012　在有中毒和窒息环境作业时必须佩戴可靠的劳动防护用品。
( )181. ZBF013　环境中丁二烯浓度稍高,人吸入少量后会感觉头晕。
( )182. ZBF014　丁二烯大量泄漏时应立即进行装置停车并切断电源。
( )183. ZBF015　干燥器主要热源是热水。
( )184. ZBF016　当干燥器温度急剧上升,控制不住时,控制室操作人员在按操作规程进行操作的同时,要随时准备启动 CO_2 灭火系统和蒸汽灭火系统。
( )185. ZBF017　气氨冷凝为液氨,是靠冷冻循环来完成的,冷冻循环主要由压缩、冷却冷凝、节流膨胀、蒸发四个过程组成。
( )186. ZBF018　冰机系统压缩机的吸气压力是膨胀阀调节压力的重要参考参数。
( )187. ZBF019　冰机异常停车时,可根据另一台冰机的运转情况,用另一台冰机同时带 6 台聚合釜,要注意运转冰机的负荷、电流和入口压力。
( )188. ZBF020　98%硫酸与纯硫酸的酸性基本上没有差别,而溶解三氧化硫的发烟硫酸是一种超酸体系,酸性强于纯硫酸。
( )189. ZBF021　硫酸储存于阴凉、通风的库房,保持容器密封,远离火种、热源,工作场所严禁吸烟。
( )190. ZBF022　硫酸泄漏时严格禁止进入装置区和卸车现场进行作业,或者进行其他活动。
( )191. ZBF023　一个柱塞泵上有两个单向阀,并且方向相反。
( )192. ZBF024　卧式柱塞泵是由几个柱塞(一般为 3 个或 6 个)并列安装,用 1 根曲轴通过连杆滑块或由偏心轴直接推动柱塞做往复运动,实现吸、排液体的液压泵。
( )193. ZBF025　柱塞泵最重要的部件是轴承,如果轴承出现游隙,则不能保证液压泵内部三对摩擦副的正常间隙,同时也会破坏各摩擦副的静液压支承油膜厚度,降低柱塞泵轴承的使用寿命。
( )194. ZBF026　柱塞泵启动后排量不足的原因有柱塞填料环磨损。
( )195. ZBF027　柱塞泵启动后排量不足的处理需要检查排出管路并进行处理。
( )196. ZBF028　若活塞往返一次,各吸入和排出两次液体,称为双动泵。
( )197. ZBF029　往复泵缺点有机构复杂、不易维修等。
( )198. ZBF030　在往复泵运行中,润滑油除了减小运动件的摩擦外,还兼有带走热量的作用。
( )199. ZBF031　缸内进入异物可导致往复式泵产生冲击声。
( )200. ZBF032　往复泵不能用来输送腐蚀性液体和含有固体粒子的悬浮液,以免损坏缸体。

答　案

一、单项选择题

1. B	2. C	3. B	4. C	5. A	6. C	7. A	8. B	9. D	10. A
11. C	12. A	13. C	14. B	15. D	16. B	17. B	18. A	19. A	20. A
21. C	22. B	23. C	24. A	25. D	26. A	27. A	28. D	29. B	30. A
31. A	32. A	33. D	34. C	35. A	36. B	37. A	38. D	39. C	40. C
41. D	42. B	43. C	44. C	45. B	46. D	47. C	48. D	49. A	50. C
51. B	52. C	53. B	54. C	55. D	56. D	57. B	58. A	59. B	60. B
61. B	62. A	63. A	64. D	65. C	66. A	67. D	68. B	69. B	70. B
71. B	72. D	73. C	74. B	75. C	76. D	77. D	78. B	79. B	80. B
81. B	82. C	83. B	84. A	85. D	86. B	87. B	88. B	89. A	90. A
91. D	92. D	93. D	94. A	95. A	96. C	97. C	98. A	99. B	100. C
101. C	102. A	103. D	104. D	105. D	106. A	107. D	108. B	109. A	110. B
111. C	112. A	113. B	114. C	115. A	116. B	117. C	118. D	119. B	120. C
121. C	122. D	123. A	124. D	125. C	126. C	127. A	128. D	129. B	130. B
131. B	132. A	133. A	134. D	135. D	136. C	137. A	138. B	139. A	140. C
141. A	142. B	143. D	144. A	145. D	146. A	147. B	148. B	149. B	150. D
151. B	152. B	153. C	154. B	155. B	156. D	157. A	158. B	159. C	160. C
161. A	162. D	163. D	164. A	165. A	166. C	167. A	168. B	169. A	170. B
171. A	172. A	173. B	174. D	175. A	176. D	177. B	178. A	179. B	180. C
181. A	182. B	183. D	184. C	185. C	186. D	187. C	188. D	189. A	190. B
191. A	192. B	193. C	194. D	195. B	196. C	197. D	198. A	199. C	200. D
201. B	202. A	203. A	204. B	205. B	206. C	207. A	208. D	209. A	210. B
211. B	212. A	213. C	214. A	215. B	216. A	217. A	218. B	219. C	220. A
221. A	222. A	223. A	224. B	225. B	226. A	227. B	228. C	229. A	230. B
231. A	232. A	233. B	234. B	235. A	236. C	237. A	238. A	239. C	240. B
241. A	242. B	243. C	244. A	245. B	246. C	247. B	248. A	249. C	250. B
251. A	252. B	253. D	254. D	255. C	256. A	257. A	258. C	259. B	260. C
261. A	262. D	263. D	264. D	265. A	266. D	267. C	268. B	269. A	270. D
271. A	272. B	273. C	274. A	275. B	276. C	277. D	278. B	279. A	280. A
281. C	282. B	283. B	284. B	285. C	286. A	287. B	288. C	289. A	290. B
291. C	292. A	293. B	294. C	295. C	296. A	297. C	298. B	299. A	300. C
301. D	302. A	303. B	304. A	305. C	306. B	307. A	308. B	309. C	310. C

311. A	312. B	313. B	314. A	315. D	316. A	317. B	318. C	319. A	320. B
321. D	322. A	323. B	324. A	325. B	326. D	327. A	328. A	329. B	330. B
331. B	332. A	333. C	334. B	335. A	336. B	337. C	338. D	339. D	340. C
341. A	342. B	343. B	344. A	345. C	346. C	347. A	348. B	349. A	350. B
351. C	352. B	353. B	354. A	355. B	356. A	357. B	358. B	359. A	360. C
361. A	362. B	363. B	364. B	365. B	366. B	367. B	368. A	369. C	370. A
371. B	372. C	373. A	374. A	375. B	376. B	377. A	378. C	379. A	380. A
381. C	382. C	383. B	384. B	385. C	386. C	387. C	388. C	389. B	390. B
391. C	392. A	393. C	394. A	395. B	396. C	397. A	398. B	399. C	400. A
401. B	402. C	403. C	404. B	405. D	406. A	407. C	408. D	409. A	410. C
411. D	412. A	413. C	414. D	415. A	416. B	417. D	418. C	419. B	420. A
421. A	422. D	423. C	424. A	425. C	426. C	427. B	428. C	429. C	430. A
431. B	432. C	433. A	434. D	435. C	436. D	437. A	438. C	439. C	440. C
441. B	442. D	443. D	444. D	445. C	446. A	447. C	448. B	449. A	450. D
451. B	452. C	453. B	454. A	455. A	456. B	457. B	458. C	459. B	460. A
461. A	462. C	463. B	464. C	465. A	466. C	467. B	468. A	469. B	470. B
471. A	472. B	473. C	474. B	475. A	476. C	477. A	478. B	479. C	480. D
481. A	482. B	483. C	484. B	485. A	486. B	487. A	488. A	489. C	490. B
491. D	492. A	493. D	494. B	495. C	496. C	497. B	498. B	499. B	500. D
501. A	502. B	503. C	504. B	505. A	506. C	507. C	508. B	509. A	510. A
511. B	512. C	513. D	514. C	515. C	516. A	517. B	518. C	519. B	520. A
521. C	522. D	523. D	524. A	525. A	526. D	527. B	528. C	529. A	530. B
531. D	532. A	533. D	534. A	535. B	536. C	537. D	538. D	539. B	540. C
541. A	542. B	543. A	544. B	545. C	546. C	547. B	548. B	549. B	550. A
551. D	552. B	553. B	554. B	555. B	556. C	557. B	558. B	559. A	560. B
561. A	562. D	563. C	564. C	565. B	566. B	567. B	568. B	569. C	570. A
571. B	572. C	573. A	574. B	575. C	576. B	577. A	578. B	579. B	580. A
581. D	582. A	583. B	584. C	585. B	586. C	587. B	588. D	589. A	590. B
591. C	592. A	593. B	594. C	595. A	596. B	597. D	598. A	599. B	600. A
601. C	602. B								

二、判断题

1. ×　正确答案:一定质量的某理想气体在温度不变时,体积与其所受压力成反比。　2. √
3. √　4. ×　正确答案:氧化还原反应的配平原则是反应中氧化剂和还原剂的氧化数升高和降低的总数必须相等且反应前后各元素的原子总数必须相等。　5. √　6. √　7. √
8. ×　正确答案:无机物中的酸、碱、盐的水溶液或其熔融状态时能导电,因此它们都是电解质。　9. √　10. ×　正确答案:共聚物是由两种或更多的单体聚合所形成的聚合物。
11. √　12. √　13. ×　正确答案:流体的流动类型有层流和湍流两种。　14. ×　正确答案:通过流体质点的相对运动来传递物质的现象称湍流扩散。　15.×　正确答案:管内流体流量较小,而所需传热面积较大时宜选用多管程换热器。　16.√　17.√　18.√　19.√　20.√　21.×　正确答案:离心泵的主要部件有叶轮、泵体、轴、轴承、密封装置和平衡装置等。　22.√　23.√　24.×　正确答案:固定管板式换热器壳体上的膨胀节由于能承受较大内压,所以换热器壳程压力不能较高。　25.√　26.×　正确答案:板式塔主要部件包括塔体、塔体支座,还有很多附属装置,如除沫器、人孔(手孔)、裙座,有时外部还有扶梯和平台等。　27.√　28.√　29.√　30.√　31.×　正确答案:压力式温度计中的毛细管越长,则仪表的反应时间越慢。　32.×　正确答案:在使用弹性式压力计测量压力的过程中弹性元件不可以无限制的变形。　33.×　正确答案:超声波流量计对上游侧的直管要求严格。　34.√　35.√　36.×　正确答案:投影线都相互平行的投影称为平行投影。　37.×　正确答案:在三视图中,能够反映物体上下、左右位置关系的视图为主视图。　38.×　正确答案:画三视图时,左视图和俯视图的关系是宽相等。　39.×　正确答案:零件图的作用是直接指导零件的加工制造和检验。　40.×　正确答案:清洁生产涵盖深厚的理论基础,但其实质是最优化理论。　41.×　正确答案:使用有毒、有害原料进行生产或者在生产中排放有毒、有害物质的企业,应当定期实施清洁生产审核,并将审核结果报告所在地的县级以上地方人民政府环境保护行政主管部门和经济贸易行政主管部门。　42.√　43.√　44.×　正确答案:职业中毒属于职业病。　45.√　46.√　47.×　正确答案:使用高毒物品作业的单位,必须配备专职的职业卫生医师和护士。　48.√　49.√　50.√　51.×　正确答案:混联电路的总电流不等于各电阻的电流之和。　52.√　53.√　54.√　55.√　56.×　正确答案:在传动设备的检修工作中,需要停电,并在电气开关上挂有"有人作业,禁止合闸"的安全警告牌或专人监护。　57.√　58.√　59.√　60.√　61.√　62.√　63.√　64.√　65.×　正确答案:三阀组经判断蒸汽阀关不死,正确的操作是蒸汽阀和介质阀关闭,开放空阀,看是否有蒸汽漏出。　66.√　67.×　正确答案:装置管网引入蒸汽时动作要慢,防止因热胀而卡死。　68.√　69.√　70.√　71.√　72.√　73.√　74.×　正确答案:凝聚干燥单元现场不可以随意使用个人移动电话。　75.√　76.√　77.√　78.√　79.√　80.√　81.√　82.√　83.√　84.√　85.√　86.√　87.√　88.×　正确答案:SAN切换料仓时,需要降低所对应的切粒机泵转数。　89.√　90.√　91.√　92.√　93.√　94.√　95.√　96.√　97.√　98.√　99.√　100.√　101.√　102.√　103.√　104.√　105.√　106.√　107.√　108.√　109.√　110.√　111.√　112.√　113.√　114.√　115.√　116.√　117.√　118.√　119.√　120.√　121.√　122.√　123.√　124.√　125.√　126.√　127.√　128.√　129.√　130.√　131.√　132.√　133.√　134.√　135.√　136.√　137.×　正确答案:停高压蒸汽对反应釜液位有影响。　138.√　139.√　140.√　141.√　142.√　143.√　144.√　145.×　正确答案:包装线停车操作首先要关料仓闸板阀。　146.√　147.√　148.×　正确答案:水环真空泵属于变容式真空泵。　149.×　正确答案:水环真空泵入口气体温度过高,会导致入口真空度下降。　150.×　正确答案:液环真空泵开泵准备首先要确认压力表安装好。　151.√　152.√　153.√　154.√　155.√　156.√　157.√　158.√　159.√　160.√　161.√

162. √ 163. × 正确答案:润滑油的黏温特性是指润滑油的黏度随着温度的升高而变小,随着温度的降低而变大。 164. √ 165. √ 166. √ 167. √ 168. √ 169. √ 170. √ 171. √ 172. √ 173. √ 174. √ 175. √ 176. √ 177. √ 178. √ 179. √ 180. √ 181. √ 182. √ 183. √ 184. √ 185. √ 186. √ 187. √ 188. √ 189. √ 190. √ 191. √ 192. √ 193. √ 194. √ 195. √ 196. √ 197. √ 198. √ 199. √ 200. √

附 录

附录1　职业技能等级标准

1. 工种概述

1.1　工种名称
丙烯腈-丁二烯-苯乙烯聚合物(ABS)装置操作工。

1.2　工种定义
以丙烯腈、丁二烯、苯乙烯为原料,采用乳液接枝~本体 SAN 掺混法生产技术,生产出 ABS 树脂产品的人员。

1.3　工种等级
本工种共设五个等级,分别为:初级(国家职业资格五级)、中级(国家职业资格四级)、高级(国家职业资格三级)、技师(国家职业资格二级)、高级技师(国家职业资格一级)。

1.4　工种环境
室内、外及高处作业,大部分时间在常温下工作,工作场所中会存在一定的温度、化学试剂、粉尘、有害气体和噪声等。

1.5　工种能力特征
身体健康,具有一定的学习理解和表达能力,四肢灵活,动作协调,听、嗅觉较灵敏,视力良好,具有分辨颜色的能力。

1.6　基本文化程度
高中毕业(或同等学力)。

1.7　培训要求

1.7.1　培训期限
全日制职业学校教育,根据其培养目标和教学计划确定期限。晋级培训:初级不少于 300 标准学时;中级不少于 360 标准学时;高级不少于 240 标准学时;技师不少于 240 标准学时;高级技师不少于 240 标准学时。

1.7.2　培训教师
培训初、中级的教师应具有本职业高级以上职业资格证书或本专业中级以上专业技术职务任职资格;培训高级的教师应具有本职业技师以上职业资格证书或本专业中级以上专业技术职务任职资格;培训技师的教师应具有本职业高级技师职业资格证书或本专业高级专业技术职务任职资格;培训高级技师的教师应取得本职业高级技师职业资格 2 年以上或本专业高级专业技术职务任职资格。

1.7.3　培训场地设备

理论培训应有可容纳 30 名以上学员的教室。技能操作培训应有相应的设备、安全设施完善的场地。

1.8　鉴定要求

1.8.1　适用对象

丙烯腈-丁二烯-苯乙烯聚合物(ABS)装置操作人员。

1.8.2　申报条件

——初级(具备以下条件之一者)

(1)经本职业初级正规培训达到规定标准学时数,并取得结业证书。

(2)在本职业连续见习或随岗位工作 2 年以上。

——中级(具备以下条件之一者)

(1)取得本职业初级职业资格证书后,连续从事本职业工作 3 年以上,经本职业中级正规培训达到规定标准学时数,并取得结业证书。

(2)取得本职业初级职业资格证书后,连续从事本职业工作 5 年以上。

(3)连续从事本职业工作 7 年以上。

(4)取得经劳动保障行政部门审核认定、以中级技能为培养目标的中等以上职业学校本职业(专业)毕业证书,从事本职业工作 1 年以上。

(5)大专以上本专业或相关专业毕业生,从事本职业工作 1 年以上。

——高级(具备以下条件之一者)

(1)取得本职业中级职业资格证书后,连续从事本职业工作 4 年以上,经本职业高级正规培训达到规定标准学时数,并取得结业证书。

(2)取得本职业中级资格证书后,连续从事本职业工作 7 年以上。

(3)取得高级技工学校或经劳动保障行政部门审核认定的、以高级技能为培养目标的高等职业学校本职业(专业)毕业证书,连续从事本职业工作 2 年以上。

(4)大专以上本专业或相关专业毕业生,取得本职业中级职业资格证书后,连续从事本职业工作 2 年以上。

——技师(具备以下条件之一者)

(1)取得本职业高级职业资格证书后,连续从事本职业工作 3 年以上,经本职业技师正规培训达到规定标准学时数,并取得结业证书。

(2)取得本职业高级职业资格证书后,连续从事本职业工作 5 年以上。

(3)大专以上本专业或相关专业毕业生,取得本职业高级职业资格证书后,连续从事本职业工作 4 年以上。

——高级技师(具备以下条件之一者)

(1)取得本职业技师职业资格证书后,连续从事本职业工作 3 年以上,经本职业高级技师正规培训达到规定标准学时数,并取得结业证书。

(2)取得本职业技师职业资格证书后,连续从事本职业工作 5 年以上。

1.9 工作内容概述

(1)操作原料接收、化学品配制、添加、PB/ABS 聚合反应釜及相关设备。
(2)操作换热设备、压缩机、离心泵、电动机、风机、往复泵、齿轮泵、屏蔽泵。
(3)操作 SAN 聚合反应釜、切粒机组、振动筛、加热炉、冰机等相关设备。
(4)操作凝聚罐、脱水机、干燥器等相关设备。
(5)操作挤出机组、包装机等相关设备。
(6)操作仪表及自动控制系统,进行必要的开工、停工和事故判断及应急处理,保持安全、环保、连续生产。

2. 基本要求

2.1 职业道德

(1)遵规守纪,按章操作;
(2)爱岗敬业,忠于职守;
(3)认真负责,确保安全;
(4)刻苦学习,不断进取;
(5)团结协作,尊师爱徒;
(6)谦虚谨慎,文明生产;
(7)勤奋踏实,诚实守信;
(8)厉行节约,降本增效。

2.2 基础知识

2.2.1 无机化学基础知识
(1)基本概念。
(2)热力学基础知识。
(3)化学反应基础知识。
(4)化学平衡和化学反应速率。
(5)溶液及酸、碱、盐的基础知识。

2.2.2 有机化学基础知识
(1)有机化合物的基本概念。
(2)有机物的性质。

2.2.3 化工基础知识
(1)流体力学基本知识。
(2)传热。
(3)精馏。
(4)吸附分离。
(5)过滤与离心分离。

2.2.4 化工机械与设备知识

(1)转动设备。

(2)静止设备。

(3)设备密封。

(4)设备分类与腐蚀防护。

2.2.5 仪表基础知识

(1)基本概念。

(2)常用检测仪表。

(3)自动控制系统。

2.2.6 计量基础知识

(1)法定计量单位与国际单位制。

(2)计量检测设备的类型。

2.2.7 制图与识图

(1)制图基本知识。

(2)机械制图主要表达方法及识图方法。

(3)化工制图。

2.2.8 安全环保基础知识

(1)清洁文明生产的相关知识。

(2)环境污染物的治理。

(3)职业卫生健康。

(4)HSE 管理体系。

(5)安全生产。

(6)危险作业管理。

3. 工作要求

本标准对初级、中级、高级、技师、高级技师的要求依次递进,高级别包括低级别的要求。

3.1 初级

工作内容	技能要求	相关知识
(一)开车准备	1. 能使用装置配备的各类安全防护器材; 2. 会佩戴防毒面具、正压式空气呼吸器; 3. 会操作挤出机、切粒机	1. 燃烧的三要素; 2. 灭火器的类型、型号表示方法及选用; 3. 现场火灾应急要点; 4. 消防水带的使用方法; 5. 空气呼吸器简介及使用注意事项; 6. 挤出机挤出原理; 7. 挤出机盘车; 8. 启动挤出机前的确认; 9. 切粒机初始状态确认

续表

工作内容	技能要求	相关知识
(二)开车操作	1. 能操作抽真空设施和充压设施; 2. 能按要求加入各类助剂; 3. 能完成设备安全附件的投用工作; 4. 能完成简单设备的投用工作	1. 引蒸汽注意事项; 2. 伴热蒸汽投用注意事项; 3. 离心泵的启动; 4. 往复泵的工作特性; 5. 水冷器的投用操作; 6. PB乳化剂的配制; 7. PB引发剂的配制; 8. 凝聚系统管线填充; 9. SAN聚合升温操作
(三)正常操作	1. 能牢记交接班的要求; 2. 能对安全阀、离心泵进行日常维护; 3. 掌握过滤器、安全阀的投用操作	1. 交接班的"十交、五不交"; 2. 离心泵的分类及相关附件; 3. 硫酸的性质及作用; 4. 硫酸的异常情况处理; 5. 聚合反应相关知识,气相潜热相关知识; 6. 塑料挤出掺混概念; 7. 离心泵的日常维护; 8. ABS装置用过滤器的结构和工作原理; 9. 安全阀的作用、分类、工作原理及故障判断; 10. 安全阀的日常巡检和维护; 11. 加热炉鼓(引)风机在启动前的准备工作、运行维护及停用
(四)停车操作	1. 能停运简单动、静设备; 2. 能停用蒸汽伴热线	1. 换热器的停用操作; 2. 停用蒸汽伴热线操作; 3. 离心泵的停车操作; 4. 计量系统停车操作
(五)设备使用与维护	1. 能完成设备的维护检查; 2. 能按指令投用简单的设备; 3. 能完成机、泵的盘车操作	1. 润滑油的作用及更换操作; 2. 润滑油的加油"五定"; 3. 机泵盘车的目的、盘不动车的原因及处理; 4. 离心泵的检修; 5. 压力容器的定义、破坏形式及安全泄压装置; 6. 热油泵预热操作; 7. 单向阀的检查; 8. 安全阀的日常巡检维护; 9. 膨胀节的检查
(六)事故的判断与处理	1. 能处理机泵振动大的情况; 2. 能掌握机泵抽空的处理方法; 3. 能掌握换热设备泄漏的处理方法; 4. 能掌握离心泵汽蚀、气缚的事故处理方法; 5. 能熟练掌握三大原料泄漏的处理方法	1. 机泵电流超高的原因; 2. 机泵耗功大的原因; 3. 离心泵抽空的现象; 4. 管壳式换热器的特点; 5. 离心泵的汽蚀; 6. 离心泵机械密封泄漏处理; 7. 离心泵的气缚; 8. 苯乙烯的理化性质及应急措施; 9. 丙烯腈的理化性质及应急措施; 10. 丁二烯的理化性质及应急措施

3.2 中级

工作内容	技能要求	相关知识
(一)开车准备	1. 能引水、汽、风等介质进装置； 2. 能看懂化验单内容	1. 聚丁二烯概念； 2. 凝聚态； 3. 聚合反应中注意的安全措施； 4. 振动筛； 5. 挤出机工作原理及注意事项
(二)开车操作	1. 能完成气密吹扫工作； 2. 能按指令完成开工阶段的流程改动； 3. 能开启增压机	1. 循环水在装置中的作用； 2. 循环水给水要求； 3. 水蒸气的特性； 4. 饱和蒸汽和过热蒸汽； 5. 蒸汽三阀组的使用方法； 6. 聚丁二烯的聚合方法； 7. 聚丁二烯的应用； 8. ABS生产反应机理； 9. 化学凝聚； 10. 干燥器； 11. 干燥器的发展历史； 12. 干燥器的选型； 13. 干燥器的分类； 14. 聚合方法； 15. 切粒系统； 16. 挤出机的辅助设备； 17. 容积式泵
(三)正常操作	1. 能完成投用急冷介质操作； 2. 能操作取热设施； 3. 会调节控制塔、容器液位、压力； 4. 能调节主要产品质量	1. 碱洗； 2. 氮气置换； 3. 过滤器； 4. 过滤器的使用维护要点； 5. 拉条切粒； 6. 凝聚的定义； 7. 挤压机； 8. 串级控制； 9. 本体法SAN聚合中甲苯的作用； 10. 凝聚不充分颗粒小的原因与处理方法； 11. 干燥原理； 12. 挤出原理； 13. 还原剂； 14. 氧化还原反应； 15. 氮气的密度； 16. 气密性试验为什么用氮气； 17. TDDM的性质； 18. TDDM的主要用途； 19. TDDM的储存； 20. 保压； 21. 反应釜的结构； 22. 动火作业时监护人职责； 23. 安全用火管理要求
(四)停车操作	1. 能停用大型转动设备； 2. 能置换、退净设备、管道内的物料并完成吹扫工作	1. 生产退料； 2. 置换； 3. 凝聚工艺过程原理； 4. 分程调节系统； 5. ABS聚合反应釜停车原因； 6. ABS反应釜停车时会发生下列动作； 7. 管线吹扫的顺序和目的； 8. 常见掺混方法

续表

工作内容	技能要求	相关知识
(五)设备使用与维护	1. 能使用特殊阀门； 2. 了解主要设备的维护； 3. 能添加和更换润滑油、润滑脂	1. 液环真空泵的工作原理； 2. 换热器； 3. 蔽泵； 4. 屏蔽泵的初始状态； 5. 串级调节系统； 6. 包装岗位系统检查； 7. 润滑油的黏温性能和选用原则； 8. 机泵的日常巡检内容； 9. 润滑油的质量对泵轴承的影响； 10. 机泵密封的类型； 11. 离心泵机械密封泄漏的原因； 12. 离心泵的工作原理
(六)事故判断与处理	1. 能判断和处理原料事故； 2. 能按指令处理丁二烯泄漏、着火等事故； 3. 会增压机停机后的处置； 4. 会滑阀故障的判断和相关处理的操作； 5. 会处理主要机抽空事故	1. 健康危害； 2. 丁二烯急救、消防措施； 3. 丁二烯泄漏应急处理； 4. 基本原理及工艺流程； 5. 物理、化学性质； 6. 急救措施； 7. 储存方法； 8. 柱塞泵机械原理； 9. 柱塞泵的分类； 10. 机械维护； 11. 往复泵的工作原理； 12. 往复泵优缺点
(七)绘图	1. 能识阅标准化零部件； 2. 会阅读管道轴测图； 3. 能绘制装置工艺流程图	

3.3 高级

工作内容	技能要求	相关知识
(一)开车准备	1. 能完成装置开车吹扫、打靶等操作； 2. 能完成汽轮机启动前的准备工作	1. 自动控制调节系统
(二)开车操作	1. 能完成拆装大盲板和切换气封； 2. 能完成气压机组油运及开机操作	1. 包装； 2. 闸阀、截止阀、单向阀的结构和工作原理； 3. 电磁阀与电动阀； 4. 乳化剂的表面作用及其稳定性； 5. 理想抗氧剂应具备以下条件； 6. 抗氧剂的概念和作用机理； 7. 氧化还原反应的概念； 8. 氧化剂与还原剂； 9. 活化剂的概念及成分
(三)正常操作	1. 能完成反再系统的控制操作； 2. 能调节P、I、D参数； 3. 能完成汽轮机带负荷清洗操作	1. 氮封调节系统； 2. 燃料气系统氮气置换； 3. 公用工程相关知识； 4. 疏水器的作用； 5. 系统冲洗吹扫； 6. 内浮顶罐工艺管理规定； 7. 氢氧化钾的性质； 8. 管式加热炉； 9. 管式加热炉的热平衡和热效率

续表

工作内容	技能要求	相关知识
(四)停车操作	1. 能完成切断进料后的处理操作； 2. 能完成管式加热炉操作； 3. 能完成停工后系统的检查工作； 4. 能完成包装生产线正常停车操作；	1. 管式加热炉； 2. 管式加热炉的热平衡和热效率； 3. 包装生产线
(五)设备使用与维护	1. 能操作往复式真空泵； 2. 能配合验收检修后动、静设备	1. 换热设备结垢的后果； 2. 换热器内漏处理方法； 3. 往复式真空泵
(六)事故判断与处理	1. 能判断及处理各类仪表故障； 2. 能处理反再温度、压力大幅波动事故； 3. 能处理原料中断事故； 4. 能处理及分析离心泵故障	1. 蒸汽的主要用途； 2. 泵的试运转应符合下列要求； 3. 离心泵操作时应注意以下几点
(七)计算	1. 掌握机泵的相关计算； 2. 掌握传质、传热的相关计算	

3.4 技师、高级技师

工作内容	技能要求	相关知识
(一)开车准备	1. 能提出装置的优化方案	1. 火炬系统吹扫置换保压点火； 2. ABS 接枝聚合釜开车投料前 DCS 的检查； 3. SAN 回收工序开车的条件； 4. 尾气处理系统开车前检查； 5. ABS 生产中所用物料的性质及作用； 6. 乙撑双硬脂酰胺的概念、硬脂酸镁的概念； 7. 计量泵的概念
(二)开车操作	1. 能完成装置开车操作	1. 真空过滤机开车； 2. 冰机系统检修后开车； 3. SAN 回收工序开车； 4. 切粒机开车操作； 5. 干燥器进料开车； 6. 尾气处理系统开车； 7. 挤出机开车操作
(三)正常操作	1. 能对生产工况进行指导； 2. 能正确使用红外线测温仪、电热偶温度计、便携式可燃气报警仪； 3. 了解安全用火的管理要求	1. 现场液位计检查操作； 2. ABS 产品熔融指数的调整； 3. PB 聚合反应转化率的影响因素； 4. 混炼挤压岗位、包装岗位日常操作管理规定； 5. 便携式可燃气报警仪的使用； 6. 红外线测温仪、热电偶温度计的工作原理； 7. 安全用火管理要求； 8. 压力表的选用方法
(四)停车操作	1. 能组织装置的停车工作； 2. 能对 SAN1 号反应器进行清洗	1. 聚合停车后助剂罐的处理； 2. 脱水机停车； 3. SAN1 号反应器清洗； 4. 挤出机停车
(五)设备使用与维护	1. 能掌握高压清洗单元开车操作； 2. 能对 PB 聚合釜搅拌器进行维护； 3. 能掌握切粒机的单机试车操作	1. 高压清洗单元开车操作； 2. 旋转阀运行维护内容； 3. PB 聚合釜搅拌器运转维护； 4. 压力容器的定期检查； 5. 切粒机的单机试车操作； 6. SAN 聚合反应釜启动搅拌操作

续表

工作内容	技能要求	相关知识
(六)事故的判断与处理	1. 能判断并处理工艺、设备等疑难故障； 2. 能对国内外同类装置的事故原因进行分析； 3. 能组织事故应急预案的演练； 4. 能针对装置发生的各类事故,分析原因,提出预防措施	1. 装置突然停电的危害； 2. 蒸汽产生方式； 3. 蒸汽加热过程； 4. PB聚合搅拌器停止分析及处理； 5. SAN离心泵抱轴的异常处理； 6. 风机轴承箱剧烈振动和轴承温升过高异常处理； 7. 齿轮泵出口压力突然升高的异常处理
(七)绘图与计算	1. 掌握设备装备图、仪表逻辑图的识别方法； 2. 掌握转化率、收率的计算	1. 设备装配图的识别方法； 2. 仪表逻辑图的识别方法； 3. 交换律

4. 比重表

4.1 理论知识

	项目	初级(%)	中级(%)	高级(%)	技师 高级技师(%)
基本要求	基础知识	28	25	26	25
相关知识	开车准备	9	5	8	14
	开车操作	12	15	19	8
	正常操作	19	20	18	22
	停车操作	4	8	9	9
	设备使用与维护	16	11	9	9
	事故判断与处理	12	16	10	11
	绘图	0	0	0	0
	计算	0	0	1	2
	管理	0	0	0	0
	合计	100	100	100	100

4.2 技能操作

	项目	初级(%)	中级(%)	高级(%)	技师 高级技师(%)
技能要求	开车准备	21	25	17	12
	开车操作	21	18	14	19
	正常操作	28	18	17	23
	停车操作	15	15	21	12
	设备使用与维护	5	15	21	15
	事故判断与处理	10	9	10	19
	合计	100	100	100	100

附录2　初级工理论知识鉴定要素细目表

行业领域	代码	鉴定范围	鉴定比重（%）	代码	鉴定点	重要程度	备注
基础知识 A	A	化学基础知识	5.5%	001	原子的内部结构	Z	
				002	质量守恒定律的概念	Z	
				003	物质的量的概念	Z	
				004	临界温度的概念	Z	
				005	饱和蒸气压的概念	Y	
				006	放热反应的概念	Z	
				007	吸热反应的概念	Y	
				008	化学方程式的表示方法	Z	
				009	硬水的概念	Z	
				010	有机化合物的概念	Z	
				011	重复单元、聚合度、链节	Y	
	B	化工原理基础知识	4%	001	压强单位之间的换算	Z	
				002	质量流量的表示方法	Y	
				003	质量流速的概念	Y	
				004	热量传递的基本方式	X	
				005	对流传热基本概念	X	
				006	精馏的概念	X	
				007	全回流概念	Z	
				008	泡点的概念	Y	
	C	化工机械与设备知识	3%	001	常用泵的种类	X	上岗要求
				002	常用液体的输送设备的种类	Z	
				003	常用压缩机的种类	X	
				004	常用气体的输送设备的种类	X	
				005	常用法兰的种类	X	
				006	常用垫片的种类	X	上岗要求
	D	仪表基础知识	4.5%	001	常规控制的概念	Z	
				002	仪表误差的概念	X	
				003	仪表精度的概念	X	
				004	温度的概念	X	
				005	简单调节系统的组成	X	上岗要求
				006	串级控制的概念	X	

续表

行业领域	代码	鉴定范围	鉴定比重(%)	代码	鉴定点	重要程度	备注
基础知识 A	D	仪表基础知识	4.5%	007	分程控制的概念	Y	上岗要求
				008	联锁的基本概念	Y	
				009	DCS系统的基本概念	Z	
	E	制图与识图	2%	001	工艺流程图管线的表示方法	Y	
				002	工艺流程图阀门的表示方法	X	
				003	工艺流程图管件的表示方法	X	
				004	工艺流程图仪表控制点的表示方法	Y	
	F	安全环保基础知识	4.5%	001	清洁生产的定义	Y	
				002	清洁生产的内容	X	
				003	石化行业污染的来源	X	
				004	石化行业污染的途径	X	
				005	石化行业污染的特点	X	
				006	职业中毒的种类	X	上岗要求
				007	急性中毒的现场抢救方法	X	上岗要求
				008	建立HSE管理体系的意义	X	
				009	三级安全教育的内涵	X	上岗要求
	G	电工基础知识	4.5%	001	电路基本物理量的概念	X	
				002	串联电路中电阻的计算	X	
				003	并联电路中电阻的计算	X	
				004	电磁感应基本概念	X	
				005	交流电的概念	X	
				006	直流电的概念	X	
				007	正弦交流电的概念	Y	
				008	欧姆定律的概念	X	
				009	装置设备接地线的概念	Y	
工艺操作 B	A	开车准备	8.5%	001	燃烧的三要素	X	
				002	灭火器的类型	X	
				003	灭火器的选用	X	上岗要求
				004	拨打火警电话要点	X	
				005	消防水带的使用方法	Y	上岗要求
				006	手提式干粉灭火器的使用方法	X	上岗要求
				007	防毒面具相关知识	Y	上岗要求
				008	过滤式防毒面具的使用方法	X	
				009	空气呼吸器简介	Z	
				010	正压式空气呼吸器的使用方法	X	上岗要求

续表

行业领域	代码	鉴定范围	鉴定比重（%）	代码	鉴定点	重要程度	备注
工艺操作 B	A	开车准备	8.5%	011	正压式空气呼吸器使用的注意事项	Z	上岗要求
				012	挤出机挤出原理	X	
				013	挤出机对产品的影响	X	
				014	启动挤出机前的确认	Y	
				015	启动挤出机前的检查	Y	
				016	切粒机相关知识	Y	上岗要求
				017	切粒机开车前的检查	Z	上岗要求
	B	开车操作	12%	001	离心泵的相关性能参数	Z	
				002	离心泵的流量	Y	
				003	离心泵的扬程	X	
				004	离心泵的功率	X	
				005	离心泵的效率	Y	
				006	离心泵启动前的准备	Z	
				007	离心泵的启动操作	X	上岗要求
				008	离心泵启动时的注意事项	Y	上岗要求
				009	往复泵的结构	X	
				010	往复泵启动时的注意事项	X	上岗要求
				011	水冷器进、出口水温的要求	X	
				012	水冷却器进出口管线上加装压力表的目的	X	
				013	水冷却器投用操作	Z	
				014	水冷却器投用的注意事项	X	
				015	PB 乳化剂的乳化机理	Z	
				016	PB 乳化剂的配制操作	X	
				017	PB 引发剂的作用	Y	
				018	PB 引发剂的配制	Y	
				019	凝聚系统管线填充操作	Y	
				020	聚合反应的分类	X	
				021	SAN 聚合升温操作	X	
				022	SAN 聚合升温操作的注意事项	X	
				023	ABS 风送系统特点	X	
				024	ABS 风送系统操作	X	
	C	正常操作	19%	001	交接班的"十交、五不交"	Z	上岗要求
				002	岗位巡检内容	X	上岗要求
				003	规范填写岗位记录	Z	上岗要求
				004	规范填写交接班记录	X	

续表

行业领域	代码	鉴定范围	鉴定比重(%)	代码	鉴定点	重要程度	备注
工艺操作 B	C	正常操作	19%	005	电动阀的概念	Z	
				006	电磁阀的概念	X	
				007	调节阀组成	X	
				008	调节阀使用注意事项	X	
				009	调节阀旁路阀的作用	X	
				010	离心泵的分类	Y	
				011	电动机超电流保护的作用	Y	
				012	以电动机作为离心泵动力时使用的注意事项	Z	
				013	听针使用时的注意事项	Y	
				014	离心泵的日常检查	Z	上岗要求
				015	丁二烯聚合投料过程控制	X	
				016	硫酸的基本性质	X	
				017	硫酸的异常情况处理	X	
				018	卸酸前的准备	Y	
				019	卸酸的操作	X	
				020	SAN 聚合反应热的移除	X	
				021	本体法 SAN 聚合中甲苯的作用	X	
				022	降低 SAN 聚合反应釜温度操作方法	Y	
				023	提高 SAN 聚合反应釜温度操作方法	X	
				024	挤出机日常检查	Z	
				025	变频调速的特点	X	
				026	变频机泵与工频机泵的相互切换	X	
				027	离心泵的切换步骤	X	上岗要求
				028	离心泵切换的注意事项	Y	上岗要求
				029	过滤器的结构	Y	
				030	安全阀的作用	Y	
				031	安全阀的分类	X	
				032	安全阀的工作原理	X	
				033	安全阀的投用操作	Z	上岗要求
				034	加热炉鼓(引)风机正常运行维护	X	
				035	压力表的选用方法	X	
				036	压力表的精度等级	Z	
				037	压力表的安装要求	X	
				038	压力表投用操作	X	上岗要求
	D	停车操作	4.5%	001	换热器巡检内容	X	上岗要求

续表

行业领域	代码	鉴定范围	鉴定比重（%）	代码	鉴定点	重要程度	备注
工艺操作 B	D	停车操作	4.5%	002	换热器停用操作方法	X	上岗要求
				003	换热器停用的注意事项	X	
				004	蒸汽伴热相关知识	Y	
				005	离心泵停车操作方法	Y	上岗要求
				006	离心泵停车操作的注意事项	Y	
				007	计量仪表分类	X	
				008	系统抽加盲板时的注意事项	X	上岗要求
				009	化工装置中8字盲板调向的注意事项	X	
	E	设备使用与维护	16.5%	001	润滑油的作用	X	
				002	润滑脂使用时的注意事项	X	上岗要求
				003	机泵轴承箱内润滑油更换的条件	X	
				004	润滑油的加油"五定"	X	上岗要求
				005	润滑油的添加操作	Z	
				006	机泵盘车目的	X	
				007	机泵盘不动车的原因及处理	Z	
				008	机泵盘车操作及注意事项	X	上岗要求
				009	机泵电动机温度高的原因	Y	
				010	机泵轴承温度偏高的原因	Y	
				011	机泵轴承温度偏高的处理方法	Y	
				012	压力容器的定义	Y	
				013	压力容器的破坏形式	Y	
				014	压力容器的安全泄压装置	X	
				015	压力容器的维护	X	上岗要求
				016	热油泵预热的原因	X	
				017	热油泵密封泄漏的原因	X	
				018	封油的作用	Z	
				019	热油泵预热操作	Z	上岗要求
				020	单向阀的工作原理	X	
				021	单向阀的分类	X	
				022	主风机出口单向阀的作用	X	
				023	单向阀的检查内容	X	上岗要求
				024	安全阀巡检内容	X	上岗要求
				025	安全阀泄漏的判断方法	Y	上岗要求
				026	安全阀起跳判断方法	Y	
				027	安全阀日常维护	Y	上岗要求

续表

行业领域	代码	鉴定范围	鉴定比重(%)	代码	鉴定点	重要程度	备注
工艺操作 B	E	设备使用与维护	16.5%	028	膨胀节的分类	X	
				029	膨胀节的检查及注意事项	X	
				030	搅拌器的种类	Y	
				031	搅拌器的使用	X	
				032	聚合搅拌器相关知识	Y	
				033	机械密封相关知识	X	
	F	事故判断与处理	11.5%	001	加热炉辐射段顶部温度高时的处理	X	
				002	机泵电流超高的原因	X	
				003	机泵耗功大的原因	Z	
				004	离心泵振动大的现象	X	
				005	离心泵振动大的原因	Z	
				006	离心泵抽空的原因	X	上岗要求
				007	离心泵不上量的原因	X	
				008	机泵抽空的现象	Y	上岗要求
				009	机泵抽空的处理方法	X	
				010	管壳式换热器的特点	X	
				011	离心泵汽蚀的原因	X	
				012	离心泵的汽蚀现象	Y	上岗要求
				013	离心泵的汽蚀危害	X	
				014	离心泵汽蚀的处理方法	X	上岗要求
				015	离心泵机械密封泄漏的原因	X	
				016	离心泵机械密封泄漏的处理方法	Y	上岗要求
				017	离心泵的气缚	X	
				018	离心泵气缚的处理方法	Y	
				019	苯乙烯的理化性质	X	上岗要求
				020	丙烯腈的理化性质	X	上岗要求
				021	丁二烯的理化质性	Y	上岗要求
				022	丙烯腈苯乙烯储罐泄漏的处理方法	X	
				023	丁二烯球罐泄漏的处理方法	X	

附录3 初级工操作技能鉴定要素细目表

行为领域	代码	鉴定范围	鉴定比重（%）	代码	鉴定点	重要程度
操作技能 A 100%	A	开车准备	10%	001	挤出机开车准备	X
				002	切粒机开车前的检查	X
	B	开车操作	20%	001	启动离心泵	X
				002	水冷却器投用操作	Y
				003	凝聚系统管线填充操作	Z
				004	ABS粉料风送系统开车操作	X
	C	正常操作	25%	001	卸硫酸的操作	Y
				002	挤出机日常检查	X
				003	离心泵正常切换操作	Y
				004	过滤器投用操作	Y
				005	风机系统的日常检查	X
	D	停车操作	15%	001	换热器的停用操作	Y
				002	离心泵的停车操作	X
				003	计量秤系统停车操作	Z
	E	设备使用与维护	20%	001	润滑油的添加操作	X
				002	机泵盘车	X
				003	单向阀的检查	Y
				004	膨胀节的检查	Y
	F	事故判断与处理	10%	001	管壳式换热器泄漏处理	Y
				002	离心泵气缚的处理	Z

附录4 中级工理论知识鉴定要素细目表

行业领域	代码	鉴定范围	鉴定比重(%)	代码	鉴定点	重要程度	备注
基础知识 A	A	化学基础知识	6%	001	理想气体状态方程的概念	Z	
				002	道尔顿定律的内容	Z	
				003	过热蒸汽的概念	Z	
				004	氧化还原反应的配平原则	Z	
				005	可逆反应的基本概念	Y	
				006	化学平衡常数概念	Z	
				007	化学平衡移动理论	Y	
				008	电解质的基本性质	Z	
				009	离解平衡的概念	Z	
				010	均聚物和共聚物的概念	Z	
				011	聚合物结晶能力与什么有关	Y	
				012	弹性模量概念	X	
	B	化工原理基础知识	4%	001	流体流动的基本形态	Y	
				002	湍流扩散的概念	Y	
				003	列管式换热器的特点	Y	
				004	提高换热器传热速率的途径	X	
				005	相对挥发度的概念	X	
				006	精馏塔操作弹性的概念	X	
				007	筛板的主要性能参数	Z	
				008	液体分布装置的作用	Y	
	C	化工机械与设备知识	4%	001	离心泵的结构	X	上岗要求
				002	离心泵常见故障	Z	上岗要求
				003	防止离心式压缩机喘振的方法	X	
				004	列管式换热器的种类	X	
				005	浮阀塔的主要结构	X	
				006	筛板塔的主要结构	X	
				007	填料塔的结构	X	
				008	板式塔的类型	Y	
	D	仪表基础知识	3.5%	001	控制室常规仪表种类	Z	
				002	控制阀的附件种类	X	上岗要求
				003	温度测量仪表的分类	X	

续表

行业领域	代码	鉴定范围	鉴定比重（%）	代码	鉴定点	重要程度	备注
基础知识A	D	仪表基础知识	3.5%	004	压力测量仪表的分类	X	
				005	流量测量仪表的分类	X	
				006	常用液位计的种类	X	
				007	DCS系统的基本构成	Y	
	E	制图与识图	2%	001	正投影的特点	Y	
				002	三视图的特点	X	
				003	三视图的作图方法	X	
				004	零件图的作用	Y	
	F	安全环保基础知识	4%	001	清洁生产的理论基础	Y	
				002	清洁生产审(计)核的目的	X	
				003	废气治理的常识	X	
				004	废渣处理的常识	X	
				005	职业病的种类	X	上岗要求
				006	职业病危害因素	X	上岗要求
				007	尘毒物质危害人体的主要因素	X	
				008	高毒物品的防护方法	X	上岗要求
	G	电工基础知识	2%	001	常用电动机类型	X	
				002	常用电动机型号含义	X	
				003	闭合电路欧姆定律	X	
				004	混联电路的简单计算	X	
工艺操作B	A	开车准备	4.5%	001	聚丁二烯的结构	X	
				002	PB聚合釜开车投料前检查	X	上岗要求
				003	凝聚系统开车前工艺管线检查	X	
				004	凝聚系统开车前公用工程系统检查	Z	
				005	凝聚系统开车前设备检查	Z	
				006	聚合反应中注意的安全措施	Y	
				007	SAN聚合开工前准备	Y	上岗要求
				008	振动筛的工作原理	Z	
				009	振动筛开车前检查	X	上岗要求
	B	开车操作	15%	001	循环水的作用及要求	Y	
				002	引循环水的操作方法及注意事项	Y	上岗要求
				003	水蒸气的特性	Y	
				004	饱和蒸汽的含义	Z	
				005	蒸汽三阀组的使用方法	X	
				006	蒸汽投用注意事项	X	上岗要求

续表

行业领域	代码	鉴定范围	鉴定比重(%)	代码	鉴定点	重要程度	备注
工艺操作 B	B	开车操作	15%	007	蒸汽从界区引入装置内的操作	X	
				008	引蒸汽操作注意事项	X	上岗要求
				009	聚丁二烯的聚合方法	Z	
				010	聚丁二烯的应用	Y	
				011	PB 聚合系统投料开车	X	
				012	ABS 生产反应机理	X	
				013	ABS 聚合投料反应步骤	X	上岗要求
				014	化学凝聚的概念	X	
				015	凝聚罐升温操作	X	
				016	干燥器的选型	Z	
				017	干燥器的分类	Z	
				018	干燥器的升温操作及注意事项	Y	
				019	工业上聚合方法的分类	Z	
				020	本体聚合	X	
				021	悬浮聚合	Z	
				022	乳液聚合	X	
				023	溶液聚合	X	
				024	聚合开车步骤及注意事项	X	上岗要求
				025	造粒系统相关知识	X	
				026	切粒过程控制	Y	上岗要求
				027	造粒系统开车步骤	Z	上岗要求
				028	造粒系统开车的注意事项	X	
				029	挤出机的辅助设备	X	
				030	挤出机开车调整操作及注意事项	Z	
	C	正常操作	20%	001	碱洗的概念	Y	
				002	新鲜丁二烯碱洗过程控制	Y	
				003	新鲜丁二烯碱洗过程控制的注意事项	X	
				004	氮气置换的目的	X	
				005	氮气置换的工作原理	X	上岗要求
				006	ABS 聚合釜氮气抽空置换操作	Z	
				007	过滤器的概念	Y	
				008	过滤器的使用维护要点	Z	上岗要求
				009	PB 胶乳过滤器的切换	Y	
				010	PB 胶乳过滤器的清理	Z	
				011	SAN 粒料输送操作	Y	上岗要求

续表

行业领域	代码	鉴定范围	鉴定比重(%)	代码	鉴定点	重要程度	备注
工艺操作 B	C	正常操作	20%	012	SAN 粒料输送操作的注意事项	X	
				013	凝聚的概念	Y	
				014	凝聚岗位定期操作	X	
				015	挤出机的相关知识	X	上岗要求
				016	挤出机的升温操作	X	上岗要求
				017	串级控制的相关知识	X	
				018	聚合釜温度投串级控制	Y	上岗要求
				019	凝聚不充分颗粒小的原因与处理方法	X	
				020	凝聚温度的调整及注意事项	X	
				021	干燥原理	X	
				022	干燥器温度的调整	X	
				023	挤出原理	Z	
				024	挤出机正常调整操作及注意事项	Z	
				025	还原剂的概念	X	
				026	氧化还原反应的概念	Z	
				027	ABS 接枝用还原剂的配制操作	X	
				028	ABS 接枝用还原剂配制的注意事项	X	
				029	氮气的性质及作用	Y	
				030	SAN 1 号反应器系统氮气气密操作	X	上岗要求
				031	SAN 1 号反应器系统氮气气密操作的注意事项	Y	
				032	TDDM 的性质	X	
				033	TDDM 的主要用途和储存	X	上岗要求
				034	TDDM 的接收操作	X	上岗要求
				035	反应釜的结构	Y	
				036	反应釜保压操作	X	
				037	丁二烯置换	Z	
				038	监护人职责	X	上岗要求
				039	动火监护检查内容	Z	上岗要求
				040	动火监护检查的注意事项	X	
	D	停车操作	8%	001	碱倾析槽退料置换操作	X	
				002	碱倾析槽退料置换的注意事项	X	
				003	凝聚工艺过程原理	X	
				004	凝聚系统降温	X	
				005	分程调节系统相关知识	X	上岗要求

续表

行业领域	代码	鉴定范围	鉴定比重(%)	代码	鉴定点	重要程度	备注
工艺操作 B	D	停车操作	8%	006	SAN1号反应器退料操作	X	上岗要求
				007	ABS聚合反应釜停车原因	X	
				008	ABS反应釜停车时发生的动作	Y	
				009	ABS聚合反应釜停车后的处理	Y	
				010	丁二烯管线吹扫的目的	X	
				011	丁二烯管线的停车吹扫	Z	
				012	常见的掺混方法	X	上岗要求
				013	ABS掺混系统停车操作	Z	
				014	包装生产线相关知识	Y	
				015	包装线停车操作	X	
				016	包装线停车操作的注意事项	X	上岗要求
	E	设备使用与维护	11%	001	液环真空泵的工作原理	X	
				002	液环真空泵的结构	X	
				003	液环真空泵入口真空度降低的影响因素	Y	
				004	液环真空泵的开泵准备	Z	
				005	液环真空泵的罐泵	Y	
				006	液环真空泵的开泵操作	Z	
				007	换热器的相关知识	Z	
				008	换热器日常检查与维护	Z	上岗要求
				009	列管式换热器的注意事项	X	
				010	屏蔽泵的相关知识	X	
				011	屏蔽泵日常巡检操作内容	X	上岗要求
				012	屏蔽泵日常操作维护的注意事项	X	
				013	串级调节系统的相关知识	X	
				014	氨冰机检查与维护操作	Z	
				015	包装岗位系统检查	X	
				016	包装机启动后的检查确认	Z	
				017	润滑油的黏温性能	X	
				018	润滑油的选用原则	Y	
				019	润滑油的更换操作方法	X	上岗要求
				020	离心泵的巡检内容	Y	
				021	润滑油的质量对泵轴承的影响	Y	
				022	离心泵的日常维护	Y	上岗要求
	F	事故判断与处理	16%	001	PB聚合系统如何进行连锁调试	X	
				002	PB反应釜温度和压力升高的现象及原因	X	

续表

行业领域	代码	鉴定范围	鉴定比重(%)	代码	鉴定点	重要程度	备注
工艺操作B	F	事故判断与处理	16%	003	PB 反应釜温度和压力升高的处理方法	X	
				004	循环水的概念	X	
				005	PB 装置停循环水造成的影响	X	
				006	PB 装置停循环水的原因	X	
				007	PB 装置停循环水的后如何处理	X	
				008	氮气的性质	Z	
				009	PB 装置停氮气的原因	Z	
				010	PB 装置停氮气的事故处理	Z	
				011	丁二烯的理化性质	Y	
				012	丁二烯的急救措施	X	上岗要求
				013	丁二烯的消防措施	Y	
				014	丁二烯的泄漏应急处理	X	上岗要求
				015	干燥器温度异常的事故现象	Y	
				016	干燥器温度异常的应急处理	Z	
				017	冰机制冷的基本原理	X	
				018	冰机异常停车的原因	Z	
				019	冰机异常停车的处理	X	上岗要求
				020	硫酸的理化性质	Y	
				021	硫酸的急救措施	X	上岗要求
				022	硫酸泄漏的处理方法	Z	
				023	柱塞泵的工作原理	X	
				024	柱塞泵的分类	Y	
				025	柱塞泵的日常维护	Z	上岗要求
				026	柱塞泵的启动后排量不足的原因	X	
				027	柱塞泵的启动后排量不足的异常处理	Z	
				028	往复泵的工作原理	X	
				029	往复泵的优缺点	Z	
				030	往复泵的特点	X	
				031	往复泵产生冲击声的原因	X	
				032	往复泵的产生冲击声的异常处理	Z	

附录5 中级工操作技能鉴定要素细目表

行为领域	代码	鉴定范围	鉴定比重(%)	代码	鉴定点	重要程度
操作技能 A 100%	A	开车准备	20%	001	PB聚合釜开车投料前现场的检查	X
				002	凝聚系统开车前检查	X
				003	SAN聚合工序开工前准备	X
				004	振动筛开车前检查	X
	B	开车操作	25%	001	装置引蒸汽操作	Y
				002	凝聚罐升温操作	Z
				003	干燥器升温操作	X
				004	挤出机开车调整操作	Y
				005	计量秤开车调整操作	Y
	C	正常操作	20%	001	SAN粒料输送操作	X
				002	聚合釜温度投串级控制	X
				003	凝聚温度的调整操作	Z
				004	挤出机正常调整操作	Y
	D	停车操作	15%	001	丁二烯管线的停车吹扫	Z
				002	ABS掺混系统停车操作	X
				003	包装线停车操作	X
	E	设备使用与维护	10%	001	换热器日常检查与维护	Z
				002	离心泵日常维护	Y
	F	事故判断与处理	10%	001	PB装置停循环水的处理	Y
				002	冰机异常停车的处理	Z

附录6 高级工理论知识鉴定要素细目表

行业领域	代码	鉴定范围	鉴定比重（%）	代码	鉴定点	重要程度	备注
基础知识 A	A	化学基础知识	6%	001	化学平衡常数的简单计算	X	
				002	化学平衡的影响因素	X	
				003	影响化学反应速度的因素	Y	
				004	气体溶解度的影响因素	X	
				005	溶解度的计算	X	
				006	有机物的性质	X	
				007	过渡区相对分子质量范围	X	
				008	共价键特点	Z	
				009	玻璃化温度的概念	X	
				010	ABS组成	X	
	B	化工原理基础知识	3%	001	运用雷诺数判断流体的流动形态	Z	
				002	对流传热基本计算	X	
				003	最小回流比的概念	Y	
				004	除沫器的工作原理	Y	
				005	填料的主要性能参数	Y	
	C	化工机械与设备知识	3%	001	离心泵检修结束后的试车程序	X	
				002	离心式压缩机的结构	X	
				003	列管式换热器的结构	X	
				004	列管式换热器泄漏的主要部位	X	
				005	化工机械的常用密封种类	X	
	D	仪表基础知识	3%	001	常用控制阀的分类	Z	
				002	各种控制仪表代号	X	
				003	温度仪表测量原理	Z	
				004	压力仪表的测量原理	Y	
				005	流量仪表测量原理	X	
	E	制图与识图	2.5%	001	剖视图知识	Y	
				002	断面图知识	X	
				003	零件图的内容	X	
				004	化工设备图阅读方法	X	
	F	安全环保基础知识	6%	001	清洁生产的重点	X	
				002	清洁生产的措施	Y	

续表

行业领域	代码	鉴定范围	鉴定比重（%）	代码	鉴定点	重要程度	备注
基础知识 A	F	安全环保基础知识	6%	003	防尘防毒的管理措施	X	
				004	防尘防毒的技术措施	X	
				005	管理体系文件架构	X	
				006	HSE 风险评价的目的	Y	
				007	用火作业安全知识	Z	上岗要求
				008	高处作业安全知识	Z	
				009	进入受限空间作业安全知识	X	
				010	火场逃生知识	X	
	G	电工基础知识	2%	001	电功率及功率因数的计算	X	
				002	防触电方法	Z	
				003	用电设备防爆等级	X	
工艺操作 B	A	开车准备	7.5%	001	自动调节系统中的比例调节的作用	Z	
				002	自动调节系统中的积分、微分调节的作用	X	
				003	仪表 PID 参数整定时的注意事项	Y	
				004	串级调节系统投用操作	Y	
				005	PB 聚合釜升降温实验操作	Y	
				006	闪蒸、保压的相关知识	Z	上岗要求
				007	PB 回收系统开车前保压置换操作	Z	
				008	氮气的相关知识	X	上岗要求
				009	装置引氮气操作	X	上岗要求
				010	干燥系统控制要点	X	
				011	干燥器开车前的空运操作	X	
				012	包装岗位系统开车前检查	X	
	B	开车操作	19%	001	加热炉相关知识	X	
				002	加热炉系统开工前检查	Z	上岗要求
				003	加热炉系统吹扫试压投用操作	X	
				004	加热炉系统开车投用操作的注意事项	X	
				005	回收系统进料开车操作	X	
				006	ABS 聚合单元丙烯腈管线的置换填充	Y	
				007	脱水机进料操作	Y	
				008	包装线开车操作	Y	
				009	闸阀的结构	X	上岗要求
				010	闸阀的工作原理	X	
				011	闸阀的作用	X	
				012	截止阀的结构	X	上岗要求

续表

行业领域	代码	鉴定范围	鉴定比重（%）	代码	鉴定点	重要程度	备注
工艺操作 B	B	开车操作	19%	013	截止阀的工作原理	Z	
				014	截止阀的作用	X	
				015	单向阀的结构和工作原理	Z	
				016	单向阀的作用	X	
				017	电磁阀的分类	X	
				018	电动阀的作用	X	
				019	阀门开度的调节操作	Y	上岗要求
				020	阀门开度调节的注意事项	Y	上岗要求
				021	乳化剂的表面作用及其稳定性	X	
				022	ABS 乳化剂的配制	X	
				023	理想抗氧剂具备的条件	X	
				024	抗氧剂的作用机理	X	
				025	氧化剂的概念	Y	
				026	还原剂的概念	X	
				027	ABS 抗氧剂的配制	Y	
				028	活化剂及其组成	X	
				029	ABS 活化剂配制	X	
				030	ABS 活化剂配制的注意事项	X	
	C	正常操作	18%	001	氮封调节系统知识	X	上岗要求
				002	氮封调节系统日常操作	X	
				003	ABS 接枝胶乳凝聚	Y	
				004	提高凝聚粒径操作	X	上岗要求
				005	提高凝聚粒径操作的注意事项	X	
				006	粉料湿含量调整方法	Z	
				007	SAN 闪蒸罐压力调节	Z	上岗要求
				008	闪蒸罐压力过高的操作	X	
				009	SAN 加料系数的调整操作	Z	上岗要求
				010	SAN 加料系数调整操作的注意事项	X	
				011	模头背网的更换操作	Y	上岗要求
				012	混炼挤出机模头换网操作	X	
				013	燃料气系统的气密操作方法	X	
				014	蒸汽伴热管线的使用	X	
				015	装置引入蒸汽时的注意事项	X	上岗要求
				016	公用工程装置仪表风的规格	X	
				017	疏水器的作用	X	

续表

行业领域	代码	鉴定范围	鉴定比重（%）	代码	鉴定点	重要程度	备注
工艺操作 B	C	正常操作	18%	018	蒸汽伴热管线投用	X	
				019	管线系统冲洗吹扫的目的	Y	
				020	系统冲洗吹扫的要求	Y	
				021	系统冲洗吹扫的注意事项	Y	
				022	系统冲洗吹扫的操作	Y	
				023	内浮顶罐工艺管理规定	X	
				024	丙烯腈接收储存要点	X	上岗要求
				025	丁二烯接收储存要点	X	上岗要求
				026	苯乙烯接收储存要点	Z	上岗要求
				027	原料接收注意事项	X	
				028	氢氧化钾卸车操作	Z	
				029	氢氧化钾卸车注意事项	X	
	D	停车操作	9%	001	管式加热炉温度调节	X	
				002	管式加热炉的热平衡和热效率	X	
				003	加热炉停炉操作	X	上岗要求
				004	凝聚系统停车操作	X	
				005	凝聚系统停车操作的注意事项	X	
				006	干燥系统停车操作	X	上岗要求
				007	干燥系统停车操作的注意事项	X	
				008	球罐丁二烯来料管线退料置换	Z	
				009	球罐丁二烯退料置换	Z	上岗要求
				010	大检修遵循的方针、原则、目标及要求	Y	
				011	PB 装置停车退料流程	Y	
				012	ABS 聚合装置停车退料流程	Y	
				013	凝聚干燥装置停车退料流程	Y	
				014	SAN 装置停车退料流程	X	
				015	混炼包装装置停车退料流程	X	
	E	设备使用与维护	9%	001	换热设备结垢的后果	X	
				002	换热器内漏处理方法	X	上岗要求
				003	换热设备修后验收确认和计算	X	
				004	挤出机启动后的确认项目	Z	
				005	运行中电动机的检查	Z	上岗要求
				006	往复式真空泵的工作原理	Z	
				007	往复式真空泵的检查	X	
				008	高压清洗机开车前准备	Y	

续表

行业领域	代码	鉴定范围	鉴定比重(%)	代码	鉴定点	重要程度	备注
工艺操作 B	E	设备使用与维护	9%	009	计量泵的工作原理和效率	Y	
				010	计量泵运行维护项目	X	
				011	离心泵汽蚀的防范措施	X	上岗要求
				012	离心泵动火检修交出前的安全检查	X	
				013	换热器泄漏的检查方法	Y	上岗要求
				014	存在泄漏的换热器蒸煮检修步骤	X	
	F	事故判断与处理	10%	001	仪表风的作用	X	
				002	PB 停仪表风的事故处理	X	
				003	停电的危害	X	上岗要求
				004	凝聚干燥停电的事故处理	Z	
				005	混炼停蒸汽的异常处理	Z	
				006	真空泵的工作原理	X	
				007	真空泵跳车的现象	X	上岗要求
				008	真空泵跳车的原因	X	
				009	真空泵跳车的异常处理	Y	
				010	离心泵的工作原理	X	
				011	离心泵的轴承温度升高的原因	Y	
				012	离心泵的轴承温度升高的处理方法	X	
				013	离心泵试运转的要求	X	
				014	离心泵操作注意事项	Y	上岗要求
				015	离心泵压力超标的原因	X	
				016	离心泵压力超标的处理方法	X	
工艺操作 B	G	计算	1%	001	物料和能量消耗的计算	X	
				002	丁二烯理论定额的计算	X	

附录 7 高级工操作技能鉴定要素细目表

行为领域	代码	鉴定范围	鉴定比重（%）	代码	鉴定点	重要程度
操作技能 A 100%	A	开车准备	15%	001	装置引氮气操作	X
				002	干燥器开车前空运	Y
				003	包装岗位系统开车前检查	X
	B	开车操作	15%	001	ABS 聚合单元丙烯腈管线的置换填充	X
				002	脱水机进料操作	Y
				003	ABS 乳化剂的配制	X
	C	正常操作	25%	001	提高凝聚粒径操作	X
				002	粉料湿含量调整方法	Z
				003	闪蒸罐压力过高的操作	Z
				004	模头背网的更换操作	X
				005	蒸汽伴热管线投用	X
	D	停车操作	15%	001	凝聚系统停车操作	Y
				002	干燥系统停车操作	Y
				003	丁二烯球罐退料置换	X
	E	设备使用与维护	15%	001	运行中电动机的检查	X
				002	往复式真空泵的检查	Y
				003	计量泵运行维护项目	Y
	F	事故判断与处理	15%	001	PB 停仪表风的事故处理	Y
				002	凝聚干燥短期停电的事故处理	Y
				003	混炼停蒸汽的异常处理	Z

附录 8 技师、高级技师理论知识鉴定要素细目表

行业领域	代码	鉴定范围	鉴定比重（%）	代码	鉴定点	重要程度	备注
基础知识 A	A	化学基础知识	6%	001	离子键的概念	X	
				002	根据反应式判断缩聚反应类型	X	
				003	高分子的分子长度	X	
				004	合成聚合物的分布指数	Y	
				005	玻璃化温度曲线分析	X	
				006	ABS 中的分散相、连续相	X	
				007	ABS 树脂的基本性质	Z	
				008	ABS 三种组分占比	X	
				009	SAN 车间粒料烘干产生的主要污染物	Y	
	B	化工原理基础知识	3%	001	平壁的导热计算	X	
				002	圆筒壁的导热计算	Z	
				003	换热器中折流挡板的作用	X	
				004	评价板式塔性能的主要指标	X	
				005	物理吸收的机理	X	
	C	化工机械与设备知识	6%	001	离心式压缩机检修方案的主要内容	X	
				002	离心式压缩机大修后的试车程序	Y	
				003	换热器更换方案的主要内容	X	
				004	换热器的验收标准	X	
				005	板式塔检修方案的主要内容	X	
				006	板式塔的验收标准	Z	
				007	填料塔检修方案的主要内容	X	
				008	填料塔的验收标准	X	
				009	延长加热炉使用寿命的措施	Y	
	D	仪表基础知识	2%	001	调节阀一般故障的判断方法	X	
				002	孔板流量计的工作原理	X	
				003	液位仪表的测量原理	X	
	E	制图与识图	2%	001	设备布置图基础知识	X	
				002	管道布置图基础知识	Z	
				003	化工设备图尺寸标注方法	Z	
	F	安全环保基础知识	6%	001	清洁生产审核的实施方法	X	
				002	防噪声的技术措施	X	

续表

行业领域	代码	鉴定范围	鉴定比重（%）	代码	鉴定点	重要程度	备注
基础知识 A	F	安全环保基础知识	6%	003	防噪声的管理措施	Y	
				004	JHA 工作危害分析	Y	
				005	应急预案的编制方法	X	
				006	进入受限空间的作业程序	X	
				007	HSE 风险评价的概念	X	
				008	HSE 危害辨识的知识	X	
				009	用火作业的安全程序	Y	
				010	高处作业的安全程序	Y	
	G	电工基础知识	1%	001	装置电器设备灭火方法	X	
工艺操作 B	A	开车准备	14%	001	火炬系统的作用	X	
				002	火炬系统吹扫置换保压点火操作	Z	
				003	开车投料前检查物料药剂情况	X	
				004	开车投料前检查泵、聚合釜的情况	X	
				005	聚合釜开车投料前检查的注意事项	Y	
				006	SAN 回收工序的目的	Y	
				007	SAN 回收工序开车的条件	Y	
				008	有机废气处理方法	Y	
				009	ABS 尾气处理相关知识	X	
				010	接枝聚合开车投料前聚合釜检查	X	
				011	聚合夹套填充	Z	上岗要求
				012	接枝聚合开车投料前检查注意事项	X	
				013	凝聚剂的种类	Z	
				014	凝聚所需药剂开车前检查	X	
				015	凝聚开车的注意事项	X	
				016	吹扫打靶的概念	Z	
				017	吹扫打靶的验收标准	Z	
				018	吹扫打靶的注意事项	Z	
				019	"三查四定"的定义	X	上岗要求
				020	"中交"的定义	Y	
				021	"中交"应具备的条件	Y	
				022	"中交"的内容	Y	
	B	开车操作	8%	001	真空过滤机操作	X	
				002	冰机的工作原理	X	
				003	冰机系统开车操作	Z	上岗要求
				004	冰机系统的控制	X	

续表

行业领域	代码	鉴定范围	鉴定比重（%）	代码	鉴定点	重要程度	备注
工艺操作 B	B	开车操作	8%	005	SAN 循环溶剂的重复使用	Y	上岗要求
				006	SAN 回收工序开车操作	Y	
				007	切粒机相关知识	X	上岗要求
				008	切粒机的确认	X	
				009	切粒机开车操作	Y	上岗要求
				010	干燥器进料开车操作	Y	
				011	干燥器进料开车操作的注意事项	Y	
				012	尾气处理工作原理	X	
				013	尾气处理系统开车操作	X	
	C	正常操作	22.5%	001	判断液位计失灵的方法	X	
				002	液位计的使用方法	Y	
				003	熔融指数的定义	Y	
				004	产品熔融指数的调整	Y	上岗要求
				005	转化率的概念	X	
				006	PB 聚合反应转化率的影响因素	X	上岗要求
				007	干燥器工作原理	X	
				008	干燥器压力控制	Z	上岗要求
				009	SAN 聚合液位控制操作	X	上岗要求
				010	混炼挤压工序作用	X	
				011	混炼挤压岗位日常操作	X	
				012	包装岗位组成	X	
				013	包装岗位日常操作	X	
				014	可燃气体报警仪的使用方法	X	上岗要求
				015	热电偶温度计的工作原理	Z	
				016	接点温度计的使用方法	X	
				017	红外线测温仪的使用方法	Y	
				018	动火作业监护人职责	Y	上岗要求
				019	安全用火管理要求	X	上岗要求
				020	丁二烯聚合釜联锁条件及动作	X	
				021	丁二烯聚合釜联锁调试	Y	
				022	复杂控制系统的分类	Y	
				023	串级控制系统的特点	X	
				024	串级控制系统中控制器正反作用的选择	X	
				025	冲击强度的定义	X	
				026	产品冲击强度的测试	X	

续表

行业领域	代码	鉴定范围	鉴定比重（%）	代码	鉴定点	重要程度	备注
工艺操作 B	C	正常操作	22.5%	027	产品冲击强度的调整	Y	
				028	产品拉伸强度的定义	Y	
				029	产品拉伸强度的测试	Y	
				030	产品拉伸强度的调整	X	
				031	产品弯曲强度的定义	X	
				032	产品弯曲强度的测试	X	
				033	产品冲击强度的调整	X	
				034	实验室 ABS 共混	X	
				035	注塑成型过程	X	
				036	样条制备操作	Y	
	D	停车操作	9%	001	受限空间的概念	Y	
				002	ABS 聚合釜停车清洗前准备	X	上岗要求
				003	进入受限空间作业要求	X	上岗要求
				004	入反应釜清胶操作	X	
				005	丁二烯自聚物的特性	X	
				006	丁二烯端基聚合物的性质	Y	
				007	丁二烯储罐蒸煮操作	Y	
				008	螺杆挤出机的功能	Z	
				009	脱水机停车操作	Z	
				010	SAN 反应器清洗的原因	Z	
				011	SAN1 号反应器清洗操作	Y	上岗要求
				012	挤出机退料流程	Y	
				013	停车后挤出机处理方法	X	
				014	挤出机停车操作	X	上岗要求
	E	设备使用与维护	9%	001	旋转阀的工作原理	X	
				002	旋转阀运行维护内容	Z	上岗要求
				003	PB 聚合釜搅拌器运转维护	X	
				004	切粒机初始状态确认	Z	上岗要求
				005	启动切粒机操作	X	上岗要求
				006	SAN 聚合反应釜搅拌器工作原理	X	
				007	SAN 聚合反应釜启动搅拌前检查确认	Y	
				008	SAN 聚合反应釜启动搅拌开车操作	Y	
				009	袋式过滤器的作用	Y	
				010	袋式过滤器投用操作要点	Y	
				011	磁力泵工作原理	X	

续表

行业领域	代码	鉴定范围	鉴定比重(%)	代码	鉴定点	重要程度	备注
工艺操作B	E	设备使用与维护	9%	012	磁力泵开车准备	X	
				013	磁力泵的日常检查	X	上岗要求
				014	磁力泵操作注意事项	Z	
	F	事故判断与处理	11%	001	PB装置停电的事故现象	X	
				002	PB装置停电的事故处理	Y	上岗要求
				003	PB装置停蒸汽现象	X	
				004	PB装置停蒸汽的处理	X	
				005	ABS爆聚的原因	X	
				006	ABS聚合反应釜超温的处理	X	上岗要求
				007	PB装置搅拌器的停止的原因	Z	
				008	PB装置搅拌器的停止后的处理	X	
				009	粉碎机的分类	Y	
				010	粉碎机跳闸的原因及处理	X	
				011	风机的分类	X	上岗要求
				012	罗茨风机的特点	Z	上岗要求
				013	风机轴承箱剧烈振动的原因及处理方法	X	
				014	风机轴承箱轴承温度升高的原因及处理方法	X	
				015	齿轮泵的工作原理	Y	上岗要求
				016	齿轮泵的出口压力升高的处理方法	X	
				017	挤出机真空口返料的原因	X	
				018	挤出机真空口返料的处理方法	Y	上岗要求
	G	绘图与计算	2%	001	设备装配图的识别方法	Y	
				002	转化率的物料衡算的基本方法	X	
				003	收率的物料衡算的基本方法	X	

附录9　技师、高级技师操作技能鉴定要素细目表

行为领域	代码	鉴定范围	鉴定比重(%)	代码	鉴定点	重要程度
操作技能 A 100%	A	开车准备	20%	001	ABS接枝聚合釜开车投料前DCS的检查	X
				002	SAN回收工序开车的条件	Y
				003	尾气处理系统开车前检查	Y
				004	凝聚所需药剂开车前检查	X
	B	开车操作	15%	001	真空过滤机开车	X
				002	切粒机开车操作	Z
				003	干燥器进料开车操作	X
	C	正常操作	20%	001	现场液位计检查操作	Y
				002	SAN聚合反应器的液位控制	Y
				003	隔离系统动火条件检查	X
				004	丁二烯聚合釜联锁调试	Y
	D	停车操作	15%	001	丁二烯贮罐蒸煮操作	X
				002	SAN1号反应器清洗操作	Y
				003	挤出机停车操作	Z
	E	设备使用与维护	20%	001	旋转阀运行维护内容	Y
				002	PB聚合釜搅拌器运转维护	X
				003	SAN聚合反应釜启动搅拌操作	Y
				004	更换袋式过滤器滤袋操作	X
	F	事故判断与处理	10%	001	凝聚干燥粉碎机跳闸	Y
				002	挤出机真空口返料的处理方法	Z

附录10 操作技能考核内容层次结构表

内容 项目	操作技能						时间合计
	开车准备	开车操作	正常操作	停车操作	设备使用与维护	事故判断与处理	
初级	21分 10~12min	21分 10~12min	28分 10~12min	15分 10~12min	5分 10~12min	10分 10~12min	100分 60~72min
中级	25分 10~12min	18分 10~12min	18分 10~12min	15分 10~12min	15分 10~12min	9分 10~12min	100分 60~72min
高级	17分 10~12min	14分 10~12min	17分 10~12min	21分 10~12min	21分 10~12min	10分 10~12min	100分 60~72min
技师 高级技师	12分 10~15min	19分 10~15min	23分 10~15min	12分 10~15min	15分 10~15min	19分 10~15min	100分 60~90min

参 考 文 献

[1] 黄立本,张立基,赵旭涛. ABS树脂及其应用[M]. 北京:化学工业出版社,2004.
[2] 索延辉. ABS树脂生产实践及应用[M]. 北京:中国石化出版社,2022.
[3] 王荣伟. ABS树脂及其应用[M]. 北京:化学工业出版社,2011.
[4] 曹同玉. 聚合物乳液合成原理性能及应用[B]. 北京:化学工业出版社,1997.
[5] 中国石油天然气集团有限公司人事部. 催化裂化装置操作工. 北京:石油工业出版社,2019.
[6] 杨祖荣. 化工原理. 北京:化学工业出版社,2004.